U0157561

上海市全国二级造价工程师职业资格考试辅导教材

建设工程计量与计价实务
（土木建筑工程）

上海市建设工程咨询行业协会　组织编写

中国建筑工业出版社

图书在版编目（CIP）数据

建设工程计量与计价实务．土木建筑工程／上海市建设工程咨询行业协会组织编写．—北京：中国建筑工业出版社，2023.8

上海市全国二级造价工程师职业资格考试辅导教材

ISBN 978-7-112-28835-9

Ⅰ．①建…　Ⅱ．①上…　Ⅲ．①土木工程–建筑造价管理–资格考试–教材　Ⅳ．①TU723.3

中国国家版本馆CIP数据核字（2023）第110462号

本书主要作为上海地区全国二级造价工程师职业资格考试培训用书，全书包括专业基础知识、工程计量、工程计价、综合案例四个章节。本书系统阐述了工业与民用建筑工程的分类、组成及构造、常用材料、土建工程主要施工工艺与方法、常用施工机械及检测仪表、施工组织设计编制、工程识图基本原理与方法、建筑面积计量、工程量清单编制、工程量计算规则及应用和计算机辅助工程量计算、预算定额、费用定额、投标报价编制、施工图预算和竣工决算等。

本书还可作为建设工程造价管理人员、项目经理、监理工程师以及与工程造价相关的从业人员参考用书。

本书中未特别注明的，层高（高度）单位为"m"，其余单位为"mm"。

责任编辑：王砾瑶　徐仲莉
责任校对：党　蕾

上海市全国二级造价工程师职业资格考试辅导教材

建设工程计量与计价实务（土木建筑工程）

上海市建设工程咨询行业协会　组织编写

*

中国建筑工业出版社出版、发行（北京海淀三里河路9号）

各地新华书店、建筑书店经销

北京鸿文瀚海文化传媒有限公司制版

北京圣夫亚美印刷有限公司印刷

*

开本：787毫米×1092毫米　1/16　印张：26½　字数：655千字

2023年7月第一版　2023年7月第一次印刷

定价：**89.00**元

ISBN 978-7-112-28835-9

（41264）

编审委员会

裴　晓　陈　雷　孙晓东　何　伉　徐逢治

审定委员会

张　毅　徐　皓　王泽伟　左琦炜　魏　峰　蒋宏彦
朱　迪　杨宏巍　施小芹

编写委员会
土木建筑工程编制组

主要编写人员：

　　薛春屹　王舒静　浦　丽　秦　磊　王　毅
　　李春蓉

其他参编人员：

　　贾　栋　孙嘉琳　蒯鹏程　冯　琦　胡晓晨

安装工程编制组

主要编写人员：

　　傅　艺　肖　俊　黄志勇　张　骏　徐漪琦
　　朱佳伟　马遇伯

其他参编人员：

　　赵宝宝　沈　新　庄雄勇　张海静

前　言

根据《住房城乡建设部　交通运输部　水利部　人力资源社会保障部关于印发〈造价工程师职业资格制度规定〉〈造价工程师职业资格考试实施办法〉的通知》（建人〔2018〕67号）要求，为统一和规范上海市二级造价工程师管理，提升建设工程造价管理水平，上海市住房和城乡建设管理委员会会同上海市交通委员会、上海市水务局、上海市人力资源和社会保障局制定了《上海市二级造价工程师职业资格管理办法》，并于2021年开始启动二级造价工程师职业资格考试工作。

为更好地贯彻国家及上海市的工程造价法律、法规及相关政策，提高上海市造价从业人员对专业技术知识的掌握程度，提升建设工程计量与计价实务操作水平，同时进一步完善二级造价工程师职业资格考试相关工作，规范上海市二级造价工程师考试用书，2023年3月，在上海市住房和城乡建设管理委员会的指导下，上海市建设工程咨询行业协会正式启动了二级造价工程师职业资格考试辅导教材的编制工作。

为确保辅导教材编制工作顺利、稳妥进行，由上海市建设工程咨询行业协会牵头，成立了二级造价工程师职业资格考试辅导教材编审委员会以及审定委员会和编写委员会，同时组建了一支专业技术过硬且实践经验丰富的编写团队，在短短的3个月时间内，认真研究、反复斟酌、积极配合、通力合作，最终保质保量地完成了编制工作。

编写团队依据《全国二级造价工程师职业资格考试大纲》和《上海市二级造价工程师职业资格管理办法》，共编制了《建设工程计量与计价实务（土木建筑工程）》和《建设工程计量与计价实务（安装工程）》两本教材。其中，"土木建筑工程"册共计60余万字，涵盖了土木建筑工程所涉及的建筑材料、施工机械、工艺工法等专业基础知识、建设工程计量与计价、BIM技术应用及综合案例分析等；"安装工程"册共计60余万字，涵盖了安装工程所涉及的常用材料、施工机械、工艺工法等专业基础知识、建设工程计量与计价、BIM技术应用和综合案例分析等。

两本辅导教材在编制过程中，充分吸收了住房和城乡建设部、上海地区最新颁布的有关工程造价管理的法规、规章及指导性政策文件，与大纲紧密结合，注重体现全过程造价管理的统一性、完整性、实效性；并通过概要叙述建设工程计量计价规则，辅以精选案例，充分展现上海建设工程造价管理特色，凸显二级造价工程师职业资格考试特点，体现行业最新发展水平。

本次辅导教材编制工作，得到上海市住房和城乡建设管理委员会的关心、指导，更得到来自行业专家的大力支持。在此期间，来自上海华瑞建设经济咨询有限公司、万隆建设工程咨询集团有限公司、上海市政工程造价咨询有限公司、上海第一测量师事务所有限公司、上海建科造价咨询有限公司、上海城济工程造价咨询有限公司、上海正弘建设工程顾问有限公司、上海申元工程投资咨询有限公司、中国建设银行股份有限公司上海市分行、上海华建工程建设咨询有限公司、上海建经投资咨询有限公司、鲁班软件股份有限公司等单位诸多专家们秉持着专业精神，投入大量时间和精力参与编制工作。在此，对各位专家的努力及付出表示由衷的敬意以及衷心的感谢！

这套教材的编制不仅对上海市建设工程造价专业人员业务提升具有实战指导意义，同时也为造价从业人员丰富专业技术知识、提升计量计价实务操作水平提供了基础，希望能为上海市工程造价行业编制行业指导书提供一个优秀的范本。

由于本套教材编制时间有限，其中难免存在不足，敬请广大读者提出宝贵意见和建议。

上海市全国二级造价工程师
职业资格考试辅导教材编审委员会
2023 年 7 月

目　录

第一章 专业基础知识

第一节 工业与民用建筑工程的分类、组成及构造

一、工业与民用建筑的分类

（一）工业建筑按用途分类

工业建筑是供生产使用的建筑物，工业建筑按用途分为生产厂房、生产辅助厂房、动力用厂房、仓储用建筑、运输用建筑和其他建筑，其用途分类及应用见表1.1-1。

工业建筑按用途分类及应用　　　　　　　　　　　　　　　　　表1.1-1

类别		应用
按用途分	生产厂房	指进行备料、加工、装配等工艺流程的厂房；有锻工车间、电镀车间、热处理车间、机械加工及装配车间等
	生产辅助厂房	不直接加工产品，为生产服务的厂房，如机械制造厂房的修理车间、工具车间、贮存仓库等
	动力用厂房	指为生产提供动力源的厂房，发电站、变电所、锅炉房等
	仓储用建筑	为生产提供储备原材料、半成品、产品的房屋如金属材料库、木材库、油料库、半成品、产品库
	运输用建筑	用于管理、储存及检修交运工具房屋，如汽车库、机车库、起重车库、消防车库等
	其他建筑	有水泵房、污水处理站建筑等

（二）民用建筑按用途分类

民用建筑是供人们从事非生产性活动使用的建筑物。民用建筑又可分为居住建筑和公共建筑。依据《民用建筑通用规范》GB 55031—2022的条文说明，民用建筑按用途的分类见表1.1-2。

民用建筑按用途的分类　　　　　　　　　　　　　　　　　　　表1.1-2

类别		子类别	子类释义	举例
居住建筑	住宅类	住宅建筑	以家庭为单位的居住场所	住宅、公寓、别墅
	非住宅类	宿舍类建筑	有集中管理、提供居住条件的居住场所	学生宿舍、职工宿舍、专家公寓、长租公寓等
		民政建筑	老年人常日制照料场所	老年养护院、养老院、敬老院、护养院、老人院、医养建筑、老年公寓

续表

类别	子类别	子类释义	举例
公共建筑分类	教育类	教育类建筑	学龄前儿童教育场所	托儿所、幼儿园等
			中小学教育场所	中学、小学等
			中等专业教育场所	中等专科学院、技工学校、职业学校等
			高等院校教育场所	大学、学院、专科学校、研究生院、电视大学、党校、干部学校、军事院校等
			特殊人员教育场所	聋、哑、盲人学校、工读学校等
	办公科研类	办公业务楼建筑	政务办公场所	党政机关、社会团体、事业单位等的办公机构
			一般办公楼	普通办公室、商业办公楼、总部办公楼等
			金融办公、业务场所	银行、金融、证券办公、银行营业厅、储蓄所、证券交易中心等
			司法办公、业务场所	公安局、派出所、法院、检察院等
			外事办公、业务场所	驻外外交机构、大使馆、领事馆、国际机构、海关等
		教学实验建筑	科研实验场所	实验楼、科研楼等
	商业服务类	商业建筑	售卖场所	购物中心、百货公司、有顶商业街、菜市场、超级市场、家居建材、汽车销售、商业零售、店铺等
			休闲场所	室内儿童乐园、夜总会、美容、美发、养生、洗浴、卡拉OK厅、按摩中心、健身房、溜冰场等
			维修服务场所	干洗店、洗车站、修理店（修车、电器）等
			邮政、快递、电信场所	邮政、快捷营业所、电信局等
			培训场所	各类培训机构（幼儿、学生、老年）
			保健场所	体检中心、牙科诊所
		饮食建筑	餐饮场所	餐馆、饮食店、食堂、酒吧、茶馆等
		旅馆建筑	临时住休憩场所	酒店、宾馆、招待所、度假村、民宿（少于15间或套）等
	公众活动类	文化建筑	文化活动场所	公共图书馆、博物馆、档案馆、科技馆、纪念馆、美术馆、综合文化中心、文化馆、青少年宫、儿童活动中心、老年活动中心等
			会议展览场所	礼堂、会堂、会议中心、展览馆等
			观演场所	剧院、电视剧场、电影院、音乐厅、戏院、演艺场馆等
			文保场所	文物建筑、历史建筑、名人故居等
		文旅建筑	游乐场所	主题公园、游乐场、水族馆、冰雪建筑、游客服务中心等

续表

类别		子类别	子类释义	举例
公共建筑分类	公众活动类	园林建筑	游憩场所	亭、台、楼、榭、动物园、植物园等
		广电制播建筑	广电场所	演播厅、摄影、录音、录像棚等
		体育建筑	竞技体育场所	各类体育场馆、游泳场馆、各类球场、训练馆等
			大众健身场所	健身房、风雨操场、各类体育设施等
		宗教建筑	宗教场所	佛教寺院、道观、清真寺、教堂等
	交通类	交通建筑	交通场站	铁路客货运站、公路长途客运站、港口客运码头、交通枢纽、地铁（轻轨站）、航站楼等
			交通场库	停车库（场）、公共汽（电）车、车首末站、保养场、出租汽车场站等
			交通管理	交通指挥中心、交通监控中心、航管楼、交通应急救援、交通调度站等
	医疗类	医疗建筑	医疗场所	综合医院、专科医院、社区卫生服务中心等
			康养场所	疗养院、康复中心等
			卫生防疫场所	卫生防疫站、专科防治所、检测中心、动物检疫站等
			特殊医疗场所	传染病医院、精神病医院等
			其他医疗卫生场所	急救中心、血库等
	社会民生服务类	服务建筑	城市服务场所	城市政务中心、城市游客中心、城市市民中心、社区服务站、街道办事处、房管所、村委会等
			救援场所	消防站、急救中心、城市避难所等
		民政建筑	殡葬场所	殡仪馆、火葬场、骨灰存放处、公墓、烈士陵园建筑等
			救助场所	儿童福利院、孤儿院、残疾人福利院、残疾人福利院中心、社区养老驿站（中心）、救助站、戒毒所等
			老年人活动场所	老年日常照料中心、托老所、日托站、老年服务中心、社区养老驿站（中心）、老年人活动设施等
		监管建筑	监管场所	监狱、看守所、劳动改造场所和安全保卫设施等
	综合类			两种以上功能的场所类别

注：分类表中的举例为目前市场已出现的建筑业态场所类型，可以随着新的建筑业态出现随时增减。

二、工业和民用建筑工程组成及构造

（一）工业建筑工程的组成

1. 承重结构

1）横向排架：由基础、柱、屋架组成，主要是承受厂房的各种竖向荷载。

2）纵向连系构件：由吊车梁、圈梁、连系梁、基础梁等组成，与横向排架构成骨架，保证厂房的整体性和稳定性。

3）支撑系统构件：支撑系统包括柱间支撑和屋盖支撑两大部分。支撑构件设置在屋架之间的称为屋架支撑，设置在纵向柱列之间的称为柱间支撑。支撑构件主要传递水平荷载，起保证厂房空间刚度和稳定性的作用。

2. 单层厂房围护结构

单层厂房的围护结构包括外墙、屋顶、地面、门窗、天窗、地沟、散水、坡道、消防梯、吊车梁等。

（二）民用建筑工程组成和构造

1. 民用建筑工程组成和构造

民用建筑构造组成包括：基础、墙（柱）、梁或楼板与楼地面、楼梯、屋顶、门窗六大部分组成。还有附属部分如阳台、雨篷、散水、勒脚、防潮层、电梯，以及公共建筑的自动扶梯或坡道等，其构造及特点见表 1.1-3。

民用建筑工程的构造及特点　　　　　　　　　　　　　　表 1.1-3

构造组成	构造特点
基础	（1）基础是建筑物的组成部分，地基不是建筑物的组成部分 （2）基础埋深从室外设计地面至基础底面的垂直距离称为基础的埋深。埋深为 0.5～5m 或埋深＜基础宽度的 4 倍的基础称为浅基础；埋深≥5m 或埋深≥基础宽度的 4 倍的基础称为深基础 （3）基础类型有带型基础、独立基础、杯型基础、满堂基础、桩承台基础、设备基础
墙（柱）	（1）墙体的细部构造主要包括墙体防潮层、勒脚、散水、过梁、圈梁、构造柱、变形缝 （2）现浇混凝土墙的类有直形墙、弧形墙、短肢剪力墙、挡土墙 （3）现浇混凝土柱的类型有矩形柱、构造柱、异形柱或圆形柱 （4）变形缝包括伸缩变化、基础不均匀沉降或地震时可以自由伸缩，以防止墙体开裂、应力集中和结构破坏常设置的缝有伸缩缝、沉降缝和防震缝，见表 1.1-4
梁或楼板与楼地面	（1）楼板是多层建筑物沿水平方向分隔的上下空间，主要由楼板结构层、楼面面层和板底顶棚三部分组成 （2）地面由面层、垫层、基层三部分组成。地面当不能满足使用或构造要求时可增设结合层、隔离层、填充层、找平层和保温层等其他构造层 （3）现浇混凝土梁的类型有基础梁、矩形梁、异形梁、弧形梁、拱形梁、圈梁和过梁 （4）现浇混凝土板的类型有梁板、无梁板、平板、拱形板、薄壳板、栏板、天沟（檐沟）板、挑檐板、雨篷板、阳台板、空心板（GBF）和其他板等
楼梯	（1）建筑物竖向交通主要靠楼梯、电梯、自动扶梯、台阶、坡道及爬梯等设施，其中楼梯作为竖向交通和人员紧急疏散的主要交通设施，使用最为广泛 （2）楼梯的类型有现浇混凝土直行楼梯、弧形楼梯及预制混凝土楼梯段
屋顶	（1）平屋屋顶的构造（由下向上）主要有结构层、找平层、隔汽层、找坡层、找平层、保温层（隔热层）、结合层、防水层、保护层，必要时需要增设保温层 （2）根据建筑物的类别、重要程度及使用功能要求确定防水等级，对防水有特殊的建筑屋面，应进行专项防水设计 （3）屋顶构造由屋顶顶棚承重结构层及屋面面层组成 （4）坡屋顶承重结构层有砖墙承重、屋架承重、梁架结构层钢筋混凝土梁板承重层 （5）屋顶的类型有平屋顶、坡屋顶及曲面屋顶。平屋顶坡度 <10%，常用的排水坡度 2%～3%。坡屋顶坡度 >10%，曲面屋顶建筑设计造型需要形成曲面，如球形、悬索形或鞍形等，这种屋顶施工工艺比较复杂，但外部建筑造型独特
门窗	（1）门的构造组成由门樘和门扇两部分组成，可以在上部设置腰窗（俗称亮子，腰窗构造同窗扇），窗的构造组成由窗框和窗扇两部分组成

续表

构造组成	构造特点
门窗	（2）木门的类型有木质门、木质门带套、木质连窗门、木质防火门 （3）金属门金属（塑钢）门、彩板门、钢质防火门、防盗门、金属卷帘门 （4）木窗类型有木质窗、木飘（凸）窗、木橱木纱窗 （5）金属窗的类型有金属（塑钢、断桥）窗、金属防火窗、金属百叶窗、金属纱窗、金属格栅窗、金属（塑钢、断桥橱）窗、金属（塑钢、断桥）飘（凸）彩板窗、复合材料窗 （6）门上常见的五金配件有铰链、门锁（含拉手）、闭门器窗扇与窗框由五金连接，窗常见的五金配件有铰链、插销、拉手、导轨及滑轮等有时附加贴脸、窗台板及窗帘盒

伸缩缝、沉降缝和防震缝设置要求　　　　　　　　　　表 1.1-4

类型	设置要求
伸缩缝（温度缝）	（1）防止房屋因气温变化而产生裂缝 （2）基础受温度影响小，不必断开
沉降缝	（1）当房屋相邻部分的高度、荷载和结构形式差别很大而地基又较弱时，房屋有可能产生不均匀沉降，致使某些薄弱部位开裂。应在适当位置如复杂的平面或体形转折处、高度变化处以及荷载、地基的压缩性和地基处理的方法明显不同处设置沉降缝 （2）基础部分也要断开
防震缝	（1）为防止地震使房屋破坏，应利用防震缝将房屋分成若干个形体简单、结构刚度均匀的独立部分 （2）防震缝一般从基础顶面开始，沿房屋全高设置

2. 圈梁与构造柱的作用及构造

（1）圈梁作用及构造

圈梁是为防止地基的不均匀沉降或较大震动荷载等对房屋的不利影响，一般应在墙体中设置钢筋混凝土圈梁或钢筋砖圈梁，以增强砖石结构房屋的整体刚度，它沿房屋外墙、内纵墙和部分横墙在墙内设置的连续封闭的梁。它的作用是增加稳定性、加强空间的刚度、整体性、防止墙体开裂，提高抗震性能。

圈梁的构造要求：

1）圈梁宜连续地设在同水平面上，沿纵横墙方向应形成封闭状。当圈梁被门窗洞口截断时，应在洞口上部增设相同截面的附加圈梁，其配筋和混凝土强度等级均不变。附加圈梁与圈梁的搭接长度不应小于其中垂直间距的两倍，且不得小于 1m。

2）圈梁在纵横墙交接处应有可靠的连接，尤其是在房屋转角及丁字交叉处。

3）钢筋混凝土圈梁的宽度宜与墙厚相同。当墙厚 $h \geqslant 240$mm 时，其宽度不宜小于 $2h/3$。圈梁高度不应小于 120mm，基础中圈梁的最小高度为 180mm，常见为 180mm 与 240mm。圈梁截面宽宜与墙同厚度，且 $\geqslant 240$mm。纵向钢筋不宜少于 4φ12，绑扎接头的搭接长度按受拉钢筋考虑。箍筋间距不宜大于 200mm。现浇混凝土强度等级不应低于 C20。

4）圈梁兼作过梁时，过梁部分的钢筋应按计算用量另行增配。

5）采用现浇楼（屋）盖的多层砌体结构房屋，当层数超过 5 层，在按相关标准隔层设置现浇钢筋混凝土圈梁时应将梁板和圈梁一起现浇。未设置圈梁的楼面板嵌入墙内的长度不应小于 120mm，其厚度宜根据所采用的块体模数而确定，并沿墙长配置不少于 2 根直径为 10mm 的纵向钢筋。

不同抗震烈度下圈梁的设置与构造要求见表 1.1-5。

圈梁的设置与构造要求　　　　　　　　　　　　表 1.1-5

圈梁的设置与配筋		设计烈度		
		6度、7度	8度	9度
圈梁设置	沿外墙及内纵墙	屋盖及每层楼盖板处	屋盖及每层楼盖板处	屋盖及每层楼盖板处
	沿内横墙	屋盖处间距不大于 4.5（7）m；楼板处间距不大于 7.2（15）m；构造柱对应部位	各层所有横墙，且间距不大于 4.5m；构造柱对应部位	各层所有横墙
配筋	最小配筋	4φ12	4φ12	4φ14
	箍筋最大间距	200mm（φ6@250）	200mm（φ6@200）	150mm（φ6@150）

（2）构造柱作用及构造

构造柱是为了增强建筑物的整体性和稳定性，多层砖混结构建筑的墙体中还应设置钢筋混凝土构造柱，并与各层圈梁相连接，形成能够抗弯抗剪的空间框架，它是防止房屋倒塌的一种有效措施。构造柱的最小截面尺寸为 240mm×180mm，竖向钢筋多用 4φ12，箍筋间距不大于 250mm，随设计烈度和层数的增加建筑四角的构造柱可适当加大截面面积和钢筋强度等级。多层砖砌体房屋构造柱设置要求见表 1.1-6。构造柱的作用与圈梁形成空间骨架提高砖混结构的整体高度和稳定性，提高抗震能力。

构造柱的构造要求：

1）构造柱最小截面可采用 240mm×180mm（墙厚 190mm 时为 180mm×190mm），纵向钢筋宜采用 4φ12，箍筋间距不宜大于 250mm，且在柱上下端宜适当加密，在房屋四角的构造柱可适当加大截面面积及配筋。

2）构造柱与墙连接处应砌成马牙槎，沿墙高每隔 500mm 设 2φ6 水平钢筋和 φ4 分布短筋平面内点焊组成的拉结网片或 φ4 点焊钢筋网片，每边伸入墙内不宜小于 1m。6 度、7 度时底部 1/3 楼层，8 度时底部 1/2 楼层，9 度时全部楼层，上述拉结钢筋网片应沿墙体水平通长设置。

3）构造柱与圈梁连接处，构造柱的纵筋应穿过圈梁，保证构造柱纵筋上下贯通。

4）构造柱可不单独设置基础，但应伸入室外地面下 500mm，或与埋深小于 500mm 的基础圈梁相连。

5）纵、横墙内构造柱间距要求横墙内的构造柱间距不宜大于层高的两倍；下部 1/3 楼层的构造柱间距适当减小；当外纵墙开间大于 3.9m 时，应另设加强措施，内纵墙的构造柱间距不宜大于 4.2m（表 1.1-6）。

多层砖砌体房屋构造柱设置要求　　　　　　　表 1.1-6

房屋层数				设置部位	
6度	7度	8度	9度		
四、五	三、四	二、三		（1）楼、电梯间四角，楼梯斜梯段上下端对应的墙体（2）墙处外墙四角和对应转角	（1）隔 12m 或单元横墙与外纵墙交接处（2）楼梯间对应的另一侧内横墙与外纵墙交接处

续表

房屋层数				设置部位	
6度	7度	8度	9度		
六	五	四	二	（3）错层部位横墙与外纵墙交接处	（1）隔开间横墙（轴线）与外墙交接处 （2）山墙与内纵墙交接处
七	≥六	≥五	≥三	（4）大房间内外墙交接处 （5）较大洞口两侧	（1）内墙（轴线）与外墙交接处 （2）内墙的局部较小墙垛处 （3）内纵墙与横墙（轴线）交接处

注：较大洞口，内墙指不小于2.1m的洞口；外墙与内外墙交接处已设置构造柱时应允许适当放宽，但洞侧墙体应加强。

第二节　土建工程常用材料的分类、基本性能及用途

工程材料品种繁多，按照材料使用功能可以分为建筑结构材料、建筑装饰材料和建筑功能材料。对土建工程的安全、环保、适用、美观、耐久及经济具有重要的意义。

一、建筑结构材料

（一）建筑钢材

建筑钢材具有品质稳定、结构紧密、强度较高、塑性和韧性好、焊接与铆接便利、能承受冲击和振动荷载等良好性能，其缺点是易腐蚀和耐火性差。建筑工程常用钢材有钢筋混凝土用钢、钢结构用钢、钢管混凝土结构用钢及建筑装饰用钢等，其类别与特点见表1.2-1，技术参数见表1.2-2～表1.2-4。

建筑工程常用钢材的类别与特点　　　　　　　　表1.2-1

类别	特点
钢筋混凝土用钢	（1）有热轧钢筋、冷加工、热处理钢筋、预应力混凝土钢丝和钢绞线 （2）表示钢筋性能参数的有屈服强度、抗拉强度和断后伸长率 （3）热轧钢筋品种、牌号、符号、等级及强度标准见表1.2-2 （4）普通钢筋的材料分项系数最小取值见表1.2-3 （5）热轧钢筋、冷轧带肋钢筋及预应力筋的最大力延伸率限值见表1.2-4
钢结构用钢	（1）热轧成型的钢板和型钢等，薄壁轻型钢结构中主要采用薄壁型钢、圆钢和小角钢 （2）常用的热轧型钢有：工字钢、H型钢、T型钢、槽钢、等边角钢、不等边角钢等 （3）钢筋网片、钢筋笼子、支撑钢筋（铁马）、预埋件、螺栓、机械连接等
钢管混凝土结构用钢	（1）承载力高。钢管混凝土构件受压时，由于产生紧箍效应，核心混凝土三向受压，强度大大提高，钢管延缓和避免了过早发生局部屈曲 （2）具有良好的塑性和抗震性能 （3）克服钢管容易发生局部弯曲的缺点 （4）与钢筋混凝土相比，可以节省模板费用，加快施工进度
建筑装饰用钢	建筑装饰用钢主要有装饰面用不锈钢薄板（抛光面和拉丝面）、挂接块料装饰面用镀锌角钢和槽钢及轻隔墙和吊顶用镀锌薄壁轻钢龙骨、彩色钢板、彩色涂层钢板、彩色压型钢板（彩色涂层压型钢板）、搪瓷装饰板等

热轧钢筋品种、牌号、等级及强度标准　　　　　　　　　表 1.2-2

钢筋的形状	牌号	符号	钢筋级别	屈服强度（MPa）不小于	抗拉强度（MPa）不小于
光圆	HPB300	φ	Ⅰ级钢	300	420
带肋	HPB335	Φ	Ⅱ级钢	335	455
	HPBF335	Φ F	Ⅱ级钢		
	HPB400	Φ	Ⅲ级钢	400	540
	HBPF400	Φ F	Ⅲ级钢		
	HPB500	Φ	Ⅳ级钢	500	630
	HPBF500	Φ F	Ⅳ级钢		

注：牌号带后缀"E"的热轧带肋钢筋，有较高抗震性能有热轧带肋钢筋，如 HRB400E/HRB500E/HRBF400E 和 HRBF500E 等。

普通钢筋的材料分项系数最小取值　　　　　　　　　　表 1.2-3

钢筋种类	光圆钢筋	热轧钢筋		冷轧带肋钢筋
强度等级（MPa）	300	400	500	—
材料分析系数	1.10	1.10	1.15	1.25

热轧钢筋、冷轧带肋钢筋及预应力筋的最大力延伸率限值　　　　　　表 1.2-4

牌号或种类	热轧钢筋					冷轧带肋钢筋	预应力筋	
	HPB300	HPB400 HPBF400 HPB500 HPBF500	HPB400E HPB500E	RRB400	CRB550	CRB600H	中强度预应力钢丝、预应力冷轧带肋钢筋	消除预应力钢丝、钢绞线、预应力螺纹钢筋
Sgt	10.00	7.50	9.00	5.00	2.50	5.00	4.00	4.50

（二）无机胶凝材料

无机胶凝材料的分类如图 1.2-1 所示。

气硬性(石英、石膏、水玻璃)
无机胶凝材料
水硬性(水泥)

水泥属于水硬性胶凝材料
气硬性胶凝材料只能用于地面以上处于干燥环境中的部位

图 1.2-1　无机胶凝材料

1. 水硬性胶凝水泥

水泥是一种无机、粉末状水硬性胶凝材料，由硅酸盐水泥熟料、混合掺料和适量石膏组成。主要的水泥品种有普通硅酸盐、硅酸盐、矿渣、火山灰、粉煤灰、复合水泥等，它的主要品种、特性及适用范围见表 1.2-5。

水泥的主要品种、特性及适用范围　　　　表 1.2-5

材料类型	主要特征	适用范围
普通硅酸盐	（1）早强块硬强度高	（1）适用于早强块硬、高强度等级的混凝土工程
硅酸盐	（2）水化热较高 （3）抗冻性好 （4）耐腐蚀及耐水性较差	（2）适用于冬季严寒反复冻融的地区
矿渣	耐热性高	
火山灰	抗渗性好	（1）早期强度低 （2）水化热低 （3）抗冻性差 （4）抗硅酸盐侵蚀性能好
粉煤灰	干缩性小	
复合水泥		

表中"矿渣、火山灰、粉煤灰、复合水泥"四行共同对应特征"（1）早期强度低（2）水化热低（3）抗冻性差（4）抗硅酸盐侵蚀性能好"及适用范围"（1）适用于有抗硅酸盐侵蚀要求的一般工程（2）适用于蒸汽养护的混凝土构件（3）适用于大体积混凝土结构（4）不适宜早强要求、冻融或干湿交替的工程"。

2. 气硬性胶凝材料

建筑上常用的气硬性胶凝材料有石膏、石灰、水玻璃和菱苦土等品种。建筑石膏制品分为纸面石膏板、石膏空心条板和石膏砌块。

（三）混凝土

混凝土指以胶凝材料、粗细骨料、水及其他材料为原料，按适当比例配制而成的混合物再经硬化而成的复合材料。水泥混凝土是土木工程中最常用的混凝土。按胶凝材料混凝土可以分为水泥混凝土（普通混凝土）、沥青混凝土、树脂混凝土、聚酯混凝土、水玻璃混凝土及石膏混凝土等，其中水泥混凝土是土木工程中最常用的混凝土。

1. 普通混凝土

普通混凝土（以下简称混凝土）一般是由水泥、砂、石和水组成。普通混凝土组成及其特点参照《混凝土结构通用规范》GB 55008—2021 的规定，见表 1.2-6。

普通混凝土组成及其特点　　　　表 1.2-6

材料组成	特点
水泥	（1）结构混凝土用水泥主要控制指标应包括凝结时间、安定性、胶砂强度和氯离子含量 （2）水泥中使用的混合材品种和掺量应在出厂文件中明示
砂	（1）砂的坚固性指标不应大于 10%；对于有抗渗、抗冻、抗腐蚀、耐磨或其他特殊要求的混凝土，砂的含泥量和泥块含量分别不应大于 3.0% 和 1.0%，坚固性指标不应大于 8%；高强混凝土用砂的含泥量和泥块含量分别不应大于 2.0% 和 0.5%；机制砂应按石粉的亚甲蓝值指标和石粉的流动比指标控制石粉含量 （2）混凝土结构用海砂必须经过净化处理 （3）钢筋混凝土用砂的氯离子含量不应大于 0.03%，预应力混凝土用砂的氯离子含量不应大于 0.01%
石子	结构混凝土用粗骨料的坚固性指标不应大于 12%；对于有抗渗、抗冻、抗腐蚀、耐磨或其他特殊要求的混凝土，粗骨料中含泥量和泥块含量分别不应大于 1.0% 和 0.5%，坚固性指标不应大于 8%；高强混凝土用粗骨料的含泥量和泥块含量分别不应大于 0.5% 和 0.2%
水	未经处理的海水严禁用于钢筋混凝土及预应力混凝土
外加剂	结构混凝土用外加剂要求含有六价铬、亚硝酸盐和硫氢酸盐成分的混凝土外加剂，不应用于饮水工程中建成后与饮用水直接接触的混凝土。含有强电解质无机盐的早强型普通减水剂、早强剂、防冻剂和防水剂，严禁用于下列混凝土结构

续表

材料组成	特点
外加剂	（1）含有氯盐的早强型普通减水剂、早强剂、防水剂和氯盐类防冻剂，不应用于预应力混凝土、钢筋混凝土和钢纤维混凝土结构 （2）含有硝酸铵、碳酸铵的早强型普通减水剂、早强剂和含有硝酸铵、碳酸铵、尿素的防冻剂，不应用于民用建筑工程 （3）含有亚硝酸盐、碳酸盐的早强型普通减水剂、早强剂、防冻剂和含有硝酸盐的阻锈剂，不应用于预应力混凝土结构

2. 普通混凝土的强度等级

混凝土的强度等级参照《混凝土结构通用规范》GB 55008—2021 规定：

（1）结构混凝土强度等级的选用应满足工程结构的承载力、刚度及耐久性需求。对设计工作年限大于 50 年的混凝土结构，结构混凝土的最低强度等级应比规定提高。

（2）素混凝土结构构件的混凝土强度等级不应低于 C20；钢筋混凝土结构构件的混凝土强度等级不应低于 C25；预应力混凝土楼板结构的混凝土强度等级不应低于 C30，其他预应力混凝土结构构件的混凝土强度等级不应低于 C40；钢-混凝土组合结构构件的混凝土强度等级不应低于 C30。

（3）承受重复荷载作用的钢筋混凝土结构构件，混凝土强度等级不应低于 C30。

（4）抗震等级不低于二级的钢筋混凝土结构构件，混凝土强度等级不应低于 C30。

（5）采用 500MPa 及以上等级钢筋的钢筋混凝土结构构件，混凝土强度等级不应低于 C30。

3. 再生骨料混凝土

为了保护生态环境，实现建筑废弃混凝土的再生利用，促进建筑业可持续发展，在建设工程中使用再生骨料混凝土，其骨料类别及特点参照《再生骨料混凝土应用技术标准》DG/TJ 08—2018—2020 的规定，见表 1.2-7。

骨料的类别及其特点　　　　　　　　　　　　　　　　　　　表 1.2-7

材料类别	特点
一般规定	建筑工程用再生骨料混凝土 （1）采用Ⅰ、Ⅱ类再生粗骨料配制 C40～C50 强度等级的再生骨料混凝土，再生粗骨料取代率应为 15%～30% （2）采用Ⅰ、Ⅱ类再生粗骨料配制 C35 及以下强度等级的再生骨料混凝土，再生粗骨料取代率应为 30%～50% （3）采用Ⅲ类再生粗骨料配制 C25 以下强度等级的再生骨料混凝土，再生粗骨料取代率应为 30%～50% （4）采用Ⅲ类再生粗骨料配制的再生骨料混凝土，不应用于建筑工程的承重结构 （5）当设计 C50 以上强度等级再生骨料混凝土时，再生粗骨料取代率超过 50% 时，应通过试验对其结果作出可行性评定，并应经专项技术论证 （6）当采用Ⅰ类再生粗骨料配制再生骨料混凝土用于建筑工程时，其性能指标、制备、设计、施工与质量验收按普通混凝土规定执行
再生骨料	由建（构）筑废弃物中的混凝土、砂浆、石、砖瓦加工而成，最大粒径在 40mm 以下的骨料称为再生骨料
再生粗骨料	由建（构）筑废弃物中的混凝土、砂浆、石、砖瓦加工而成，用于配制混凝土和砂浆的粒径大于 4.75mm 的颗粒

材料类别	特点
再生细骨料	由建（构）筑废弃物中的混凝土、砂浆、石、砖瓦加工而成，用于配制混凝土和砂浆的粒径不大于4.75mm的颗粒
再生骨料混凝土	由再生粗骨料取代普通混凝土中天然粗骨料后，配制而成的混凝土，其中再生粗骨料取代率不应低于15%

4. 预拌混凝土

预拌混凝土是在搅拌站生产、通过运输设备送至使用地点、交货时为拌合物的混凝土。预拌混凝土作为商品出售时，也称为商品混凝土。预拌混凝土作为半成品，质量稳定、技术先进、节能环保，能提高施工效率，有利于文明施工。供货以体积计，计量单位为 m³。我国提倡或强制要求采用商品混凝土施工，在采用商品混凝土时，要考虑混凝土的经济运距，一般以15~20km为宜，运输时间一般不宜超过1h。预拌混凝土分为常规品和特制品，常规品代号为A，特制品代号为B。混凝土的类别及分类见表1.2-8。

混凝土的类别及分类 表 1.2-8

材料类别	分类
预拌混凝土	（1）高强混凝土 （2）自密实混凝土 （3）纤维混凝土 （4）轻骨料混凝土 （5）重混凝土等
特种混凝土	（1）高性能混凝土 （2）高强混凝土 （3）多孔混凝土（包括加气混凝土、泡沫混凝土和大孔混凝土） （4）防水混凝土 （5）碾压混凝土

（四）砌筑材料

1. 砌体材料类别

砌体材料有砖砌体（实心砖）、砌块砌体、石块砌体和其他砌体，各材料的类别及分类见表1.2-9。

砌体材料的类别及分类 表 1.2-9

材料类别	分类
砖砌体（实心砖）	（1）蒸汽灰砂砖 （2）蒸汽灰砂多孔砖 （3）水泥砖
砌块砌体	（1）加砂混凝土砌块 （2）加气混凝土砌块 （3）混凝土小型空心砌块 （4）混凝土卡模砌块 （5）轻质混凝土空心砌块 （6）混凝土模卡砌块

续表

材料类别	分类
石块砌体	毛石
其他砌体	（1）高强石膏空心板 （2）GRC 轻质板玻璃纤维增强水泥板 （3）集料混凝土多孔板 （4）再生粗、细骨料

2. 砌筑砂浆

砌筑砂浆按材料的组成不同分为水泥砂浆、水泥石灰和混合砂浆等。砌筑砂浆的类别及应用见表 1.2-10。

砌筑砂浆的类别及应用 表 1.2-10

材料类别	应用
水泥砂浆	砌筑基础
水泥石灰	砌筑简易工程
混合砂浆	砌筑主体及砖柱

3. 预拌砂浆

预拌砂浆由专业工厂制备，按产品形式分为干混砂浆和湿拌砂浆。干混砂浆由水泥、细骨料或掺入部分再生骨料、保水增稠材料、添加剂、矿物掺合料等组成，在专业工厂经计量、混合后生产的干状混合物，也称为干粉砂浆。湿拌砂浆由水泥、细骨料、保水增稠材料、矿物掺和料、添加剂和水等按一定比例组成，在专业工厂经计量、拌制后，用搅拌运输车运至使用地点，放入密封容器储存，并在规定时间内使用完毕的砂浆拌合物。依据《预拌砂浆应用技术标准》DG/TJ 08—502—2020 的规定，预拌砂浆类别、分类及代号见表 1.2-11。

预拌砂浆类别、分类及代号 表 1.2-11

材料类别	分类	代号
干混砂浆	干混普通砂浆	DM
	干混普通抹灰砂浆	DP
	干混普通地面砂浆	DS
	干混普通防水砂浆	DW
	干混普通抗裂抹灰砂浆	DAC
	干混机械喷涂普通抹灰砂浆	DSP
干混特种砂浆	干混薄层砌筑砂浆	DIT
	干混薄层抹灰砂浆	DMa
	干混界面砂浆	DTP
	轻质保温砌筑砂浆	DLM

续表

材料类别	分类	代号
湿拌砂浆	湿拌砌筑砂浆	WM
	湿拌抹灰砂浆	WP
	湿拌地面砂浆	WS
	湿拌防水砂浆	WW

二、建筑装饰材料

（一）饰面材料

饰面材料类别有天然石材、人工石材、饰面陶瓷和其他饰面，饰面材料的类别、分类及应用见表1.2-12。

饰面材料的类别、分类及应用　　　　　　　表1.2-12

材料类别	分类	应用
天然石材	花岗石	花岗石石材可用于室内外装饰装修
	大理石	大理石石材一般不宜用作室外装饰
人工石材	人造花岗石	（1）具有天然石材的花纹、质感和装饰效果
	人造大理石	（2）用于室内外立面、柱面装饰，用作室内墙面与地面装饰材料，还可以用作楼梯面板、窗台板
	人造水磨石	
饰面陶瓷	釉面砖	又称瓷砖最常用的、最重要的饰面材料之一，但不应用于室外装修
	墙地砖	该类产品作为墙面、地面装饰都可使用
	瓷质砖	又称为同质砖、通体砖、玻化砖
	陶瓷锦面砖	又称马赛克，主要用于室内地面铺装
其他饰面	石膏饰面	（1）包括石膏花饰、装饰石膏板及嵌装式装饰石膏板等石膏板主要用作室内吊顶及内墙饰面 （2）装饰石膏板按防潮性能分为普通板与防潮板两类
	塑料饰面	详见表1.2-17
	木材	饰面材料有薄木贴面板、胶合板、木地板
	金属等饰面	铝合金装饰板及彩色不锈钢板等

（二）建筑玻璃

建筑玻璃一般分为平板玻璃、装饰玻璃、安全玻璃及节能装饰型玻璃，不同类别、分类及特性见表1.2-13。

玻璃材料类别、分类及特性　　　　　　　表1.2-13

材料类别	分类	特性
平板玻璃		良好的透视、透光性能，有较高的化学稳定性，但其热稳定性较差，急冷急热，易发生炸裂

续表

材料类别	分类	特性
装饰玻璃	彩色平板玻璃 釉面玻璃 压花玻璃 喷花玻璃 乳花玻璃 刻花玻璃 冰花玻璃	安全、透光、隔热、隔声、耐磨、立体感强、图案丰富，多用在门窗及需要提高采光度的墙面、家居装修中
安全玻璃	防火玻璃	用于有防火隔热要求的，建筑幕墙、隔断等构造和部位
	钢化玻璃	钢化玻璃机械强度高、弹性好、热稳定性好，碎后不易伤人，但可能会发生自爆
	夹丝玻璃	夹丝玻璃具有安全性、防火性和防盗抢性
	夹层玻璃	用于生产夹层玻璃的原片可以是浮法玻璃、钢化玻璃、着色玻璃或镀膜玻璃等
节能装饰型玻璃		（1）着色玻璃多用作建筑物的门窗或玻璃幕墙 （2）镀膜玻璃分为阳光控制镀膜玻璃和低辐射镀膜玻璃又称"Low"玻璃，是一种既能保证可见光良好透过，又可有效反射热射线的节能装饰型玻璃 （3）中空玻璃是由两片或多片玻璃以有效支撑均匀隔开并周边粘结密封，使玻璃层间形成带有干燥气体的空间，从而达到保温隔热效果的节能玻璃制品 （4）真空玻璃是把两片平板玻璃的四周密闭起来，将其间隙抽成真空并密封排气孔，两片玻璃之间的间隙仅为 0.1～0.2mm，而且两片玻璃中一般至少有一片是低辐射玻璃

（三）建筑装饰涂料

1. 建筑装饰涂料的基本组成

建筑装饰涂料主要指用于地面与墙面装饰涂抹的材料。根据涂料中各成分的作用，其基本组成可分为主要成膜物质、次要成膜物质和辅助成膜物质三部分，其组成与特性见表 1.2-14。

建筑装饰涂料的组成及特性 表 1.2-14

涂料组成	特性
成膜物质	在现代建筑装饰涂料中，成膜物质多用树脂，尤其以合成树脂为主
次要成膜物质	次要成膜物质不能单独成膜，它包括颜料与填料
辅助成膜物质	（1）助剂包括催干剂（铝、锰氧化物及其盐类）、增塑剂等 （2）溶剂常用的溶剂有苯、丙酮和汽油等

2. 涂料的类别

涂料按使用、成膜物质、状态、涂层和特殊性能等不同分类标准，涂料的类别见表 1.2-15。

涂料的类别 表 1.2-15

分类标准	涂料的类别
按建筑物的使用	（1）内墙涂料 （2）外墙涂料 （3）地面涂料
按主要成膜物质	（1）有机系涂料 （2）无机系涂料 （3）有机系丙外墙涂料 （4）无机系外墙涂料 （5）有机复合系涂料 （6）无机复合系涂料
按涂料的状态	（1）剂型涂料 （2）水溶性涂料 （3）乳液型涂料 （4）粉末涂料
按涂层	（1）薄涂层涂料 （2）原质涂层涂料 （3）沙状涂层涂料
按建筑涂料的特殊性能	（1）防水涂料 （2）防火涂料 （3）防霉涂料 （4）防结露涂料

3. 内、外墙及地面涂料的主要类别

根据使用的部位不同，涂料可分为内、外墙及地面涂料材料。外墙涂料分类参照《外墙涂料工程应用技术规程》DG/TJ 08—504—2014 的规定，不同部位的涂料的类别与分类见表 1.2-16。

内、外墙及地面涂料的类别与分类 表 1.2-16

材料类别	主要分类
内墙涂料	（1）乙烯醇水玻璃涂料 （2）聚醋酸乙烯乳液涂料 （3）聚醋酸乙烯 - 丙烯酸酯有光乳液 （4）多彩涂料
外墙涂料	（1）合成树脂乳液外墙涂料 （2）弹性建筑涂料 （3）合成树脂乳液砂壁状建筑涂料 （4）外墙无机建筑涂料 （5）建筑用反射隔热涂料 （6）交联型氟树脂涂料 （7）溶剂型外墙涂料 （8）复层外墙涂料 （9）建筑用水性氟涂料 （10）水性多彩建筑涂料
地面涂料	（1）钙脂地板漆

续表

材料类别	主要分类
地面涂料	（2）聚氨酯漆 （3）无缝涂布地面 （4）过氯乙烯地面涂料 （5）环氧树脂厚质地板涂料 （6）聚氨酯地面涂料

（四）建筑塑料

建筑塑料材料的主要类别见表 1.2-17。

塑料材料的主要类别　　　　　　　　　　表 1.2-17

材料名称	主要类别
塑料材料	（1）塑料壁纸 （2）塑料装饰板材 1）塑料贴面装饰板 2）硬质 PVC 板 3）玻璃钢板 4）钙塑泡沫装饰吸声板 （3）塑料卷材地板 （4）块状塑料地板 （5）化纤地毯

（五）木材

土建工程中常用的木材按其用途和加工程度可分为原条、原木和锯材等，主要用于脚手架、木结构构件和家具，还有木质合成金属装饰材料、木地板（实木地板、强化木地板、实木复合地板和软木地板）及人造木材（胶合板、纤维板、胶板夹合及刨花板）等。

三、建筑功能材料

（一）防水材料

防水材料有防水卷材、防水涂料及建筑密封性材料。不同材料的类别与分类见表 1.2-18。

防水材料的类别与分类　　　　　　　　　　表 1.2-18

材料类别		主要分类
防水卷材	聚合物改性沥青防水卷材	（1）SBS 改性沥青防水卷材 （2）APP 改性沥青防水卷材 （3）PVC 改性焦油沥青防水卷材
	合成高分子 防水卷材	（1）再生胶防水卷材 （2）三元乙丙橡胶防水卷材 （3）三元丁橡胶防水卷材 （4）聚氯乙烯防水卷材 （5）氯化聚乙烯防水卷材 （6）氯化聚乙烯 - 橡胶共混防水卷材 （7）一般单层铺设，可采用冷粘法或自粘法施工

续表

材料类别		主要分类
防水涂料	高聚物改性沥青防水涂料	（1）再生橡胶改性防水涂料 （2）氯丁橡胶改性沥青防水涂料 （3）SBS 橡胶改性沥青防水涂料 （4）聚氯乙烯改性沥青防水涂料
	合成高分子防水涂料	（1）聚氨酯防水涂料 （2）丙烯酸酯防水涂料 （3）环氧树脂防水涂料 （4）有机硅防水涂料
建筑密封性材料	不定形密封材料	（1）沥青嵌缝油膏 （2）聚氯乙烯接缝膏 （3）塑料油膏 （4）丙烯酸类密封膏 （5）聚氨酯密封膏 （6）聚硫密封膏 （7）硅酮密封膏
	定形密封材料（密封条带和止水带）	（1）胶密封条 （2）丁腈胶 -PVC 门窗密封条 （3）自粘性橡胶 （4）橡胶止水带膏 （5）塑料止水带

（二）保温隔热材料

在建筑工程中，常把用于控制室内热量外流的材料称为保温材料，将防止室外热量进入室内的材料称为隔热材料，两者统称为绝热材料。绝热材料主要用于墙体和屋面、热工设备及管道、冷藏库等工程或冬期施工工程。其中保温材料的主要类别与分类见表 1.2-19。

保温材料的主要类别与分类　　　　　　　　　　　表 1.2-19

材料类别	分类
外墙保温材料	（1）硅酸盐保温材料 （2）胶粉聚苯颗粒 （3）钢丝网采水泥泡沫板（舒乐板） （4）挤塑板 （5）保温装饰复合板
屋面材料	（1）XPS 挤塑板 （2）EPS 泡沫板 （3）珍珠岩及珍珠岩砖 （4）蛭石及蛭石砖
有机保温材料	（1）聚苯乙烯泡沫塑料 （2）聚氨酯泡沫塑料 （3）软木板 （4）轻质钙塑板 （5）TE 板、EPS 板、XPS 板、PU 板
无机保温材料	（1）膨胀珍珠岩

续表

材料类别	分类
无机保温材料	（2）加气混凝土 （3）岩棉 （4）玻璃棉岩棉板 （5）发泡陶瓷板 （6）玻璃棉苯板 （7）挤塑板 （8）炭渣压缩板 （9）聚氨酯 （10）无机轻质发泡材料板
钢构材料	（1）聚苯乙烯 （2）挤塑板 （3）聚氨酯板 （4）玻璃棉卷毡无机材料有膨胀珍珠岩 （5）加气混凝土 （6）岩棉 （7）玻璃棉

（三）吸声隔声材料

吸声材料是一种能在较大程度上吸收由空气传递的声波能量的工程材料，通常使用的吸声材料为多孔材料；隔声材料是能减弱或隔断声波传递的材料。其类别与分类或特点见表 1.2-20。

吸声隔声材料的类别与分类或特点 表 1.2-20

材料类别	分类或特点
吸声材料	（1）薄板振动吸声材料 （2）柔性吸声材料 （3）悬挂空间吸声材料 （4）帘幕吸声材料
隔声材料	（1）隔声材料必须选用密实、质量大的材料作为隔声材料，如黏土砖、钢板、混凝土和钢筋混凝土等 （2）对固体声最有效的隔绝措施是隔断其声波的连续传递即采用不连续的结构处理，如在墙壁和梁之间、房屋的框架和隔墙及楼板之间加弹性垫，如毛毡、软木、橡胶等材料

（四）防火材料

防火材料的类别有物体的阻燃和防火、阻燃剂、防火涂料、水性防火阻燃液和防火堵料。不同材料的类别与分类见表 1.2-21。

防火材料的类别与分类 表 1.2-21

材料类别	分类
物体的阻燃和防火	（1）可燃物、助燃物和火源通常被称为燃烧"三要" （2）石棉又称"石绵"材 （3）玻璃棉 （4）陶瓷纤维

材料类别	分类
阻燃剂	（1）阻燃剂可分为添加型阻燃剂和反应型阻燃剂两类 （2）膨胀珍珠岩其制品 （3）玻化微珠
防火涂料	（1）具有隔热、阻燃和耐火的功能 （2）饰面型防火涂料 （3）钢结构防火涂料 （4）电缆防火涂料 （5）预应力混凝土楼板防火涂料 （6）隧道防火涂料 （7）船用防火涂料
水性防火阻燃液	（1）木材阻燃用水性防火剂 （2）织物阻燃用水性阻燃剂 （3）纸板阻燃用水性阻燃剂
防火堵料	（1）有机防火堵料 （2）无机防火堵料 （3）防火包

第三节　土建工程主要施工工艺与方法

一、土方工程施工

（一）土方工程分类

土方工程施工包括场地平整、基坑（槽）开挖、基坑（槽）回填、地下室大型土方开挖和路基、河道开挖与填筑等，其分类与特点见表 1.3-1。

土方工程分类与特点　　　　　　　　　　　　　　　表 1.3-1

工程分类	特点
场地平整	确定场地设计标高→确定挖方、填方的平衡调配→选择土方施工机械→拟定施工方案
基坑（槽）开挖	浅基坑（槽）开挖深度 <5m，深基坑（槽）：开挖深度 ≥ 5m
基坑（槽）回填	填土必须有一定的密实度，填方应分层进行，尽量采用同类填筑
地下室大型土方开挖	深基坑开挖有放坡挖土、中心岛式（也称墩式）挖土、盆式挖土和逆作法挖土
路基、河道开挖与填筑	开挖形成路堑，填方形成路堤，河道开挖形成河床，由填筑形成河堤

（二）土方工程施工

1. 基坑开挖

基坑开挖的施工方式有放坡开挖、无内支撑的基坑开挖和有内支撑的基坑开挖等方式，依据《基坑工程技术标准》DG/TJ 08—61—2018 的规定，其施工要点见表 1.3-2。

基坑开挖的施工要点   表 1.3-2

施工方法		施工要点
一般施工要求		（1）基坑开挖应按照分层、分段、分块、对称、平衡、限时的方法确定开挖顺序 （2）挖掘机、运输车辆等直接进入基坑进行施工作业时，应采取保证坡道稳定的措施，坡道坡度不宜大于 1：8，坡道的宽度应满足车辆行驶要求 （3）基坑开挖应采用全面分层开挖或台阶式分层开挖的方式；分层厚度不应大于 4m，开挖过程中的临时边坡坡度不宜大于 1：1.5 （4）机械挖土时，坑底以上 200～300mm 范围内的土方，应采用人工修底的方式挖除，放坡开挖的基坑边应采用人工修坡方式挖除，严禁超挖；基坑开挖至坑底标高应及时进行垫层施工，垫层应浇筑到基坑围护墙或放坡开挖的基坑坡脚 （5）基坑开挖过程中，若基坑周边相邻工程进行桩基、基坑支护、土方开挖、爆破等施工作业时，应根据实际情况合理确定相互之间的施工顺序和方法，必要时应采取可靠的技术措施
放坡开挖		（1）采用放坡开挖的基坑开挖深度不宜超过 7.0m，基坑开挖深度超过 4.0m 时，应采用多级放坡的开挖形式 （2）放坡开挖的基坑边坡坡度应根据土层性质、开挖深度确定 （3）放坡开挖的基坑应采取降水等固结边坡土体的措施 （4）放坡开挖的基坑，边坡表面应采取护坡措施
无内支撑的基坑开挖	采用复合土钉支护	（1）基坑开挖应与土钉施工分层交替进行，应缩短无支护暴露时间 （2）面积较大的基坑可采用岛式开挖方式，先挖除距基坑边 8～10m 的土方再挖基坑中的土 （3）采用分层分段方法进行土方开挖，每层土方开挖的底标高应低于相应土钉位置，且距离不宜大于 200mm，每层分段长不应大于 30m （4）应在土钉养护时间达到设计要求后，开挖下一层土方
	水泥土重力式围护墙	（1）水泥土重力式围护墙的强度和龄期应达到设计要求后方可进行土方开挖 （2）开挖深度超过 4m 的基坑应采用分层开挖的方法；边长超过 50m 的基坑应采用分段开挖的方法 （3）面积较大的基坑宜采用盆式开挖方式，盆边留土平台宽不应小于 8m （4）土方开挖至坑底后应及时浇筑垫层，围护墙无垫层暴露长度不宜大于 25m
有内支撑的基坑开挖	岛式土方开挖	（1）边部土方的开挖范围应根据支撑布置形式、围护墙变形控制等因素确定边部土方应采用分段开挖的方法，应减小围护墙无支撑或无垫层暴露时间 （2）中部岛状土体的高度不宜大于 6m；高度大于 4m 时，应采用二级放坡形式 （3）中部岛状土体的各级边坡和总边坡要求验算边坡稳定性 （4）中部岛状土体的开挖应均衡对称进行；高度大于 4m 时应采用分层开挖的方法
	盆式土方开挖	（1）边部土方的开挖范围应根据支撑布置形式、围护墙变形控制因素确定，坑边土体加固等因素确定；中部有支撑时应先完成中部支撑，再开挖盆边土方 （2）盆边土体的高度不宜大于 6m，盆边上口宽度不宜小于 8m；盆边土体的高度大于 4m 时，应采用二级放坡形式 （3）盆边土方应分块对称开挖，分块大小应根据支撑平面布置确定，应限时完成支撑 （4）盆式开挖的边坡必要时可采用降水、护坡、土体加固等措施
	狭长形基坑开挖	（1）采用钢支撑的狭长形基坑，可采用纵向斜面分层分段开挖的方法 （2）各级边坡平台宽度不应小于 3.0m，加宽平台时宜采取护坡措施 （3）纵向斜面分层分段开挖至坑底时，基础底板施工完毕后方可进行相邻纵向边坡的开挖 （4）狭长形基坑可采用一端向另一端开挖的方法，也可采用从中间向两端开挖的方法 （5）第一道支撑采用钢筋混凝土支撑，钢筋混凝土支撑底以上的土方可采用不分段连续开挖的方法，其余土方可采用纵向斜面分层分段开挖的方法

2. 基坑支护体系

基坑支护体系的施工方式有复合土钉支护、水泥土重力式围护墙和板式支护体系围护墙三种方式,依据《基坑工程技术标准》DG/TJ 08—61—2018 的规定,其施工要点见表 1.3-3。

基坑支护体系的施工要点 表 1.3-3

支撑方式	施工要点
复合土钉支护	(1)复合土钉支护应由土钉、喷射混凝土面层、原状土层、隔水帷幕(超前支护)四部分组成。土钉可采用钢管土钉或钢筋土钉。隔水帷幕应采用双轴或三轴水泥土搅拌桩 (2)复合土钉支护适用于开挖深度不大于 5.0m 的环境保护等级为三级的基坑工程 (3)复合土钉支护适用于黏性土、粉质黏土、淤泥质土、粉土、粉砂等;不适用于淤泥、浜填土及较厚的填土。仅局部区域有浜填土时,须经地基加固处理后方可采用 (4)土钉宜采用 HRB400 级变形钢筋,钢筋直径应根据土钉抗拔力计算确定,宜取 16~25mm (5)钢管土钉宜采用外径不小于 48mm、壁厚不小于 2.5mm 的焊接钢管。沿钢管周边对称布置注浆孔,注浆孔孔径为 5~8mm,每个截面注浆孔不宜少于 2 个,注浆孔间距 500~1000mm,注浆孔外应设倒刺覆盖保护孔口 (6)土钉宜采用 HRB400 级变形钢筋,钢筋直径宜 16~25mm,钢管土钉宜采用外径不小于 48mm、壁厚不小于 2.5mm 的焊接钢管 (7)复合土钉支护施工应与土方开挖、施工降水密切结合,开挖顺序应与设计一致;复合土钉施工应符合"超前支护,分层分段,逐层施作,限时封闭,严禁超挖"的原则 (8)作为隔水帷幕的水泥土搅拌桩,相互搭接长度不应小于 200mm (9)土钉不应超越用地红线,同时不应出入邻近建(构)筑物基础之下 (10)喷射混凝土面层施工应优先选用湿喷工艺,采用干喷工艺时应采取降低粉尘的措施,其养护时间不宜少于 28d
水泥土重力式围护墙	(1)水泥土重力式围护墙宜采用双轴水泥土搅拌桩或三轴水泥土搅拌桩等形式。采用本方法基坑开挖深度不宜超过 7m (2)双轴水泥土搅拌桩水泥掺量宜取 13%~15%,三轴水泥土搅拌桩水泥掺量宜取 20%~22%,搅拌桩水泥掺量以每立方米加固体所拌合的水泥重量与土的重量之比计,土的重度可取 18kN/m³。水泥宜采用 P·O42.5 级普通硅酸盐水泥 (3)水泥土重力式围护墙相邻搅拌桩搭接长度不应小于 200mm。墙体宽度大于等于 3.2m 时,前后墙厚度均不宜小于 1.2m。在墙体圆弧段或折角处,搭接长度宜适当加大 (4)水泥土搅拌桩应采用连续搭接的施工方法,应控制桩位偏差和桩身垂直度,并应具有足够的搭接长度形成连续的墙体 (5)双轴水泥土搅拌桩施工工艺性试桩数量不应少于 2 根,成桩应采用两喷三搅工艺,施工中因故停浆时,应将钻头搅拌下沉至停浆点以下 0.5mm 处,待恢复供浆时再喷浆搅拌提升 (6)当墙体施工深度较深或墙深范围内的土层以砂土为主时,可采用三轴水泥土搅拌桩。三轴水泥土搅拌桩施工与检测应符合相关规定
板式支护体系围护墙	(1)板式支护体系应由围护墙、内支撑与围檩或土层锚杆以及隔水帷幕等组成 (2)板式支护体系围护墙包括地下连续墙、灌注桩排桩、型钢水泥土搅拌墙、钢板桩及混凝土板桩等结构形式 (3)采用板式支护体系的基坑应设置可靠的隔水帷幕。隔水帷幕可采用有连续搭接的水泥土搅拌桩、等厚度水泥土搅拌墙、高压喷射注浆等。部分围护墙也兼有防渗与隔水作用,如地下连续墙、型钢水泥土搅拌墙、小企口连接的钢板桩等 (4)钢筋成品(骨架)中钢筋、钢筋半成品、配件和埋件等位置符合相关规定 (5)板式支护体系围护墙的顶部应设置封闭的圈梁

3. 基坑排水和降水施工

基坑排水和降水施工依据《地基基础设计标准》DGJ 08—11—2018 的规定,其主要施工要点见表 1.3-4。

排水、降水的施工要点   表 1.3-4

施工方法	排水和降水施工措施及特点
基坑排水	（1）基坑工程施工应根据基坑规模、工程地质、水文地质及周边环境条件，采取必要的排水措施 （2）开挖阶段应根据基坑特点在合适位置设置临时明沟和集水井，其与坑边的距离不宜小于 0.5m，并应有可靠的防渗措施 （3）临时明沟和集水井应随土方开挖过程适时调整 （4）土方开挖结束后，可在垫层位置设置明沟、盲沟、集水井 （5）排水系统应满足明水、地下水排放要求，排水系统应保持畅通，并及时排除坑内积水
基坑降水	（1）基坑工程施工应根据基坑规模、工程地质、水文地质及周边环境条件，采取必要的疏干降水、减压降水措施 （2）疏干降水应根据土层地质情况、降水深度及工程特点，合理选择轻型井点、管井井点降水。疏干降水宜在土方开挖前进行预疏干降水，预降水时间与基坑规模、开挖深度有关，不宜少于 15d （3）轻型井点成孔孔径不应小于 300mm，孔底深度宜比滤管底深 0.5m 以上，每套轻型井点总管长度不宜超过 60m （4）管井井点疏干降水的管井井点抽水泵宜距井底 1m 处设置 （5）减压降水应遵守"按需减压"的原则，降水前应进行现场抽水试验，根据试验结果确定减压降水的设计和运行方案，现场排水能力应能满足所有减压井（包括备用井）全部启用时的排水量。达到设计与施工要求后，应及时停止减压降水，并采取可靠的封井措施

（三）土方的填筑与压实

土方的填筑与压实施工要点见表 1.3-5。

土方的填筑与压实的施工要点   表 1.3-5

施工方法	特点
填筑压实的施工要求	（1）填方宜采用同类土填筑 （2）土分层填筑时上层宜填筑透水性较小的填料 （3）水性较小的土层表面做成适当坡度 （4）由下至上分层填土、分层压实
填土压实的方法	（1）碾压机械有羊足碾 （2）平碾（光碾压路机） （3）气胎碾和振动碾
压实机械	（1）碾压机械：足碾、平碾（光碾压路机）、气胎碾和振动碾 （2）夯实机械

二、地基与基础工程施工

（一）地基加固处理方法

常用地基加固的方法有换填法、预压法、深层密实法、化学加固、锚杆静压桩法、树根桩法和既有建筑地基基础加固等，依据《地基基础设计标准》DGJ 08—11—2018 的规定，其施工要点见表 1.3-6。

地基加固的施工要点   表 1.3-6

施工方法	施工要点
换填法	（1）适用于淤泥、淤泥质土、素填土、杂填土和冲填土等的换填及场地的填筑处理 （2）采用包括砂（或砂石）、碎石、粉质黏土、灰土、高炉干渣、粉煤灰、土工合成材料和聚苯乙烯板块（EPS）等材料形成垫层

施工方法	施工要点
预压法	（1）适用于淤泥质土、淤泥、冲填土、素填土等软弱地基 （2）预压法可用于油罐地基、堆场、道路、机场、港区陆域、大面积填土等工程 （3）预压处理地基必须在地表铺设排水砂垫层，砂垫层厚度宜大于0.5m，处于水下时宜大于0.8m。竖向排水体有普通砂井、袋装砂井和塑料排水带，普通砂井直径不宜小于200mm；袋装砂井直径不宜小于70mm；塑料排水带的宽度不宜小于100mm，厚度不宜小于3.5mm
深层密实法	（1）深层密实法包括强夯法和碎（砂）石桩法 （2）强夯法适用于处理砂土、素填土、杂填土和粉性土 （3）碎（砂）石桩包括碎石桩和砂桩。碎（砂）石桩适用于砂土、粉性土、黏性土、人工填土等地基处理及处理液化地基 （4）碎石桩施工可采用振冲法或沉管法，砂桩施工可采用沉管法
化学加固	（1）化学加固法包括水泥土搅拌法、高压喷射注浆法和注浆法 （2）水泥土搅拌法包括深层搅拌法（湿法）和粉体喷浆法（干法）泥土搅拌法形成的水泥土加固体，可作为竖向承载的复合地基、围护挡墙、被动区加固、隧道洞口加固、防渗帷幕等水泥土搅拌法可以与堆载预压法、真空预压法及刚性桩联合用 （3）高压喷射注浆法适用于处理淤泥、淤泥质土、黏性土、粉性土、砂土、素填土等，也用于深基坑的坑内加固、挡水帷幕、隧道洞口加固、挡土结构和既有建筑物的地基加固 （4）高压喷射注浆法用作防水帷幕时，对地下水流速过大和已大量涌水的工程要慎重 （5）高压喷射注浆法的注浆形式分旋喷、定喷和摆喷三种类型。根据工程需要和机具设备条件，可分别采用单管、二重管和三重管等多种方法。旋喷高压喷射注浆（简称旋喷桩）布置形式可分为柱状、壁状和块状 （6）注浆法适用于砂土、粉性土、黏性土和一般填土层。可用于防渗堵漏、局部地基加固、既有建筑物的地基加固和控制地层沉降，对于地下水流速过大的工程应慎重应用
锚杆静压桩法	（1）锚杆静压桩法是将压桩架锚固，利用其提供的反力将预制桩压入设计位置，从而提高或改进建筑物基础承载力 （2）适用于淤泥、淤泥土质、黏土、粉土和人工填土等 （3）压桩施工不得中途停顿，应一次到位；如必须中途停顿时，桩头应停留在软土层中，且停留时间不宜超过24h （4）压桩孔内封桩采用C30或C35微膨胀混凝土，对沉降有严格要求的既有建筑物，可采用预加反力封桩法
树根桩法	（1）树根桩常用于基础托换加固，也可作为侧向支护桩和地下建筑的抗浮桩 （2）树根桩直径宜为150～400mm，桩长不宜超过30m，布置形式有各种排列的直桩和网状结构的斜桩 （3）树根桩桩身混凝土强度等级不应低于C20
既有建筑地基基础加固	（1）基础加固前，应先对既有地基基础和上部结构进行详细调查，方可进行加固设计和施工 （2）可采用基础加固、基础托换、地基加固和组合 （3）基础加固可采用基础补injection注浆加固法、扩大基础底面积和加深基础法等 （4）基础托换可采用锚杆静压桩法、树根桩法和抬墙梁法加固和组合加固法和加深基础法等 （5）组合加固是同时采用基础加固、基础托换或地基加固等两种或两种以上方法的组合加固 （6）地基加固可采用注浆加固法和高压喷射注浆法等

（二）桩基础施工

1. 桩的类型

桩的主要类型包括：预制混凝土方桩（简称预制方桩）、预应力混凝土桩（简称预应力桩，包括预应力管桩与预应力空心方桩）、预制钢管混凝土管桩、钢管桩和钻孔灌注桩（简称灌注桩）。预制方桩、预应力桩和钢管桩统称预制桩。

2. 预制钢筋混凝土静力压桩的施工

静力压桩由于受设备行程的限制，一般情况分段预制、分段压入、逐段压入、逐段接长。其施工流程为：测量定位→压桩机就位→吊装喂桩→桩身对中调直→压桩→接桩（下段桩上端距离地面 0.5～1m）→逐段重复静力压沉桩→（送桩）→终止压桩→切割桩头。

3. 钢管桩施工

钢管桩的打桩顺序，钢管桩有先打桩后挖土和先挖土后打桩两种方式。在软土区域采用先打桩后挖土。

钢管桩工艺流程：测量放线→桩基就位→预制桩检验→起吊预制桩→桩身对中调整→压桩→接桩→压至设计终压（桩长）→复压→转移桩基。

4. 钢筋混凝土灌注桩施工

钢筋混凝土灌注桩施工时直接在现场桩位上就地成孔，在孔内安放钢筋笼，灌注混凝土而成。成孔是灌注桩施工的关键，混凝土灌注桩也是按成孔的方法来划分。成孔的方法主要包括泥浆护壁成孔、干作业成孔、人工成孔、套管成孔及爆扩成孔。

泥浆护壁成孔灌注桩施工流程：测定桩位→埋设护筒→泥浆制备→成孔→一次清孔→吊放钢筋笼→安装导管→二次清孔→灌注水下浇筑混凝土→起拔导管、护筒→桩头混凝土养护。

5. 钻孔压浆桩施工

用长螺旋钻机钻孔至设计深度，在提升钻杆的同时通过设在钻头上的喷嘴向孔内高压灌注已制配好的以水泥为主剂的浆液，至浆液达到没有塌孔危险，或地下水位以上 0.5～1.0m 处；待钻杆全部提出后，向孔内放置钢筋笼，并放入至少一根离孔底 1m 的补浆管，然后投放粗骨料至设计标高以上 0.5m 处；最后通过补浆管，在水泥浆终凝之前多次重复地向孔内补浆，直至孔口返出纯水泥浆、浆面不再下降为止。

6. 灌注桩后压浆施工

灌注桩后压浆施工工艺：准备工作→管阀制作→灌注桩施工（后压浆管埋设）→压浆设备选型及加筋软管与桩身压浆管连接安装→打开排气阀并开泵放气调试→关闭排气阀压水开塞→按设计水灰比拌制水泥砂浆→水泥砂浆经过滤至储浆桶（不断搅拌）→待压浆管通畅后压注水泥浆液→桩检测。

7. 地下连续墙施工工艺

铺设轨道→组装挖槽机→机架就位→挖导沟→筑道墙→挖槽→吸泥清底→吊接头槽→放钢筋笼→插入导管→浇筑混凝土→泥浆排除→泥浆排放或处理等。

8. 接桩与拔桩施工

由于受运输条件和打桩架高度的限制，钢筋混凝土预制桩要分节制作，分节打入，现场接桩，接桩的方式：焊接法、法兰接和浆锚法。

由于某种原因预制混凝土桩需要拔出，一般借助卷扬机提起，或者用钢丝绳捆紧桩头借助液压千斤顶拔起。采用气锤打桩的直接用蒸汽锤拔桩。

三、砌体工程施工

（一）砌筑砂浆的基本要求

1. 砌体工程施工的基本要求

砌体工程依据《砌体工程施工规程》DG/TJ 08—21—2013 的规定，其施工的基本要求见表 1.3-7。

砌体工程施工的基本要求
表 1.3-7

类别	施工基本要求
砌筑工程施工	（1）需变更时，应取得原设计单位的同意，并提供设计变更文件 （2）采用新技术、新材料及新工艺进行专题技术论证，并报建设行政主管部门审定、备案。严禁使用国家明令淘汰的材料和工艺 （3）各类材料应有产品的出厂合格证书、产品性能检测报告 （4）底标高不同时，应按从低处砌起，并由高处向低处搭砌的施工顺序，砌体转角和交接部位应同时砌筑，不能同时砌筑时，应按规定留槎、接槎应咬槎砌体应按层砌筑，同一砌筑层应先砌墙身后砌出檐；房屋相邻部分高差较大时，宜先砌筑高度较高部分，后砌筑高度较低部分 （5）砌体工程的砌筑分段，宜设在伸缩缝、沉降缝、防震缝、构造柱或门窗洞处，伸缩缝、沉降缝、防震缝中不应夹有砂浆、块体碎渣和杂物等砌筑完基础或每一楼层后，应校核砌体的轴线和标高 （6）砌体墙上需留临时施工洞口时，其净宽度不应大于 1m，洞口的侧边离交接处墙面不应小于 500mm （7）墙体零星留洞补砌时，用砖应湿润，灰缝应填满砂浆，不应用干砖填塞 （8）设计要求的洞口、管道、沟槽应于砌筑时正确留出或预埋，未经设计同意，不得随意在墙体上开凿水平沟槽 （9）两种不同材料的界面部位应采取抗裂处理措施 （10）填充墙、隔墙与主体结构的拉结筋应预埋在结构墙柱上

2. 砌筑砂浆的施工

砌筑砂浆的种类有砌筑砂浆、抹灰砂浆和地面砂浆，依据《砌体工程施工规程》DG/TJ 08—21—2013 的规定，其施工要点见表 1.3-8。

砌筑砂浆的施工要点
表 1.3-8

砂浆种类	施工要点
一般施工要求	（1）预拌砂浆品种选用应根据设计、施工等要求进行确定 （2）不同品种、强度等级、批次的预拌砂浆不得混合使用 （3）施工单位应编制施工方案，并在施工前进行技术交底 （4）预拌砂浆施工时温度宜在 5～35℃
砌筑砂浆	（1）普通砌筑砂浆稠度，薄层砌筑砂浆的稠度宜为 60～70mm，轻质保温砌筑砂浆施工稠度宜为 50～70mm。一次铺浆长度不应超过 750mm；施工期间气温超过 30℃时，一次铺浆长度不得超过 500mm （2）采用预拌砂浆砌筑按排块图砌，非烧结块材砌筑时龄期不宜少于 28d，烧结块材砌筑前应预先浇水湿润 （3）预拌砂浆采用铺浆法砌筑时应随铺随砌 （4）蒸压加气混凝土砌块可采用薄层或轻质保温砌筑砂浆砌筑 （5）蒸压加气混凝土砌块填充外墙与结构柱、短肢剪力墙相接处，不得采用砂浆砌筑，应预留 10～15mm 宽缝隙，并每隔 500～600mm 高度设置专用拉接件或 2ϕ6 拉结钢筋 （6）采用湿拌砂浆时，正常施工条件下，块体日砌筑高度不宜超过一步脚手架高度或 1.5m
抹灰砂浆	（1）抹灰施工应在主体结构验收合格后进行。非烧结块材墙体抹灰宜在墙体砌筑完成 60d 后进行，最短不应少于 45d （2）内墙抹灰时，应先吊垂直、套方、找规矩、做灰饼、冲筋，并应符合相关规定 （3）内墙抹灰时，冲筋根数应根据房间的宽度和高度确定。内墙抹灰冲筋 2h 后方可抹底灰，先抹一层薄灰，要求压实并覆盖整个基层，待前一层六七成干时，再分层抹灰、找平。内墙细部抹灰对于蒸压加气混凝土砌块填充墙，宜采用护角条做护角，其他墙体可采用 M20 干混普通抹灰砂浆做护角，水泥踢脚线和墙裙应用 M20 砂浆分层抹灰，抹灰前应检查预留孔洞及配电箱、槽、盒安装是否牢固，抹水泥窗台时，应先将窗台基层清理干净，松动的砖或砌块应重新补砌好

续表

砂浆种类	施工要点
抹灰砂浆	（4）外墙抹灰前，应先吊垂直、套方、找规矩、做灰饼、冲筋，外墙抹灰应在冲筋2h后再抹底灰。外墙细部抹灰腰线以及装饰凸线时，应有流水坡度，下面做滴水线（槽）或鹰嘴。严禁出现倒坡；阳台、窗台、压顶等部位应用M20砂浆分层抹灰 （5）混凝土顶棚找平、抹灰，抹灰砂浆应与基体粘接牢固，表面平顺。顶棚抹灰的厚度不宜大于8mm （6）当要求抹灰层具有防水、防潮功能时，应采用普通防水砂浆 （7）装配式建筑宜采用机械喷涂抹灰施工，喷涂设备可选用螺杆泵喷涂机、活塞式喷涂机和挤压式喷涂机，连续运转时间不应少于2min；如有异常，不得作业。机械喷涂砂浆可根据设备类型采取一次或两次喷涂成活工艺；喷涂后，应用直尺刮平，采用铁板或木板进行抹平施工 （8）抹灰砂浆凝结硬化后，应及时进行保湿养护，养护时间不应少于7d
地面砂浆	（1）地面砂浆施工稠度宜为45～55mm （2）铺设找平层前，当其基层有松散填充料时，应铺平振实 （3）施工前应提前1d对基层进行洒水处理，施工时基层表面不得有积水 （4）当基层表面光滑时，应用界面砂浆进行处理 （5）当地面有防水要求时，施工前应对立管、套管和地漏与楼板节点之间进行密封处理 （6）当铺设面积超过30m时，应设置分仓缝，其间距不宜大于6m （7）地面砂浆施工完成后，砂浆凝结硬化后应进行洒水保湿养护，养护时间不应少于7d

（二）砖砌体工程施工

砖砌体工程施工有砌筑施工、砖砌体施工、砖柱和壁柱砌筑施工等，依据《砌体工程施工规程》DG/TJ 08—21—2013 的规定，其施工要点见表1.3-9。

砖砌体施工要点 表 1.3-9

施工方式	施工要点
一般施工要求	（1）采用混凝土砖、蒸压（养）砖产品的养护龄期不应少于28d。砌筑蒸压灰砂砖、蒸压粉煤灰砖砌体时，砖应提前1～2d适度湿润，严禁采用干砖或吸水饱和状态的砖砌筑 （2）多孔砖的孔洞应垂直于受压面砌筑 （3）砖砌体砌筑应上下错缝，内外搭砌。灰缝应横平竖直，水平灰缝厚度和竖向灰缝宽度宜为10mm，不应小于8mm，也不应大于12mm （4）砌体缝砂浆应密实饱满，砖墙水平灰缝的砂浆饱满度不应小于80%，砖柱的水平灰缝和竖向灰缝饱满度不应小于90%；竖缝宜采用挤浆或加浆方法，不应出现透明缝、瞎缝和假缝，严禁用水冲浆灌缝 （5）临时施工洞口补砌时，洞口周围砖块接槎面应清理干净，并浇水湿润，再用与墙相同的材料补砌严密，保持灰缝平整
砌筑施工	（1）砖基础大放脚的底应根据设计而定，砌筑前，应将垫层表面上的杂清扫干净，并浇水湿润。大放脚转角处应在外角加砌3/4砖。大放脚最下一皮砖应以丁砌为主。且第一皮丁砖为正面墙，墙基的最上一皮砖，防潮层下面一皮砖应为丁砌 （2）承托穿墙管沟盖板的挑砖及其一层压砖，应用丁砖砌筑，竖向缝砂浆应严密饱满 （3）预留孔洞及埋件以及接槎拉结筋，应按计标高、位置留置。应加强对抗震构造柱预留钢筋和拉结钢筋的保护，不应随意碰撞或弯折 （4）基础墙砌完应及时回填。回填土应在基础两侧同时进行，分层夯实
砖砌体施工	（1）砌筑前，应将垫层表面上的杂清扫干净，并浇水湿润，砖砌体的转角处和交接处应同时砌筑 （2）隔墙与承重墙不能同时砌筑又不能留斜槎时，应在承重墙中引出凸槎，并在承重墙的水平灰缝中预埋拉结筋，每道墙不少于2ϕ6。砌体组砌时应上下错缝，内外搭砌 （3）砖墙与构造柱联结处应砌成马牙槎，马牙槎退进应大于60mm，从楼层面开始，马牙槎应先退后进，槎高不宜超过300mm（即五皮标准砖）。砖墙与构造柱之间应沿墙高每500mm设置

施工方式	施工要点
砖砌体施工	（4）水平拉结钢筋连接，每边伸入墙内不应少于 1000mm （5）施工时应先砌墙后浇构造柱，构造柱主筋应锚入圈梁 （6）各种管道及附件应在砌筑时按设计要求埋设
砖柱和壁柱砌筑	（1）砖柱宜按断面大小确定砌筑方法，应使柱面上下皮砖的竖缝相互错开 1/2 或 1/4 砖长，柱心无通缝，少砍砖并应利用 1/4 砖长，严禁采用先砌四周后砌心的包心砌法 （2）壁柱的砌筑，应使柱与墙身逐皮搭接，严禁分离砌筑，搭接长度不应少于 1/4 砖长，根据错缝需要可加砌到 1/2 砖长 （3）砖柱和壁柱在砌筑之前都应进行基底排砖，并根据施工面放线确定组砌方法

（三）填充墙砌体工程施工

1. 填充墙砌体工程

填充墙砌体的类型有蒸压加气混凝土砌块填充墙、轻骨料混凝土砌块填充墙和轻质砂加气混凝土砌块填充墙。蒸压混凝土的施工，依据《蒸压加气混凝土砌块建筑应用技术标准》DG/TJ 08—2239—2017 的规定；其他两项施工要求依据《砌体工程施工规程》DG/TJ 08—21—2013 的规定，其主要施工要点见表 1.3-10。

填充墙施工要点　　　　　　　　　　　　　　　　　　　表 1.3-10

类别	施工要点
一般施工要求	（1）砌蒸压加气混凝土砌块的产品龄期≥28d （2）为使砌块块形完整，含水率满足要求 （3）轻骨料混凝土小砌块，应提前对其浇水湿润与砂浆具有较好的粘结，以避免收缩裂缝的产生 （4）潮湿的房间，浇筑混凝土导墙为防止墙体底部受潮而采取的措施 （5）采用轻骨料混凝土砌块或蒸压加气混凝土砌块砌筑墙体时，填充墙的外墙和厨房、卫生间及其他需防潮湿房间的墙体，墙底部应设现浇混凝土导墙，其强度等级不低于 C20，其宽度应与墙体等厚度，高度不小于 200mm，其他部位墙体底部可采用水泥实心砖或混凝土实心砖砌筑三皮砖高度 （6）填充墙砌至接近梁、板底时，应留一定的空隙，留置不少于 14d 后，再将其补砌挤紧
蒸压加气混凝土砌块填充墙	见表 1.3-11
轻骨料混凝土砌块填充墙	（1）轻骨料混凝土砌块的施工应符合混凝土小型空心砌块砌体施工的相关规定 （2）砌块应错缝搭接，搭接长度不应小于 90mm，不满足要求时，应在灰缝中设置拉结钢筋或网片 （3）轻骨料混凝土砌块砌筑时，竖向缝应采用加浆方法。砌体灰缝厚度应为 8～12mm。严禁用水浆灌缝，不应出现瞎缝、透明缝
轻质砂加气混凝土砌块填充墙	（1）构造图集与相应施工技术规程，应与现有的标准配套使用 （2）保证墙体结构整体性的操作要求 （3）保证砌体水平和垂直灰缝的饱满度要求大于等于 80% （4）专用胶粘剂，其性能与砌块相匹配，能够确保砌块间的粘结

2. 蒸压加气混凝土砌块填充墙

蒸压加气混凝土砌块填充墙的施工要点见表 1.3-11。

蒸压加气混凝土砌块填充墙的施工要点 　　　　　　表 1.3-11

类别		施工要点
一般施工要求		（1）施工前，编制针对工程项目的专项施工方案，应针对工程项目实际需要，分别编制加气砌块墙体、加气自保温系统或加气外保温系统的施工方案 （2）应按照经审查合格的设计文件和经审查批准的实施方案进行施工 （3）墙体和保温系统组成材料进场必须经过验收。严禁露天堆放；其他辅助材料（包括专用砂浆、保温系统组成材料等）必须入库，并有专人保管，同时应采取防潮、防水等保护措施 （4）加气外保温系统的基层、附加保温的基面应有找平层 （5）加气外保温系统、加气自保温系统施工要求基层墙体应坚实平整、干燥，不应有开裂、松动或泛碱，砂浆找平层的粘结强度、平整度及垂直度应符合相关标准的要求 （6）大面积施工前，应在现场采用相同材料和工艺制作样板墙或样板间，符合要求后方可进行工程施工 （7）现场施工严禁高精砌块与其他墙体材料混砌。严禁在粘贴保温块的墙体和自保温墙体上留设脚手孔洞 （8）施工期间及完工后 24h 内，基层及施工环境空气温度不应低于 5℃。夏季施工应避免阳光暴晒；空气温度大于 35℃、大风或雨雪天不应室外施工
蒸压加气混凝土砌块填充墙	自承重墙体施工	（1）自承重墙体其表面应清洁、干净，不应有油污和浮灰 （2）加气砌块不应洒水后再进行粘贴和铺砌，表面明显受潮的加气砌块也不应使用 （3）每高精砌块砌筑前，宜先将下皮加气砌块表面（铺专用砌筑砂浆的水平面）以磨砂板磨平，浮尘清理干净后方可铺设专用砌筑砂浆 （4）加气砌块砌筑时，水平灰缝的专用砌筑砂浆宜铺于下皮加气砌块表面。垂直灰缝可先铺专用砌筑砂浆于加气砌块侧面再上墙砌筑，灰缝应饱满，将挤出的专用砌筑砂浆及时清除干净，做到随砌随清。高精砌块灰缝厚度和宽度不应大于 3mm，普通砌块灰缝厚度和宽度不应大于 8mm （5）每块加气砌块砌筑时，宜用水平尺与橡皮锤校正水平、垂直位置，并做到上下皮加气砌块错缝搭接，其搭接长度一般不宜小于被搭接砌块长度的 1/3，且不应小 100mm （6）砌上墙的加气砌块不应任意移动或受撞击。若需校正，应重新铺抹专用砌筑砂浆进行砌筑 （7）墙体转角和纵横墙交接处应同时砌筑。临时间断处应砌成斜槎 （8）砌块墙体与混凝土柱或墙交接处，应按设计要求设置 L 形铁件和拉结筋或拉结钢筋网片。拉结钢筋或钢筋网片应铺设至墙端与 L 形铁件搭接。墙体顶部与主结构拉结的 L 形铁件可设置在墙中，也可设置在墙两侧。L 形铁件尺寸规格应符合设计规定，并应经防腐处理 （9）砌块墙顶面与钢筋混凝土梁板底面间应预留 10～25mm 空隙，宜在墙体砌筑完成后 14d 进行空隙嵌填 （10）墙体修补及孔洞堵塞宜用专用修补材料或专用砌筑砂浆。墙体有防火要求时，应采用岩棉等耐火材料填充 （11）加气砌块填充外墙与结构柱、梁、板、墙相接处应预留 10～20mm 宽缝隙。缝隙内应填注聚氨酯发泡剂，再用专用嵌缝剂或外墙弹性腻子封闭其外侧 （12）加气砌块墙体的过梁宜采用专用加气混凝土过梁，也可用钢筋混凝土过梁或配筋砌块过梁
	加气外保温系统施工	（1）加气外保温工程粘贴保温块前，应清除基层墙体表面的疏松层及污垢、灰尘等杂物，并对基层墙体的平整度和垂直度（允许偏差均应小于等于 4mm）进行检查验收 （2）基层墙体应用界面剂处理后，用 M15 预拌砂浆进行找平。找平抹灰后宜待其干燥至表面颜色变浅或泛白时，方可进行保温块粘贴 （3）保温块应采用 M5 专用砌筑砂浆粘贴 （4）保温块粘贴应采用满贴法施工，粘贴必须牢固。粘贴后的保温块不应受到碰撞或随意移动

类别		施工要点
蒸压加气混凝土砌块填充墙	加气外保温系统施工	（5）应待 M5 专用砌筑砂浆达到强度后，方可进行保温块表面的修整或磨平。否则，应在粘贴中及时更换保温块 （6）保温块之间的变形（控制）缝内应充填 PU 发泡剂，且将流淌在缝外的发泡剂清理干净 （7）外墙面上安装水平支承角钢或水平金属托架应平直，且在同一垂直面，水平支承角钢或水平金属托架应用射钉或金属锚栓（膨胀螺栓）与基层墙体固定牢固，金属锚栓锚入墙（或柱、梁）内深度不应小于 50mm （8）固定于墙体上的各种金属件和紧固件不应显露外侧墙面 （9）在抹面胶浆施工前，应检查保温层凝固、干燥情况，并根据施工方案确定的原则对保温层界面采取相应的措施。抹面胶浆施工，宜采用防水剂对保温层表面进行防水处理。抹面胶浆抹面施工时，不应在檐口、窗台、窗楣、雨篷、阳台、压顶以及凸出墙面的构件顶面找坡，底面应做滴水槽或滴水线，并做好防水处理 （10）铺设玻纤网布之间搭接宽度不应小于 100mm，不应有空鼓、翘边、褶皱现象。阴阳角处两侧网布双向绕角相互搭接，各侧搭接宽度大于等于 200mm。搭接部位两层网布之间抹面胶浆应饱满，严禁干搭接。首层墙面阳角宜采用带网布的专用护角。首层墙面应铺设双层玻纤网布，抹浆后进行第二层网布的粘贴 （11）锚栓施工应用电钻钻孔，孔径应与锚栓规格相配，钻孔深度应大于锚栓锚固深度 10mm，锚栓应安装在网布外侧。锚栓安装完毕后应做防水处理
	自保温系统施工	（1）高精砌块外墙外侧宜喷涂或刮涂 F 型界面砂浆 （2）附加保温处的基层应清除的疏松层及污垢、灰尘等杂物，并对基层墙体的平整度和垂直度（允许偏差均应小于等于 4mm）进行检查验收 （3）采用加气保温块作附加保温时应粘贴保温块后，其表面应与相邻接的高精砌块墙体齐平 （4）采用水泥基无机保温砂浆作附加保温基层界面应用喷涂或刮涂界面砂浆。无机保温砂浆应至少分两遍施工，每遍施工厚度不应大于 20mm，两遍施工间隔应在 24h 以上。无机保温砂浆表面应与高精砌块外表面齐平，保温层固化干燥（保温施工后养护时间不宜少于 7d），现场隐蔽检查合格后，方可进行抹面层施工 （5）分格缝应按建筑设计要求设置。明缝可采用有机硅或丙烯酸防水涂料涂刷分格缝两遍，暗缝可采用聚苯乙烯泡沫衬条填充以中性硅酮耐候胶处理

（四）混凝土模卡砌块施工

模卡块以水泥、集料为主要原材料，经加水搅拌、机械振动加压成型并养护，且块体外壁设有卡口，内设有垂直孔洞，上下面有水平凹槽的砌块，简称模卡块。根据功能和用途不同，可分为混凝土普通模卡砌块、混凝土保温模卡砌块、配筋砌体用混凝土普通模卡砌块、配筋砌体用混凝土保温模卡砌块。依据《混凝土模卡砌块应用技术标准》DG/TJ 08—2087—2019 的规定，混凝土模卡砌块施工要点见表 1.3-12。

混凝土模卡砌块施工要点 表 1.3-12

类别	施工要点
一般施工要求	（1）模卡砌块砌体结构施工前，应用钢尺校核房屋的放线尺，按设计施工要求编制模卡砌块平、立面排列图 （2）模卡砌块砌筑前，应清除其表面的污物和孔洞卡口处的毛边 （3）第一皮模卡砌块砌筑前应用 M20 砌筑砂浆找平其支承面，要求基层面应平整，砌筑墙体前应对基层面质量进行检查和验收，符合要求后方可进行墙体施工 （4）同一建筑物使用的模卡砌块，必须从同一厂家购入

续表

类别	施工要点
一般施工要求	（5）保温模卡砌块内加入保温材料应在工厂内完成，两保温砌块搭接处的保温材料在现场灌浆前加入 （6）进入施工现场的保温板必须包装，并应有相应的防水、防火措施，且应在其周边设置专门的消防设施 （7）模卡砌块砌体的找平材料和设计要求需加强的部位，所灌注的特殊配套灌孔浆料，必须按要求另行配制，不能用普通灌孔浆料替代
灌孔浆料	（1）工程中所用的灌孔浆料，应按设计要求对其种类、强度等级、性能及使用部位核对后使用。灌孔浆料可根据设计要求由工厂配置，预拌成干混料运到现场使用 （2）灌孔浆料进行现场拌制时，宜按产品说明书的要求加水搅拌，并采用机械搅拌 （3）灌孔浆料应随拌随用，并在初凝前使用完毕，也可采用掺外加剂等措施延长使用时间，外加剂掺量应经试验确定 （4）灌孔浆料强度等级应以标准养护龄期为 28d 的试块抗压试验结果为准
砌体施工	（1）模卡砌块砌筑前应在找平后基层面上用 20mm 厚的 M20 预拌砌筑砂浆坐浆。模卡砌块灌浆前，应在模卡砌块底部先灌 50mm 厚与灌孔浆料相同等级的预拌砌筑砂浆铺底后再灌灌孔浆料 （2）模卡砌体不应留灰缝 （3）模卡砌块灌浆时，前后两次灌浆面应留在距模卡砌块内卡口以下 40～60mm 处 （4）保温砌块灌浆前应先插入砌块间的保温板，灌浆时应采用专用插入式振捣棒进行振捣密度，应防止保温板上浮，灌浆后应及时清理保温板上口残留的灌浆材料，保温板应上下连续 （5）模卡砌块墙体不应和其他墙体材料混砌 （6）应使用产品龄期大于等于 28d 的模卡砌块进行砌筑，门窗洞口处模卡砌块孔内灌浆时，应防止模卡砌块移位，必要时可设置临时支撑措施 （7）模卡砌块墙体灌筑应采用双排脚手架 （8）底层室内地面以下或防潮层以下的砌体，应采用强度等级不低于 Cb20 的混凝土灌实模卡砌块的孔洞 （9）过梁窗台梁两端伸入墙内长度必须满足 200mm 及其整倍数要求 （10）两种不同材料的界面部位应采取抗裂处理措施 （11）模卡砌体外墙应先做防水层，后再做外粉刷 （12）砌体相邻工作段的高度差，不得超过一个楼层高度，也不宜大于 4m （13）砌体的伸缩缝、沉降缝和防震缝内，不得夹有砂浆、碎模卡砌块和其他杂物
构造柱及圈梁施工	（1）设置钢筋混凝土构造柱的模卡砌体应按先砌墙后浇筑的施工顺序进行 （2）构造柱与模卡砌体连接处，构造柱应紧贴墙体浇筑，构造柱混凝土应浇入模卡砌块端部凹形槎口，墙体可不留马牙槎 （3）现浇混凝土圈梁可直接在灌浆后的模卡砌块上按设计要求浇捣 （4）普通模卡砌块砌体现浇混凝土圈梁等构件支模时，不宜在模卡砌块上打孔，如无法避免时，应有防漏浆措施 （5）保温模卡砌块灌筑的外墙上现浇混凝土圈梁或构造柱，应按先砌墙后浇筑的施工顺序
框架填充墙及围护墙施工	（1）框架外围护填充墙厚度不得小于 200mm （2）模卡砌块砌体填充墙及围护墙的砌块和灌孔浆料强度等分别不得低于 MU5 级和 Mb5 级 （3）填充墙与围护墙及钢筋混凝土柱、墙连接的拉结筋规格、竖向间距及伸入墙内长度应符合设计要求。拉结钢筋置于灌浆槽内 （4）填充墙与钢筋混凝土柱梁接触处的灌浆缝在灌浆时必须振捣密实，应有灌浆料沁出墙面 （5）填充墙不得一次砌到钢筋混凝土梁板底，施工完成后采用柔性防水材料填实，采用该做法时，梁下第一皮砌块可采用砌筑方式施工 （6）按设计要求设芯柱，应在模卡砌块填充墙孔洞中插筋并灌填灌孔混凝土，按照构造柱施工方法施工

类别	施工要点
框架填充墙及围护墙施工	（7）普通模卡砌块灌筑的女儿墙在泛水高度处应用Cb20灌孔混凝土灌实。女儿墙不宜采用保温模卡砌块 （8）模卡砌块山墙顶部斜坡应用C20混凝土现浇，内埋铁件与屋面构件或纵向连系杆连接
雨期、冬期施工	（1）雨期施工时，模卡砌块应做好防雨措施 （2）当下雨时，保温模卡砌块砌体应停止施工。普通模卡砌块砌体施工应采取防雨措施，防止雨水浸入墙体。雨后继续施工时，必须校核墙体的垂直度 （3）当室外日平均气温连续5d稳定低于5℃或气温骤然下降，均应及时采取冬期施工措施。当室外日平均气温连续5d高于5℃时，应解除冬期施工的措施 （4）冬期施工在模卡砌体孔内灌浆后，应及时对新砌墙体进行覆盖 （5）冬期施工时，凡设计低于Mb7.5强度等级的灌孔浆料，应比常温施工提高一级，并且使用时的温度不应低于5℃
文明安全施工	（1）模卡砌块墙体施工的安全技术要求必须遵守现行建筑工程安全技术规定 （2）在楼面装卸和堆放模卡砌块时，严禁倾卸和抛掷，并不得撞击楼板 （3）堆放在楼面上的模卡砌块，灌孔浆料等施工荷载不得超过楼面的设计允许承载力，否则应对楼板采取加固措施 （4）灌筑模卡砌块或进行其他施工时，不得站在墙上操作

四、钢筋混凝土工程施工

（一）钢筋工程

钢筋的类别及施工：

钢筋可分为现浇构件钢筋、预制构件钢筋、钢筋网片、钢筋笼、后张法预应力钢筋、先张法预应力钢筋、预应力钢丝、支撑钢筋（铁马）等类别。依据《混凝土结构工程施工标准》DG/TJ 08—020—2019 的规定，其施工要点见表1.3-13。

钢筋施工要点 　　　　　　　　　　　　　　　　　　表1.3-13

类别	施工要点
一般施工要求	（1）钢筋工程宜采用专业化生产的成型钢筋 （2）钢筋连接方式应根据设计要求和施工条件选用 （3）进场后的钢筋应分规格堆放整齐，避免锈蚀和油污，钢筋的品种、级别、规格、数量和位置应符合设计要求，当其需作变更时应办理设计变更文件 （4）钢筋工程施工前应编制钢筋配料单，配料单应明确钢筋措施
钢筋加工	（1）钢筋加工前应将表面清理干净。不得使用表面有颗粒，状、片状老锈或有损伤的钢筋。钢筋应平直，无局部曲折 （2）钢筋当采用机械设备调直时，调直设备不应具有延伸功能 （3）加工过程中不应对钢筋进行加热，钢筋应一次弯折到位 （4）基光圆钢筋末端作180°弯钩时，弯钩的弯折后平直段长度不应小于钢筋直径的3倍 （5）箍筋、拉筋的末端应按设计要求作弯钩 （6）焊接封闭箍筋宜采用气压焊或单面搭接焊接 （7）采用机械锚固措施应符合相关规定
钢筋工厂预制加工	（1）钢筋成品制作设备应符合有关标准规定和工艺要求，运行可靠，维护良好 （2）钢筋成品（骨架）中钢筋、钢筋半成品、配件和埋件的品种、规格、数量、质量符合相关规定 （3）钢筋吊装时，应对钢筋成品（骨架）的吊点进行安全计算 （4）钢筋运输、堆放时，应采用定型化支架将钢筋固定放置，进行承载力安全计算

续表

类别	施工要点
钢筋安装	（1）合理安排钢筋安装进度和施工顺序，按照钢筋配料单的内容进行钢筋安装 （2）当柱钢筋采用绑扎搭接接头时，基础内的柱插筋，其箍筋部分的钢筋，宜用箍筋将其收进一个柱筋直径，以便上层柱的钢筋搭接连件 （3）钢筋安装应采用定位措施固定钢筋的位置，并宜采用专用定位 （4）钢筋骨架整体吊装入模时，应设置整体稳定性措施 （5）受拉焊接骨架和焊接网在受力钢筋方向的搭接长度应符合规定 （6）构件交接处的钢筋位置应符合设计要求，钢筋安装应采取防止钢筋受模板、模具内表面的脱模污染的措施
钢筋连接	（1）受拉钢筋直径大于25mm或者受压钢筋直径大于28mm时不宜采用绑扎搭接接头 （2）统一纵向受力钢筋不宜设置两个及两个以上接头，接头末端至钢筋弯起点的距离，不应小于钢筋直径的10倍 （3）钢筋的连接方式：机械连接（直纹接头）、钢筋搭接、电焊接头（除闪光对焊工艺接头）、钢筋种植等接连
高强钢筋的施工	（1）高强钢筋宜采取区域集中加工配送，宜在工厂进行加工；在现场加工时，应单独建立高强钢筋临时加工区 （2）高强钢筋箍筋宜采用机械自动成型，当采用人工成型时，应对工人进行培训且应合格 （3）高强钢筋箍筋与纵向钢筋之间应采用绑扎固定，严禁采用焊接固定 （4）高强螺旋箍筋第一圈应制成封闭型

（二）模板工程

模板是保证混凝土浇筑成型的模具，钢筋混凝土结构的模板系统由模板、支撑及紧固件等组成，依据《混凝土结构工程施工标准》DG/TJ 08—020—2019及《钢管扣件式木模板支撑系统施工作业规程》DG/TJ 08—2187—2015的规定，其施工要点见表1.3-14。

模板工程施工要点　　　　　　　　　　　　　　　　　　　　　表1.3-14

类别	施工要点
一般施工要求	（1）模板支撑系统的搭设与拆除应根据审批后的专项施工方案进行作业，危险性较大的模板支撑系统专项施工方案应完成专家论证审查程序 （2）模板支撑系统搭设前，项目技术负责人应组织相关人员对已完成处理或加固的支架基础进行验收 （3）现场搭设过程中应检查实际作业情况与专项施工方案的相符性 （4）水平向后浇带的模板及其支架应独立设置 （5）模板支撑体系搭设过程中，对高宽比大于2的支架搭设宜与临近已成型的结构体同步进行连接，若临近无已成型结构体则采取其他稳定措施 （6）支架支撑体系搭设完成后，应对支架的扣件进行紧固力抽样检查 （7）模板支撑系统作业过程中，项目负责人、项目技术负责人和相关安全、质量人员应参与模板支撑系统的检查与验收 （8）模板支撑系统工程的搭设及拆除，应进行阶段性的检查验收并留存记录 （9）模板支撑系统搭设过程中严禁堆载，使用过程中严禁超载 （10）遇六级及以上大风或大雨、浓雾、大雪等恶劣天气时，应停止模板支撑系统的施工作业
模板拆装	（1）模板施工方案中应明确支架的拆除时间和顺序，复杂的模板拆除，应专门制定拆模方案。模板及其支架拆除应按先拆除后搭设的模板，后拆除先搭设的模板，先拆除非承重部分结构的模板，后拆除承重部分结构、先拆侧模板，后拆底模板；框架结构模板的拆除顺序一般是柱、楼板、梁侧模、梁底模的顺序施工 （2）装拆模板时，应对模板及其支架进行监护

续表

类别	施工要点
模板拆装	（3）模板及支架宜选用轻质、高强、耐用的材料 （4）聚苯乙烯模板燃烧性能不应低于 B1 级 （5）铝合金模板型材表面应清洁、无裂纹或腐蚀斑点 （6）组合钢模板成品应进行质量检验 （7）接触混凝土的模板表面应平整，并应具有良好的效果 （8）模板应按配模图加工及拼装，墙、柱与梁、板同时施工时，应先安装墙、柱模板，调整固定后，再安装梁、板模板 （9）模板安装应与钢筋安装配合进行，梁柱节点的模板宜在钢筋验收后安装 （10）模板的支架系统必须按施工方案布置 （11）模板拼缝应严密、不漏浆；模板配件安装不得遗漏 （12）模板与混凝土的接触面应清理干净，并应涂刷对结构性能或装饰层结合面无影响的隔离剂 （13）后浇带的模板及支架应独立设置 （14）多层及高层建筑中，应采取分层分段支模的方法 （15）采用悬吊模板、桁架支模方式时，其支撑结构的承载能力和刚度应符合要求

（三）混凝土工程

高强泵送混凝土应采用预拌混凝土，高强泵送混凝土施工方案应根据混凝土（结构）工程特点、浇筑工程量、拌合物特性以及浇筑进度等因素设计和确定。依据《高强泵送混凝土应用技术标准》DG/TJ 08—503—2018 的规定，高强泵送混凝土的施工要点见表1.3-15。

高强泵送混凝土的施工要点　　　　　　　　　　　　　　表 1.3-15

类别	施工要点
一般要求	（1）浇筑前应检查混凝土送料单，应在确认无误后再进行混凝土浇筑 （2）高强泵送混凝土结构（构件）的模板和支架设计，应考虑混凝土泵送浇筑施工所产生的附加作用力，确保模板和支架有足够的强度、刚度和稳定性 （3）高强泵送混凝土应连续进行，混凝土运输、输送、浇筑以及间歇的全部时间不应超过国家现行有关标准的规定；当超过规定时间时，应临时设置施工缝，继续浇筑混凝土 （4）运输、输送、浇筑过程中严禁加水；浇筑过程中散落的混凝土严禁用于结构部位浇筑 （5）混凝土布料应均衡，发现异常情况时应立即采取措施进行处理。混凝土浇筑和振捣过程中应有防止模板、钢筋、预埋件及其定位件移位的措施
输送	（1）高强泵送混凝土的坍落度不宜小于 200mm （2）输送线路应根据楼层结构特点进行合理设计 （3）高强泵送混凝土泵送前宜进行试泵 （4）混凝土泵与输送管连通后，应对其进行全面检查。在泵送混凝土前应进行空载试运转 （5）混凝土泵启动后，应先泵送清水，泵送清水完毕后，应清除泵内积水 （6）经泵送清水检查并确认混凝土泵和输送管中无渗漏且无异物后，用于润滑混凝土泵和输送管内壁润滑浆料泵出后应进行回收，不得作为结构混凝土使用 （7）输送过程中应设置输送泵集料斗网罩，并应保证集料斗有足够的混凝土余量 （8）泵送时，混凝土泵应保持匀速缓慢运行，泵送速度应先慢后快，逐步加速 （9）混凝土供应无法满足连续泵送要求时，宜采取间歇泵送方式，每隔 4～5min 进行两个行程反泵，再进行两个行程正泵 （10）当输送管堵塞时，应在混凝土卸压后拆除管道，排除堵塞物。管道重新安装前应湿润 （11）泵送完毕时，应将混凝土泵和输送管清洗干净
浇筑	（1）混凝土的浇筑顺序，当采用输送管输送混凝土时，宜由远而近浇筑。同一区域的混凝土，应按先竖向结构后水平结构的顺序分层连续浇筑

续表

类别	施工要点
浇筑	（2）不同配合比或不同强度等级的高强混凝土在同一时间段交替浇筑时，交替浇筑前后应对输送管道进行清洗 （3）不同强度等级混凝土现浇对接时，接头应设在低强度等级混凝土构件中，接头中心与高强度等级构件间距不宜小于500mm。对接处可设置密孔钢丝网等分隔措施拦混凝土拌合物，浇筑时应先浇高强度等级混凝土，后浇低强度等级混凝土。在交替的过程中，对于混凝土的量应计算准确，低强度等级混凝土不得流入高强度等级混凝土构件中
振捣	（1）振捣应使模板内各个部位混凝土密实、均匀，不应漏振、欠振、过浇应采用振捣器捣实，振捣器宜采用高频插入式振捣棒 （2）应分层分别进行振捣，振捣棒的前端应插入前一层混凝土中，插入深度不应小于50mm （3）应垂直点振，不得平拉。相邻振捣插点间距不应大于振捣棒作用半径的1.4倍，当混凝土拌合物的坍落度低于120mm时，应加密振捣点 （4）钢筋密集区域或型钢与钢筋结合区域应选择小型振捣棒辅助振捣、加密振捣点，并应适当延长振捣时间
养护	（1）浇筑完毕后，应进行养护，混凝土表面湿润养护不应少于14d （2）养护可采用薄膜覆盖、喷淋洒水或涂刷养护剂的方式，养护过程中应检查薄膜或养护剂的完整情况和混凝土的保湿效果 （3）高强大体积基础混凝土的养护，宜采用覆盖草包（麻袋）和塑料薄膜进行保温保湿养护，并应采取温控措施 （4）冬期施工时，应采用带模养护，混凝土受冻前的强度不得低于10MPa，模板和保温层应在混凝土冷却到5℃以下或在混凝土表面温度与外界温度相差不大于20℃时拆除，混凝土强度达到设计强度等级标准值的70%时，可拆除养护设施

五、防水工程施工

（一）屋面防水工程

屋面防水技术方法有防水卷材作业、涂膜防水层、细石混凝土防水层和复合防水层。依据《屋面工程施工规程》DG/TJ 08—22—2013 的规定，屋面防水工程的施工要点见表1.3-16。

屋面防水工程的施工要点　　　　　　　　表1.3-16

类别	施工要点
一般施工要求	（1）屋面防水有卷材防水层、涂膜防水层、细石混凝土防水层、复合防水层、接缝防水密封等分项工程 （2）基层处理剂应配比准确，搅拌均匀；喷涂或涂刷基层处理剂均匀一致，表干后应进行防水层和接缝防水密封的施工 （3）找平层分格缝两侧卷材、涂膜防水层应做空铺处理，先点粘100mm宽的卷材或土工布条，再进行大面卷材或涂膜施工
防水卷材施工	（1）卷材防水层采用的高聚物改性沥青防水卷材、合成高分子防水卷材以及所选用的基层处理剂、接缝胶粘剂、密封剂等配套材料应做相容性试验 （2）卷材防水层施工期间应密切关注天气变化。各层卷材铺设前应将卷材内的空气赶净，粘贴应平顺、严密，并做好收头和关键节点等处理措施。铺设过程中发现有起鼓、起泡的应进行修补 （3）高聚物改性沥青防水卷材和合成高分子防水卷材应平行或垂直屋脊铺贴进行，上下层卷材不应相互垂直铺贴。卷材屋面的坡度不宜超过25%，坡度超过25%时应采取防止卷材下滑的固定措施，固定点应密封严密冷粘法铺贴卷材，采用冷粘法铺贴卷材应先在铺贴处弹线，弹线时应按卷材尺寸扣除搭接宽度，接缝口应用密封材料封严，宽度不应小于10mm （4）热熔法铺贴卷材施工应做好前期准备工作，火焰加热器加热卷材应均匀，不应过分加热或烧穿卷材，厚度小于3mm的高聚物改性沥青防水卷材严禁采用热熔法施工。卷材表面热熔后应立即滚铺卷材，

类别	施工要点
防水卷材施工	卷材下面空气应排尽并辊压粘接牢固，不应空鼓。材料的储存及铺贴施工中应采取相应的防火措施，热塑性 PVC 卷材搭接应采；用热风焊接法施工 （5）自粘法铺贴卷材应按基准线的位置，将卷材直接滚铺粘贴于基层上，卷材搭接部位宜用热风枪加热，加热后随即粘贴牢固，对溢出的自粘胶应及时刮平封口，大面卷材铺贴完毕后，卷材接缝处应用密封膏封严，宽度不应小于 10mm，铺贴立面、大坡面卷材时，应采取加热后粘贴牢固 （6）采用搭接粘贴卷材法时，上下层及相邻两幅卷材的搭接缝应错开，并不少于 1/3 幅宽卷材在变形缝断开处应以弧形弯曲的方式处理 （7）女儿墙、山墙、檐口天沟等处的细部处理，应做到构造合理、严密，女儿墙、山墙与屋面板应拉结牢固，垂直面与屋面之间应加铺一层卷材作加强层，并分层搭接 （8）雨水口及落水斗周围卷材宜翻入落水斗内口贴实、贴平、不皱褶，层数（包括加强层）应符合要求，转角墙面应做好找平层
涂膜防水层	（1）防水涂膜配料应采用机械搅拌，搅拌时间 3～5min。未用完的涂料应加盖封严，有少量结膜时，应清除或过滤后再使用 （2）严禁任意改变配合比；配料应计量准确，主剂和固化剂的混合偏差不应大于 ±5%；配制好的涂料宜在 2h 内用完，不应长时间暴露在空气中 （3）涂膜防水层施工前，应根据工艺试验确定涂刷的遍数、每度厚度、每度涂刷的涂料用量和时间间隔 （4）涂膜防水层施工时，第一度应薄涂。厚质涂料施工时每度涂刷应待前度涂膜实干后才能进行 （5）涂膜防水层基层处理剂施工：水乳型防水涂料可用掺 0.2%～0.5% 乳化剂的水溶液或软化水将涂料稀释，配合比为防水涂料：乳化剂水溶剂（或软化水）=1：（0.5～1）；溶剂型防水涂料可直接用涂料薄涂作基层处理；高聚物改性沥青涂料应采用专用冷底子油作为基层处理剂 （6）涂刷防水涂料施工，厚质涂料宜采用铁板或胶皮板刮涂施工。薄质涂料可采用棕刷、圆滚刷等进行人工涂布。涂布应全面覆盖基层，不应露底。刮涂施工时，应先将涂料直接分散倒在屋面基层上，用刮板往返刮涂。涂料涂刷应分条线或按顺序进行，各道涂层之间的涂刷方向应相互垂直 （7）水落口、天沟、泛水、檐口以及伸出屋面管道根部应铺设胎体加强材料，屋面坡度为 3%～15% 时，可平行或垂直屋脊铺设，铺设时应由最低标高处向上操作，屋面坡度大于 15% 时，应垂直于屋脊铺设 （8）变形缝等薄弱部位应进行加强处理，管根部位十字交叉粘贴。同层相邻加强材料的搭接宽度应大于 100mm，设计要求加强层多于一层的，上下层接缝应错开三分之一幅宽。铺设材料时，粘贴应贴紧、贴平，不应起皱。出现皱褶，应用刷子刷开压平
细石混凝土防水层	（1）细石混凝土防水层一般与下层的柔性防水层共同组成 2 道或 2 道以上防水设防，其结构层宜为整体现浇的钢筋混凝土，住宅工程屋面必须采用现浇钢筋混凝土结构 （2）细石混凝土防水层与基层间宜设置隔离层。当设计无规定时，隔离层可采用厚度 0.5mm 以上塑料薄膜、低强度等级砂浆、干铺卷材等 （3）细石混凝土防水层与立墙以及凸出屋面结构等交接处，均应留缝，缝宽 30mm，并做柔性密封处理 （4）细石混凝土防水层的基层处理、钢筋绑扎、浇筑养护等应符合相关规定
复合防水层	（1）卷材与涂膜复合使用时，选用的防水卷材和防水涂料应相容 （2）卷材与涂膜复合使用时，涂膜防水层应设置在卷材防水层的下面，防水卷材与防水涂料的粘结剥离强度应符合相关规定。高聚物改性沥青防水卷材与高聚物改性沥青防水涂料胶粘剂的剥离强度不应小于 8N/10mm。合成高分子防水卷材与合成高分子防水涂料胶粘剂的剥离强度不应小于 15N/10mm，浸水 168h 后不应小于 70%。自粘橡胶沥青防水卷材与合成高分子防水涂料胶粘剂的剥离强度不应小于 8N/10mm （3）挥发固化型防水涂料不应作为防水卷材粘结材料使用，水乳型或合成高分子类防水涂料不应与热熔型防水卷材复合使用。水乳型或水泥基类防水涂料应待涂膜实干后方可铺贴卷
接缝防水密封	（1）基层处理剂应达到表干状态后才能嵌填密封材料 （2）密封材料嵌缝前应对缝槽进行处理，缝槽处理应符合相关规定。嵌缝接缝处应按要求起出预埋分格条或弹线切割，保持宽度统一形成一条直线。嵌缝接缝内应清除杂物，清扫干净，嵌缝接缝内表面应干燥

续表

类别	施工要点
接缝防水密封	（3）密封防水处理连接部位，应涂刷与密封材料相配套的处理剂。严禁使用过期材料；组分基层处理剂经搅拌均匀后方可使用 （4）嵌缝的宽度应为2：1（宽：深），且缝宽不应小于10mm。接缝宽度大于30mm，成为弧形底部时，宜采用二次嵌填法 （5）密封防水处理连接部位基层处理完成后，应立即嵌填密封材料。改性石油沥青密封材料热灌嵌填法施工时，应由下而上连续施工。冷嵌法施工时，应先沿槽边刮实，后填中间槽缝。嵌缝枪施工时，枪嘴应贴近接缝底部，并倾斜30°～45°，挤出密封材料。人工密封材料嵌缝施工时，用沾过煤油的腻子刀将密封膏向接缝两侧缝壁上刮抹，使膏与缝壁粘结牢固，再从缝壁向中部刮膏至填满整个接缝。挤压密封材料应以缓慢均匀速度边挤边移，使密封膏从缝底渐渐填满接缝 （6）嵌缝膏未固化时，应采取保护措施，并进行养护，养护时间不宜少于2～3d，端部和十字交叉的关键部位应保证接头不被破坏

（二）地下防水工程施工

地下室防水混凝土施工常用的防水混凝土由普通防水混凝土、外加剂掺和料防水混凝土及膨胀水泥防水混凝土组成。地下防水工程依据《建筑与市政工程防水通用规范》GB 55030—2022 的规定，地下防水工程的施工要点见表 1.3-17。

地下防水工程的施工要点　　　　　　　　　　　　　表 1.3-17

部位	施工要点
地下防水工程	（1）地下连续墙墙幅接缝渗漏应采取注浆、嵌缝等措施进行止水处理 （2）桩头应涂刷外涂型水泥基渗透结晶型防水材料，桩头应涂刷外涂型水泥基渗透结晶型防水材料，涂刷层与大面防水层的搭接宽度不应小于300mm。防水层应在桩头根部进行密封处理 （3）有防水要求的地下结构墙体应采用穿墙防水对拉螺杆套具 （4）防水层和保护层施工完成后，屋面应进行淋水试验或雨后观察，檐沟、天沟、雨水口等应进行蓄水试验，并应在检验合格后再进行下一道工序施工 （5）防水层施工完成后，后续工序施工不应损害防水层，在防水层上堆放材料应采取防护隔离措施 （6）地下室涂膜施工程序：清理、修理基层→涂刷基层处理剂→节点部位附加增强处理→涂布防水涂料及铺贴胎体增强材料→清理及检查修理→平面部位铺贴卷材保护隔离层→平面部位浇筑细石混凝土保护层→立面部位粘贴聚乙烯泡沫塑料保护层→基坑回填

（三）建筑外墙防水工程

依据《建筑与市政工程防水通用规范》GB 55030—2022 的规定，建筑外墙防水工程的施工要点见表 1.3-18。

外墙防水工程的施工要点　　　　　　　　　　　　　表 1.3-18

部位	施工要点
外墙防水工程	（1）建筑外墙防水工程建筑外墙防水应根据工程所在地区的工程防水使用环境类别进行整体防水设计。建筑外墙门窗洞口、雨篷、阳台、女儿墙、室外挑板、变形缝、穿墙套管和预埋件等节点应采取防水构造措施，并应根据工程防水等级设置墙面防水层 （2）墙面防水层做法：防水等级为一级的框架填充或砌体结构外墙，应设置2道及以上防水层。防水等级为二级的框架填充或砌体结构外墙，应设置1道及以上防水层。当采用2道防水时，应设置1道防水砂浆，以及1道防水涂料或其他防水材料。防水等级为一级的现浇混凝土外墙、装配式混凝土外墙板应设置1道及以上防水层 （3）门窗洞口节点构造防水和门窗性能要求：门窗框与墙体间连接处的缝隙应采用防水密封材料嵌和

续表

部位	施工要点
外墙防水工程	密封。门窗洞口上楣应设置滴水线；门窗性能和安装质量应满足水密性要求；窗台处应设置排水板和滴水线等排水构造措施，排水坡度不应小于5% （4）雨篷、阳台、室外挑板等防水做法应符合下列规定：雨篷应设置外排水，坡度不应小于1%，且外口下沿应做滴水线。雨篷与外墙交接处的防水层应连续，且防水层应沿外口下翻至滴水线。开敞式外廊和阳台的楼面应设防水层，阳台坡向水落口的排水坡度不应小于1%，并应通过雨水立管接入排水系统，落口周边应留槽嵌填密封材料。阳台外口下沿应做滴水线。室外挑板与墙体连接处应采取防雨水倒灌措施和节点构造 （5）外墙变形缝、穿墙管道、预埋件等节点防水措施：变形缝部位应采取防水加强措施。当采用增设卷材附加层措施时，卷材两端应满粘于墙体，满粘的宽度不应小于150mm，并应钉压固定，卷材收头应采用密封材料密封。穿墙管道应采取避免雨水流入措施和内外防水密封措施。外墙预埋件和预制部件四周应采用防水密封材料连续封闭 （6）使用环境为Ⅰ类且强风频发地区的建筑外墙门窗洞口、雨篷、阳台、穿墙管道、变形缝等处的节点构造应采取加强装配式混凝土结构外墙接缝以及门窗框与墙体连接处采用密封材料、止水材料和专用防水配件等进行密封

（四）建筑室内防水工程

建筑室内防水工程依据《建筑与市政工程防水通用规范》GB 55030—2022 的规定，其施工要点见表 1.3-19。

室内防水工程的施工要点　　　　表 1.3-19

部位	施工要点
室内防水工程	（1）室内楼地面防水做法：一级 （2）室内墙面防水层不应少于1道 （3）有防水要求的楼地面应设排水坡，并应坡向地漏或排水设施，排水坡度不应小于1.0% （4）用水空间与非用水空间楼地面交接处应有防止水流入非用水房间的措施。淋浴区墙面防水层翻起高度不应小于2000mm，且不低于淋浴喷淋口高度。盥洗池盆等用水处墙面防水层翻起高度不应小于1200mm。墙面其他部位泛水翻起高度不应小于250mm （5）潮湿空间的顶棚应设置防潮层或采用防潮材料 （6）室内工程的防水构造设计应满足：地漏的管道根部应采取密封防水措施；穿过楼板或墙体的管道套管与管道间应采用防水密封材料嵌填密实；穿过楼板的防水套管应高出装饰层完成面，且高度不应小于20mm （7）室内需进行防水设防的区域不应跨越变形缝等可能出现较大变形的部位 （8）采用整体装配式卫浴间的结构楼地面应采取防排水措施

六、装饰工程施工

（一）抹灰工程

抹灰工程主要包括水刷石抹灰、斩假石抹灰、干粘石抹灰、卵石抹灰、水磨石、雕塑抹灰及上色，依据《建筑工程装饰抹灰技术标准》DG/TJ 08—2357—2021 的规定，各项施工要点见表 1.3-20。

抹灰工程的施工要点　　　　表 1.3-20

类别	施工要点
一般施工要求	（1）装饰抹灰施工前，应将墙体上的孔洞、沟槽填补密实、整平，且修补找平用的砂浆应与抹灰砂浆一致

续表

类别	施工要点
一般施工要求	（2）装饰抹灰施工前应清除墙体表面的浮灰，并洒水润湿 （3）装饰抹灰面层大面积施工应先做样板 （4）面层抹灰前，应先在中层抹灰表面用水泥净浆或界面剂薄刷 （5）抹灰砂浆在凝结硬化前，应防止暴晒、淋雨、水冲、受冻、撞击和振动。在干燥区域应采取遮阳措施和浇水养护等 （6）面层抹灰凝结硬化后，应及时保湿、保温养护，并采取保护措施，养护期应不少于 7d （7）雕塑抹灰结构基层处理，表面应无蜂巢孔、扭曲变形、凹凸不平等瑕疵。安装网片前应使用高压水洗喷枪冲洗整个墙体表面，当装饰端部及变形缝位于潮湿区域时，L 形收口板条应选用不锈钢或铝质材料，厚度应不小于 0.6mm；在特别潮湿的环境或沿海地区，应采用 304 级不锈钢材料 （8）雕塑抹灰中的底层抹灰与结构基层应紧密粘合
水刷石抹灰施工	（1）水刷石面层应做在已经硬化、平整且粗糙无空鼓的中层抹灰层上 （2）当采用木分格条时，木分格条粘贴前应在水中浸透，避免抹灰后分格条发生膨胀，分格条应在面层抹灰终凝后取出 （3）分格条断面高度应等于面层厚度，宽度方向应呈里窄外宽梯形 （4）水泥石碴浆粉刷前，应对干燥的中层抹灰表面洒水湿润，并刷一层素水泥浆 （5）冲洗应在面层刚开始初凝时进行，应从阳角开始冲洗。喷头应距面层 10～20cm，应均匀喷射，将表面水泥浆冲洗掉，使石子外露粒径的 1/3 左右 （6）墙面冲洗完成后，分格缝应采用 1∶1 水泥砂浆做凹缝并上色，且应在水泥砂浆内加色拌合均匀后嵌缝 （7）白色水石水洗完成后，宜采用草酸溶液清洗后再过清水
斩假石抹灰施工	（1）斩假石抹灰面层施工时，宜根据气候条件确定开斩时间。大面积施工时应先试剁，以石子不脱落为宜 （2）斩剁前应先弹顺线，并离开剁线适当距离按线操作，剁纹不得跑斜 （3）斩剁顺序应自上而下、先四边再中间 （4）剁中间大面应根据不同纹理采用不同工具和方式进行处理 （5）斩剁时宜先轻剁一遍，再盖着前一遍的剁纹剁出深痕，操作时用力应均匀，移动速度应一致，不得出现漏剁 （6）柱子、墙角边棱斩剁时，应先横剁出边缘横斩纹或留出窄小边条（边宽 3～4cm）不剁；剁边缘时应使用锐利的小剁斧轻剁 （7）斧纹应随花走势而变化，严禁出现横平竖直的剁斧纹；花饰周围的平面上应剁成垂直纹，边缘应剁成横平竖直的围边 （8）当用细斧剁一般墙面时，各格块体中间部分应剁成垂直纹，纹路应平行，上下各行之间均一致 （9）斩剁深度应以石渣剁掉 1/3 为准
干粘石抹灰施工	（1）干粘石抹灰面层砂浆可采用稠度不大于 80mm 的聚合物水泥砂浆 （2）石粒与面层砂浆粘结顺序应自上而下，先小面后大面 （3）石粒嵌入砂浆的深度应不小于粒径的 1/2，并使用木抹子等将石子均匀地拍入面层抹灰层，做到拍实、拍严 （4）分格块的面层抹灰高度应比分格条低 1mm 左右，以保证石粒撒上压实后的整体平整度 （5）石粒与面层砂浆粘结顺序应自上而下，先小面后大面 （6）石粒嵌入砂浆的深度应不小于粒径的 1/2 （7）石粒不得出现下坠、不均匀、外露尖角太多、面层不平整等现象 （8）石粒与面层砂浆的粘结施工应随粉随抹
卵石抹灰施工	（1）卵石面层抹灰厚度应控制在卵石粒径的 1/2 以内，抹灰厚度范围宜为 10～20mm （2）甩卵石时应用力均匀，不得硬、硬甩，不可多次拍打和搓揉 （3）甩完卵石后应使用抹子轻轻将卵石压入灰层，不得用力过猛，不得有局部返浆

续表

类别	施工要点
水磨石施工	（1）水磨石应做在已经硬化、平整且粗糙无空鼓的抹灰层上涂抹前应洒水湿润 （2）分格条粘贴前，应按照设计要求，弹线确定分格条位置，注意横条平整均匀，竖条垂直，对称一致 （3）水泥石渣浆粉刷前，应先对干燥的中层抹灰表面进行洒水湿润，并刷一层素水泥 （4）石子面层应高于分格条，并在之后进行打磨平整 （5）水磨石施工应在分格范围内从左至右、从上往下粉刷水泥石渣浆，随粉随拍，应做到拍平、拍实、拍匀。为防止面层成活后出现明显的抹纹，应使用泥板进行一遍收光 （6）水泥砂浆强度应视气候及表面硬化情况进行表面打磨，并应满足"三磨两浆"的要求 （7）粗磨应选用100~200目的磨头进行打磨 （8）中磨应选用300~800目磨头进行打磨，应满足平整度、垂直度、阴阳角方正的质量要求，分格条直线度和墙裙上口直线度均应符合一般抹灰的验收标准 （9）打磨结束后应采用10%浓度的草酸溶液将表面干净，待表面干燥发白后，即可打蜡抛光
雕塑抹灰施工	（1）施工前，应制作样板，并在验收通过后方可进入后续抹灰作业，方案应在审批通过后方可进入后续抹灰作业 （2）喷射砂浆施工前，中间抹灰层应进行拉毛处理；喷射砂浆施工完成后应静置1~2h方可进行后续施工；喷射砂浆厚度应取决于现场造型要求 （3）根据造型特点选择使用；修改造型、增加细节宜在砂浆半干时进行；雕塑完成后应立即使用塑料薄膜等覆盖养护 （4）雕塑底层抹灰与不同材料的交界区域应设置L形收口条，室外雕塑抹灰厚度应为25~65mm；室内雕塑抹灰厚度应为15~50mm （5）雕塑抹灰应分层进行，雕塑打底抹灰层每道施工厚度宜为12~15mm，中层抹灰每道施工厚度宜为12~15mm，面层抹灰每道施工厚度宜为16~35mm （6）雕塑面层抹灰砂浆强度应不高于上一道抹灰砂浆的强度 （7）雕塑抹灰砂浆设计强度等级应大于M20，宜采用强度等级不低于42.5级的水泥进行预拌 （8）打底抹灰砂浆和中层抹灰砂浆混合后的坍落度应不大于60mm （9）雕塑抹灰砂浆的搅拌时间应自加水开始计算，不得少于3 min （10）雕塑底层抹灰应分为结构墙体抹灰层与二道抹灰层。二道抹灰层应在垂直面上刮出水平刮痕，水平凹槽的深度应为3~5mm，宽度和间距应为20~30mm，浆应在5d内保持湿润养护 （11）雕塑中层抹灰应将底层抹灰层表面拉毛，并清理表面多余的突起物及周围散落的砂浆。在1~2d内持续喷湿处理，并应在5~7d内湿润养护 （12）雕塑面层抹灰应与中层抹灰接触密实，不得有空鼓。面层雕塑的总厚度应控制在25~65mm。雕塑面层的伸缩缝宜留在门窗框边上，伸缩缝的宽度宜为8~12mm，宜使用环氧树脂类材料进行填充。大面积雕塑面层抹灰施工的接缝，应隐藏在仿石、仿木和仿墙面砖等工艺的缝隙中，宜使用环氧树脂类材料进行填充。雕塑面层抹灰施工宜一次性完成 （13）仿真效果雕塑面层应适应在雕塑中层半干时局部增加砂浆，或切割多余部分，应达到层次分明、线条硬朗等造型要求。雕塑抹灰总厚度为3~10mm （14）雕塑抹灰的面层抹灰厚度宜为16~35mm
上色施工	（1）色板制作宜使用无气喷涂机将油漆喷涂在空白色卡上，并标注体系色号；小样及系列色卡应在审批通过后，方可进入后续上色作业 （2）上底漆前应控制含湿量小于5% （3）装饰抹灰养护28d后，上底漆前应对作业区域进行pH检测 （4）在底漆有效时间内必须完成喷涂工：底漆完全干透后方可进行后续上色作业 （5）底漆应使用喷枪进行喷涂；应在底漆完全干透后方可进行效果色绘制 （6）单色效果色宜使用喷枪喷绘，仿真效果色宜使用鬃毛刷进行纹理绘制、撒点、水洗、局部高光等处理；每层上色应待上一层颜色完全干透后方可进行，仿真效果完成后应与样品饰面一致 （7）上色应均匀覆盖饰面，且保证表面颜色鲜艳度与光泽度良好，使用喷枪涂透明保护漆 （8）若雕塑饰面雕塑层或上色层不慎被破坏，应先进行局部雕塑层修补，养护一周后方可使用相近颜色进行上色层修补

（二）吊顶工程

轻钢龙骨石膏板吊顶依据《轻钢龙骨石膏板隔墙、吊顶应用技术规程》DG/TJ 08—2098—2012 的规定，其施工要点见表 1.3-21。

轻钢龙骨石膏板吊顶的施工要点 表 1.3-21

类别	施工要点
一般施工要求	（1）隔墙、吊顶系统施工前，使施工人员熟悉施工设计图纸、安装工艺、安装顺序、工期进度、安全措施、环保措施及施工检查验收技术文件 （2）石膏板安装施工应在外墙、窗户和楼层内各类主要管线施工完成后进行 （3）所用的材料均应有产品合格证书及有效的检测报告 （4）石膏板应置于地面平整、干燥、通风处，防止受潮变形 （5）隔墙、吊顶施工应在结构工程验收完成后进行 （6）隔墙、吊顶施工过程中，土建与电气设备等安装作业应密切配合，特别是预留孔洞、吊灯等处的补强措施应符合设计要求，以保证安全 （7）轻钢骨架的吊杆、龙骨不得固定在通风管道及其他设备件上 （8）已安装的轻钢龙骨不得上人踩踏，其他工种吊挂件，不得吊于轻钢龙骨上 （9）废弃物应按环保要求分类堆放及处理 （10）雨期时，石膏板防护以及施工均应在室内进行，严禁淋雨受潮
轻钢龙骨石膏板吊顶施工	（1）轻钢龙骨石膏板吊顶施工流程应按图：弹线→安装边龙骨→安装吊杆及吊件→安装龙骨及挂件、接长件→开洞处理、管道铺设→安装石膏板→嵌缝及转角处理 （2）边龙骨应安装在房间四周围护结构上，下边线上口应与吊顶标高线平齐，并用射钉或膨胀螺栓固定，间距宜为600mm，端头宜为50mm （3）吊点位置应根据施工设计图纸，在室内顶部结构下确定。主龙骨端头吊点距主龙骨边端不应大于200mm，端排吊点距侧墙间距不应大于200mm （4）选择吊杆类型吊杆应通直并满足承载要求。吊杆需接长时，必须搭接焊牢，焊缝饱满。当采用单面焊时，搭接长度不应小于吊杆直径的10倍。当采用双面焊时，搭接长度不应小于吊杆直径的5倍根据主龙骨规格型号选择配套吊件 （5）大面积的吊顶，宜每隔12m在主龙骨上部垂直方向焊接一道横卧主龙骨，焊接点处应涂刷防锈漆，副龙骨应紧贴主龙骨，副龙骨需加长时，应采用接长件接，副龙骨间距应准确、均衡，按石膏板模数确定，保证石膏板两端固定于副龙骨上。石膏板长边接缝处应增加横撑龙骨，横撑龙骨用水平件连接。并与通长副龙骨固定。安装副龙骨及横撑龙骨时应避开设备开洞、检查孔的位置 （6）石膏板安装前，应进行吊顶内隐蔽工程验收，所有项目验收合格且建筑外围护施工完成后才能进行石膏板安装 （7）第一层石膏板的板缝宜采用接缝石膏抹平，自攻螺钉的间距宜为200mm。第二层石膏板的板缝应与第一层的板缝错开，板边的自攻螺钉间距宜为150mm，板中的自攻螺钉间距宜为250mm，且自攻螺钉的位置应与第一层板上自攻螺钉的位置错开。板缝应做接缝处理，不应用斧锤等钝器敲砸

（三）轻质隔墙工程

轻质隔墙施工包括隔墙的施工及隔墙基层板的安装。隔墙的施工包括轻钢龙骨石膏板施工、木龙骨施工和玻璃隔墙施工；隔墙基层板安装包括现浇泡沫混凝土轻质隔墙、多层板隔墙施工和其他板材施工。轻钢龙骨石膏板隔墙依据《轻钢龙骨石膏板隔墙、吊顶应用技术规程》DG/TJ 08—2098—2012 的规定，现浇泡沫混凝土轻质隔墙依据《现浇泡沫混凝土轻质隔墙技术规程》DG/TJ 08—2226—2017 的规定，其余均依据《住宅装饰装修工程施工技术规程》DG/TJ 08—2153—2014 的规定，各项施工要点见表 1.3-22。

轻质隔墙工程的施工要点　　　　　表 1.3-22

类别		施工要点
一般施工要求		（1）适用于轻质砌体、骨架、玻璃、板材等材料的非承重隔墙工程的施工 （2）有隔声要求的骨架隔墙应设置隔声材料，隔声材料应填充密实牢固 （3）隔墙材料不应损坏、受潮、变形 （4）潮湿房间四周应浇筑混凝土地导梁，其宽应同墙身宽度，高度不应小于200mm （5）隔墙与顶棚和其他墙体的连接处应采取防裂措施 （6）触砖、石、混凝土的木龙骨和预埋的木质材料应做防腐处理 （7）隔墙玻璃应采用安全玻璃
隔墙施工	轻钢龙骨石膏板施工	（1）轻钢龙骨石膏板隔墙施工流程：弹线、分档→做导墙（有设计要求时）→固定沿顶、沿地龙骨→安装竖向龙骨→安装吊挂埋件、门窗框→安装贯通龙骨→铺设电气、消防、上水管道→安装附墙设备→龙骨检查校正补强→安装石膏板、铺设填充材料→嵌缝及护角处理 （2）龙骨施工时，应按龙骨的宽度在隔墙与上、下及两边基体的相接处弹线 （3）当有防潮、防水要求时，应按设计做C20细石混凝土导墙 （4）沿顶、沿地龙骨应沿弹线位置用射钉或膨胀螺栓固定，固定点间距不应大于600mm，龙骨对应应保持平直 （5）选用通贯系列龙骨时，低于3m应隔断安装一道龙骨，3～5m应隔断安装两道龙骨；5m以上应安装三道龙骨 （6）石膏板的横向接缝，如不在沿顶、沿地龙骨上时，应加设横撑龙骨或钢带固定石膏板 （7）预埋管道和附墙设备应按设计要求与龙骨安装同步进行，或在另一面石膏板封板前进行，并采取局部加强措施固定牢固。电气设备在墙中铺设管线时，应避免切断竖向龙骨，同时避免在沿墙下端设置管线 （8）龙骨应全面检查校正补强，如有不牢固处，应进行加固 （9）石膏板宜竖向铺设，长边（即包封边）接缝应落在竖龙骨上。曲面墙所用石膏板宜横向铺设。沿石膏板周边螺钉间距不应大于200mm，中间部分螺钉间距不应大于300mm，螺钉与板边缘的距离应为10～15mm 石膏板宜使用整板。石膏板拼接时应自然靠拢，但不得强压就位 （10）在隔墙连续超过12m、建筑物结构本身设缝处、隔墙与不同材质连接处设置变形缝 （11）当室外日平均气温连续5d低于5℃时，轻钢龙骨石膏板隔墙、吊顶工程应编制相应的冬期施工方案
	木龙骨施工	（1）木龙骨的横截面和纵、横向间距应符合设计要求，设计无要求时，竖龙骨截面不应小于35mm×75mm，横龙骨截面不应小于25mm×75mm，间距为400～600mm （2）横、竖龙骨应采用半榫、涂胶、加钉连接 （3）木龙骨应预先涂刷防火涂料，并应干燥处理
	玻璃隔墙	（1）玻璃砖隔墙1.5m高为一个施工段，待下施工段粘结材料固化后进行上部施工 （2）玻璃砖隔墙宽度和高度大于1.5m时应设置拉结筋，间距应不大于1.5m，拉结筋两端应伸入槽内 （3）玻璃砖应排列均匀整齐，嵌缝材料应饱满密实，表面平整
隔墙基层板安装	现浇泡沫混凝土轻质隔墙	（1）施工应在主体结构分项工程验收合格后进行。施工前，应编制施工技术方案，经批准后方可实施 （2）施工应在做地面找平层前进行。宜先做样板墙，并应经有关方确认后再进场施工 （3）当室内环境温度低于5℃时，不宜进行泡沫混凝土的浇筑。当确需在低于5℃环境下施工时，应采取冬期施工措施 （4）施工过程中应对各工序进行验收并保存验收记录，施工和验收记录应包括文字记录、照片或影像资料

续表

类别		施工要点
隔墙基层板安装	现浇泡沫混凝土轻质隔墙	（5）非平整地面应在墙体位置进行找平处理 （6）施工前，宜对预埋件、吊挂件、连接件的数量、位置、固定方式进行核查 （7）轻钢复合龙骨安装应准确测量施工作业基面空间的高度，应根据安装的实际高度裁切竖向轻钢复合龙骨 （8）应用轻钢复合龙骨固定件将组合好的龙骨架固定在顶面或梁板下面和地面或混凝土基座上 （9）龙骨架的安装，有门窗洞口的，宜先安装门窗洞口两侧的龙骨架，再依次从两侧安装没有门窗洞口的，宜从墙的一侧依次安装 （10）水电管线、电气箱等需要预埋的设施应在龙骨架安装完成后进行，管线可用卡件固定在轻钢复合龙骨上 （11）墙体上预留的水电管线、电气箱等开洞处，洞口四周采取加固措施 （12）墙体面板应在水电设施安装完后进行，应墙体面板上准确标出需要开孔的水电设施的部位 （13）用自攻螺钉将墙体面板固定在轻钢复合龙骨上 （14）接近梁面或楼板面处，一侧墙体面板应开设一条 50mm 高的横向预留口 （15）泡沫混凝土浇筑前，应要求确定泡沫混凝土的配合比配料，并按规定留样复检 （16）泡沫混凝土浇筑前，应严格控制各种原料掺量，准确控制搅拌时间、出料速度 （17）泡沫混凝土的制备配比应准确，宜采用强式搅拌机搅拌，搅拌时间不宜少于 3min 泡沫混凝土浆输送应采用泵送 （18）分次浇筑，每次浇筑的高度不大于 800mm 待前次浇筑面初凝后方可再进行下一次浇筑，不得采取机械振捣方式，可采用橡皮锤随时轻击隔墙面板表面进行外部振动 （19）泡沫混凝土浇筑完成后，应用木抹子抹平浇筑口上表面，待泡沫混凝土完全固化以后，再用微膨胀材料填满缝口 （20）泡沫混凝土养护期间不得进行振动性较大的其他工序施工
	多层板隔墙施工	（1）胶合板隔墙内敷设有电气管线时，安装前应对板背面进行防火处理 （2）轻钢龙骨应沿龙骨方向采用自攻螺钉固定。木龙骨采用圆钉固定时，钉距为 80～150mm，钉帽应砸扁并沉入板面约 1mm；采用枪钉固定时，钉距为 80～100mm （3）胶合板用木压条固定时，固定点间距不应大于 200mm
	其他板材施工	（1）隔墙上下基层应平整、牢固 （2）板材隔墙安装拼接应符合设计和产品构造要求 （3）安装板材隔墙时宜使用简易支架 （4）板材隔墙拼接用的芯材应符合防火要求 （5）在板材隔墙上开槽、打孔应采用机械作业，不得敲凿

（四）墙面铺装工程

墙面铺装工程的隔墙镶贴法依据《住宅装饰装修工程施工技术规程》DG/TJ 08—2153—2014 的规定，其施工要点见表 1.3-23。

墙面铺装工程的施工要点　　　　　　　　　　　表 1.3-23

类别	分类	施工要点
	一般要求	（1）适用于木（竹）材、石材、墙面砖、织物、壁纸等饰面材料的室内墙面镶贴安装工程的施工 （2）金属预埋件、金属龙骨、自攻螺钉等应进行防锈处理，木龙骨、造型木板和木饰面板应进行防腐、防火、防蛀处理，并宜采用不燃、难燃性材料 （3）采用湿作业法镶贴的石材应根据石材特性作防护处理

续表

类别	分类	施工要点
一般要求		（4）基层表面应平整、清洁，不得有空鼓、开裂等现象 （5）变形缝处墙饰面板、主、次龙骨应断开，两部分自成体系 （6）采用干挂工艺施工，干挂基层须与主体结构连接牢固
墙面、饰面施工	木饰面镶贴	（1）镶贴前应检查基层的平整度、垂直度，有防潮要求的应进行防潮处理 （2）木饰面板不宜直接固定在基层墙面 （3）木饰面板的接缝须与木基层板的接缝错开 （4）实木拼板背面应做卸力槽，应留有伸缩间隙且不大于0.5mm，实木拼板在安装前，应进行挑选与预先排布，安装后花纹、花色应基本一致
	石材饰面镶贴	（1）粘贴法施工应采用专用胶粘剂，大于300mm×300mm的石材面板，应增加与基层墙体连接的措施，基层处理应平整、粗糙 （2）干挂法按排板图，在墙面上放线，确认板块平面分格。无预埋件的基层墙面，应根据板块位置采用防锈膨胀螺栓或化学螺栓固定干挂件，空心砖砌体或轻质砖砌体上应安装承载支架。焊接处应除去焊渣做防锈处理。当石材采用离缝形式时，应用石材专用密封胶密封 （3）石材饰面镶贴预埋件或后置埋件、连接件进行防腐处理。石材槽、孔的位置、数量和尺寸应符合设计要求。石材表面平整洁净、色泽一致，无裂纹、缺损和泛色。石材嵌缝密实、平直，宽度和深度符合设计要求
	砖饰面镶贴	（1）有防水要求的防水层应完成。无防水层的基层，应先用清水湿润墙面 （2）砖饰面镶贴前应浸水2h以上，晾干表面水分 （3）在墙面凸出物处应整砖套割吻合，不得用非整砖拼凑镶贴
	裱糊施工	（1）有防潮要求的应进行防潮处理 （2）阴角处接缝应搭接，阳角处应包角，不得有接缝 （3）裱糊顶棚时涂刷胶使用专用的壁纸粉胶 （4）纺织纤维壁纸不宜在水中浸泡 （5）开关、插座突出墙面的电器盒，裱糊前应先卸去盒盖
	软包饰面施工	（1）软包饰面施工应在室内的顶面、地面装修、墙面和细木装修基本完成后进行 （2）基层应平整光洁，牢固不松动 （3）墙面标出软包饰面的尺寸、造型位置 （4）单块软包面料不应有接缝，四周应绷压严密

（五）涂饰工程

涂饰工程依据《建筑墙面涂料涂饰工程技术标准》DG/TJ 08—504—2021的规定，其施工要点见表1.3-24。

涂饰工程的施工要点 表1.3-24

类别	种类	施工要点
一般要求		（1）建筑墙面涂料涂饰工程中使用的底漆和面漆宜采用同一家企业生产的配套产品。施工单位应委托第三方检测单位对面漆、底漆和腻子进行相容性检测，检测合格后，方能用于墙面施工 （2）基层应牢固不开裂不掉粉不起砂不空鼓，基层表面应清洁、无灰尘、无浮浆、无油迹、无霉点、无盐类析出物和青苔等异物。基层应干燥，含水量不得大于10% （3）根据设计单位选定涂料的式样色彩光泽材料种类、等级、工程类型、涂饰要求、基层条件、施工平台及涂饰机械等编制涂饰工程施工方案

续表

类别	种类	施工要点
	一般要求	（4）涂饰工程应"基层处理、底涂层、中间涂层、面涂层"的顺序进行，后一遍涂层的施工必须在前一遍涂层表面干燥后进行 （5）涂料施工作业环境温度范围应符合产品说明书要求，施工时气温不宜低于5℃且相对湿度宜小于85%。当遇大雾、大风雨天时，应停止户外涂饰工程施工 （6）涂料施工过程中，涂饰墙面上的门窗五金件室内灯具及电气开关插座等应进行防护遮挡，防止粘附涂料 （7）涂料施工后应采取必要的成品保护措施
涂饰工程	内墙涂料、合成树脂乳液外墙涂料、水性氟树脂涂料和建筑外墙用液态无机涂料的施工	（1）施工工艺：清理基层→填补缝隙、刮腻子、磨平→涂饰底涂层→第一遍涂料→第二遍涂料 （2）石膏板内墙、顶棚表面处板缝应处理后再进行涂料施工
	弹性建筑涂料的施工	厚涂型弹性建筑涂料： （1）施工工艺：清理基层→填补缝隙、刮腻子、磨平→涂饰底涂料→涂饰厚层弹性料→涂饰弹性面涂料 （2）厚涂型弹性建筑涂料应使用专用聚氨酯泡沫辊施工。施工后面漆干膜凹点厚度大于或等于150pm，凸点厚度大于或等于300μm 平涂型弹性建筑涂料： （1）施工工艺：清理基层→填补缝隙、刮腻子、磨平→涂饰底涂料→涂饰弹性面料 （2）压平型的中间层，应在中间层涂料喷涂表干后，用塑料转筒将隆起部分表面压平 （3）复层涂料施工若以聚合物水泥为中间层，应在中间层涂料喷涂干燥后，采用抗碱封底涂料封闭，再施涂面层涂料2遍，面层涂料干燥间隔时间应按产品说明要求进行
	水性多彩建筑涂料	水性多彩建筑涂料施工工艺：清理基层→填补缝隙、刮腻子、磨平→涂饰底涂层→根据设计进行分格→涂饰带色中层涂料→喷涂水性多彩建筑涂料涂饰→罩光涂料

（六）地面铺装

1. 地面基层铺设

地面基层铺设工程包括灰土垫层、砂垫层和砂石垫层、碎石垫层、炉渣垫层、水泥混凝土垫层、找平层、隔离层和填充层等的施工，依据《建筑地面工程施工规程》DG/TJ 08—2008—2006 的规定，其施工要点见表 1.3-25。

基层铺设的施工要点 表 1.3-25

类别	施工要点
一般施工要求	（1）用于基土、垫层、找平层、隔离层和填充层等基层分项工程的施工 （2）用于基层铺设的材料质量、密实度和强度等级（或配合比）等应符合设计要求及《建筑地面工程施工规程》DG/TJ 08—2008—2006 的有关规定 （3）基层铺设前，其下一层表面应干净、无积水 （4）当垫层、找平层内埋设暗管时，管道应按设计要求予以稳固
基土	（1）地面应铺设在均匀密实的基土上。土层结构被扰动的基土，应进行换填，并予以压实 （2）施工前，应根据工程特点、填土料种类、密实度要求、施工条件等确定填土料含水率控制范

类别	施工要点
基土	围、虚铺厚度和压实遍数等参数 （3）填土时的回填土应为最佳含水量。重要工程或大面积地面填土前，应取土样，按击实试验确定最佳含水量与相应的最大干密度。严禁用淤泥、腐殖土、冻土、耕植土、膨胀土和含有机物大于 8% 的土作为填土，土块的粒径不应大于 50mm，并应过筛 （4）过干的土料在压实前应加以湿润，并相应增加压（夯）实遍数或采用大功率压（夯）实机械；过湿的土应予晾干，含水量过大时，可采取翻松、晾干、换土、掺入干土等措施降低其含水量 （5）填土施工应分层摊铺、分层压（夯）实、分层检验其密实度，并做每 6 层取样点位图 （6）人工打夯回填应按一定的方向进行，均匀分开，不留间隙。施工时应重叠半夯，往复夯实 （7）回填时，如遇有管道、管沟，应先在管道、管沟两侧人工同时进行填土夯实，直至管顶 0.5m 以上，方可采用打夯机夯实 （8）在墙、柱基础处填土时，应分层重叠夯填密实。在填土与墙、柱相连处，亦可采取设缝进行技术处理 （9）填土为砂土时可随洒水随压（夯）实，每层虚铺厚度不应大于 200mm （10）采用碎石、卵石等作基土表层加强时，应均匀铺开。粒径宜为 50～70mm，并应压（夯）入湿润的土层中
灰土垫层	（1）灰土垫层应采用熟化石灰与黏土（或粉质黏土、粉土）的拌合料铺设，其厚度不应小于 100mm （2）熟化石灰当采用生石灰块（块灰的含量不少于 70%）时宜在使用前 3～4d 用清水予以熟化，待充分消解成粉末状后过筛，其粒径不得大于 5mm，不得夹有未熟化的生石灰块 （3）熟化石灰可采用磨细生石灰或粉煤灰替代。熟化石灰颗粒粒径不得大于 5mm。采用磨细生石灰代替熟化石灰时，在使用前应按体积比预先与黏土拌合，洒水堆放 8h 后方可铺设 （4）所用的土不得含有机物质，不宜采用地表面耕植土。土料使用前应过筛，其粒径不得大于 15mm （5）铺设灰土应首先在墙面弹线，在地面设标桩，找好标高、挂线，做好控制摊铺灰土厚度的标准 （6）灰土垫层应分层夯实。夯实采用打夯机或蛙夯，大面积宜采用小型振动压路机碾压，夯打遍数不宜少于 3 遍，碾压遍数不宜少于 6 遍 （7）灰土拌合料应随铺随夯，不得隔日夯实，亦不得受雨淋。每层虚铺厚度宜为 150～250mm（夯实后 100～150mm），若垫层厚度超过 150mm，应由一端向另一端分段分层铺设，分层夯实 （8）灰土分段施工时，上下两层灰土的接槎距离不得小于 500mm。当灰土垫层标高不同时，应做成阶梯形。接槎处不应设在地面荷载较大的部位 （9）灰土施工应连续进行，施工中应有防雨排水措施 （10）灰土垫层不宜在冬期施工 （11）灰土最上一层完成后，应拉线或用靠尺检查标高和平整度。并经湿润养护、晾干后方可进行下一道工序施工 （12）铺设完毕，应尽快进行面层施工，防止长期暴晒
砂垫层和砂石垫层	（1）砂垫层厚度不应小于 60mm，砂石垫层厚度不应小于 100mm （2）砂石应选用天然级配材料。铺设时不应有粗细颗粒分离现象，压（夯）至不松动为止 （3）垫层应分层摊铺，摊铺厚度宜控制在压实厚度的 1.15～1.25 倍。砂垫层铺平后，应洒水湿润，并应采用机具振实 （4）采用平板振动器振实砂垫层时，每层虚铺厚度宜为 200～250mm，最佳含水量为 15%～20%。使用平板式振动器往复振捣至密度合格为止，振动器移动行距应重叠 1/3 （5）采用水撼法捣实砂石垫层时，每层虚铺厚度宜为 250mm，施工时注水高度略超过摊铺表面，用钢叉摇撼捣实，插入点间距为 100mm （6）采用夯实法施工砂石垫层时，每层虚铺厚度宜为 150～200mm，最佳含水量为 8%～12% （7）采用碾压法压实大面积砂石垫层时，每层虚铺厚度宜为 250～350mm，最佳含水量为 8%～12%。用 6～10t 压路机往复碾压，碾压遍数以达到要求的密实度为准，但不宜少于 3 遍

续表

类别	施工要点
砂垫层和砂石垫层	（8）分段施工时，接槎处应做成斜坡，每层接槎处的水平距离应错开 0.5～1.0m，并充分压（夯）实 （9）砂垫层施工应连续进行。最后一层施工完成后，表面应拉线找平，符合设计规定的标高 （10）施工中应有防雨排水措施，刚铺筑完成尚未夯实的砂垫层，如遭受雨淋浸泡，应排除积水，晾干后再夯打密实 （11）冬期施工，不得在基土受冻的状态下铺设砂垫层。砂石垫层冬期施工不得采用水撼法和插入振捣法施工。采用碾压或夯实的砂石垫层表面应用塑料薄膜和麻袋覆盖保温
碎石垫层	（1）碎石垫层厚度不应小于 100mm （2）垫层应分层压（夯）实，达到表面坚实、平整 （3）碎石应选用强度均匀、未经风化的碎料，其粒径宜为 5～40mm，且最大粒径不应大于垫层厚度的 2/3 （4）石垫层摊铺厚度应控制在设计厚度的 1.3～1.4 倍，分层摊平的碎石，大小颗粒要均匀分布，厚度一致。压实前应洒水使表面湿润 （5）小面积的碎石垫层摊铺应采用木夯或打夯机夯实，不宜少于 3 遍；大面积的碎石垫层摊铺宜采用小型压路机压实，不宜少于 4 遍，均夯（压）至表面平整不松动为止。面层微小空隙应以粒径为 5～25mm 的碎石填补
炉渣垫层	（1）炉渣垫层可采用炉渣或水泥与炉渣或水泥、石灰与炉渣的拌合料铺设，其厚度不应小于 80mm （2）炉渣内不应含有机杂质和未燃尽的煤块，颗粒粒径不应大于 40mm，且粒径不大于 5mm 的颗粒不得超过总体积的 40%；熟化石灰颗粒粒径不得大于 5mm （3）水泥宜采用强度等级不低于 32.5 级的硅酸盐水泥、普通硅酸盐水泥和矿渣硅酸盐水泥 （4）在垫层铺设前，其下一层应湿润；炉渣垫层与其结合应牢固，不得有空鼓和松散炉渣颗粒 （5）炉渣垫层应随拌随铺随压实，全部操作过程应在 2h 内完成 （6）垫层施工完毕应进行洒水养护，但应防止受水浸泡。垫层养护期内应避免践踏，待其凝固后方可进行下道工序的施工
水泥混凝土垫层	（1）水泥混凝土垫层的厚度不应小于 60mm。混凝土的强度等级应符合设计要求，且不应小于 C20 （2）水泥混凝土垫层采用的粗骨料，其最大粒径不应大于垫层厚度的 2/3；含泥量不应大于 2%；砂为中粗砂，其含泥量不应大于 3% （3）垫层铺设前，当为水泥类基层时，其下一层表面应湿润 （4）垫层的纵向缩缝应做平头缝或加肋板平头缝。当垫层厚度大于 150mm 时，可做企口缝。横向缩缝应做假缝平头缝和企口缝的缝间不得放置隔离材料，浇筑时应互相紧贴 （5）大面积水泥混凝土垫层应分区段浇筑 （6）已浇筑完的混凝土垫层，应在 12h 后覆盖和浇水，养护时间不宜少于 7d
找平层	（1）找平层应采用水泥砂浆或水泥混凝土铺设。当找平层厚度不大于 25mm 时，可用水泥砂浆做找平层；当找平层厚度大于 25mm 时，可用细石混凝土做找平层 （2）找平层应与其下一层结合牢固，不得有空鼓。当为水泥混凝土垫层时，铺设混凝土或砂浆前应先在基层上洒水湿润，然后刷一层水灰比为 0.4～0.5 的素水泥浆，并随刷随铺 （3）有防水要求的建筑地面其找平层铺设前，应对立管（套管）、地漏和楼板的节点之间进行密封处理，并进行隐蔽验收 （4）大面积地面找平层应分区段进行浇筑。区段的划分应结合变形缝位置、不同面层材料的连接位置和设备基础位置进行 （5）填缝采用细石混凝土，其强度等级不应小于 C20，填缝高度低于板面 10～20mm，且填嵌密实，表面不应压光；填缝后应养护，当混凝土强度等级达 C15 后，方可继续施工 （6）在预制钢筋混凝土板上铺设找平层时，其板端应按设计要求做防裂构造措施 （7）找平层浇筑完，12h 后应即进行覆盖和浇水，养护时间不宜少于 7d
隔离层	（1）使用新型防水类材料作隔离层，应根据出厂说明书的技术要求制定施工工艺并进行技术交底，必要时应先做样板。隔离层材料的选用应考虑和上层材料的相容性 （2）在水泥类找平层上铺设防水卷材、防水涂料或以水泥类材料作为防水隔离层时，其表面应坚

类别	施工要点
隔离层	固、洁净、干燥，其含水率不应大于 9%。铺设前，应涂刷基层处理剂。基层处理剂应采用与卷材性能配套的材料或采用同类涂料 （3）铺设防水隔离层时，在管道穿过楼板处，防水材料应沿管道向上铺涂，有套管时应超过套管的上口。在靠近墙面处应沿墙面向上铺涂，并应高于面层 200～300mm（或按设计要求的高度铺涂）。阴阳角和管道穿过楼板面的根部应增加铺设防水隔离层 （4）防水材料铺设后，必须蓄水检验。蓄水深度应为 20～30mm，24h 内无渗漏为合格，并做记录 （5）厕浴间和有防水要求的建筑地面必须设置防水隔离层。楼层结构必须采用现浇混凝土，混凝土工时结构层标高和预留孔洞位置应准确。隔离层铺设后，严禁乱凿 （6）防水隔离层坡向正确、排水通畅，严禁渗漏 （7）防水隔离层与其下一层应粘结牢固，不得有空鼓；防水涂层应平整、均匀，无脱皮、起壳、裂缝、鼓泡等缺陷 （8）隔离层施工完后，应及时进行下道工序施工或采取其他措施进行保护
填充层	（1）填充层的下一层表面应平整。当为预制板类时，应将预制板的吊钩等无用障碍物进行处理；对穿过结构的管道根部，应用细石混凝土填塞密实。当为水泥类时，下一层表面尚应洁净、干燥，并不得有空鼓、裂缝和起砂等缺陷 （2）填充材料在运输和保管中应防止吸水、受潮、雨淋、受冻，应轻搬轻放，并应分类堆放不得混杂。板、块状材料应防止磕碰、重压而损坏，以保证其外形完整 （3）采用松散材料铺设填充层时，应分层铺平拍实，铺设应密实，每层虚铺厚度不宜大于 150mm。压实后填充层上不得直接推车行走或堆积重物，并应及时进行下道工序施工 （4）采用板块状材料铺设填充层时，板干铺板块填充层宜直接铺设在结构层上，应压实、无翘曲

2. 地面整体面层铺设

地面整体面层铺设包括水泥混凝土、水泥砂浆、水磨石、耐磨混凝土、水泥钢（铁）屑、防油渗和不发火（防爆）等面层铺设。依据建筑《建筑地面工程施工规程》DG/TJ 08—2008—2006 的规定，其施工要点见表 1.3-26。

地面整体面层铺设的施工要点　　　　　　　　　表 1.3-26

类别	施工要点
一般规定	（1）配制面层、结合层用的水泥宜采用硅酸盐水泥、普通硅酸盐水泥或白水泥 （2）铺设整体面层时，其水泥类基层的抗压强度不得小于 1.2MPa，表面应粗糙、洁净、湿润并不得有积水。铺设前宜涂刷界面处理剂，或涂刷一遍水泥浆（水灰比为 0.4～0.5），并随刷随铺 （3）水磨石面层与垫层对齐的分格缝宜设置双分格条，大开间楼层的水泥类整体面层在结构易变形的位置应设置分格缝 （4）面层表面的坡度应符合设计要求，不得有倒泛水和积水现象 （5）整体面层的抹平工作应在水泥初凝前完成，压光工作应在水泥终凝前完成，面层与下一层的结合（粘结）应牢固，无空鼓 （6）踢脚线与墙面应紧密结合，高度一致，出墙厚度均匀 （7）整体面层施工后，养护时间不应少于 7d；抗压强度应达到 5MPa 后，方准上人行走；抗压强度应达到设计要求，方可正常使用
水泥混凝土面层	（1）水泥混凝土采用的粗骨料，其最大粒径不应大于面层厚度的 2/3，细石混凝土采用的石子粒径不应大于 15mm （2）面层混凝土的强度等级应符合设计要求，且不应低于 C20 （3）地面有地漏时，应在地漏四周做出不小于 0.5% 的泛水坡度 （4）铺设面层前，基层应提前 1d 浇水湿润，但表面不得有积水 （5）水泥混凝土面层铺设不得留施工缝。当施工间隙超过允许时间，应先对已凝结的混凝土接槎处

续表

类别	施工要点
水泥混凝土面层	进行处理，再继续浇捣混凝土，并应捣实压平，不显接头楼 （6）料采用细石混凝土时，按分段顺序铺混凝土，随铺随用刮尺刮平，用平板振动器振捣密实。当采用滚筒滚压时，应以一滚压半滚的方法，纵横来回交叉滚压 3～5 遍，直至表面泛浆为止 （7）采用普通混凝土时，面层混凝土铺筑后，用平板振捣器振动密实 （8）水泥混凝土地面层宜用水泥砂浆做踢脚线，并在地面面层完成后施工。水泥砂浆踢脚线不得用石灰砂浆打底。底层和面层砂浆宜分两次抹成，面层砂浆须在底层砂浆硬化后施工阴阳角、踢脚线上口，用角抹子溜直压光，踢脚线的出墙厚度宜为 5～8mm
水泥砂浆面层	（1）水泥砂浆应采用商品砂浆，水泥砂浆面层的强度等级必须符合设计要求，且不得小于 M20 （2）铺砂浆前，先在基层上均匀刷素水泥浆一遍（水灰比为 0.4～0.5），随刷随铺砂浆。水泥砂浆的虚铺厚度宜高于灰饼 3～4mm （3）楼梯水泥砂浆面层施工应在楼梯侧面墙上弹出一条斜控制线；在休息平台（或下一层楼层）的楼梯起跑处的侧面墙上弹出一条垂直线 （4）找平砂浆施工应留出面层厚度宜为 6～8mm，粘贴靠尺，找平砂浆前，基层应提前湿润；搓毛，及时洒水养护；找平砂浆硬化后方可进行面层施工。楼梯水泥砂浆面层宜进行三遍压光。楼梯板下滴水沿及截水槽应在楼梯面层抹完后进行 （5）防滑条施工应在楼梯面层施工前，按设计要求镶嵌木条，面层砂浆初凝后即取出木条，养护 7d；在槽内安装、固定防滑条，防滑条宜高出踏步面约 5mm；用金刚砂浆做防滑条时，预留槽应浇水湿润，抹 1∶1.5 水泥金刚砂浆，高出踏步面 4～5mm，并用圆阳角抹子捋实捋光
水磨石面层	（1）水磨石面层厚度除有特殊要求外，宜为 12～18mm，且按石粒粒径确定 （2）水磨石面层配合比和配色宜先做样板，并按样板配合比进行备料 （3）水磨石面层的石粒，应采用坚硬可磨的白云石、大理石等岩石加工而成，石粒应洁净无杂物，其粒径除特殊要求外宜为 6～15mm。 （4）白色或浅色的水磨石面层，应采用白水泥；深色的水磨石面层，宜采用硅酸盐水泥、普通硅酸盐水泥或矿渣硅酸盐水泥；同颜色的面层应使用同一批水泥 （5）颜料宜采用耐光、耐碱的矿物颜料，不得使用酸性颜料并要求无结块。同一彩色面层应使用同厂、同批的颜料；其掺入量宜为水泥重量的 3%～6% 或由试验确定 （6）水磨石面层下结合层的水泥砂浆体积比宜为 1∶3，强度等级不应小于 M15，水泥砂浆稠度宜为 30～35mm （7）水磨石面层施工应在平顶和墙面装饰完成后进行 （8）面层表面细小孔隙和凹痕，应用同色水泥砂浆涂抹；脱落的石粒应补齐，养护后再磨。表面石子应显露均匀，无缺石子现象 （9）普通水磨石面层磨光遍数不应少于 3 遍
耐磨混凝土面层	（1）原有建筑地面上铺设时，应先铺设厚度不小于 30mm 的水泥混凝土，在混凝土未硬化前随即铺设耐磨混凝土面层 （2）耐磨混凝土面层铺设在水泥混凝土垫层或结合层上，垫层或结合层的厚度不应小于 50mm。有较大冲击作用时，在垫层或结合层内加配防裂钢筋网，宜采用 φ4@150～200 双向网格，并应放置在上部，其保护层厚度为 20mm，施工环境温度不应低于 5℃。耐磨混凝土面层，应采用随捣随抹的方法。变形缝的两侧 100～150mm 宽范围内的耐磨层应加厚 3～5mm （3）耐磨混凝土面层应密实、表面平整，铺摊耐磨面料，并做好边角的抹平压光工作，1～2h 后用抹光机或铁抹子反复多次抹光，面层开始初凝收焦后，进行最后一次铁抹子精抹。耐磨面层完成后需浇水、喷养护液或覆盖塑料薄膜养护，养护时间不应少于 14d，28d 后方可交付使用
水泥钢（铁）屑面层	（1）水泥钢（铁）屑面层配合比应通过试验确定。当采用振动法施工时，其密实度不应小于 2000kg/m³，其稠度不应大于 10mm （2）水泥强度等级不应小于 32.5 级；钢（铁）屑的粒径应为 15mm；钢（铁）屑中不应有其他杂质，使用前应去油除锈，冲洗干净并干燥 （3）水泥钢（铁）屑面层铺设前应先铺一层厚约 20mm 的水泥砂浆结合层，并在结合层初凝前完成

续表

类别	施工要点
水泥钢（铁）屑面层	面层的铺设 （4）面层和结合层的强度等级必须符合设计要求，且面层抗压强度不应小于 40MPa，面层的厚度宜为 5mm（或按设计要求）；结合层强度等级不应小于 M20，稠度宜为 25～35mm （5）面积较大的楼地面应分仓施工，分仓缝的间距和形式应符合设计或《建筑地面工程施工规程》DG/TJ 08—2008—2006 的相关要求 （6）水泥钢（铁）屑面层宜用环氧树脂胶泥进行表面处理。表面处理后应在气温不低于 20℃的条件下养护 48h
防油渗面层	（1）防油渗面层应采用防油渗混凝土铺设或采用防油渗涂料涂刷 （2）防油渗混凝土面层厚度宜为 60～70mm，面层内配置的钢筋应根据设计要求确定，并应在分区段处断开 （3）防油渗混凝土的强度等级不应小于 C30，其配合比应按设计要求的强度等级和抗渗性能通过试验确定 （4）防油渗面层设置防油渗隔离层时，每层防油渗胶泥（或弹性多功能聚氨酯类涂膜材料）厚度宜为 1.5～2.0mm，总厚度为 4mm。玻璃纤维布应采用无碱网格布。铺设隔离层时，应在已处理的基层上将加温的防油渗胶泥均匀涂抹一遍，随即用玻璃布粘贴覆盖，其搭接宽度不得小于 100mm；与墙、柱连接处的涂刷应向上翻边，其翻边高度应超过面层，并不少于 30mm （5）防油渗混凝土面层内不得敷设管线 （6）铺设前应满刷防油渗水泥浆结合层一遍，随刷随铺防油渗混凝土，并振捣密实，终凝前压光压实 （7）分区缝应纵、横向设置，纵向缝间距为 3～6m，横向缝间距为 6～9m，并应与建筑轴线对齐。缝的深度为面层的总厚度，上下贯通，其宽度为 15～20mm。缝内用防油渗材料嵌缝，缝的上部留 20～25mm 采用膨胀水泥砂浆封缝 （8）防油渗混凝土浇筑完 12h 后，表面应覆盖，并浇水养护不少于 14d （9）其抗拉粘结强度不应小于 0.3MPa （10）防油渗涂料的涂刷（喷涂）不得少于三遍，涂层厚度宜为 5～7mm。其配合比及施工应按涂料产品标准规定的要求进行 （11）防油涂料面层涂刷时，其基层强度应在 5.0MPa 以上，表面应平整、洁净、干燥，平整度偏差小于 2mm，含水率小于 9% （12）防油渗涂料干后宜用树脂乳液涂料涂刷 1～2 遍罩面，并在表面上打蜡上光、养护，养护时间不应少于 7d
不发火（防爆）面层	（1）面层应采用细石混凝土、水泥石屑、水磨石等水泥类的拌合料铺设，其厚度和面层的强度等级应符合设计要求，设计无要求，强度等级采用 C20 （2）不发火（防爆）面层的碎石应选大理石、白云石或其他以金属或石料撞击时不发生火花的石料加工而成 （3）面层分格的嵌条应采用不发生火花的材料配制 （4）面层铺设时，先在已湿润的基层表面均匀涂刷一道素水泥浆（水灰比为 0.4～0.5），随即按分仓顺序摊铺，用滚筒纵横交错来回滚压 3～5 遍至表面出浆，抹平压光待浇筑完 12h 后洒水养护，养护时间不少于 7d。养护期间不得上人和堆放物品 （5）面层所采用石料和硬化后的试件，应在金刚砂轮上做摩擦试验

3. 地面板块面层铺设

地面板块面层铺设包括砖、大理石、花岗石、预制板块、料石、塑胶板、活动地板、网络地板和地毯等面层的铺设，依据《建筑地面工程施工规程》DG/TJ 08—2008—2006 的规定，其施工要点见表 1.3-27。

板块面层铺设的施工要点

表 1.3-27

面层类别	施工要点
一般施工要求	（1）铺设水泥混凝土板块、水磨石板块、水泥花砖、陶瓷锦砖、陶瓷地砖、缸砖、料石、大理石和花岗石等板块面层时，其水泥类基层的抗压强度不得低于 1.2MPa （2）当采用胶结材料结合层铺设板块面层时，其下一层表面应坚固、密实、平整、洁净、干燥，并宜涂刷基层处理剂 （3）施工前应根据板块大小，结合房间尺寸进行排板设计。非整块板应对称布置，且排在不明显处 （4）水泥砂浆做结合层和面层填缝时，其养护时间不应少于 7d （5）楼梯踏步和台阶板块的缝隙宽度应一致、齿角整齐，楼层梯段相邻踏步高度差不应大于 10mm，防滑条应顺直、牢靠 （6）踢脚线表面应洁净、高度一致、结合牢固、出墙厚度一致。当墙面采用机械喷涂抹灰时，应先做踢脚线 （7）厕浴间及设有地漏（清扫口）的建筑地面面层，板块规格不宜过大。地漏处应放样套割铺贴，铺贴好的块料地面宜高于地漏 2mm，与地漏结合处应严密牢固，不得渗漏 （8）施工前宜确定样板间，样板选择应具有代表性，不同材料宜分别有样板，经设计、业主、监理认可后，方可大面积施工
砖面层	（1）砖面层可采用陶瓷锦砖、缸砖、陶瓷地砖和水泥花砖，并应在结合层上铺设 （2）有防腐蚀要求的砖面层可采用耐酸瓷砖、浸渍沥青砖、缸砖 （3）浆铺设时，结合层厚度宜为 10～15mm；采用胶粘剂铺设时，结合层厚度宜为 2～3mm （4）胶粘剂应选用有防水、防菌能力，并满足与基层材料和面层材料的相容性要求 （5）铺贴缸砖、陶瓷地砖和水泥花砖面层时，应对砖的规格尺寸、外观质量、色泽等进行预选，浸水湿润晾干待用。铺贴缝隙宽度不宜大于 1mm；虚缝铺贴缝隙宽度宜为 5～10mm （6）铺贴陶瓷锦砖面层时，砖底面应洁净，每联陶瓷锦砖之间、与结合层之间以及在墙角、镶边和靠墙处应紧密贴合。在靠墙处不得采用砂浆填补 （7）踢脚线宜使用与地面同品种、同规格、同颜色的块材（不含陶瓷锦砖地面） （8）楼梯板块面层施工踏步应选用满足防滑要求的块材，并按颜色和花纹分类堆放备用，铺贴前对每级踏步立面、平面板块按图案、颜色、拼花纹理进行试拼、试排。常温铺贴完 12h 后应开始养护，3d 后即可勾缝或擦缝，养护不宜少于 7d，与地漏、管道结合处应严密牢固，无渗漏
大理石面层和花岗石面层	（1）在铺设前，应根据石材的颜色、花纹、图案纹理等按设计要求试拼 （2）当采用水泥砂浆结合层时，宜为干硬性水泥砂浆。采用水泥砂铺设时，厚度宜为 20～30mm；采用水泥砂浆铺设时，厚度宜为 10～15mm （3）大理石、磨光花岗石不宜用于室外地面，花岗石用于室外时，其表面应做防滑处理 （4）碎拼天然大理石（花岗石）面层宜采用颜色协调、厚薄一致、不带尖角的碎块大理石（花岗石）板材在水泥砂浆结合层上铺设。碎块板材面层在常温下 2～4d 即可开磨，至少应打磨三遍，磨至表面光滑为止 （5）面层表面的坡度应不倒泛水、无积水；与地漏、管道结合处应严密牢固，无渗漏
预制板块面层	（1）预制板块面层可采用水泥混凝土板块、水磨石板块、人造大理石板块，并应在结合层上铺设 （2）混凝土板块边长宜为 250～500mm，板厚不宜小于 60mm，混凝土强度等级不宜低于 C20，强度和品种不同的预制板块不宜混杂使用 （3）预制板块施工应进行预排板，必要时绘制施工大样图。当采用砂做结合层时，厚度应为 20～30mm，当采用砂垫层兼做结合层时，其厚度不宜小于 60mm。预制板块面层铺完 2d 后，用水泥砂浆灌缝 2/3 高度，再用同色水泥浆擦（勾）缝，并将板面清理干净，覆盖养护不宜少于 7d （4）踢脚板镶贴前先将踢脚板背面预湿润、晾干。踢脚板的阳角处应按设计要求割成 45°角
料石面层	（1）料石面层采用天然条石和块石，并应在结合层上铺设。块石面层应铺在基土或砂垫层上；条石面层宜铺在砂、水泥砂浆结合层上

续表

面层类别	施工要点
料石面层	（2）条石和块石面层所用石材的规格、技术等级和厚度应符合设计要求。条石厚度宜为80~120mm；块石形状为直棱柱体，顶面粗琢平整，底面面积不宜小于顶面面积的60%，厚度宜为100~150mm （3）料石面层采用的石料应洁净。在水泥砂浆结合层上铺设时，石料在铺砌前应洒水湿润，基层应涂刷素水泥浆（水灰比为0.4~0.5），铺贴后应养护 （4）用水泥砂浆铺设时，厚度应为10~15mm，采用砂铺设时，厚度应为20~30mm （5）块石面层应以厚度不小于60mm的砂垫层或均匀密实的基土做结合层 （6）块石面层铺设后应先夯平，并以15~25mm粒径的碎石嵌缝，然后用碾压机碾压，再填以5~15mm粒径的碎石，继续碾压至石粒不松动为止 （7）缝隙宽度不宜大于5mm （8）结合层和嵌缝的水泥砂浆强度等级不应小于M20，稠度宜为25~35mm
塑胶板面层	（1）塑胶板面层可采用塑料板块材、塑料卷材、橡胶块材、橡胶卷材，并以胶粘剂铺贴在水泥类基层上 （2）水泥类基层表面应平整、坚硬、干燥、密实、洁净、无油脂及其他杂质，不得有麻面、起砂、裂缝等缺陷 （3）Ⅰ类民用建筑工程室内装修粘贴塑料地板时，不应采用溶剂性胶粘剂。Ⅱ类民用建筑工程中地下室及非自然通风的房间贴塑料地板时，不宜采用溶剂性胶粘剂 （4）塑胶板面层的施工顺序应先基层处理，后弹线、割块、铺贴和表面处理 （5）用胶粘剂铺贴聚氯乙烯板或橡胶板时，室内相对湿度不应大于70%，温度宜在10~32℃。塑胶板材铺贴时，应先将塑胶板一端对准弹线粘贴，用橡胶筒将塑胶板顺次平服地粘贴在地面上，粘贴应一次就位准确，排除地板与基层间的空气，用压辊压实或用橡胶锤敲打粘合密实 （6）半硬质聚氯乙烯板在铺贴前，宜采用丙酮、汽油的混合溶液（1∶8）进行脱脂除蜡 （7）软质聚氯乙烯板（软质塑料板）在试铺前进行预热处理，宜放入75℃的热水浸泡10~20min，至板面全部软化伸平后取出晾干待用，不应用明火或电热炉预热 （8）软质塑料板的焊接宜经48h后方可施焊，焊缝的抗拉强度不得小于塑料板强度的75% （9）全部铺贴完毕，应用大压辊压平，并用湿布清理，均匀揩擦2~3遍，塑料地板的养护不应少于7d
活动地板面层	（1）活动地板所有的支座柱和横梁应构成整体框架 （2）铺设应在室内其他工程已完成、设备已进入房间预订位置后进行 （3）活动地板面层的金属支架应支承在现浇水泥混凝土基层（或面层）上，基层表面应平整、光洁、不起灰 （4）活动地板安装应按活动地板尺寸弹出分格线，按线安装，并调整好活动地板缝隙使之顺直 （5）活动地板下面的线槽和空调管道，应在铺设地板前先行安装 （6）活动地板块的安装或开启，应使用吸板器或橡胶皮碗，并做到轻拿轻放，不应采用铁器硬撬 （7）在全部设备就位和地下管、电缆安装完毕后，还应找平一次，调整至符合设计要求，最后应将板面清理干净 （8）活动地板面层应无裂纹、掉角和缺棱等缺陷，其面层排列应整齐、表面洁净、色泽一致、缝均匀、周边顺直。行走时，地板应无声响、无摆动
网络地板面层	（1）网络地板由主板、槽盖板、中心盖板、连接件及配件组成，平铺或架空铺设在水泥类面层（或基层）上 （2）平铺型网络地板施工应在基层上弹出连接件的定位方格控制线，同时在墙四周标识水平控制线。基层上满铺吸声垫，并用胶粘剂固定。在线槽内布线，在线路交接处使用过桥处理，线路出口宜设在主板上 （3）盖板的安装或开启，应使用吸板器或橡胶皮碗，并做到轻拿轻放，不应采用铁器硬撬

续表

面层类别	施工要点
地毯面层	（1）地毯面层可采用方块、卷材地毯 （2）基层表面应坚硬、平整、光洁、干燥，无凹坑、麻面、裂缝，并应清除油污、钉头和其他凸出物 （3）地毯铺设应在室内装饰毕，室内所有重型设备就位并已调试，经专业验收合格后方可进行 （4）海绵衬垫应满铺平整，地毯拼缝处不应露底衬 （5）大面积房间可在施工地点剪裁、拼缝 （6）固定式地毯铺设固定地毯用的金属卡条（倒刺板）、金属压条、专用双面胶带等应符合设计要求 （7）活动式地毯铺设应将地毯拼成整块后直接铺在洁净的地面上，地毯周边应塞入踢脚线下。常采用逆光与顺光交错方法 （8）楼梯地毯铺设宜由上至下，逐级进行，每梯段顶级地毯应用压条固定于平台上，每级阴角处应用卡条固定牢，地毯绷紧后压入两根倒刺板之间的缝隙内 （9）地毯同其他面层连接处、收口处和墙边、柱子周围应顺直压紧

4. 地面木、竹面层铺设

木、竹面层铺设依据《建筑地面工程施工规程》DG/TJ 08—2008—2006 的规定，其施工要点见表 1.3-28。

木、竹面层铺设的施工要点　　　　　　　　　　表 1.3-28

类别	施工要点
一般施工要求	（1）木、竹地板面层下的木格栅、垫木、毛地板等采用木材的树种、选材标准、含水率以及防腐、防蛀处理等，均应符合相关规定 （2）实木地板宜选择纹理清晰、有光泽、坚硬耐磨、耐腐朽、不易变形和不易开裂的优质木地板；原材料应选用同批树种，花纹及颜色宜一致 （3）与厕浴间、厨房等潮湿场所相邻的木、竹面层和基层应做分隔、防水（防潮）处理，并应避免与水长期接触。多层建筑的底层地面铺设木、竹面层时，其基层（含墙体）应采取防潮措施 （4）木、竹面层缝隙应均匀、接头位置错开，表面洁净。实铺面层铺设应牢固，粘贴无空鼓 （5）采用实木制作的踢脚线，背面应抽槽并做防腐处理，花纹和颜色宜和面层地板一致 （6）木、竹地板施工应注意施工环境温、湿度的变化。施工时应防止锐器划伤地板表面的油漆 （7）面层图案和色泽应符合设计要求，且纹理清晰，颜色一致，板面无翘曲
实木（实木复合）地板	（1）地板面层可采用条材或块材实木（实木复合）地板，以空铺或实铺方式在基层上铺设而成 （2）地板面层可采用单层或双层面层铺设 （3）铺设地板面层时，木格栅固定不得损坏基层和预埋管线，并与墙之间留出 30mm 的缝隙。当用 2m 直尺检查其表面平直度时，直尺与格栅的空隙不应大于 3mm （4）地板面层铺设应在室内墙面、顶棚、门窗玻璃、水电暖管道、地面隐蔽工程均已完成并通过验收后方可进行 （5）毛地板基层铺设应与格栅呈 30°～45°铺设，板的髓心向上。板间缝隙不应大于 3mm，宜与墙之间留 8～12mm 的空隙 （6）地板面层铺设应牢固，企口木地板铺设时应从靠门较近的一边开始铺钉，每铺设 600～800mm 宽度应弹线找直修整，然后依次向前铺钉应与墙之间留 8～12mm 缝隙，并用木踢脚线封盖。面层缝隙应严密，缝隙宽度不应大于 1mm，接头位置错开不应小于 300mm （7）木踢脚线背面应开槽并做防腐处理，且应与墙面紧贴木踢脚线连接应以 45°斜角相接，应每隔 300mm 与墙面固定，上口出墙厚度宜在 10～20mm，踢脚线板面应平直
拼花实木地板面层	（1）拼花实木地板面层宜铺设在毛地板上或粘贴在水泥类基层上 （2）拼花实木地板面层采用的木材树种应按设计要求选用。当设计无要求时，宜选用水曲柳、

续表

类别	施工要点
拼花实木地板面层	核桃木、柞木等质地优良、不易腐朽开裂的木材 （3）拼花实木地板安装前，应先根据平面尺寸制定排列图，由中间向两边铺设 （4）实铺面层可采用整铺和点贴法施工，在毛地板上铺钉拼花实木地板，应拼合紧密 （5）用胶粘剂铺贴的薄型拼花实木地板面层厚度不应小于10mm。铺贴时，应在基层表面涂刷1mm厚胶粘剂，并在拼花实木地板背面涂刷0.5mm厚胶粘剂，收干后即可铺贴，应立即在铺贴好的木板面加压
中密度（强化）复合地板面层	（1）中密度（强化）复合地板面层宜采用条材或块材中密度（强化）复合地板，以悬浮或锁扣方式在基层上铺设而成 （2）中密度（强化）复合地板面层铺设时，相邻条板端头错开应不小于300mm；衬垫层及面层与墙之间应留不小于10mm空隙 （3）面层铺设应保持洁净、干燥、平整，基层的表面平整度应控制在2mm以内。衬垫拼缝应采用对接，不应搭接，留防潮薄膜时，薄膜应重叠200mm。面层铺装方向应按设计要求，与房间长度方向一致或按照"顺光、顺行走方向"的原则确定 （4）在地板与墙之间应放入木楔控制离墙距离，宜使其间有10mm的伸缩缝，木楔应在整体地板拼装12h后拆除。面层铺设面积超过70m^{2}或长度大于8m时，宜每间隔8m放置金属压条。面层完工后，应保持房间通风，夏季24h、冬季48h后方可正式使用
竹地板面层	（1）竹地板面层可采用竹条材、竹块材或采用拼花竹地板，以空铺或实铺方式在基层上铺设而成 （2）竹地板可用于通风干燥便于维护的室内场所，不宜用于卫生间、浴室、防潮处理不好的建筑底层及地下室等潮湿的环境 （3）竹地板规格长宜600～900mm、宽75～90mm、厚15～18mm （4）竹地板铺设前，可在格栅上铺一层5mm或9mm厚的复合板。在复合板上涂一层聚酯漆，将竹地板与复合板粘合在一起，然后在格栅和竹地板的母槽里面打好钉眼，再用钢钉钉入格栅内 （5）铺设竹地板面层时，格栅应按室内的宽度方向平行铺设，间距宜200～250mm，竹地板的两头应搭在格栅上，可用30～40mm钢钉将木格栅钉（锚固）在基层上并找平。竹地板面层四周应留10～15mm的通气孔，然后再安装踢脚线 （6）竹条材纵向端接缝的位置应协调，相邻两行的端接缝错不应小于300mm （7）每铺设3～5行地板，应拉线检查一次，及时调整 （8）竹地板不得洒水清洗，应用湿布绞干擦洗，严禁用松香水、香蕉水等化学药水清洗

七、幕墙工程施工

幕墙工程按结构形式分为构件式幕墙安装、单元式幕墙安装、全玻璃幕墙安装、点支承玻璃幕墙安装和光伏幕墙等，依据《建筑幕墙工程技术标准》DG/TJ 08—56—2019的规定，幕墙工程的施工要点见表1.3-29。

幕墙工程的施工要点

表1.3-29

类别	施工要点
一般要求	（1）幕墙安装前，主体结构应验收合格 （2）采用新材料、新构造的幕墙，宜在现场试安装 （3）幕墙试件应经抗爆检测，符合要求后方可施工 （4）幕墙安装施工全过程应做好产品保护 （5）防火、防雷设施、幕墙安装施工方案及紧固件连接应符合相关规定
构件式幕墙安装	（1）幕墙测量放线当风力大于4级时，不宜测量放线 （2）预埋件安装前应按照幕墙设计分格尺寸用测量仪器定位，并保持埋件位置准确。有防雷接地要

续表

类别	施工要点
构件式幕墙安装	求的预埋件，锚筋必须与主体结构的接地钢筋绑扎或焊接在一起，偏差过大不满足设计要求的预埋件应废弃 （3）立柱与主体结构每个连接节点的角码应两边固定，轴线偏差不应大于2mm，相邻两根立柱安装标高偏差不应大于3mm，同层立柱的最大标高偏差不应大于3mm。相邻两根立柱固定点的距离偏差不应大于2mm （4）横梁安装应安装牢固同一根横梁两端或相邻两根横梁的水平标高偏差不应大于1mm。一层高度安装完成后，应及时检查、校正和固定 （5）防火、保温材料应密实、平整、牢固，拼接处应封堵，采用钢构架的开放式幕墙，其钢构架不应暴露在防水层之外，幕墙安装时用的临时衬垫、固定材料，在构件紧固后拆除幕墙安装采用非机制螺钉时，应使用退垫片 （6）玻璃板块安装前玻璃表面应清洁处理，玻璃四周的橡胶条安装、镀膜玻璃镀膜面的朝向符合相关规定 （7）倒挂石板挂件应采用双螺栓固定，石板表面嵌缝应采用专用密封胶或聚氨酯密封胶。开放式陶板在洞口四周应设置披水板铝合金装饰板的安装应顺直平整、接缝均匀，表面无色差 （8）注胶前应使注胶面清洁、干燥，雨天不应注胶。密封胶厚度应大于3.5mm，宽度不宜小于厚度的2倍。接缝内的硅酮密封胶应与接缝两侧端面粘结 （9）幕墙安装过程中，应进行淋水试验。明框幕墙组件的透气孔和排水孔设置需要保持通畅。隐框玻璃幕墙的压板厚度不应小于5mm，压板连接螺，无设计要求时，间距为300~400mm钉的公称直径不应小于5mm （10）金属板块采用挂钩式安装时，应有防脱落措施。狭条石板与构架连接不宜少于2个支承点
单元式幕墙安装	（1）单元板块按顺序编号。搬运和吊装过程中应有保护措施，防止板块挤压碰撞 （2）板块存放应按编号顺序先出后进，摆放平稳，不应叠层堆放 （3）板块吊装宜选用定型机具 （4）单元板块严禁超重吊装。雨、雪、雾和风力五级及以上天气不得吊装。吊装应有防碰撞、防坠落措施 （5）板块就位后，应及时校正固定。板块未固定到位前，吊具不得撤卸 （6）单元板块安装固定后，应按规定进行盛水试验，及时处理渗漏现象 （7）施工中暂停安装时，对插槽口等部位应采取保护措施
全玻璃幕墙安装	（1）全玻璃幕墙安装前，应清洁镶嵌槽；中途暂停施工时，槽口应采取保护措施 （2）玻璃采用机械吸盘安装时，应采取必要的安全措施 （3）一块玻璃上的吊夹具应位于同一结构体上 （4）吊挂玻璃安装要求玻璃吊夹具与夹板紧密配合不松动，夹具不得与玻璃直接接触。吊夹具与主体结构挂点连接牢固，吊点受力应均衡
点支承玻璃幕墙安装	（1）点支承玻璃幕墙大型支承结构构件应有吊装设计，并应试吊 （2）拉杆、拉索施加预拉力的要求施加预拉力，设置预拉力调节装置并测定预拉力。在张拉过程中，应分次、分批对称张拉，随时调整预拉力，并做好张拉记录 （3）点支承幕墙玻璃与金属连接件不得直接接触 （4）玻璃幕墙面板应平整，胶缝横平竖直、宽度均匀
光伏幕墙安装	（1）不得在雨雪或五级及以上大风天气作业 （2）安装光伏系统时，现场上空的架空电线应有隔离措施 （3）安装光伏组件时，太阳能电池板受光面应铺遮光板 （4）光伏系统完成或部分完成连接后，如发生组件破裂，应及时设置限制接近的警示牌，并由专业人员处置 （5）接通电路后不得局部遮挡光伏组件 （6）光伏组件上应标注带电警示标志

八、装配式建筑工程施工

装配式建筑是指把传统建造方式中的大量现场作业工作转移到工厂进行，在工厂加工制作好建筑用构件和配件（如楼板、墙板、楼梯、阳台等），运输到建筑施工现场，通过可靠的连接方式在现场装配安装而成的建筑。目前我国装配式建筑的类型主要有预制混凝土装配式建筑（PC建筑）、钢结构建筑、木结构装配式建筑。

（一）装配式结构体系

装配式结构体系如图1.3-1所示。

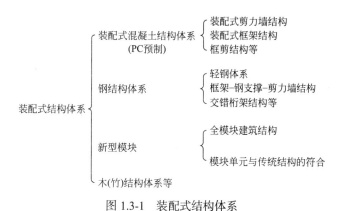

图1.3-1 装配式结构体系

（二）装配式混凝土结构

装配式混凝土结构是由装配式混凝土构件通过可靠的连接方式装配而成的混凝土结构。

1. 装配式混凝土构件

混凝土剪力墙、预制混凝土楼面板、预制混凝土楼梯、预制混凝土阳台、空调装配整体式结构的基本构件，主要包括预制混凝土柱、预制混凝土梁、预制板、女儿墙、围护结构及其他。装配式混凝土建筑的预制构件主要类别与分类见表1.3-30。

装配式构件的类别与分类 表1.3-30

类别	构件分类
柱	预制混凝土矩形柱、预制混凝土异形柱
梁	预制混凝土梁的类型矩形梁、异形梁、过梁弧形梁、鱼腹方吊车梁、预制混凝土叠合梁及其他梁
板	预制混凝土板的类型有平板、空心板、槽型板、网架板、预制混凝土叠合板、折线板、带肋板、大型板和沟盖板、井盖板、预制空调板、预制阳台板
墙	预制混凝土叠合外墙板、预制混凝土外墙板、预制混凝土内墙板、预制混凝土女儿墙板
楼梯	预制混凝土楼梯梯段
围护结构	外围护墙、预制内隔墙
其他构件	楼梯、阳台、空调板、墙板套筒注浆、水平套筒注浆、垂直套筒注浆、墙间空腔注浆、厨房PC烟道、卫生间PQW排气道、混凝土盖座安装、风帽等

2. 装配式混凝土结构施工

装配式混凝土结构施工包括装配式预制柱、预制剪力墙、预制梁板等构件的安装。参考《装配整体式混凝土结构施工及验收质量规范》DGJ 08—2117—2012 和《装配式混凝土建筑技术标准》GB/T 51231—2016 的规定，其施工要点见表 1.3-31。

装配式主要混凝土结构施工要点　　　　　　　　　　表 1.3-31

类别	施工要点
一般要求	（1）装配式混凝土结构施工应制定专项方案，包括工程概况、编制依据、进度计划、施工场地布置、预制构件运输与存放、安装与连接施工、绿色施工、安全管理、质量管理、信息化管理、应急预案等 （2）装配整体式结构吊装使用的起重机械设备应按施工方案配置，起重机械设备使用应符合相关规定 （3）装配整体式混凝土构件安装过程的临时支撑和拉结应具有足够的承载力和刚度 （4）叠合构件预制部分的水平接合面宜设置齿口槽，叠合梁、板与现浇混凝土的连接处应成粗糙接触面 （5）预制混凝土叠合夹心保温墙板、预制混凝土夹心保温外墙板中采用的保温材料品种、规格应符合设计要求 （6）预制构件吊装应采用慢起、快升、缓放的操作方式
预制柱安装要求	（1）预制柱安装前应按设计要求校核连接钢筋的数量、规格、位置 （2）预制柱安装过程中，柱连接面混凝土应无污损 （3）预制柱安装就位后应在两个方向采用可调斜撑作临时固定，并应进行垂直度调整 （4）预制柱完成垂直度调整后，应在柱子四角缝隙处加塞垫片 （5）预制柱的临时支撑，应在套筒连接器内的灌浆料强度达到 35MPa 后拆除
预制剪力墙板安装要求	（1）预制墙板安装过程应设置临时斜撑和底部限位装置，临时斜撑和限位装置应在连接部位混凝土或灌浆料强度达到设计要求后拆除；当设计无具体要求时，混凝土或灌浆料应达到设计强度的 75% 以上方可拆除 （2）预制混凝土叠合墙板构件安装过程中，不得割除或削弱叠合板内侧设置的叠合筋 （3）平整度控制装置可采用预埋件焊接或螺栓连接方式 （4）预制混凝土叠合墙板安装时，应先安装预制墙板，再进行内侧现浇混凝土墙板施工 （5）预制墙板采用螺栓连接方式时，构件吊装就位过程应先进行螺栓连接，并应在螺栓可靠连接后卸去吊具
预制梁和叠合梁、板安装要求	（1）安装顺序应遵循先主梁、后次梁，先低后高的原则 （2）安装前，应复核柱钢筋与梁钢筋位置、尺寸，对梁钢筋与柱钢筋位置有冲突的，按设计单位确认的技术方案调整 （3）安装就位后应对水平度、安装位置、标高进行检查 （4）叠合板吊装完成后，对板底接缝高差及宽度进行校核。当叠合板底部接缝高差不满足要求时，应将构件重新起吊，通过可调支托进行调节
其他构件安装要求	预制阳台板安装： （1）预制阳台板预留锚固钢筋应伸入现浇结构内，并应与现浇混凝土结构连成整体 （2）预制阳台与侧板采用灌浆连接方式时阳台预留钢筋应插入孔内后进行灌浆 预制空调板安装： （1）预制空调板与现浇结构连接时，预留锚固钢筋应伸入现浇结构部分，并应与现浇结构连成整体 （2）预制空调板采用插入式安装方式时，连接位置应设预埋连接件，并应与预制墙板的预埋连接件连接，空调板与墙板交接的四周防水槽口应嵌填防水密封胶 预制楼梯安装应符合下列规定： （1）预制楼梯采用预留锚固钢筋方式时，应先放置预制楼梯，再与现浇梁或板浇筑连接成整体

续表

类别	施工要点
其他构件安装要求	（2）预制楼梯与现浇梁或板之间采用预埋件焊接连接方式时，应先施工现浇梁或板，再搁置预制楼梯进行焊接连接 （3）框架结构预制楼梯吊点可设置在预制楼梯板侧面，剪力墙结构预制楼梯吊点可设置在预制楼梯板面 （4）预制楼梯安装时，上下预制楼梯应保持通直

3. 装配式混凝土建筑工程的连接

装配式混凝土建筑的连接方式分湿连接、干连接和其他连接三种。干连接即为干作业的施工连接方式；湿连接也称仿现浇连接，在节点处浇筑水泥砂浆或混凝土进行锚固，达到一种"后浇整体式结构"，不同连接方式见表1.3-32。

装配式混凝土建筑的连接方式　　　　　　　表1.3-32

类别		连接方式
湿连接	灌浆	（1）套筒灌浆 （2）浆锚搭接 （3）金属波纹管浆锚搭接
	后浇带混凝土钢筋连接	（1）螺纹套筒钢筋连接 （2）挤压套管钢筋连接 （3）注胶套筒连接 （4）环形钢筋绑扎连接 （5）直钢筋绑扎搭接 （6）直钢筋无绑扎搭接 （7）钢筋焊接
	后浇带混凝土其他连接	（1）套环连接 （2）绳索套环连接 （3）型钢
	叠合构件后浇混凝土连接	（1）钢筋折弯锚固 （2）钢筋锚板锚固
干连接		（1）螺栓连接 （2）构件连接
其他连接		（1）预应力干式连接 （2）组合连接 （3）哈芬槽连接

（三）装配式钢结构建筑工程

装配式钢结构建筑的结构系统由钢部（构）件构成。其结构系统、外围护系统、设备与管线系统、内装系统的主要部分采用预制部品部件集成。外围护系统是由建筑外墙、屋面、外门窗及其他部品部件等组合而成，用于分隔建筑室内外环境的部品部件的整体。内装系统是由楼地面、墙面、轻质隔墙、吊顶、内门窗、厨房和卫生间等组合而成，满足建筑空间使用要求的整体，一般采用干作业施工的建造方法。

1. 装配式钢结构系统施工

装配式钢结构系统施工包括钢结构现场涂装、钢管内的混凝土浇筑、压型钢板组合楼板和钢筋桁架楼承板组合楼板的施工、混凝土叠合板施工和预制混凝土楼梯的安装，其施工要求参照《装配式钢结构建筑技术标准》GB/T 51232—2016，其施工安装要点见表1.3-33。

装配式钢结构系统施工安装要点　　　　　　　　　　　　表1.3-33

名称	施工要点
施工准备	（1）钢结构施工前应进行施工阶段设计，选用的设计指标应符合相关规定 （2）钢结构应根据结构特点选择合理顺序进行安装，并应形成稳固的空间单元，必要时应增加临时支撑或临时措施 （3）钢结构施工期间，应对结构变形、环境变化等进行过程监测，监测方法、内容及部位应根据设计或结构特点确定 （4）钢结构紧固件连接工艺和质量应符合相关规定
钢结构现场涂装	（1）构件在运输、存放和安装过程中损坏的涂层以及安装连接部位的涂层应进行现场补漆 （2）构件表面的涂装系统应相互兼容 （3）防火涂料、现场防腐和防火涂装应符合相关规定
钢管内的混凝土浇筑	应符合相关规定
压型钢板组合楼板和钢筋桁架楼承板组合楼板的施工	施工应按现行国家标准执行
混凝土叠合板施工	（1）应根据设计要求或施工方案设置临时支撑 （2）施工荷载应均匀布置，且不超过设计规定 （3）端部的搁置长度应符合相关规定 （4）叠层混凝土浇筑前，应按设计要求检查结合面的粗糙度及外露钢筋
预制混凝土楼梯的安装	（1）符合相关的规定 （2）安装前应设置施工控制网，应根据设计图和安装方案，编制测量专项方案 （3）施工阶段的测量应包括平面控制、高程控制和细部测量

2. 装配式钢结构外围护系统施工

装配式钢结构外围护系统包括外围护系统安装、部品吊装、预制外墙安装、现场组合骨架外墙安装、幕墙施工及门窗安装，其安装施工要点参照《装配式钢结构建筑技术标准》GB/T 51232—2016，其安装施工要点见表1.3-34所示。

装配式钢结构外围护系统安装施工要点　　　　　　　　　表1.3-34

名称	施工要点
施工准备	（1）围护部品安装宜与主体结构同步进行，可在安装部位的主体结构验收合格后进行 （2）对所有进场部品、零配件及辅助材料应按设计规定的品种、规格、尺寸和外观要求进行检查，并应有合格证和性能检测报告 （3）应进行技术交底 （4）应将部品连接面清理干净，并对预埋件和连接件进行清理和防护 （5）应按部品排板图进行测量放线
外围护系统安装	（1）对所有进场部品、零配件及辅助材料应按设计规定的品种、规格、尺寸和外观要求进行检查，并应有合格证和性能检测报告 （2）应进行技术交底

续表

名称	施工要点
外围护系统 安装	（3）应将部品连接面清理干净，并对预埋件和连接件进行清理和防护 （4）应按部品排板图进行测量放线
部品吊装	部品吊装应采用专用吊具，起吊和就位应平稳，防止磕碰
预制外墙安装	（1）墙板应设置临时固定和调整装置 （2）墙板应在轴线、标高和垂直度调校合格后方可永久固定 （3）当条板采用双层墙板安装时，内、外层墙板的拼缝宜错开 （4）蒸压加气混凝土板施工应符合相关规定
现场组合骨架 外墙安装	（1）竖向龙骨安装应平直，不得扭曲，间距应符合设计要求 （2）空腔内的保温材料应连续、密实，并应在隐蔽验收合格后方可进行面板安装 （3）面板安装方向及拼缝位置应符合设计要求，内外侧接缝不宜在同一根竖向龙骨上 （4）木骨架组合墙体施工应符合现行国家标准的规定
幕墙施工	玻璃幕墙施工、金属与石材幕墙施工、人造板材幕墙施工应符合相关规定
门窗安装	铝合金门窗、塑料门窗安装应符合相关规定

3. 装配式钢结构内装系统施工

装配式钢结构内装系统包括钢梁、钢柱的防火板包覆施工、装配式隔墙部品安装、装配式吊顶部品安装、空地板部品安装、集成式卫生间部品安装及集成式厨房部品，安装施工要点参照《装配式钢结构建筑技术标准》GB/T 51232—2016 的规定，见表 1.3-35。

装配式钢结构内装系统施工要点　　　　　　　　　　表 1.3-35

名称	施工要点
施工准备	（1）安装前应进行设计交底 （2）应对进场部品进行检查，其品种、规格、性能应满足设计要求并符合国家现行标准的有关规定，主要部品应提供产品合格证书或性能检测报告 （3）在全面施工前应先施工样板间，样板间应经设计、建设及监理单位确认
钢梁、钢柱 的防火板包 覆施工	（1）支撑件应固定牢固，防火板安装应牢固稳定，封闭良好 （2）防火板表面应洁净平整 （3）分层包覆时，应分层固定，相互压缝 （4）防火板接缝应严密、顺直，边缘整齐 （5）采用复合防火保护时，填充的防火材料应为不燃材料，且不得有空鼓、外露
装配式隔墙 部品安装	（1）条板隔墙安装应符合相关规定 （2）龙骨隔墙系统安装应符合下列规定： 1）龙骨骨架与主体结构连接应采用柔性连接，并应竖直、平整、位置准确，龙骨的间距应符合设计要求 2）面板安装前，隔墙内管线、填充材料应进行隐蔽工程验收 3）面板拼缝应错缝设置，当采用双层面板安装时，上下层板的接缝应错开
装配式吊顶 部品安装	（1）吊顶龙骨与主体结构应固定牢靠 （2）超过 3kg 的灯具、电扇及其他设备应设置独立吊挂结构 （3）饰面板安装前应完成吊顶内管道管线施工，并应经隐蔽验收合格
空地板部品 安装	（1）安装前应完成架空层内管线敷设，并应经隐蔽验收合格 （2）当采用地板辐射供暖系统时，应对地暖加热管进行水压试验并隐蔽验收合格后铺设面层

名称	施工要点
集成式卫生间部品安装	安装前应先进行地面基层和墙面防水处理，并作闭水试验
集成式厨房部品安装	（1）橱柜安装应牢固，地脚调整应从地面水平最高点向最低点，或从转角向两侧调整 （2）采用油烟同层直排设备时，风帽应安装牢固，与外墙之间的缝隙应密封

九、建筑节能工程施工

（一）节能工程施工

建筑节能作为一个新增的分部工程列入了统一标准，划分为围护系统节能、供暖空调设备及管网节能、电气动力节能、监控系统节能和可再生能源 5 个子分部工程。其中只有围护系统节能工程属于建筑工程专业，包括墙体节能、幕墙节能、门窗节能、屋面节能和地面节能 5 个分项工程。参考《建筑节能工程施工质量验收规范》GB 50411—2019 的规定，墙体、幕墙、门窗、屋面及地面的施工要点见表 1.3-36。

建筑节能的分项工程及施工要点

表 1.3-36

节能的分项工程	施工要点
墙体节能	（1）墙体节能工程的保温材料在施工过程中应采取防潮、防水、防火等保护措施 （2）施工前要求对基层进行处理，保温隔热材料的厚度不得低于设计要求。当采用保温浆料（不包含无机轻集料保温砂浆）做外保温时，厚度大于 20mm 的保温浆料应分层施工 （3）隔汽层应完整、严密，穿透隔汽层处应采取密封措施 （4）施工产生的墙体缺陷，如穿墙套管、脚手架眼、孔洞、外门窗框或附框与洞口之间的间隙等，应按照专项施工方案采取隔断热桥措施，不得影响墙体热工性能 （5）门窗洞口四周墙侧面，墙体上凸窗四周的侧面，应按设计要求采取节能保温措施 （6）当保温层采用锚固件固定时，锚固件数量、位置、锚固深度、胶结材料性能和锚固力应符合设计和施工方案的要求
幕墙节能	（1）附着于主体结构上的隔汽层、保温层应在主体结构工程质量验收合格后施工 （2）幕墙节能工程使用的保温材料在安装过程中应采取防潮、防水等保护措施 （3）幕墙节能工程使用的保温材料，其厚度应符合设计要求，固定牢固 （4）隔汽层：密封完整、严密 （5）幕墙与周边墙体、屋面间的接缝处应按设计要求采用保温措施，并应采用耐候密封胶等密封 （6）墙镀（贴）膜玻璃的安装方向、位置应符合设计要求
门窗节能	（1）建筑外门窗工程施工中，应对门窗框与墙体接缝处的保温填充做法进行隐蔽工程验收 （2）建筑外门窗的品种、规格应符合相关规定，门窗节能工程应优先选用具有国家建筑门窗节能性能标识的产品 （3）外门窗框或副框与洞口之间的间隙应采用弹性闭孔材料填充饱满，并使用密封胶密封；外门窗框与副框之间的缝隙应使用密封胶密封 （4）外窗遮阳设施的性能、尺寸应符合设计和产品标准要求 （5）特种门安装中的节能措施，应符合设计要求 （6）天窗安装的位置、坡度应正确，密封严密，嵌缝处不得渗漏 （7）门窗镀（贴）膜玻璃的安装方向应正确，中空玻璃的均压管应密封处理
屋面节能	（1）屋面节能工程应在基层质量验收合格后进行施工，屋面保温隔热层施工完成后，应及时进行后续施工或加以覆盖 （2）保温隔热层的敷设方式、厚度、缝隙填充质量及屋面热桥部位的保温隔热做法符合相关规定

续表

节能的分项工程	施工要点
屋面节能	（3）空气隔层内不得有杂物，铝箔应铺设完整 （4）采光屋面的安装应牢固，坡度正确，封闭严密，嵌缝处不得渗漏 （5）种植植物的屋面，其构造做法与植物的种类、密度、覆盖面积等应符合设计及相关标准要求，植物的种植与维护不得损害节能效果 （6）采用有机类保温隔热材料的屋面，防火隔离措施应符合规定 （7）反射隔热屋面的颜色应符合设计要求，色泽应均匀一致，没有污迹，无积水现象 （8）坡屋面、架空屋面当采用内保温时，保温隔热层应设有防潮措施，其表面应有保护层，保护层的做法应符合设计要求
地面节能	（1）地面节能工程的施工，应在基层质量验收合格后进行 （2）地面节能工程使用的保温材料进场时，应对其导热系数或热阻、密度、压缩强度或抗压强度、吸水率、燃烧性能（不燃材料除外）等性能进行复验，复验应为见证取样检验 （3）地面节能工程施工前，基层处理应符合设计和专项施工方案的有关要求 （4）地面保温层、隔离层、保护层等各层的设计和构造做法以及保温层的厚度满足要求 （5）保温板与基体之间、各构造层之间的粘结应牢固，缝隙应严密，分层施工 （6）穿越地面到室外的各种金属管道应按设计要求采取保温隔热措施 （7）有防水要求的地面，其节能保温做法不得影响地面排水坡度，保温层面层不得渗漏 （8）保温层的表面防潮层、保护层应符合设计要求

（二）外墙外保温

外墙外保温的施工方式有保温装饰复合板外墙保温、岩棉板（带）薄抹灰外墙外保温和热固改性聚苯板外墙外保温等形式。其施工分别参照《保温装饰复合板墙体保温系统应用技术标准》DG/TJ 08—2122—2021、《岩棉板（带）薄抹灰外墙外保温系统应用技术规程》DG/TJ 08—2126—2013 和《热固改性聚苯板保温系统应用技术规程》DG/TJ 08—2212—2016 等规范，保温方式与施工要点见表 1.3-37。

外墙外保温方式与施工要点　　　　　　　　　　表 1.3-37

施工方式		施工要点
保温装饰复合板外墙	一般要求	保温装饰复合板墙体保温系统由保温装饰复合板、粘结砂浆、专用锚栓及固定卡件、填缝材料和密封胶等组成，置于建筑物外墙外侧或内侧，与基层墙体采用粘结砂浆粘结，并采用专用锚栓及固定卡件固定（可包括承托件、防火构造等），经板缝密封处理形成的保温构造（以下简称复合板系统） （1）施工前应编制专项施工方案，并进行技术交底 （2）应按照节能专项施工方案进行施工 （3）所有材料必须入库，并有专人保管，严禁露天堆放。复合板、粘结砂浆等应架空防潮堆放，石墨聚苯板和硬泡聚氨酯板等有机材料储存及使用必须做到防火安全 （4）大面积施工前，应在现场采用相同材料和工艺制作样板间或样板件，并经验收合格确认后方可进行施工 （5）外保温系统工程施工期间以及完工后 24h 内，施工环境温度不应低于 5℃。夏季不得暴晒，在五级以上大风天气和雨、雪天不得施工 （6）复合板系统完工后，面层应防护
	纸面石膏板复合聚苯板	外保温系统施工工艺：施工准备→基层墙体检查→设置基准线→按排板图出备料单→（配制粘结砂浆）→粘贴复合板→安装专用锚栓及固定卡件→填塞填缝材料，打密封胶，设置排气栓→板面清洁 （1）基层墙体表面凸起高度大于 8mm 时应剔除 （2）按照排板图在墙面弹出外门窗口的水平、垂直控制线以及伸缩缝线、装饰线条等

续表

施工方式		施工要点
保温装饰复合板外墙	纸面石膏板复合聚苯板	（3）粘贴复合板前，应对粘结面进行除灰清洁，在散水坡以上等部位固定托架。上下排之间可采用通缝贴法，也可采用错缝贴法。复合板粘贴胶厚度不应小于 5mm。板的侧面不得涂抹或沾有粘结浆，板间缝隙应便于专用锚栓及固定卡件的安装，板间高差不得大于 1.5mm。粘贴时应均匀用力将板揉压紧实，并用橡皮锤轻击 （4）安装专用锚栓及固定卡件应根据排板图确定的专用锚栓位置钻孔，深度根据设计锚固深度再加 10mm。锚栓不得采用敲击法安装 （5）复合板粘贴 24h 后填塞填缝材料，填缝材料距离板面深度宜不小于 5mm。防火填缝材料应填塞横向板缝，遇十字缝应连续，不应被竖向板缝中断 （6）复合板系统工程安装完毕，采用点粘或条粘方式的必须设置排气栓 （7）保温工程全部安装完工，应进行板面清洁
岩棉板（带）薄抹灰外墙外保温	一般要求	岩棉板、岩棉带以及岩棉带组合板为保温材料，采用胶粘剂粘贴与锚栓固定相结合的工艺与基层墙体连接，并以抹面胶浆和耐碱涂覆中碱玻璃纤维网格布复合而成的抹面层以及饰面砂浆或涂料饰面层构成的外墙外保温系统 一般要求： （1）施工前，编制针对工程项目的节能保温工程专项施工方案并按专项施工方案进行施工 （2）系统组成材料进场必须经过验收，所有系统组成材料必须入库，并有专人保管，严禁露天堆放 （3）基层墙体必须有找平层，大面积施工前，应在现场采用相同材料和工艺制作样板墙或样板间，对锚栓进行现场拉拔试验，并经有关方确认后方可进行工程施工 （4）施工期间及完工后 24h 内，基层及施工环境空气温度不应低于 5℃。夏季施工应避免阳光暴晒；大于 35℃ 及五级大风以上和雨雪天不得施工。岩棉板（带）上墙粘贴后应立即采用抹面胶浆进行表面处理 （5）送到施工现场的系统必检材料，应按相关规定见证取样送有资质的检测机构复验，检验合格后方可使用
	施工要点	（1）基层墙体应坚实平整，表面应无灰尘、无浮浆、无油渍、无锈迹、无霉点和无析出盐类及杂物等妨碍粘结的附着物 （2）混凝土墙、混凝土空心砌块以及灰砂砖砌体做水泥砂浆找平层前，应对基层墙面涂刷界面剂，施工后应有养护，等待干燥。基层墙体为加气混凝土制品时，应涂刷专用界面剂，在涂刷专用界面剂后采用专用的薄型抹灰砂浆找平。用于既有建筑外墙的节能保温改造，应对基层墙体的表面有可靠的预处理，直至处理后的基墙符合要求 （3）岩棉带组合板不用再做表面处理 （4）勒脚部位的保温板宜采用高密度模塑聚苯板，密度大于 30kg/m³，其高度可为 600mm 整板 （5）对岩棉板（带）各终端部位（侧边外露处）均应在贴板（带）前先行粘贴翻包用的附加窄幅网布，翻包宽度 100mm （6）岩棉板（带）粘贴完毕后，应立即对其抹灰面进行表面处理，将抹面胶浆压入岩棉板（带）的表层纤维中。待表面处理层晾干后，尽快用抹面胶浆进行找平。找平施工后 1～2d 可进行抹面层施工布 （7）饰面层为饰面砂浆时，抹面层上必须涂刮底涂层。饰面砂浆的施工应连续，涂料饰面时，抹面层施工完成后至少 7d 后进行，必须在抹面层上用柔性耐水腻子找平后刷涂料，不得采用普通的刚性腻子取代柔性耐水腻子岩棉板（带）、岩棉带组合板与幕墙构件之间应做好防水密封构造处理 （8）用于其他外墙外保温系统的防火隔离带施工时，防火隔离带铺设应与所采用的其他保温系统施工同步进行，防火隔离带采取满粘

续表

施工方式		施工要点
岩棉板（带）薄抹灰外墙外保温	岩棉板（带）外墙外保温	岩棉板（带）外墙外保温施工工艺：基层墙体处理→挂基准线，安装底座托架→（配制胶粘剂）岩棉板（带）粘结面表面处理→粘贴岩棉板（带）→保温层施工检查与修整→（安装终端连接件或粘贴附加翻包网布）岩棉板（带）抹灰面表面处理→抹第一层抹面胶浆→铺压耐碱涂覆网布→安装锚固件→铺抹第二层抹面胶浆→铺压第二层耐碱涂覆网布→抹第三层抹面胶浆→饰面层施工
	棉带组合板外墙外保温	岩棉带组合板外墙外保温系统施工工艺流：基层墙体处理→挂基准线，安装底座托架→（配制胶粘剂或粘贴附加）粘贴岩棉带组合板→保温层施工检查与修整→安装锚固件→抹第一层抹面胶浆→铺压耐碱涂覆网布→抹第二层抹面胶浆→饰面层施工
	岩棉板（带）非透明幕墙岩棉板（带）外墙外保温	岩棉板（带）非透明幕墙岩棉板（带）外墙外保温系统施工工艺：带找平层的基层墙体处理→挂基准线，安装幕墙构件→岩棉板（带）粘结面表面处理→粘贴岩棉板（带）→保温层施工检查与修整→（配制抹面胶浆）岩棉板（带）抹灰面表面处理→抹第一层抹面胶浆→铺压耐碱涂覆网布→安装锚固件→抹第二层抹面胶浆→幕墙构件与保温层防水处理
热固改性聚苯板外墙外保温	一般要求	热固改性聚苯板为保温材料，在建筑外墙外侧或内侧采用胶粘剂粘贴，辅以保温锚固射钉或外墙保温用锚栓与相应的配件由膨胀件和膨胀套管组成，或仅由膨胀套管构成，依靠膨胀与基层墙体连接，并以抹面胶浆和耐碱涂覆网布复合而成的抹面产生的摩擦力或机械锁定作用连接保温系统与基层墙体的机械层以及饰面层构成的外墙外保温系统。该系统用于建筑外墙外侧时为热固改性聚苯板外墙外保温系统，用于建筑外墙内侧时为热固改性聚苯板外墙内保温系统 （1）施工前，应根据设计和本规程要求以及有关的技术标准编制针对工程项目的节能保温工程专项施工方案 （2）应按照经审查合格的设计文件和经审查批准的，用于工程项目的节能保温专项施工方案进行施工 （3）系统组成材料进场必须经过验收：所有系统组成材料必须入库，并有专人保管，严禁露天堆放 （4）施工时基层墙体必须有找平层，找平层和门窗洞口的施工质量应验收合格，门窗框或附框应安装完毕；伸出墙面的水落管、消防梯、穿越墙体洞口的进户管线、空调口预埋件、连接件等应安装完并按外保温系统的设计厚度留出间隙 （5）基层墙体应坚实平整、完全干燥，不得有开裂、松动或泛碱。水泥砂浆找平层的粘结强度、平整度及垂直度应符合相关标准的要求 （6）大面积施工前，应在现场采用相同材料和工艺制作样板墙或样板间，对保温锚固射钉或锚栓进行现场拉拔试验，并经有关方确认后方可进行工程施工 （7）施工期间及完工后24h内，基层及施工环境空气温度不应低于5℃，且不应大于35℃ （8）到施工现场的系统必检材料，应按相关规定见证取样，送有资质的检测机构复验，检验合格后方可使用 （9）施工过程中和施工结束后应做好对成品和半成品的保护，防止污染和损坏，防止淋水、撞击和振动。墙面损坏处以及脚手架所预留孔洞均应采用相同材料进行修补
	施工要点	（1）基层墙体外侧应采用符合相关标准要求的预拌砂浆做找平层，混凝土墙、混凝土空心砌块以及灰砂砖砌体做水泥砂浆找平前，应对基层墙面涂刷界面剂，施工后应有养护，等待干燥 （2）基层墙体为加气混凝土制品时，应涂刷加气混凝土专用界面剂，在涂刷专用界面剂后采用专用的薄型抹灰砂浆找平 （3）基层墙体经处理后，其表面平整度、立面垂直度、阴阳角、方正度均须符合相关规定

续表

施工方式		施工要点
热固改性聚苯板外墙外保温	施工要点	（4）外墙外保温系统应采用粘贴加锚固的方法连接线条，变形缝部位设置变形缝线条，也可在相关接口处设置时加翻包网布，并应实施防水密封，所有穿过热固改性聚苯板的穿墙管线与构件，其出口部位应用预压密封带包实施包转密封 （5）抹面层施工热固改性聚苯板粘贴完毕后，视气候条件宜在3d后进行抹面层施工。涂料饰面，应在热固改性聚苯板粘贴完毕后进行保温锚固射钉或锚栓的安装 （6）保温锚固射钉或锚栓安装完成后可进行第二道抹面胶浆施工，用抹刀批抹面胶浆并抹平，抹面层厚度应为5~7mm，抹面层施工完毕，养护5~7d后，才能进行饰面层施工 （7）耐碱涂覆网布的铺设应抹平、找直，并保持阴阳角的方正和垂直度，其上下、左右之间均应有搭接，搭接宽度不应小于100mm。耐碱涂覆网布不得直接铺设在热固改性聚苯板表面，也不得外露，不得干搭接 （8）饰面层为饰面砂浆时，抹面层上必须涂刮底涂层。饰面砂浆的施工应连续进行，施工间断应设置在阳角及腰线等部位。饰面层为面砖的施工应在抹面层施工完成14d后进行，必须使用柔性面砖胶粘剂及柔性面砖填缝剂 （9）防火隔离带铺设应与保温系统施工同步进行 （10）锚固点距基墙阳角的最小水平距离应为100mm，并应符合设计要求 （11）热固改性聚苯板保温系统应在变形缝处断开，并进行附加网布翻包
	涂料饰面施工	热固改性聚苯板外墙外保温施工工艺：基层墙体处理→挂基准线、安装底座托架→粘贴热固改性聚苯板→保温层施工检查与修整→安装螺栓或保温锚固射钉→抹第一层抹面胶浆→铺压耐碱涂覆网布→安装锚固件→抹第二层抹面胶浆→涂料装饰施工
	面砖饰面施工	热固改性聚苯板外墙外保温施工工艺：基层墙体处理→挂基准线、安装底座托架→粘贴热固改性聚苯板→保温层施工检查与修整→抹第一层抹面胶浆→铺压耐碱涂覆网布→安装锚固件安装螺栓或保温锚固射钉→抹第二层抹面胶浆→面砖面层施工

（三）外墙内保温

外墙内保温的施工方式有纸面石膏板复合聚苯板、无机保温砂浆和热固改性聚苯板等施工方式。其施工要求分别参照《外墙内保温系统应用技术标准（纸面石膏板复合聚苯板）》DG/TJ 08—2390—2022、《无机保温砂浆系统应用技术规程》DG/TJ 08—2088—2018 和《热固改性聚苯板保温系统应用技术规程》DG/TJ 08—2212—2016 等规范，施工方式及施工要点见表 1.3-38。

外墙内保温施工方式及施工要点　　　　表 1.3-38

施工方式		施工要点
保温装饰复合板外墙内保温	一般要求	见表 1.3-37 保温装饰复合板外墙外保温的一般要求
	纸面石膏板复合聚苯板	保温系统施工工艺：施工准备→基层墙体检查→设置基准线→按排板图出备料单→配制粘结砂浆→粘贴复合板→填塞填缝材料，打胶封胶→板面清洁 施工要点见表 1.3-37 纸面石膏板复合聚苯板外墙外保温施工要点
无机保温砂浆	一般要求	（1）施工前，应编制针对工程项目的节能保温工程专项施工方案，进行技术交底 （2）内保温工程施工，应在基层墙体施工质量验收合格后进行 （3）施工前，应在现场采用相同材料和工艺制作样板墙或样板间，并经有关方确认后方可进行工程施工 （4）施工期间及完成后24h内，施工过程中和施工结束后应做好对成品和半成品的保护，预留孔洞及有损坏处均应采用相同材料进行修补 （5）墙体基层含水率不应大于10%，基层界面应用喷涂或刮涂的方法，满涂界面砂浆应按厚度控制线。采用无机保温砂浆做50mm×50mm的灰饼找筋，灰饼间隔不大于2m

续表

施工方式		施工要点
无机保温砂浆	水泥基无机保温砂浆	水泥基无机保温砂浆施工工艺（涂料饰面）： 基层墙体处理（带或不带找平层）→吊垂直、套方、弹控制线→局部涂刷界面砂浆用保温砂浆作灰饼、冲筋和护角→涂刷界面砂浆→保温砂浆抹灰→保温砂浆养护→配置抗裂砂浆、裁剪耐碱涂覆网布→抹抗裂砂浆、压入耐碱涂覆网布→面层抗裂砂浆施工→刮室内腻子→涂料饰面施工 水泥基无机保温砂浆施工工艺（饰面砖饰面）： 基层墙体处理（带或不带找平层）→吊垂直、套方、弹控制线→局部涂刷界面砂浆用保温砂浆作灰饼、冲筋和护角→涂刷界面砂浆→保温砂浆抹灰→保温砂浆养护→配置抗裂砂浆、裁剪耐碱网布→抹抗裂砂浆、压入耐碱网布→安装锚固件（根据需要）→面层抗裂砂浆施工→饰面砖施工 施工要点： （1）保温砂浆应分层施工，分层施工厚度应逐次减薄，前一层施工后，表面收水干燥影响分层粘结时，应浇水湿润 （2）保温砂浆宜自上而下施工，保温层固化干燥（保温层施工后养护时间不宜少于7d），现场隐蔽检查合格后，方可进行抗裂防护层施工 （3）保温层出现局部空鼓、表面疏松，应进行修补 （4）抗裂砂浆施工前对凸出的部位应刮平并清理表面碎屑，方可进行施工 （5）铺设耐碱涂覆中碱网布应自上而下铺贴 （6）网布之间搭接宽度不应小于100mm，网布不得有空鼓、翘边、褶皱现象。阴阳角处两侧网布双向绕角相互搭接，各侧搭接宽度不小于200mm （7）锚栓施工电钻钻孔，孔径应与锚栓规格相配，钻孔深度应大于锚栓进入深度10mm，锚栓应安装在网布外侧。锚栓安装完毕后应做防水处理 （8）饰面砖粘贴宜采用双面涂抹法 （9）墙面上吊挂重物埋件应固定于基墙中，并应在保温层、抗裂防护层、饰面层固化达到强度后安装
	石膏基无机保温砂浆	石膏基无机保温砂浆施工工艺： 基层墙体清理→吊垂直、套方、弹控制线→用保温砂浆作灰饼、冲筋和护角涂刷建筑石膏→保温砂浆施工→抗裂防护层施工→通风干燥养护→刮腻子→涂料饰面施工 施工要点： （1）基层处理基层墙体应在抹灰施工前润湿表面，不同墙体材料的界面接缝和门窗过梁处，应粘贴总宽不小于300mm的耐碱涂覆中碱网布 （2）料浆搅拌搅拌时间不得超过2min；一次投料量为在规定的时间内用完的料量；料浆稠度变化后，严禁二次加水搅拌后继续使用 （3）界面层施工建筑石膏浆涂刷墙面保温层施工建筑石膏浆未干时，用灰板和抹子将石膏基无机保温砂浆抹在墙面上，也可采用机械喷射工艺，保温砂浆应至少分两遍施工 （4）护面层施工，T形石膏基无机保温砂浆终凝后即应立即抹L形石膏基无机保温砂浆作护面，施工前应喷水湿润 （5）抹灰过程中清理的落地灰以及修整过程中刮、搓下的料浆不得回收使用，作业完成后，应及时清洗干净
热固改性聚苯板外墙内保温	一般要求	见表1.3-37热固改性聚苯板外墙外保温的一般要求
	热固改性聚苯板外墙内保温施工	（1）热固改性聚苯板外墙内保温施工应在外墙内侧各阳角、阴角及其他必要处挂垂直基准线，并在适当位置排水平线，以控制改性聚苯板的垂直度和水平度 （2）板铺贴前应清理表面浮灰。采用点框法或条粘法粘贴，粘贴面积不小于40% （3）热固改性聚苯板铺贴应自下而上沿水平方向横向铺贴，板缝自然靠紧，相邻板面应平齐，上下排之间应错缝1/2板长 （4）抹面层施工不用进行保温锚固射钉或锚栓的施工。对于面砖饰面粘贴高度大于等于4.5m时应增设保温锚固射钉或锚栓，保温锚固射钉或锚栓应设置网布外侧 （5）对有防水要求的墙面应在抹面层施工完成后进行附加防水处理

第四节　土建工程常用施工机械的类型及应用

一、土石方工程施工机械的类型及应用

一般土石方开挖机械，经常采用的有单斗挖掘、推土机及铲运机等，其类型及应用见表 1.4-1。

土方工程中常用的机械类型及应用　　　　　　　　　　　　表 1.4-1

类型		应用
单斗挖掘机	正铲	（1）前进向上，强制切土 （2）能开挖停机面积以下的Ⅰ～Ⅳ类土 （3）正铲挖土和卸土的方式
	反铲	（1）挖土后退向下，强制挖土 （2）能开挖停机面积以下的Ⅰ～Ⅲ类的砂土或黏土 （3）反铲挖掘机开挖方式有端开挖和沟侧开挖
	拉铲	（1）挖土后退向下，自重切土 （2）能开挖停机面积以下的Ⅰ～Ⅱ类土 （3）适宜开挖大型基坑及水下挖土，拉铲挖掘机开挖方式有端开挖与沟侧开挖
	抓铲挖掘机	（1）挖土直上直下，自重切土 （2）只能开挖Ⅰ～Ⅱ类土 （3）可以挖掘独立基坑、沉井，特别适宜水下挖土
推土机		（1）下坡推土法是在斜坡上推土机顺下坡方向切土与推运 （2）分批集中一次性推送在硬质土中 （3）并列推土法用2～3台并列作业，一般采用两车并列推土，适用于大面积场地平整及运送土，并列台数不宜超过4台，否则影响工作协调 （4）槽形挖土法推土机重复多次在一条作业线上切土和推土，使地面逐渐形成一条浅槽 （5）斜角推土法将铲刀斜装在支架上或水平放置，并与前进方向呈一倾斜角度（松土为60°，坚实土为45°）进行推土 （6）经济运距100m内，以30～60m为最佳
铲运机		（1）于坡度在20°以内的大面积场地平整 （2）开挖大型基坑、沟槽及填筑路基等工程 （3）铲运机可在Ⅰ～Ⅲ类土中直接挖土、运土 （4）不宜挖运干燥散砂和太湿的黏土 （5）不宜行驶在凸凹不平的路面 （6）适宜运距为600～1500m
钻孔机械施工		（1）常用的有钻爆法、先用钻机钻孔，孔内放炸药，爆破岩体，用推土机或挖掘机、装载机、自卸汽车出渣 （2）钻机破碎机理：冲击、钻转切割（如回旋钻机）、冲击又切割（如潜孔钻）

二、起重机具

常用的起重机有自行杆式起重机和塔式起重机等，其类型与应用见表 1.4-2。

常用的起重机械类型及应用 表 1.4-2

类型		应用
自行杆式起重机	履带式起重机	在装配式钢筋混凝土单层工业厂房结构吊装中使用。缺点是稳定性较差，未经验算不宜超负荷吊装
		履带式起重机的主要参数有三个：起重量 Q、起重高度 H 和起重半径 R
	汽车起重机	不能负荷行驶，机动灵活性好，能够迅速转移场地，广泛用于土木工程
	轮胎起重机	行驶速度较高，对路面破坏小。不适合在松软或泥泞的地面上工作
塔式起重机	轨道式	可载重行走，作业范围大，非生产时间少，生产效率高。使用最广泛
	爬升式	优点：以建筑物作支架，塔身短，起重高度大，而且不占建筑物外围空间 缺点：司机看不到施工全过程，靠信号指挥，结束后需要辅助起重机拆卸
	（内爬式）	作业往往不能看到吊装全过程，需靠信号指挥，施工结束后拆卸复杂，一般需设辅助起重机拆卸
	附着式	安装在结构近旁，司机能看到吊装的全过程，自身的安装与拆卸不妨碍施工过程

三、混凝土运输机械

混凝土运输机械包括混凝土水平式运输和混凝土垂直式运输机械，其类型与应用见表 1.4-3。

混凝土运输机械类型及应用 表 1.4-3

类型			应用
混凝土水平式运输机械	歇式运输机具	手推车	（1）采用混凝土搅拌运输车运输混凝土时，应符合下列规定： 1）接料前，搅拌运输车应先排净罐内积水 2）在运输途中及等候卸料时，应保持搅拌运输车罐体正常转速，不得停转 3）卸料前，搅拌运输车罐体宜快速旋转搅拌 20s 以上再卸料 （2）采用搅拌运输车运输混凝土时，施工现场车辆出入口处应安排交通安全指挥人员，施工现场道路应顺畅，并宜设置循环车道；危险区域应设置警戒标志；夜间施工时，应有良好的照明 （3）采用搅拌运输车运输混凝土，当混凝土坍落度损失较大不能满足施工要求时，可在运输车罐内加入适量的与原配合比相同成分的减水剂。减水剂加入量应事先由试验确定，并应作出记录。加入减水剂后，搅拌运输车罐体应快速旋转搅拌均匀，并应达到要求的工作性能后再泵送或浇筑 （4）当采用机动翻斗车运输混凝土时，道路应通畅，路面应平整、坚实，临时坡道或支架应牢固，铺板接头应平顺
		机动翻斗车	
		自卸汽车	
		搅拌运输车	
	连续式运输机具	皮带运输机	
		混凝土泵	
混凝土垂直式运输机械		塔式起重机	

第五节　土建工程施工组织设计的编制原理、内容

一、施工组织设计的概念、作用与分类

（一）施工组织设计的概念

按照《建筑施工组织设计规范》GB/T 50502—2009 的定义：施工组织设计是以施工

项目为对象编制的，用以指导施工的技术、经济和管理的综合性文件。

施工组织设计是指导一个拟建工程进行施工准备和组织实施施工的基本技术经济文件。它的任务是对拟建工程的施工准备工作和整个的施工过程，在人力和物力、时间和空间、技术和组织上，作出一个全面而合理的计划安排。

（二）施工组织设计的作用

（1）是施工投标书的一个重要组成部分，是投标者对所投工程项目的认识程度、理解程度和重视程度的标志，体现施工单位投标竞争力。

（2）明确工程的具体施工方案、施工顺序、劳动组织措施、施工进度计划及资源需用量与供应计划，明确临时设施、材料和机具的具体位置，有效地使用施工场地，提高经济效益。

（3）是从承接工程任务开始到竣工验收合同交付使用为止的施工阶段全过程控制质量、安全、进度和工程成本的规范性文件。

（4）统筹和协调施工中建设单位、施工单位、监理单位及政府质量监督、安全监督等的工作衔接。

（5）是工程造价进度款结算、工程变更、竣工结算的重要依据。

（三）施工组织设计的分类

施工组织设计可按编制对象及编制阶段的不同分类，见表1.5-1。

施工组织设计的分类

表 1.5-1

分类标准	分类	定义
按编制对象	（1）施工组织总设计 （2）单位工程施工组织设计 （3）施工方案	（1）施工组织总设计以若干单位工程组成的群体工程或特大型项目为主要对象编制的施工组织设计，对整个项目的施工过程起统筹规划、重点控制的作用 （2）单位工程施工组织设计以单位（子单位）工程为主要对象编制的施工组织设计，对单位（子单位）工程的施工过程起指导和制约作用 （3）施工方案以分部（分项）工程或专项工程为主要对象编制的施工技术与组织方案，用以具体指导其施工过程
编制阶段	（1）投标阶段施工组织设计 （2）实施阶段施工组织设计	（1）投标阶段编制投标阶段施工组织设计，强调的是符合招标文件要求，以中标为目的 （2）实施阶段编制实施阶段施工组织设计，强调的是可操作性，同时鼓励企业技术创新

二、施工组织设计的编制原则

（1）符合施工合同或招标文件中有关工程进度、质量、安全、环境保护、造价等方面的要求；

（2）积极开发、使用新技术和新工艺，推广应用新材料和新设备；

（3）坚持科学的施工程序和合理的施工顺序，采用流水施工和网络计划等方法，科学配置资源，合理布置现场，采取季节性施工措施，实现均衡施工，达到合理的经济技术指标；

（4）采取技术和管理措施，推广建筑节能和绿色施工；

（5）与质量、环境和职业健康安全三个管理体系有效结合。

三、施工组织设计的编制依据

（1）与工程建设有关的法律、法规和相关文件。

（2）国家现行有关标准和技术经济指标。

（3）工程所在地区行政主管部门的批准文件，建设单位对施工的要求。

（4）工程施工合同和招标投标文件。

（5）工程设计文件。

（6）工程施工范围内的现场条件、工程地质及水文地质、气象等自然条件。

（7）与工程有关的资源供应情况。

（8）施工企业的生产能力、机具设备状况、技术水平以及施工经验等。

四、施工组织设计的内容

施工组织总设计、单位工程施工组织设计和分部分项工程施工组织设计（施工方案）三类施工组织设计应包括编制依据、工程概况、施工部署、施工进度计划、施工准备与资源配置计划、主要施工方法、施工现场平面布置及主要施工管理计划等基本内容。根据工程的具体情况，施工组织设计的内容可以添加或删减。施工组织设计编制的内容见表1.5-2。

施工组织设计编制的内容 表1.5-2

施工组织总设计	单位工程施工组织设计	施工方案
（1）工程概况 （2）总体施工部署 （3）施工总进度计划 （4）主要施工方法 （5）施工总平面布置	（1）工程概况及施工特点分析 （2）工程概况 （3）施工部署 （4）施工进度计划 （5）施工准备与资源配置计划 （6）主要施工方案 （7）施工现场平面布置	（1）工程概况 （2）施工安排 （3）施工进度计划 （4）施工准备与资源配置计划 （5）施工方法及工艺要求

（一）工程概况

（1）本项目的性质、规模、建设地点、结构特点、建设期限、分批交付使用的条件、合同条件。

（2）本地区地形、地质、水文和气象情况。

（3）施工力量、劳动力、机具、材料、构配件等资源供应情况。

（4）施工环境及施工条件等。

（二）施工部署及施工方案

（1）根据工程情况，结合人力、材料、机械设备、资金、施工方法等条件，全面部署施工任务，合理安排施工顺序，确定主要工程的施工方案。

（2）对拟建工程可能采用的几个施工方案进行定性、定量的分析，通过技术经济评价，选择最佳方案。

（三）施工进度计划

编制施工进度计划的具体步骤如下：

（1）列出工程项目一览表及其各项工程量。

（2）确定各单位工程的施工期限。

（3）确定各单位工程开工、竣工时间和相互搭接关系。

（4）编制施工进度计划。

（四）资源需要量计划

资源需要量计划包括以下几个方面：

（1）综合劳动力需要量计划。

（2）主要材料、构件及半成品需要量计划。

（3）主要施工机械需要量计划。

（4）资金需要量计划。

（五）施工总平面图设计

施工总平面图设计的内容包括：

（1）项目施工用地范围内的地形状况、施工用的各种道路。

（2）地上、地下相邻的既有建筑物、构筑物及其他设施的位置和尺寸。

（3）全部拟建的建筑物、构筑物及其基础设施的位置和尺寸。

（4）临时施工设施，包括生产、生活设施及施工现场必备的文明、安全、消防、保卫、防污染设施和环境保护设施。

（六）主要施工管理计划

施工管理计划在目前多作为管理和技术措施编制在施工组织设计中，这是施工组织设计必不可少的内容。施工管理计划涵盖很多方面的内容，可根据工程的具体情况加以取舍，主要施工管理计划见表1.5-3。

主要施工管理计划　　　　　　　　　　　　　　　　　　表 1.5-3

名称	主要内容
施工管理计划	（1）进度管理计划 （2）质量管理计划 （3）安全管理计划 （4）环境管理计划 （5）成本管理计划 （6）其他管理计划

五、施工组织设计的编制方法

（一）施工方案

1. 施工部署

一般情况下，施工部署的内容包括确定工程开展程序、拟定主要工程项目的施工方案、明确施工任务的划分与组织安排、编制施工准备工作计划等内容。

（1）确定工程开展程序。确定建设项目中各项工程的合理开展程序是关系整个建设项目能否尽快投产使用的关键。

（2）拟定主要工程项目的施工方案。施工组织设计主要拟定一些主要工程项目的施工方案，与单位工程施工组织设计中的施工组织设计方案所要求的内容和深度不同。

（3）明确施工任务的划分与组织安排。明确总包单位与分包单位的关系，建立施工现场统一的组织领导机构及职能部门，确定综合的和专业化的施工组织，明确各施工单位之间的分工与协作关系，划分施工阶段，确定各施工单位分期分批的主导施工项目和穿插施工项目。

（4）编制施工准备工作计划。根据施工开展的顺序和主要工程项目的方案，编制施工项目全场性的施工准备工作计划。

2. 单位工程施工方案

施工方案是单位工程施工组织设计的核心。

（1）确定施工流向。确定施工流向（流水方向）主要解决施工项目在平面上、空间上的施工顺序，是指导现场施工的主要环节。

（2）确定施工顺序。施工顺序是指单位工程中各分项工程或工序之间进行施工的先后次序。它主要解决各工序在时间上的衔接与搭接问题，以充分利用空间、争取时间、缩短工期为主要目的。

（3）流水段的划分。流水段的划分必须满足施工顺序、施工方法和流水施工条件的要求。

（4）确定施工方法。施工方法是针对拟建工程的主要分部分项工程。凡新技术、新工艺和对拟建工程起关键作用的项目，以及工人在操作上还不够熟练的项目，应详细而具体地拟定该项目的操作过程和方法、质量要求和保证质量的技术安全措施，可能发生的问题和预防措施等。凡常规做法和工人熟练项目，不必详细拟定，只要对这些项目提出拟建工程中的特殊要求即可。

（5）施工机械的选择。根据工程特点选择适宜的主导施工机械，各种辅助机械应与直接配套的主导机械的生产能力协调一致。

3. 分部分项工程施工方案

分部分项工程施工方案是以某些施工难度大或施工技术复杂的大型设备安装或大型结构构件吊装为对象编制的专门的、更为详细的专业工程施工组织设计文件，用以指导单位工程中复杂的分部分项工程或处于特殊条件下施工的分部分项工程的技术措施，解决安装施工中的重大技术问题。分部工程施工组织设计应突出作业性。

（二）施工平面图布置

1. 施工总平面图设计

施工总平面图是拟建工程项目施工现场的总体平面布置图，用以表示全工地在施工期间所需各项设施和永久性建筑物之间的合理布局关系。

（1）施工总平面图设计原则，应在保证施工现场各项施工过程顺利进行的前提下，平面布置科学合理，尽量减少施工用地；合理组织运输、减少二次运输；合理划分整个施工场区，尽量利用永久性建筑物、构筑物或现有设施为施工服务；临时设施应方便生产和生活，办公区、生活区和生产区宜分离设置，应符合节能、环保、安全和消防等要求，遵守当地主管部门和建设单位的相关规定。

（2）施工总平面图设计依据包括工程设计文件，以及建设项目的总平面图、区域规划图、地形图、竖向设计图，建设项目范围内部相关的已有和拟建的各种地上、地下设施和管线位置等。同时参考建设项目的施工部署、主要建筑物的施工方案和施工进度计划等技术资料，施工现场的自然条件、技术经济条件和社会环境调查报告，施工资源配置，施工现场的水、电、暖、气、通信等接入位置和容量等情况。

（3）施工总平面图设计编制方法。应明确施工用地范围内的地形状况，以及全部拟建的建（构）筑物和其他基础设施的位置。确定为全工地施工服务的临时设施的位置，对施工现场必备的安全、消防、保卫和环境保护等设施做出规划，确定永久性测量放线桩位置，对各种机械设备的设置和工作范围、施工工艺路线进行布置。

2. 单位工程施工平面图设计

单位工程施工平面图应包括的主要内容一般有：

（1）建设工程平面图上已建和拟建的地上及地下一切工程项目和管线。

（2）测量放线标桩、地形等高线、土方取弃场地。

（3）塔式起重机以及垂直运输设施（如井架等）的位置。

（4）材料、加工半成品、构件和机具堆场。

（5）生产、生活用临时设施（包括钢筋棚、仓库、办公室、供水供电线路和道路等）并附一览表。一览表中应分别列出名称、规格和数量。

（6）安全、防火设施。

（三）施工组织设计的实施

1. 施工组织设计的审核及批准

（1）施工组织设计实施前应严格执行编制、审核、审批程序。没有批准的施工组织设计不得实施。

（2）施工组织设计编制，应坚持"谁负责实施，谁组织编制"的原则。

（3）施工组织设计编制和审批见表1.5-4。

施工组织设计的编制和审批   表1.5-4

类别	编制和审批
施工准备	由项目负责人主持编制，可根据需要分阶段编制和审批
施工组织总设计	由总承包单位技术负责人审批
单位工程施工组织设计	由施工单位技术负责人或技术负责人授权的技术人员审批
重点、难点分部（分项）工程和专项工程施工方案	重点由施工单位技术部门组织相关专家评审，施工单位技术负责人批准
重点、难点分部（分项）工程和专项工程施工方案	由专业承包单位技术负责人或技术负责人授权的技术人员审批
规模较大的分部（分项）工程和专项工程的施工方案	按单位工程施工组织设计进行编制和审批

2. 施工组织设计交底

单位工程的施工组织设计经项目监理机构审核确认，即成为指导施工项目各项施工活动的技术经济文件。在实施项目开工之前，要召开生产技术会议，逐级进行交底，详细地讲解单位工程施工组织设计的内容、要求、施工环节和保证措施。

3. 施工组织设计的执行

施工组织设计一经批准，施工单位和工程相关单位应认真贯彻执行，未经审批不得修改。施工组织设计的修改或补充涉及原则性重大变更，须履行原审批手续。施工中，应组织有关人员在施工过程中做好记录，积累资料，工程结束后及时做出总结。

（四）大型房屋建筑标准

在我国，大型房屋建筑一般指：

（1）25 层以上的房屋建筑工程；

（2）高度 100m 及以上的构筑物或建筑物工程；

（3）单体建筑面积 3 万 m^2 及以上的房屋建筑工程；

（4）单跨跨度 30m 及以上的房屋建筑工程；

（5）建筑面积 10 万 m^2 及以上的住宅小区或建筑群体工程；

（6）单项建安合同额 1 亿元及以上的房屋建筑工程。但在实际操作中，具备上述规模的建筑工程很多只需编制单位工程施工组织设计，需要编制施工组织总设计的建筑工程，其规模应当超过上述大型建筑工程的标准，通常需要分期分批建设，可称为特大型项目。

第二章 工程计量

第一节 建筑工程识图基本原理与方法

一、建筑工程施工图概述

（一）基本标准

1. 建筑工程施工图分类

建筑工程施工图按照建筑工程不同专业进行划分，主要包括以下几类，见表2.1-1。

建筑工程施工图分类　　　　　　　　　　表 2.1-1

建筑施工图	建筑施工图主要表达建筑物的外部形状、内部布置、装饰构造、施工要求等。这类基本图有：图纸目录、建筑设计说明、建筑总平面图、平面图、立面图、剖面图以及墙身、楼梯、门窗详图等
结构施工图	结构施工图主要表达承重结构的构件类型、布置情况以及构造做法等。这类基本图有：图纸目录、结构设计说明、基础平面图、基础详图、楼层及屋盖结构平面图、楼梯结构图、各构件（柱、墙、梁、板）的结构图以及节点详图等
设备施工图	设备施工图主要表达房屋各专用管线和设备布置及构造等情况。这类基本图有：给水排水、采暖通风、电气等设备的图纸目录、设计说明、平面布置图、系统图和施工详图等

2. 相关概念

（1）用地红线

建筑基地的边界线。

（2）比例

图中图形与其实物相应要素的线性尺寸之比。

（3）视图

将物体按正投影法向投影面投射时所得到的投影称为视图。

（4）标高

以某一水平面作为基准面，并作零点（水准原点）起算地面（楼面）至基准面的垂直高度。

（5）工程图纸

根据投影原理或有关规定绘制在纸介质上的，通过线条、符号、文字说明及其他图形元素表示工程形状、大小、结构等特征的图形。

二、施工图的识图方法

（一）建筑施工图

建筑施工图（简称建施）是房屋工程施工图中具有全局性地位的图纸，反映房屋的平面形状、功能布局、外观特征、各项尺寸和构造做法等，是其他专业进行设计、施工的技术依据和条件。建筑施工图的识图，建议从整体到局部、从全局到细节，对于初学者，有条件的情况下，可以结合设计 BIM 模型（如有），加深对图纸的理解。

1. 图纸目录识读

图纸目录安排在一套图纸的最前面，一般包含工程名称、项目名称、专业、阶段、日期、序号、图号、图纸名称、图幅、版次等，图纸目录可以方便图纸的查阅和对整套图纸有一个全面的了解。

2. 设计说明识读

设计说明是对施工图的整体说明，一般包括设计依据、工程名称、项目名称、建设地点、建设单位、设计规模和相关经济技术指标、建筑工程等级、设计使用年限、建筑层数、建筑高度、防火设计、建筑分类、耐火等级、人防工程及相关等级、屋面防水等级、抗震设防烈度等，相对标高与总图绝对标高关系，用料说明及相关建筑构造的标准做法、门窗表及门窗性能，设备要求及相关补充说明等。设计说明需要认真研读，并予以重视，不可忽略。平面图中未完全体现的一些信息，通常会在设计说明中补充，设计说明中强调的一些做法，在实际施工中亦不可遗漏。

3. 总平面图识读

总平面图主要表明新建房屋的位置、朝向，与原有建筑物的关系，以及周围道路、绿化和给水、排水、供电条件等方面的情况。以其作为新建建筑物施工定位、土方施工、设备管网平面布置，安排施工时进场的材料和构配件堆放地以及运输道路布置等的依据。识图时可以参考以下步骤：

（1）看图名、比例、图例及有关的文字说明，了解整个项目的概况及重要的数据指标。

（2）了解工程的用地范围、地形地貌和周围环境情况。

（3）了解拟建房屋的平面位置和定位依据。

（4）了解拟建房屋的朝向和主要风向。

（5）了解道路交通及管线布置情况。

（6）了解绿化、美化的要求和布置情况。

4. 平面图识读

建筑平面图是反映房屋的平面形状、房间大小、功能布局、墙、柱截面形状和尺寸、门窗的类型及位置，作为施工时放线、砌墙、安装门窗、室内外装修等的重要依据，是建筑施工中重要图纸。识图时可以参考以下步骤：

（1）了解图名、比例及文字说明。

（2）了解纵横定位轴线及编号。

（3）了解房屋的平面形状和总尺寸。

（4）了解房间的布置、用途及交通联系。

（5）了解门窗的布置、数量及型号。

（6）了解房屋的开间、进深、细部尺寸和室内外标高。

（7）了解房屋细部构造和做法等情况。

（8）了解剖切位置及索引符号。

【例 2.1-1】图 2.1-1 和图 2.1-2 为某门卫平面图内容。由图可知，本图名称为东侧门卫平面图，本层建筑面积 61.88m²，比例尺 1：100，指北针指向右侧，平面轴线尺寸为 12.295m×5.34m，房间类型包含：走道、门卫室、监控室、卫生间，各个房间建筑完成面的高程有所区别。根据图例可以看出，砌体墙材料为蒸压加气混凝土砌块，门卫室放有灭火器 2 个（在消防图纸中会有相关表述）。平面图中对门窗进行标识，此时需要结合门窗表以及外立面图纸共同了解门窗的规格与材质要求。平面图下方有设计文字说明，由设计说明可知：设计使用年限 50 年，建筑耐火等级为二级，结构形式为框架，抗震烈度为 7 度（这部分需结合结构设计说明共同确认），本单体建筑层数为地上一层，建筑高度 3.95m（室外地坪至女儿墙顶），建筑面积 61.88m²，室外 ±0.00 对应绝对标高 4.50m，室内外高差 300mm。除平面图对应的文字说明外，需结合建筑设计总说明综合看图。

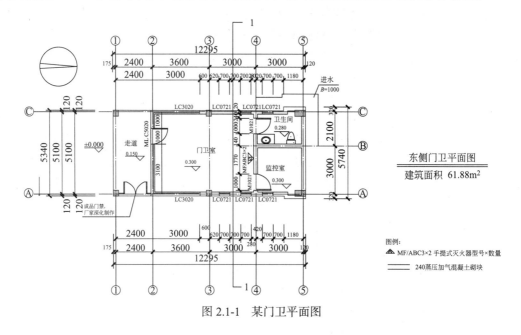

图 2.1-1　某门卫平面图

设计说明：
1. 本工程建筑设计使用年限为 50 年。建筑耐火等级为二级。建筑结构形式为框架，抗震设防烈度为 7 度。
2. 建筑层数、高度：地上一层，建筑高度 3.95m。（室外地坪至女儿墙顶）
3. 单体面积：建筑面积 61.88m²。
4. 本工程所注标高为相对标高，室外地面为 1985 国家高程 4.50m，室内外高差 300mm。图中所注标高均以米为单位，其他尺寸均以毫米为单位。
5. 单个门卫建筑面积为 61.88m²，为一个防火分区，安全出口的数量满足规范要求。
6. 其余详见建筑设计总说明。

图 2.1-2　某门卫平面图下方设计说明

5. 立面图识读

建筑立面图主要反映房屋各部位的标高、层数、门窗形式、屋顶造型等建筑物外貌和外墙装修要求，是建筑外装修的主要依据。常按朝向、外貌特征、立面图上首尾轴线三种命名方式进行命名。识图时可以参考以下步骤：

（1）了解图名及比例。

（2）了解立面图与平面图的对应关系。

（3）了解房屋的外貌特征。

（4）了解房屋的竖向标高。

（5）了解房屋外墙面的装修做法。

【例2.1-2】图2.1-3为某门卫南立面图内容。由图可知，建筑高度为3.950m，室外标高为±0.000，外立面采用米黄色真石漆装饰，建议对建筑做法表中对应的外立面做法进行比对。

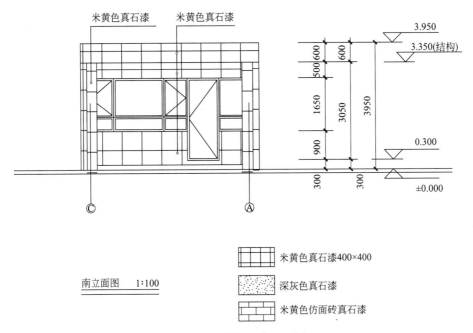

图2.1-3 某门卫南立面图

6. 剖面图识读

建筑剖面图用以表达房屋的结构形式、分层情况、竖向墙身及门窗、楼地面层、屋顶檐口等构造设置及相关尺寸和标高。识图时可以参考以下步骤：

（1）了解图名及比例。

（2）了解剖面图与平面图的对应关系。

（3）了解房屋的结构形式。

（4）了解主要标高和尺寸。

（5）了解屋面、楼面、地面的构造层次及做法。

（6）了解屋面的排水方式。

（7）了解索引详图所在的位置及编号。

【例2.1-3】图2.1-4为某门卫1-1剖面图内容。读图时，首先看图名，图名为1-1剖面图，同时找到1-1索引的来源，从平面图可以看出，1-1索引位于3轴和4轴之间，剖向右侧。由图可知，室内地坪比室外地坪高0.3m，屋面结构标高3.35m，女儿墙高0.6m。

7. 建筑详图识读

为满足施工要求，对房屋的细部构造用较大的比例、详细地表达出来，这样的图称为建筑详图，有时也叫作大样图。有局部构造图、装饰装修构造详图之分。识图时可以参

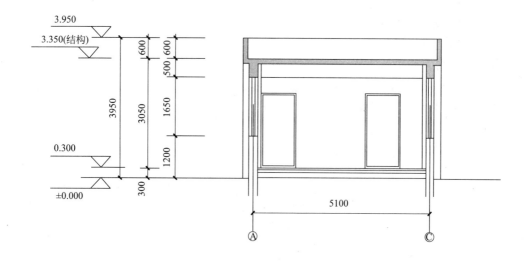

1-1剖面图

图 2.1-4　某门卫 1-1 剖面图

考以下步骤：
(1) 了解图名（或索引符号）及比例。识图时要同时对照相应的平面图。
(2) 了解构配件各部分的构造连接方法及相对位置关系。
(3) 了解各部位、各细部的详细尺寸。
(4) 了解构配件或节点所用的各种材料及其规格。
(5) 了解有关施工要求、构造层次及制作方法说明等。
(6) 有必要的话，可以同时将对应的结构专业图纸打开，增加对详图的了解程度。

三、混凝土结构平法施工图识图

（一）结构平法施工图概述

1. 平法施工图的基本概念及优点

建筑结构施工图平面整体表示方法，简称"平法"。平法的表达形式，概括来讲是把结构构件的尺寸和配筋等信息，按照平面整体表示方法制图规则，直接表达在各类构件的结构平面布置图上，再与标准构造详图相配合，构成一套完整的结构设计施工图纸。

平法施工图改变了传统的将构件从结构平面布置图中索引出来，再逐个绘制配筋详图、画出配筋表的做法。实施平法的优点主要表现在以下两方面：

(1) 减少图纸数量。平法把结构设计中的重复性内容做成标准化的节点构造，把结构设计中创造性内容使用标准化的方法来表示。这样按平法设计的结构施工图就可以简化为两部分：一是各类结构构件的平法施工图，二是图集中的标准构造详图。因此，大幅减少了图纸数量。识图时，施工图纸要结合平法标准图集进行。

(2) 实现平面表示，整体标注，即把大量的结构尺寸和钢筋数据标注在结构平面图上，并且在一个结构平面图上，同时进行梁、柱、墙、板等各种构件尺寸和钢筋数据的标注。整体标注很好地体现了整个建筑结构是一个整体，梁和柱、板和梁都存在不可分割的有机联系。

2. 平法标准图集简介

平法标准图集即 G101 系列平法图集，是混凝土结构施工图采用建筑结构施工图平面整体设计方法的国家建筑标准设计图集。平法标准图集内容包括两个主要部分：一是平法制图规则，二是标准构造详图。

现行的平法标准图集为 22G101 系列图集，包括 22G101-1、2、3，见表 2.1-2，适用于抗震设防烈度为 6～9 度地区的现浇混凝土结构施工图的设计，不适用于非抗震结构和砌体结构。

22G101 系列图集　　　　　　　　　　　表 2.1-2

序号	名称
22G101-1	混凝土结构施工图平面整体表示方法制图规则和构造详图 （现浇混凝土框架、剪力墙、梁、板） （以下简称 22G101-1 图集）
22G101-2	混凝土结构施工图平面整体表示方法制图规则和构造详图 （现浇混凝土板式楼梯） （以下简称 22G101-2 图集）
22G101-3	混凝土结构施工图平面整体表示方法制图规则和构造详图 （独立基础、条形基础、筏形基础、桩基础） （以下简称 22G101-3 图集）

（二）基础施工图

1. 混凝土基础的分类

混凝土基础种类多样，22G101-3 图集包括常用的现浇混凝土独立基础、条形基础、筏形基础（分为梁板式和平板式）、桩基础。本节重点解析独立基础的注写方式。

2. 独立基础的注写方式

独立基础平法施工图有平面注写、截面注写、列表注写三种表达方式。以普通独立基础为例介绍独立基础的平面注写方式。

普通独立基础的平面注写方式，分为集中标注和原位标注两部分内容，如图 2.1-5 所示。

（1）集中标注，系在基础平面图上集中引注：基础编号、截面竖向尺寸、配筋三项必注内容，以及基础底面标高（与基础底面基准标高不同时）和必要的文字注解两项选注内容。

1）独立基础编号（必注内容）由代号和序号组成，应符合表 2.1-3 的规定，阶

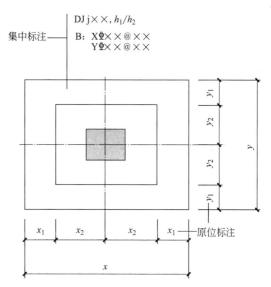

图 2.1-5　普通独立基础平面注写方式设计表达示意

形截面编号加 j，锥形截面编号加 z。如 DJj01 表示序号 01 的普通阶形截面独立基础。

表 2.1-3

独立基础编号

类型	基础底板截面形状	代号	序号
普通独立基础	阶形	DJj	××
	锥形	DJz	××
杯口独立基础	阶形	BJj	××
	锥形	BJz	××

2）截面竖向尺寸（必注内容）。注写为：$h_1/h_2/\cdots\cdots$，要求由下往上表示每个台阶的高度，如图 2.1-6 和图 2.1-7 所示。如 400/300 表示基础的竖向尺寸为 h_1=400mm、h_2=300mm，基础底板厚度或基础高度为：400+300=700mm。

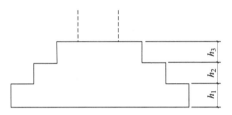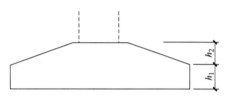

图 2.1-6　阶形截面普通独立基础竖向尺寸　　图 2.1-7　锥形截面普通独立基础竖向尺寸

3）配筋。独立基础底板的底部配筋以 B（bottom 的首字母）表示，x 向配筋以 X 打头、y 向配筋以 Y 打头注写；当两向配筋相同时，则以 X&Y 打头注写。当独立基础底板配筋标注为：B：XΦ16@150，YΦ16@200，表示基础底板底部配置 HRB400 钢筋，x 向钢筋直径为 16mm，间距 150mm；y 向钢筋直径为 16mm，间距 200mm。如图 2.1-8 所示。双柱独立基础的顶部配筋，通常对称分布在双柱中心线两侧。以大写字母"T"打头，注写为：双柱间纵向受力钢筋 / 分布钢筋。当纵向受力钢筋在基础底板顶面非满布时，应注明其总根数。如 T：11Φ18@100/ϕ10@200；表示独立基础顶部配置 HRB400 纵向受力钢筋，直径为 18mm 设置 11 根，间距 100mm；配置 HPB300 分布筋，直径为 10mm，间距 200mm。如图 2.1-9 所示。

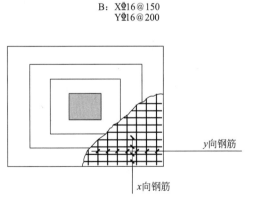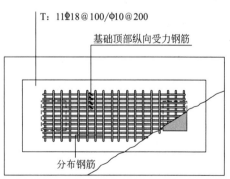

图 2.1-8　独立基础底板底部双向配筋示意　　图 2.1-9　双柱独立基础顶部配筋示意

（2）原位标注主要标注独立基础的平面尺寸。对相同编号的基础，可选择一个进行原位标注；当平面图形较小时，可将所选定进行原位标注的基础按比例适当放大；其他相同编号者仅注编号。普通独立基础原位标注 x、y、x_i、y_i，i=1，2，3…。其中，x、y 为普通独立基础两向边长，x_i、y_i 为阶宽或锥形平面尺寸。非对称阶形截面普通独立基础原位标注如图2.1-10所示。

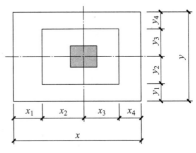

图 2.1-10 非对称阶形截面普通独立基础原位标注

（三）结构平面图

1. 结构的主要构件

22G101-1 图集包括基础顶面以上的现浇混凝土柱、剪力墙、梁、板（包括有梁楼盖和无梁楼盖）等构件的平法制图规则和标准构造详图两大部分内容。

2. 柱的注写方式

柱平法施工图系在柱平面布置图上采用列表注写方式或截面注写方式表达。列表注写方式，系在柱平面布置图上（一般只需采用适当比例绘制一张柱平面布置图，包括框架柱、转换柱、芯柱等），分别在同一编号的柱中选择一个（有时需要选择几个）截面标注几何参数代号；在柱表中注写柱编号、柱段起止标高、几何尺寸（含柱截面对轴线的定位情况）与配筋的具体数值，并配以柱截面形状及其箍筋类型的方式来表达柱平法施工图，某框架柱列表注写方式示例可参见 22G101-1 图集第 1-7 页。柱编号由类型代号和序号组成，应符合表 2.1-4 的规定。

柱编号		表 2.1-4
柱类型	类型代号	序号
框架柱	KZ	××
转换柱	ZHZ	××
芯柱	XZ	××

截面注写方式是在柱平面布置图的柱截面上分别在同一编号的柱中选择一个截面，以直接注写截面尺寸和配筋的具体数值的方式来表达柱平法施工图。柱截面注写方式如图2.1-11所示。

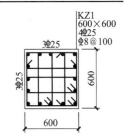

图 2.1-11 某 KZ1 截面注写示意（0～3.3）

3. 墙的注写方式

剪力墙不是一个独立的构件，而是由墙身、墙梁和墙柱共同组成的。剪力墙构件的平面表达方式有列表注写和截面注写两种。

（1）剪力墙构件列表注写方式系分别在剪力墙柱表、剪力墙身表和剪力墙梁表中，对应于剪力墙平面布置图上的编号，用绘制截面配筋图并注写几何尺寸与配筋具体数值的方式来表达剪力墙平法施工图。剪力墙列表注写方式可参见 22G101-1 图集第 1-18 和 1-19 页。

各构件的编号由代号和序号组成。墙柱编号由墙柱类型代号和序号组成，其墙柱的类型有约束边缘构件（YBZ）、构造边缘构件（GBZ）、非边缘暗柱（AZ）和扶壁柱（FBZ）。

墙身编号由墙身代号、序号以及墙身所配置的水平与竖向分布钢筋的排数组成。其中钢筋的排数注写在括号内，表达形式为 Q××（×× 排）。墙梁编号由墙梁类型代号和序号组成，墙梁类型有连梁（LL）、暗梁（AL）和边框梁（BKL）三类。

（2）剪力墙构件截面注写方式，系在按标准层绘制的剪力墙平面布置图上，以直接在墙柱、墙身、墙梁上注写截面尺寸和配筋具体数值的方式来表达剪力墙平法施工图，示例可参见 22G101-1 图集第 1-20 页。

（3）地下室外墙的表示方法主要包括以下内容：

1）地下室外墙编号由墙身代号、序号组成，表达为 DWQ××（×× 为序号）。

2）地下室外墙的集中标注，规定如下：

① 注写地下室外墙编号，包括代号、序号、墙身长度（注为 ××～×× 轴）。

② 注写地下室外墙厚度 b_w=×××。

③ 注写地下室外墙外侧贯通筋（OS）、内侧贯通筋（IS）和拉筋（tb），拉筋需注明"矩形"或"梅花"。

3）地下室外墙的原位标注，主要表示在外墙外侧配置的水平非贯通筋或竖向非贯通筋。

4. 梁的注写方式

梁平法施工图分平面注写方式、截面注写方式。梁的平面注写包括集中标注与原位标注。集中标注表达梁的通用数值，原位标注表达梁的特殊数值。当集中标注中的某项数值不适用于梁的某部位时，则将该项数值原位标注，施工时，原位标注优先于集中标注。

（1）集中标注的内容包括梁编号、梁截面尺寸，箍筋的钢筋种类、直径、加密区及非加密区间距、肢数，梁上部通长筋或架立筋，梁侧面纵筋（包括构造钢筋及受扭钢筋），梁顶面标高高差。其中梁顶面标高高差为选注值，其他五项为必注值。

1）梁编号由梁类型代号、序号、跨数及有无悬挑代号组成，见表 2.1-5。其中 ××A 为一端悬挑，××B 为两端悬挑，悬挑不计入跨数。如 KL7（5A）表示第 7 号楼层框架梁，5 跨，一端悬挑。

梁编号　　　　　　　　　　　　　　　　表 2.1-5

梁类型	代号	序号	跨数及是否带有悬挑
楼层框架梁	KL	××	（××）、（××A）或（××B）
楼层框架扁梁	KBL	××	（××）、（××A）或（××B）
屋面框架梁	WKL	××	（××）、（××A）或（××B）
框支梁	KZL	××	（××）、（××A）或（××B）
托柱转换梁	TZL	××	（××）、（××A）或（××B）
非框架梁	L	××	（××）、（××A）或（××B）
悬挑梁	XL	××	（××）、（××A）或（××B）
井字梁	JZL	××	（××）、（××A）或（××B）

2）梁截面尺寸：

当为等截面梁时，用 $b×h$ 表示；

当为竖向加腋梁时，用 $b×hYc_1×c_2$ 表示，其中 c_1 为腋长，c_2 为高，如图 2.1-12 所示。

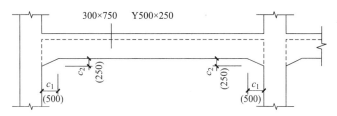

图 2.1-12　竖向加腋截面注写示意

当为水平加腋梁时，用 $b×h\,PYc_1×c_2$ 表示，其中 c_1 为腋长，c_2 为宽，加腋部分应在平面中绘制，如图 2.1-13 所示。

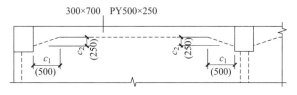

图 2.1-13　水平加腋截面注写示意

当有悬挑梁且根部和端部的高度不同时，用斜线分隔根部与端部的高度值，即为 $b×h_1/h_2$，如图 2.1-14 所示。

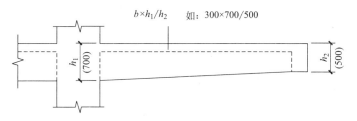

图 2.1-14　悬挑梁不等高截面注写示意

3）梁箍筋，包括钢筋种类、直径、加密区与非加密区间距及肢数，该项为必注值。箍筋加密区与非加密区的不同间距及肢数需用斜线 "/" 分隔；当梁箍筋为同一种间距及肢数时，则不需用斜线；当加密区与非加密区的筋肢数相同时，则将肢数注写一次；箍筋肢数应写在括号内。如 φ8@100（4）/150（2），表示箍筋为 HPB300 钢筋，直径为 8mm，加密区间距为 100mm，四肢箍；非加密区间距为 150mm，两肢箍。

4）梁上部通长筋或架立筋配置（通长筋可为相同或不同直径采用搭接连接、机械连接或焊接的钢筋），该项为必注值。当同排纵筋中既有通长筋又有架立筋时，应用 "+" 将通长筋和架立筋相联。注写时需将角部纵筋写在加号的前面，架立筋写在加号后面的括号内，以示不同直径及与通长筋的区别。当全部采用架立筋时，则将其写入括号内。当梁的上部纵筋和下部纵筋为全跨相同，且多数跨配筋相同时，此项可加注下部纵筋的配筋值，用分号 "；" 将上部与下部纵筋的配筋值分隔开来，少数跨不同者，按原位标注处理。如 "2Φ22+（4Φ12）" 用于六肢箍，表示 2Φ22 为通长钢筋，4Φ12 为架立筋；"3Φ22；3Φ22" 表示梁的上部配置 3Φ22 的通长筋，梁的下部配置 3Φ22 的通长筋。

5）梁侧面纵向构造钢筋或受扭钢筋配置，该项为必注值。

当梁腹板高度 $h_w ⩾ 450$mm 时，需配置纵向构造钢筋，以大写字母 G 打头，接续注写配置在梁两个侧面的总配筋值，且对称配置，如 G4φ12 表示梁的两个侧面配置 4φ12 的纵向构造钢筋，每侧面各配置 2φ12。配置受扭纵向钢筋时，以大写字母 N 打头，接续注写配置在梁两个侧面的总配筋值，且对称配置，如 N6φ22 表示梁的两个侧面配置 6φ22 的受扭纵向钢筋，每侧面各配置 3φ22 的受扭纵向钢筋。

6）梁顶面标高高差，该项为选注值。

梁顶面标高高差指相对于结构层楼面标高的高差值；对于位于结构夹层的梁，则指相对于结构夹层楼面标高的高差。有高差时，需将其写入括号内，无高差时不注。

（2）原位标注内容包括梁支座上部纵筋（该部位含通长筋在内所有纵筋）、梁下部纵筋、附加箍筋或吊筋以及集中标注不适合于某跨时标注的数值。

1）梁支座上部纵筋，该部位含通长筋在内的所有纵筋：

① 当上部纵筋多于一排时，用斜线"/"将各排纵筋自上而下分开，如梁支座上部纵筋注写为 6φ25 4/2 表示上一排纵筋为 4φ25，下一排纵筋为 2φ25。

② 当同排纵筋有两种直径时，用加号"+"将两种直径的纵筋相联，注写时将角部纵筋写在前面，如梁支座上部有四根纵筋，2φ25 放在角部，2φ22 放在中部，在梁支座上部应注写为 2φ25+2φ22。

③ 当梁中间支座两边的上部纵筋不同时，需在支座两边分别标注；当梁中间支座两边的上部纵筋相同时，可仅在支座的一边标注配筋值，另一边省去不注。

④ 对于端部带悬挑的梁，其上部纵筋注写在悬挑梁根部支座部位。当支座两边的上部纵筋相同时，可仅在支座的一边标注配筋值。

2）梁下部纵筋：

① 当下部纵筋多于一排时，用斜线"/"将各排纵筋自上而下分开。

② 当同排纵筋有两种直径时，用加号"+"将两种直径的纵筋相联，注写时角筋写在前面。

③ 当梁下部纵筋不全部伸入支座时，将梁支座下部纵筋减少的数量写在括号内，用"-"表示，如梁下部纵筋注写为 2φ25+3φ22（-3）/5φ25，表示上排纵筋为 2φ25 和 3φ22，其中 3φ22 不伸入支座，下排纵筋为 5φ25，全部伸入支座。

3）当在梁上集中标注的内容（即梁截面尺寸、箍筋、上部通长筋或架立筋，梁侧面纵向构造钢筋或受扭纵向钢筋，以及梁顶面标高高差中的某一项或几项数值）不适用于某跨或某悬挑部分时，则将其不同数值原位标注在该跨或该悬挑部位，施工时应按原位标注数值取用。当在多跨梁的集中标注中已注明加腋，而该梁某跨的根部不需要加腋时，则应该在该跨原位注明等截面的 $b \times h$，以修正集中标注中加腋信息，如图 2.1-15 所示。

4）附加箍筋或吊筋，将其直接画在平面图中的主梁上，用线引注总配筋值（附加筋肢数注在括号内）。当多数附加箍筋或吊筋相同时，可在梁平法施工图上统一注明，少数与统一注明不同时，在原位引注。附加箍筋和吊筋画法示例如图 2.1-16 所示。

某梁的平面注写方式如图 2.1-17 所示。

5. 板的注写方式

以有梁楼盖板为例，介绍其平法施工图的注写方式。

有梁楼盖板平法施工图，系在楼面板和屋面板布置图上，采用平面注写的表达方式。板平面注写主要包括板块集中标注和板支座原位标注两种方式。为方便设计表达和施工识

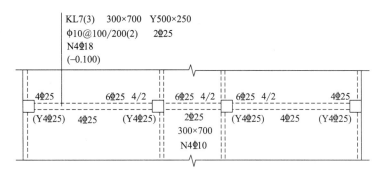

图 2.1-15　梁竖向加腋平面注写方式表达示例

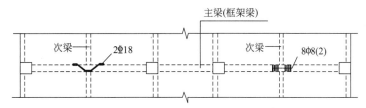

图 2.1-16　附加箍筋和吊筋的画法示例

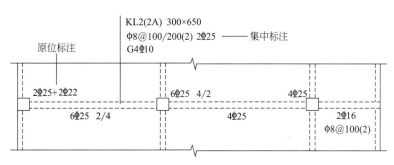

图 2.1-17　梁平面注写示例

图，规定结构平面的坐标方向为：当两向轴网正交布置时，图面从左至右为 x 向，从下至上为 x 向；当轴网向心布置时，切向为 x 向，径向为 y 向。

（1）板块集中标注的内容为板块编号、板厚、上部贯通纵筋、下部纵筋，以及当板面标高不同时的标高高差。对于普通楼面，两向均以一跨为一板块；对于密肋楼盖，两向主梁（框架梁）均以一跨为一板块（非主梁密肋不计）。所有板块应逐一编号，相同编号的板块可择其一做集中标注，其他仅注写置于圆圈内的板编号，以及当板面标高不同时的标高高差。

板类型及代号为楼面板（LB）、屋面板（WB）、悬挑板（XB）。板厚注写为 $h=\times\times\times$（为垂直于板面的厚度）；当悬挑板的端部改变截面厚度时，用斜线分隔根部与端部的高度值注写为 $h=\times\times\times/\times\times\times$；当设计已在图注中统一注明板厚时，此项可不注。

纵筋按板块的下部和上部分别注写，B 代表下部纵筋，T 代表上部贯通纵筋。

例如，板块集中标注注写为"LB5 $h=110$ B：XΦ12@120；YΦ10@100"表示 5 号楼面板、板厚 110mm、板下部 x 向纵筋Φ12@120、板下部 y 向纵筋Φ10@100、板上部未

配置贯通纵筋。注写为"LB5 h=110　B：XΦ10/12@100；YΦ10@110"表示 5 号楼面板、板厚 110mm，板下部配置的纵筋 x 向为Φ10 和Φ12 隔一布一、间距 100mm，y 向纵筋Φ10@110、板上部未配置贯通纵筋。标注"XB2 h=150/100　B：Xc&YcΦ8@200"表示 2 号悬挑板、板根部厚 150mm、端部厚 100mm、板下部配置构造钢筋双向均为Φ8@200、上部受力钢筋见板支座原位标注。

（2）板支座原位标注的内容为板支座上部非贯通纵筋和悬挑板上部受力钢筋。板支座上部非贯通纵筋自支座边线向跨内的伸出长度，注写在线段的下方位置。两侧对称时可只注写一侧，两侧不对称时两侧均需要注写其伸出长度。

有梁楼盖板平法注写示例可参见 22G101-1 图集第 1-39 页。

（四）楼梯平法施工图

1. 楼梯的类型

22G101-2 图集包括 14 种楼梯类型，见表 2.1-6。

楼梯类型表　　　　　　　　　　　　　　　　　表 2.1-6

梯板代号	适用范围	
	抗震构造措施	适用结构
AT	无	剪力墙、砌体结构
BT		
CT	无	剪力墙、砌体结构
DT		
ET	无	剪力墙、砌体结构
FT		
GT	无	剪力墙、砌体结构
Ata	有	框架结构、框剪结构中框架部分
Atb		
Atc		
Btb	有	框架结构、框剪结构中框架部分
Cta	有	框架结构、框剪结构中框架部分
Ctb		
Dtb	有	框架结构、框剪结构中框架部分

2. 楼梯的平面注写方式

（1）楼梯注写：楼梯编号由梯板代号和序号组成，如 AT××、BT××、ATa×× 等。

（2）平面注写方式，系在楼梯平面布置图上注写截面尺寸和配筋具体数值的方式来表达楼梯施工图。包括集中标注和外围标注。

1）楼梯集中标注的内容有五项，具体规定如下：

① 梯板类型代号与序号，如 AT××。

② 梯板厚度，注写为 h=×××。当为带平板的梯板且梯段板厚度和平板厚度不同时，

可在梯段板厚度后面括号内以字母 P 打头注写平板厚度。例如，h=130（P150），130 表示梯段板厚度，150 表示梯板平板段的厚度。

③ 踏步段总高度和踏步级数，之间以"/"分隔。

④ 梯板支座上部纵筋、下部纵筋，之间以";"分隔。

⑤ 梯板分布筋，以 F 打头注写分布钢筋具体值，该项也可在图中统一说明。

例如，AT1，h =120 表示梯板类型及编号，梯板板厚；1800/12 表示踏步段总高度 / 踏步级数；Φ10@200；Φ12@150 表示上部纵筋，下部纵筋；FΦ8@250 表示梯板分布筋。示例可以参见 22G101-2 图集第 2-7 页。

2）楼板外围标注的内容，包括楼梯间的平面尺寸、楼层结构标高、层间结构标高、楼梯的上下方向、梯板的平面几何尺寸、平台板配筋、梯梁及梯柱配筋等。

（3）剖面注写方式：

1）剖面注写方式需在楼梯平法施工图中绘制楼梯平面布置图和楼梯剖面图，注写方式包含平面图注写和剖面图注写两部分。

2）楼梯平面布置图注写内容，包括楼梯间的平面尺寸、楼层结构标高、层间结构标高、楼梯的上下方向、梯板的平面几何尺寸、梯板类型及编号、平台板配筋、梯梁及梯柱配筋等。

3）楼梯剖面图注写内容，包括梯板集中标注、梯梁梯柱编号、梯板水平及竖向尺寸、楼层结构标高、层间结构标高等。

4）梯板集中标注的内容有四项，具体规定如下：

① 梯板类型及编号，如 AT××。

② 梯板厚度，注写为 h=×××。当梯板由踏步段和平板构成，且梯板踏步段厚度和平板厚度不同时，可在梯板厚度后面括号内以字母 P 打头注写平板厚度。

③ 梯板配筋，注明梯板上部纵筋和梯板下部纵筋，用分号";"将上部与下部纵筋的配筋值分隔开来。

④ 梯板分布筋，以 F 打头注写分布钢筋具体值，该项也可在图中统一说明。

5）对于 ATC 型楼梯，集中标注中尚应注明梯板两侧边缘构件纵向钢筋及箍筋。

（4）列表注写方式，系用列表方式注写梯板截面尺寸和配筋具体数值的方式来表达楼梯施工图。

列表注写方式的具体要求同剖面注写方式，仅将剖面注写方式中的梯板配筋注写项改为列表注写项即可，如图 2.1-18 所示。

梯板几何尺寸和配筋表

梯板编号	踏步段总高度(mm) /踏步级数	板厚h (mm)	上部纵筋	下部纵筋	分布筋

图 2.1-18　梯板列表注写示例

（五）结构设计总说明

1. 结构设计总说明包含的内容

结构设计总说明是具有全局性的文字说明。包括：工程概况，设计依据，基础形式，地基基础设计等级，新建建筑的结构类型、耐久年限、设防烈度，地基情况，选用材料的类型、规格、强度等级，选用标准图集，采用的新工艺及特殊部位的施工顺序、方法及质量验收标准等内容。

2. 通用节点及图集

结构设计总说明通常会包含通用节点及图集。在构造上，通常包括构造柱、抱框柱、过梁、圈梁、后浇带、变形缝等做法。图集包括 22G101-1、2、3 系列图集等。

第二节　建筑面积计量

一、建筑面积的概念

建筑面积应按建筑物每个自然层楼（地）面处外围护结构外表面所围空间的水平投影面积计算。计算建筑面积时，要以外围护结构外围水平面积计算（含外围护结构水平投影面积）。

建筑面积可以划分为使用面积、辅助面积和结构面积，即：建筑面积 = 使用面积 + 辅助面积 + 结构面积，见表 2.2-1。

建筑面积组成　　　　　　　　　　　　　　　表 2.2-1

建筑面积组成	有效面积	使用面积	指可直接为生产或生活使用的净面积，居室净面积在民用建筑中亦称"居住面积"
		辅助面积	指建筑物各层平面布置中为辅助生产或生活所占净面积的总和
	结构面积		指建筑物各层平面布置中墙体、柱、外围护结构等结构所占面积的总和

二、建筑面积的作用

首先，工程建设的技术经济指标中，大多数以建筑面积为基数，建筑面积是核定估算、概算、预算工程造价的一个重要基础数据，是计算和确定工程造价，并分析工程造价和工程设计合理性的一个基础指标。

其次，建筑面积是国家进行建设工程数据统计、固定资产宏观调控的重要指标。

最后，建筑面积还是房地产交易、工程承发包交易、建筑工程有关运营费用核定等的关键指标。

建筑面积的作用，具体有以下几个方面：

1. 建筑面积是确定建设规模重要指标

根据项目立项批准文件所核准的建筑面积，是施工图设计的重要控制指标。

2. 建筑面积是确定各项技术经济指标的基础

建筑面积与使用面积、辅助面积、结构面积之间存在着一定的比例关系。设计人员在进行建筑或结构设计时，在计算建筑面积的基础上再分别计算出结构面积等计算经济指标。有了建筑面积才能确定每平方米建筑面积的工程造价。

如：单位建筑面积工程造价 = 工程造价 / 建筑面积；

单位建筑面积的材料消耗指标 = 工程材料消耗量 / 建筑面积；

单位建筑面积的人工用量 = 工程人工工日耗用量 / 建筑面积。

3．建筑面积是评价设计方案的依据

建筑设计和建筑规划中，经常使用建筑面积控制某些指标，比如容积率、建筑密度等。在评价设计方案时，通常采用居住面积系数、有效面积系数、单方造价等指标，都与建筑面积密切相关。

容积率 = 建筑总面积 / 建筑占地总面积 ×100%

建筑密度 = 建筑物底层面积 / 建筑占地总面积 ×100%

4．建筑面积是计算有关分项工程量的依据和基础

建筑面积是确定一些分项工程量的基本数据，应用统筹计算方法，根据底层建筑面积就可以很方便计算出平整场地、地面及垫层、室内回填土等的工程量。建筑面积不仅是计算某些分项工程量的计算基础，其本身也是某些分项工程的工程量，建筑面积是综合脚手架、垂直运输的计算依据。

5．建筑面积是选择概算指标和编制概算的基础数据

概算指标通常是以建筑面积为计量单位。用概算指标编制概算时，要以建筑面积为计算基础。

三、建筑面积计算规则

《建筑工程建筑面积计算规范》GB/T 50353—2013 从 2014 年 7 月 1 日起实施。随着 2023 年 3 月 1 日起《民用建筑通用规范》GB 55031—2022 的执行，《建筑工程建筑面积计算规范》与《民用建筑通用规范》不一致的，以《民用建筑通用规范》的规定为准。《民用建筑通用规范》为强制性工程建设规范，全部条文必须严格执行。

（一）应计算建筑面积的规则

《民用建筑通用规范》GB 55031—2022 中第 3 条建筑面积与高度同《建筑工程建筑面积计算规范》GB/T 50353—2013 的差异，见表 2.2-2。

应计算建筑面积的规则对比　　　　　　　　　　　表 2.2-2

《民用建筑通用规范》GB 55031—2022	《建筑工程建筑面积计算规范》GB/T 50353—2013
1. 建筑面积应按建筑每个自然层楼（地）面处外围护结构外表面所围空间的水平投影面积计算 2. 总建筑面积应按地上和地下建筑面积之和计算，地上和地下建筑面积应分别计算	1. 建筑物的建筑面积应按自然层外墙结构外围水平面积之和计算。结构层高在 2.20m 及以上的，应计算全面积；结构层高在 2.20m 以下的，应计算 1/2 面积
3. 室外设计地坪以上的建筑空间，其建筑面积应计入地上建筑面积；室外设计地坪以下的建筑空间，其建筑面积应计入地下建筑面积 4. 永久性结构的建筑空间，有永久性顶盖、结构层高或斜面结构板顶高在 2.20m 及以上的，应按下列规定计算建筑面积： （1）有围护结构、封闭围合的建筑空间，应按其外围护结构外表面所围空间的水平投影面积计算 （2）无围护结构、以柱围合，或部分围护结构与柱共同	2. 建筑物内设有局部楼层时，对于局部楼层的二层及以上楼层，有围护结构的应按其围护结构外围水平面积计算，无围护结构的应按其结构底板水平面积计算。结构层高在 2.20m 及以上的，应计算全面积，结构层高在 2.20m 以下的，应计算 1/2 面积
	3. 形成建筑空间的坡屋顶，结构净高在 2.10m 及以上的部位应计算全面积；结构净高在 1.20m 及以上至 2.10m 以下的部位应计算 1/2 面积；结构净高在 1.20m 以下的部位不应计算建筑面积

《民用建筑通用规范》GB 55031—2022	《建筑工程建筑面积计算规范》GB/T 50353—2013
围合、不封闭的建筑空间，应按其柱或外围护结构外表面所围空间的水平投影面积计算 （3）无围护结构、单排柱或独立柱、不封闭的建筑空间，应按其顶盖水平投影面积的1/2计算 （4）无围护结构、有围护设施、无柱、附属在建筑外围护结构、不封闭的建筑空间，应按其围护设施外表面所围空间水平投影面积的1/2计算 5. 阳台建筑面积应按围护设施外表面所围空间水平投影面积的1/2计算；当阳台封闭时，应按其外围护结构外表面所围空间的水平投影面积计算 6. 功能空间使用面积应按功能空间墙体内表面所围合空间的水平投影面积计算 7. 功能单元使用面积应按功能单元内各功能空间使用面积之和计算 8. 功能单元建筑面积应按功能单元使用面积、功能单元墙体水平投影面积、功能单元内阳台面积之和计算	4. 场馆看台下的建筑空间，结构净高在2.10m及以上的部位应计算全面积；结构净高在1.20m及以上至2.10m以下的部位应计算1/2面积；结构净高在1.20m以下的部位不应计算建筑面积。室内单独设置的有围护设施的悬挑看台，应按看台结构底板水平投影面积计算建筑面积。有顶盖无围护结构的场馆看台应按其顶盖水平投影面积的1/2计算面积
	5. 地下室、半地下室应按其结构外围水平面积计算。结构层高在2.20m及以上的，应计算全面积；结构层高在2.20m以下的，应计算1/2面积
	6. 出入口外墙外侧坡道有顶盖的部位，应按其外墙结构外围水平面积的1/2计算面积
	7. 建筑物架空层及坡地建筑物吊脚架空层，应按其顶板水平投影计算建筑面积。结构层高在2.20m及以上的，应计算全面积；结构层高在2.20m以下的，应计算1/2面积
	8. 建筑物的门厅、大厅应按一层计算建筑面积，门厅、大厅内设置的走廊应按走廊结构底板水平投影面积计算建筑面积。结构层高在2.20m及以上的，应计算全面积；结构层高在2.20m以下的，应计算1/2面积
	9. 建筑物间的架空走廊，有顶盖和围护结构的，应按其围护结构外围水平面积计算全面积；无围护结构、有围护设施的，应按其结构底板水平投影面积计算1/2面积
	10. 立体书库、立体仓库、立体车库，有围护结构的，应按其围护结构外围水平面积计算建筑面积；无围护结构、有围护设施的，应按其结构底板水平投影面积计算建筑面积。无结构层的应按一层计算，有结构层的应按其结构层面积分别计算。结构层高在2.20m及以上的，应计算全面积；结构层高在2.20m以下的，应计算1/2面积
	11. 有围护结构的舞台灯光控制室，应按其围护结构外围水平面积计算。结构层高在2.20m及以上的，应计算全面积；结构层高在2.20m以下的，应计算1/2面积
	12. 附属在建筑物外墙的落地橱窗，应按其围护结构外围水平面积计算。结构层高在2.20m及以上的，应计算全面积；结构层高在2.20m以下的，应计算1/2面积
	13. 窗台与室内楼地面高差在0.45m以下且结构净高在2.10m及以上的凸（飘）窗，应按其围护结构外围水平面积计算1/2面积
	14. 有围护设施的室外走廊（挑廊），应按其结构底板水平投影面积计算1/2面积；有围护设施（或柱）的檐廊，应按其围护设施（或柱）外围水平面积计算1/2面积
	15. 门斗应按其围护结构外围水平面积计算建筑面积，结构层高在2.20m及以上的，应计算全面积；结构层高在2.20m以下的，应计算1/2面积

《民用建筑通用规范》GB 55031—2022	《建筑工程建筑面积计算规范》GB/T 50353—2013
	16. 门廊应按其顶板水平投影面积的1/2计算建筑面积；有柱雨篷应按其结构板水平投影面积的1/2计算建筑面积；无柱雨篷的结构外边线至外墙结构外边线的宽度在2.10m及以上的，应按雨篷结构板的水平投影面积的1/2计算建筑面积
	17. 设在建筑物顶部的、有围护结构的楼梯间、水箱间、电梯机房等，结构层高在2.20m及以上的应计算全面积；结构层高在2.20m以下的，应计算1/2面积
	18. 围护结构不垂直于水平面的楼层，应按其底板面的外墙外围水平面积计算。结构净高在2.10m及以上的部位，应计算全面积；结构净高在1.20m及以上至2.10m以下的部位，应计算1/2面积；结构净高在1.20m以下的部位，不应计算建筑面积
	19. 建筑物的室内楼梯、电梯井、提物井、管道井、通风排气竖井、烟道，应并入建筑物的自然层计算建筑面积。有顶盖的采光井应按一层计算面积，结构净高在2.10m及以上的，应计算全面积；结构净高在2.10m以下的，应计算1/2面积
	20. 室外楼梯应并入所依附建筑物自然层，并应按其水平投影面积的1/2计算建筑面积
	21. 在主体结构内的阳台，应按其结构外围水平面积计算全面积；在主体结构外的阳台，应按其结构底板水平投影面积计算1/2面积
	22. 有顶盖无围护结构的车棚、货棚、站台、加油站、收费站等，应按其顶盖水平投影面积的1/2计算建筑面积
	23. 以幕墙作为围护结构的建筑物，应按幕墙外边线计算建筑面积
	24. 建筑物的外墙外保温层，应按其保温材料的水平截面面积计算，并计入自然层建筑面积
	25. 与室内相通的变形缝，应按其自然层合并在建筑物建筑面积内计算。对于高低联跨的建筑物，当高低跨内部连通时，其变形缝应计算在低跨面积内
	26. 对于建筑物内的设备层、管道层、避难层等有结构层的楼层，结构层高在2.20m及以上的，应计算全面积；结构层高在2.20m以下的，应计算1/2面积

【例2.2-1】如图2.2-1所示，且局部楼层结构层高均超过2.20m，请计算其建筑面积。

解：首层建筑面积=50×10=500（m²），有围护结构的局部二层建筑面积（按其外围护结构外表面所围空间的水平投影面积计算全面积）=5.49×3.49=19.16（m²），无围护结构（有围护设施）的局部三层建筑面积（按其围护设施外表面所围空间水平投影面积的1/2计算）=5×3×0.5=7.5（m²），合计建筑面积=500+19.16+7.5=526.66（m²）

备注：无围护结构（有围护设施）的局部楼层建筑面积按《民用建筑通用规范》GB

55031—2022 与《建筑工程建筑面积计算规范》GB/T 50353—2013 计算规则有差异。

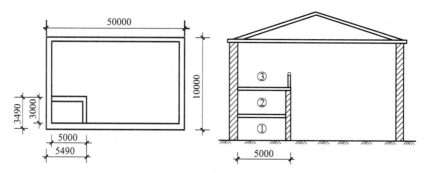

图 2.2-1 某建筑物内设有局部楼层建筑面积计算示例 （单位： mm）

【例 2.2-2】如图 2.2-2 所示，请计算其建筑面积。

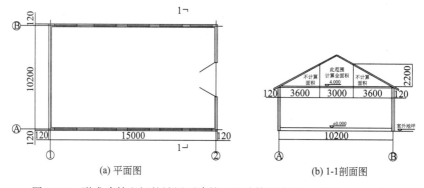

(a) 平面图　　　　　　　　(b) 1-1剖面图

图 2.2-2 形成建筑空间的坡屋顶建筑面积计算示意图 （单位： mm）

解： 建筑面积 S＝（15+0.12×2）×（10.2+0.12×2）+3×（15+0.12×2）=204.83（m²）

备注： 形成建筑空间的坡屋顶建筑面积按《民用建筑通用规范》GB 55031—2022 与《建筑工程建筑面积计算规范》GB/T 50353—2013 计算规则有差异。

备注： 如图 2.2-3 所示，按《民用建筑通用规范》GB 55031—2022：有永久性顶盖、结构层高或斜面结构板顶高在 2.20m 及以上的，无围护结构、以柱围合，或部分围护结构与柱共同围合，不封闭的建筑空间，应按其柱或外围护结构外表面所围空间的水平投影面积计算。

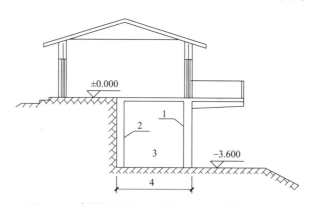

图 2.2-3 建筑物吊脚架空层示意图 （单位： m）

1—柱；2—墙；3—吊脚架空层；4—计算建筑面积部位

备注：如图 2.2-4 所示，按《民用建筑通用规范》GB 55031—2022：无顶盖的建筑空间属于不应计算建筑面积的范围。

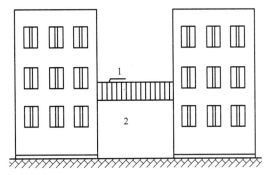

图 2.2-4　无顶盖有围护设施的架空走廊示意图

1—栏杆；2—架空走廊

备注：如图 2.2-5 所示，按《民用建筑通用规范》GB 55031—2022：有永久性顶盖、结构层高或斜面结构板顶高在 2.20m 及以上的，无围护结构、有围护设施、无柱、附属在建筑外围护结构、不封闭的建筑空间，应按其围护设施外表面所围空间水平投影面积的 1/2 计算。

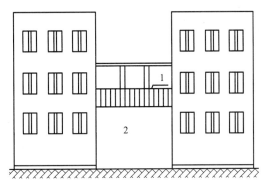

图 2.2-5　有顶盖有围护设施的架空走廊示意图

1—栏杆；2—架空走廊

备注：如图 2.2-6 所示，按《民用建筑通用规范》GB 55031—2022：有永久性顶盖、结构层高或斜面结构板顶高在 2.20m 及以上的，有围护结构、封闭围合的建筑空间，应按其外围护结构外表面所围空间的水平投影面积计算。

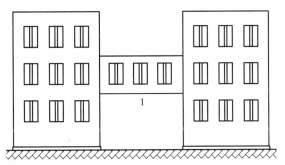

图 2.2-6　有顶盖有围护结构的架空走廊示意图

1—架空走廊

【例2.2-3】如图2.2-7所示，请计算有柱雨篷建筑面积。

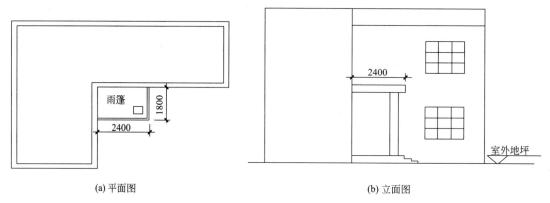

(a) 平面图   (b) 立面图

图2.2-7 有柱雨篷建筑面积计算示意图（单位：mm）

解：有柱雨篷建筑面积 $S=2.4\times1.8\times0.5=2.16$（$m^2$）

备注：按《民用建筑通用规范》GB 55031—2022：有永久性顶盖、结构层高或斜面结构板顶高在2.20m及以上的、无围护结构、单排柱或独立柱、不封闭的建筑空间，应按其顶盖水平投影面积的1/2计算。

【例2.2-4】如图2.2-8所示，请计算某层阳台建筑面积。

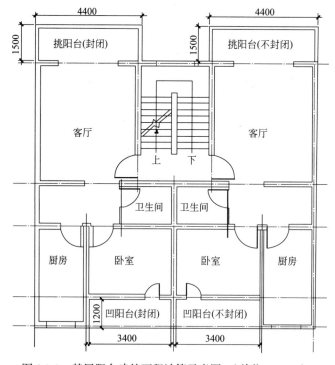

图2.2-8 某层阳台建筑面积计算示意图（单位：mm）

解：封闭阳台建筑面积 $S_1=4.4\times1.5+3.4\times1.2=10.68$（$m^2$），不封闭阳台建筑面积 $S_2=4.4\times1.5\times0.5+3.4\times1.2\times0.5=5.34$（$m^2$），阳台总建筑面积 $S=S_1+S_2=10.68+5.34=16.02$（$m^2$）

备注：按《民用建筑通用规范》GB 55031—2022：阳台建筑面积应按围护设施外表

面所围空间水平投影面积的 1/2 计算；当阳台封闭时，应按其外围护结构外表面所围空间的水平投影面积计算，与《建筑工程建筑面积计算规范》GB/T 50353—2013 计算规则有差异。

【例 2.2-5】如图 2.2-9 所示，请计算某有顶盖双排柱站台建筑面积。

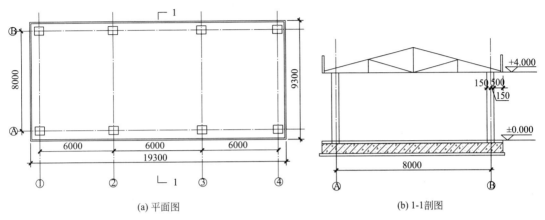

(a) 平面图　　　　　　　　　　(b) 1-1剖图

图 2.2-9　有顶盖双排柱站台建筑面积计算示意图　（单位：mm）

解：有顶盖双排柱站台建筑面积 $S=（18+0.15×2）×（8+0.15×2）=151.89（m^2）$

备注：按《民用建筑通用规范》GB 55031—2022：有永久性顶盖、结构层高或斜面结构板顶高在 2.20m 及以上的，无围护结构、以柱围合，或部分围护结构与柱共同围合，不封闭的建筑空间，应按其柱或外围护结构外表面所围空间的水平投影面积计算，与《建筑工程建筑面积计算规范》GB/T 50353—2013 计算规则有差异。

【例 2.2-6】如图 2.2-10 所示，请计算某有顶盖单排柱站台建筑面积。

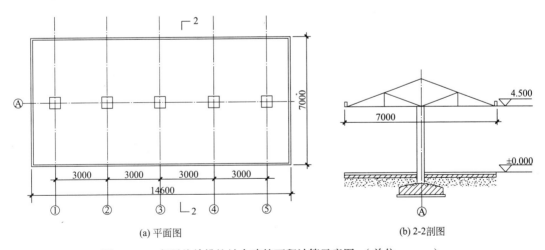

(a) 平面图　　　　　　　　　　(b) 2-2剖图

图 2.2-10　有顶盖单排柱站台建筑面积计算示意图　（单位：mm）

解：有顶盖单排柱站台建筑面积 $S=14.6×7×0.5=51.1（m^2）$

备注：按《民用建筑通用规范》GB 55031—2022：有永久性顶盖、结构层高或斜面结构板顶高在 2.20m 及以上的，无围护结构、单排柱或独立柱、不封闭的建筑空间，应按其顶盖水平投影面积的 1/2 计算。

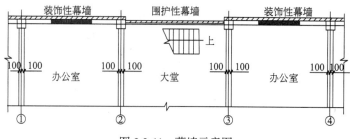

图 2.2-11　幕墙示意图

备注：如图 2.2-11 所示，按《民用建筑通用规范》GB 55031—2022：围护性幕墙与装饰性幕墙均按幕墙外边线计算建筑面积，与《建筑工程建筑面积计算规范》GB/T 50353—2013 计算规则有差异。

（二）不应计算建筑面积的范围

《民用建筑通用规范》GB 55031—2022 与《建筑工程建筑面积计算规范》GB/T 50353—2013 有关不应计算建筑面积的规定见表 2.2-3，两者不一致的以《民用建筑通用规范》GB 55031—2022 的规定为准。

不应计算建筑面积的范围　　　　　　　　　　　　　　表 2.2-3

《民用建筑通用规范》GB 55031—2022	《建筑工程建筑面积计算规范》GB/T 50353—2013
1. 结构层高或斜面结构板顶高度小于 2.20m 的建筑空间 2. 无顶盖的建筑空间 3. 附属在建筑外围护结构上的构（配）件 4. 建筑出挑部分的下部空间 5. 建筑物中用作城市街巷通行的公共交通空间 6. 独立于建筑物之外的各类构筑物	1. 与建筑物内不相连通的建筑部件
	2. 骑楼、过街楼底层的开放公共空间和建筑物通道
	3. 舞台及后台悬挂幕布和布景的天桥、挑台等
	4. 露台、露天游泳池、花架、屋顶的水箱及装饰性结构构件
	5. 建筑物内的操作平台、上料平台、安装箱和罐体的平台
	6. 勒脚、附墙柱、垛、台阶、墙面抹灰、装饰面、镶贴块料面层、装饰性幕墙，主体结构外的空调室外机搁板（箱）、构件、配件，挑出宽度在 2.10m 以下的无柱雨篷和顶盖高度达到或超过两个楼层的无柱雨篷
	7. 窗台与室内地面高差在 0.45m 以下且结构净高在 2.10m 以下的凸（飘）窗，窗台与室内地面高差在 0.45m 及以上的凸（飘）窗
	8. 室外爬梯、室外专用消防钢楼梯
	9. 无围护结构的观光电梯
	10. 建筑物以外的地下人防通道，独立的烟囱、烟道、地沟、油（水）罐、气柜、水塔、贮油（水）池、贮仓、栈桥等构筑物

第三节　土建工程工程量清单的编制

一、工程量清单的概念

（一）工程量清单计价的相关概念

1. 工程量清单计价规范的编制目的

为规范建设工程施工发承包计价行为，统一建设工程工程量清单的编制和计价方法，根据《中华人民共和国建筑法》《中华人民共和国合同法》《中华人民共和国招标投标法》等法律法规，制定建设工程工程量清单计价规范。《建设工程工程量清单计价规范》GB 50500—2013为现行国家标准。

（注：《中华人民共和国合同法》自2021年1月1日起被《中华人民共和国民法典》中的合同编所替代。）

2. 工程量清单计价规范的适用范围及基本原则

建设工程工程量清单计价规范适用于建设工程发承包及实施阶段的计价活动。

建设工程发承包及实施阶段的计价活动应遵循客观、公正、公平的原则。

建设工程发承包及实施阶段的计价活动，除应遵守本规范外，尚应符合国家现行有关标准的规定。

3. 工程量清单的含义

工程量清单是指载明建设工程分部分项工程项目、措施项目、其他项目的名称和相应数量以及规费、税金项目等内容的明细清单。

4. 工程量清单的分类

工程量清单分为招标工程量清单和已标价工程量清单，见表2.3-1。

工程量清单分类　　　　　　　　　　　　　　　　　　　表2.3-1

招标工程量清单	指招标人依据国家标准、招标文件、设计文件以及施工现场实际情况编制的，随招标文件发布供投标人投标报价的工程量清单，包括其说明和表格
已标价工程量清单	指构成合同文件组成部分的投标文件中已标明价格，经算术性错误修正（如有）且承包人已确认的工程量清单，包括其说明和表格

5. 工程量清单的计价方式

（1）使用国有资金投资的建设工程发承包，必须采用工程量清单计价。

（2）非国有资金投资的建设工程，宜采用工程量清单计价。

（3）不采用工程量清单计价的建设工程，应执行建设工程工程量清单计价规范除工程量清单等专门性规定外的其他规定。

（4）工程量清单应采用综合单价计价。

（5）措施项目中的安全文明施工费必须按国家或省级、行业建设主管部门的规定计算，不得作为竞争性费用。

（6）规费和税金必须按国家或省级、行业建设主管部门的规定计算，不得作为竞争性费用。

（二）工程量清单编制的一般规定

1. 招标工程量清单应由具有编制能力的招标人或受其委托的工程造价咨询人或招标代理机构编制。

2. 招标工程量清单必须作为招标文件的组成部分，其准确性和完整性由招标人负责。

3. 招标工程量清单是工程量清单计价的基础，应作为编制最高投标限价、投标报价、计算或调整工程量、索赔等的依据之一。

4. 招标工程量清单应以单位（项）工程为单位编制，应由分部分项工程项目清单、措施项目清单、其他项目清单、规费和税金（增值税）项目清单组成。

5．编制招标工程量清单应依据：

（1）国家标准《建设工程工程量清单计价规范》GB 50500—2013 及专业工程工程量计算规范（2013）；

（2）国家、行业或本市建设行政管理部门颁发的工程定额和计价办法，如《上海市建设工程工程量清单计价应用规则》和上海市各专业工程预算定额（2016）；

（3）建设工程设计文件及相关资料；

（4）与建设工程有关的标准、规范、技术资料；

（5）拟定的招标文件；

（6）施工现场情况、地勘水文资料、工程特点及常规施工方案；

（7）其他相关资料。

6．《上海市建设工程工程量清单计价应用规则》中的项目编号应由"沪"和九位编码组成。

7．编制工程量清单出现国家计量规范和《上海市建设工程工程量清单计价应用规则》未规定的项目，编制人应做补充，并报上海市工程造价管理部门备案。

（1）补充项目的编码由各专业代码（0×）与 B 和三位阿拉伯数字组成，并应从 0×B001 起顺序编制，同一招标工程的项目不得重码。

（2）补充的工程量清单需附有补充的项目名称、项目特征、计量单位、工程量计算规则、工作内容。不能计量的措施项目，需附有补充的项目名称、工作内容及包含范围。

二、分部分项工程工程量清单的编制

（一）分部分项工程项目清单

分部分项工程项目清单必须载明项目编码、项目名称、项目特征、计量单位和工程量，这五个要件在分部分项工程量清单的组成中缺一不可。分部分项工程项目清单应根据国家计量规范和《上海市建设工程工程量清单计价应用规则》规定的项目编码、项目名称、项目特征、计量单位和工程量计算规则进行编制。

分部分项工程量清单格式见表 2.3-2。

分部分项工程量清单　　　　　　　　　　　　　　　表 2.3-2

序号	项目编码	项目名称	项目特征	计量单位	工程量
			土石方工程		
1	010101001001	平整场地	1.土壤类别：一、二类土 2.取土、弃土运距：1km 以内 3.说明：±30cm 范围内挖填整平	m²	106.68
			……		

（二）项目编码

项目编码是分部分项工程和措施项目清单名称的阿拉伯数字标识。

工程量清单的项目编码应采用十二位阿拉伯数字表示，一至九位应按国家计量规范和《上海市建设工程工程量清单计价应用规则》的规定设置，十至十二位应根据拟建工程的工程量清单项目名称和项目特征设置，同一招标工程的项目编码不得有重码。一般从 001 起按顺序编制。例：01 01 01 002 001。

第一级：一、二位为专业代码。如 01 为房屋建筑与装饰工程；03 为通用安装工程；04 为市政工程；05 为园林绿化工程；08 为城市轨道交通工程；沪 20 为房屋修缮工程等。

第二级：三、四位为附录分类顺序码（章）。如 0101 为房屋建筑与装饰工程第一章土石方工程。

第三级：五、六位为分部工程顺序码（节）。如 010101 为房屋建筑与装饰工程第一章土石方工程第一节土方工程。

第四级：七～九位为分项工程项目名称顺序码如 010101002 为房屋建筑与装饰工程第一章土石方工程第一节土方工程中的挖一般土方。

第五级：十一～十二位为清单项目名称顺序码，由清单编制人依据项目特征的区别设置，同一招标工程的项目编码不得有重码，一般可从 001 开始。如 010101002001。

项目编码选择与设置的原则：一是准确，二是后三位不同的项目特征、不同的工程内容应为不同编码。

（三）项目名称

工程量清单的项目名称，应按国家计量规范和《上海市建设工程工程量清单计价应用规则》的项目名称，结合拟建工程的实际确定。附录表中的"项目名称"为分项工程项目名称，是形成分部分项工程量清单项目名称的基础，项目名称原则上以拟建工程实体命名。在编制分部分项工程量清时，项目名称命名存在以下三种情况：

（1）项目名称可以和国家计量规范和《上海市建设工程工程量清单计价应用规则》中的"项目名称"完全一致，如：挖基坑土方、余方弃置、满堂基础等。

（2）项目名称也可以在国家计量规范和《上海市建设工程工程量清单计价应用规则》的总框架下，根据具体情况重新命名，使项目名称更具体。如《房屋建筑与装饰工程工程量计算规范》GB 50854—2013 中编号为"010801001"的木质门应区分镶板木门、企口木板门、实木装饰门、胶合板门、夹板装饰门、木纱门、全玻门（带木质扇框）、木质半玻门（带木质扇框）等项目，分别编码列项。

（3）出现国家计量规范和《上海市建设工程工程量清单计价应用规则》附录中未包括的项目，编制人应做补充，并报上海市工程造价管理部门备案。补充项目的编码由各专业代码（0×）与 B 和三位阿拉伯数字组成，并应从 0×B001 起顺序编制，同一招标工程的项目不得重码。如房屋建筑与装饰工程须补充项目时，编码应从 01B001 开始。工程量清单中需补充项目的，应附有项目名称、项目特征、计量单位、工程量计算规则、工程内容。补充的项目名称应具有唯一性，项目特征应根据工程实体内容描述，计量单位应体现该项目基本特征，工程量计算规则应反映该项目的实体数量。

（四）项目特征

项目特征是构成分部分项工程项目、措施项目自身价值的本质特征。项目特征是区分清单项目的依据，是确定一个清单项目综合单价的重要依据，是履行合同义务的基础。因此，在编制工程量清单中必须对其项目特征进行准确和全面的描述。

工程量清单项目特征应按国家计量规范和《上海市建设工程工程量清单计价应用规则》规定的项目特征，结合拟建工程项目的实际予以描述。项目特征描述应达到规范、简洁、准确，按拟建工程的实际要求，以满足确定综合单价的需要为前提。

必须描述的内容如下：

1. 涉及正确计量计价的必须描述：如挖沟槽、基坑、一般土方如遇有桩基或有支撑时，应在项目特征中加以描述；深层搅拌桩、泥浆护壁成孔灌注桩的空桩长度、桩长需要明确描述；门窗以樘计量，项目特征必须描述洞口尺寸，没有洞口尺寸必须描述门框或窗框外围尺寸；在楼地面抹灰中水泥砂浆面层处理是拉毛还是提浆压光应在面层做法要求中描述等。

2. 涉及结构要求的必须描述：如混凝土的种类和强度等级，种类是指商品混凝土或其他特种混凝土，混凝土强度等级如 C30、水下 C30、C35 P8 等；如砌筑砂浆的种类和强度等级，砂浆种类是指水泥砂浆、混合砂浆、预拌砂浆，砂浆等级如 M5 或 M10 等。

3. 涉及施工难易程度的必须描述：如墙面一般抹灰、装饰抹灰、镶贴块料的墙体类型（砖墙或混凝土墙、轻质墙；内墙或外墙等）；天棚抹灰的基层类型（现浇天棚或预制天棚等）；抹灰面油漆的基层类型（如一般抹灰面）等。

4. 涉及材质要求的必须描述：如各种金属构件的材质、装饰材料的材质、玻璃品种、油漆品种、管材的材质（如碳钢管、无缝钢管、不锈钢管等）。

5. 涉及材料品种、规格要求的必须描述：如块状装饰材料石材、地砖、面砖、瓷砖的规格；防水材料、保温材料的品种、厚度或涂刷遍数等。

（五）计量单位

工程量清单的计量单位应按国家计量规范和《上海市建设工程工程量清单计价应用规则》中规定的计量单位确定，清单项目工程量的计量单位均采用基本计量单位。

1. 以质量计算的项目，单位为：吨或千克（t 或 kg）；

2. 以体积计算的项目，单位为：立方米（m^3）；

3. 以面积计算的项目，单位为：平方米（m^2）；

4. 以长度计算的项目，单位为：米（m）；

5. 以自然记录单位计算的项目，单位为：个、套、块、樘、组、台等；

6. 没有具体数量的项目，单位为：项、宗等。

各专业有特殊计量单位的，再另外加以说明。当国家计量规范和《上海市建设工程工程量清单计价应用规则》中的计量单位有两个或两个以上时，应根据所编工程量清单项目特征要求，选择最适宜表现该项目特征并方便计量的单位。如门窗工程的计量单位有"樘"或"m^2"两个计量单位，实际工作中可选择最适宜的计量单位来表示。

三、措施项目清单的编制

（一）措施项目的含义

措施项目是指为完成工程项目施工，发生于该工程施工准备和施工过程中的技术、生活、安全、环境保护等方面的项目。

（二）措施项目清单的编制依据

措施项目清单必须根据相关工程现行国家计量规范和《上海市建设工程工程量清单计价应用规则》的规定编制。措施项目清单应根据拟建工程的实际情况列项。

（三）措施项目清单的分类

措施项目清单包括总价措施项目清单和单价措施项目清单。

1. 总价措施项目

总价措施项目包括安全文明施工及其他措施项目，其他措施项目主要包括：夜间施工，非夜间施工照明，二次搬运，冬雨期施工，地上、地下设施、建筑物的临时保护设施和已完工程及设备保护等内容。总价措施项目列出项目编码、项目名称，以"项"为计量单位进行编制，列出项目的工作内容和包含范围。

《房屋建筑与装饰工程工程量计算规范》GB 50854—2013 关于安全文明施工及其他措施项目的规定见表 2.3-3。

安全文明施工及其他措施项目（编码 011707） 表 2.3-3

项目编码	项目名称	工作内容及包含范围
011707001	安全文明施工	见表 2.3-4
011707002	夜间施工	1. 夜间固定照明灯具和临时可移动照明灯具的设置、拆除 2. 夜间施工时，施工现场交通标志、安全标牌、警示灯等的设置、移动、拆除 3. 包括夜间照明设备及照明用电、施工人员夜班补助、夜间施工劳动效率降低等
011707003	非夜间施工照明	为保证工程施工正常进行，在地下室等特殊施工部位施工时所采用的照明设备的安拆、维护及照明用电等
011707004	二次搬运	由于施工场地条件限制而发生的材料、成品、半成品等一次运输不能到达堆放地点，必须进行的二次或多次搬运
011707005	冬雨期施工	1. 冬雨（风）期施工时增加的临时设施（防寒保温、防雨、防风设施）的搭设、拆除 2. 冬雨（风）期施工时，对砌体、混凝土等采用的特殊加温、保温和养护措施 3. 冬雨（风）期施工时，施工现场的防滑处理、对影响施工的雨雪的清除 4. 包括冬雨（风）期施工时增加的临时设施、施工人员的劳动保护用品、冬雨（风）期施工劳动效率降低等
011707006	地上、地下设施、建筑物的临时保护设施	在工程施工过程中，对已建成的地上、地下设施和建筑物进行的遮盖、封闭、隔离等必要保护措施
011707007	已完工程及设备保护	对已完工程及设备采取的覆盖、包裹、封闭、隔离等必要保护措施

注：本表所列项目应根据工程实际情况计算措施项目费用，需分摊的应合理计算摊销费用。

《上海市建设工程工程量清单计价应用规则》关于安全文明施工及其他措施项目补充见表 2.3-4。

安全文明施工及其他措施项目（编码 011707） 表 2.3-4

项目编码	名称	计量单位	项目名称	工作内容及包含范围
011707001001	环境保护	项	粉尘控制	水泥和其他易飞扬细颗粒建筑材料应密闭存放或采取覆盖等措施；施工现场混凝土搅拌场所应采取封闭、降尘措施
011707001002			噪声控制	

项目编码	名称	计量单位	项目名称	工作内容及包含范围
011707001003	环境保护		有毒有害气味控制	
011707001004			安全警示标志牌	在易发伤亡事故（或危险）处设置明显的、符合国家标准要求的安全警示标志牌
011707001005			现场围挡	（1）现场采用封闭围挡、市容景观道路及主干道的建筑施工现场围挡高度不得低于2.5m，其他地区围挡高度不得低于2m
				（2）建筑工程应当根据工程地点、规模、施工周期和区域文化，设置与周边建筑艺术风格相协调的实体围挡
				（3）围挡材料可采用彩色、定型钢板、砖、混凝土砌块等墙体
				（4）市政、公路工程可采用统一的、连续的施工围挡
				（5）施工现场出入口应当设置实体大门、宽度不得大于6cm，严禁透视及敞口施工
011707001006		项	各类图板	在进门处悬挂工程概况、管理人员名单及监督电话牌、安全生产管理目标牌、安全生产保证体系要素分配牌、安全生产隐患公示牌安全文明施工承诺公示牌、消防保卫牌；施工现场总平面图、文明施工管理网络图、劳动保护管理网络图
011707001007	文明施工		企业标志	（1）现场出入的大门应设有企业标识
				（2）生活区适时黑板报或阅报栏
				（3）宣传横幅适时醒目
011707001008			场容场貌	（1）道路畅通
				（2）施工现场应设置排水沟及沉淀池，施工污水经沉淀后方可排入市政污水管网和河流
				（3）工地地面硬化处理；主干道应适时洒水防止扬尘；清扫路面（包括楼层内）时应采取先洒水降尘后清扫
				（4）裸露的场地和集中堆放的土方应采取覆盖、固化或绿化等措施
				（5）施工现场混凝土搅拌场所应采取封闭、降尘措施
				（6）食堂设置隔油池，应及时清理
				（7）厕所的化粪池应做抗渗处理
				（8）现场进出口设置车辆冲洗设备
				（9）施工现场大门处设置警卫室、出入人员应当进行登记，所有施工人员应当统一着装、佩戴安全帽和表明身份的胸卡
011707001009			材料堆放	（1）材料、构件、料具等堆放等，悬挂有名称、品种、规格等标牌
				（2）水泥及其他易飞扬颗粒建筑材料应密闭存放或采取覆盖等措施

续表

项目编码	名称	计量单位	项目名称	工作内容及包含范围
011707001009			材料堆放	（3）易燃、易爆和有毒物品分类存放
011707001010	文明施工		现场防火	（1）施工现场应当设有消防通道，宽度不得小于3.5m
				（2）建筑高度超过24m时，施工单位应落实临时消防水源，设置具有足够扬程的高压水泵。当消防水源不能够满足灭火需要时，应当设置临时消防水箱
				（3）在建工程内设置办公场所和临时宿舍时，应当与施工作业区之间采取有效的防火隔离，并设置安全疏散通道，配备应急照明等消防设施
				（4）高层建筑的主体结构内动用明火进行焊割作业前，应当将供水系统至明火作业层，并保证正常取水
				（5）临时搭建的建筑物区域内应当按规定配备消防器材。临时搭建的办公、住宿场所每100m²配备两具灭火级别不小于3A的灭火器；临时油漆间、易燃易爆危险物品仓库等每30m²配备两具灭火级别不小于4B的灭火器
011707001011			垃圾清运	施工现场应设置密闭式垃圾站，施工垃圾、生活垃圾应分类存放
				施工垃圾必须采用相应容器或管道运输
011707001012	临时设施	项	现场办公设施	（1）施工现场应设置办公室、宿舍、食堂、厕所、淋浴间、开水房、文体活动室、密闭式垃圾站及梳洗设施等临时设施。临时设施所用建筑材料应符合环保、消防要求
				（2）办公区及生活区应设密闭式垃圾容器
				（3）施工现场应配备常用药及绷带、止血带、颈托、担架等急救器材
011707001013			现场宿舍设施	（1）宿舍内应保证有必要的生活空间、室内净高不得小于2.4m，通道宽度不得小于0.9m，每间宿舍居住人员不得超过16人
				（2）宿舍内应设置生活用品专柜，有条件的宿舍宜设置生活用品储存室
				（3）宿舍内应设置垃圾桶，宿舍外宜设置鞋柜或鞋架，生活区内应提供作业人员晾晒衣物的场地
011707001014			现场食堂生活设施	（1）食堂应设有食品原料储存，材料初加工，烹饪加工，备餐、餐具及工用具清洗消毒等相对独立的专用场地，其中备餐间应单独设立
				（2）食堂墙壁（含天花板）围挡结构的建筑材料应具有耐腐蚀、耐酸碱、耐热、防潮、无毒等特性，表面平整无裂缝，应有1.5m以上（烹饪间、备餐间应到顶）的瓷砖或其他可清洗的材料制成的墙裙
				（3）食品原料储存区域应保持干燥、通风，食品储存应分类分架、隔墙离地（至少0.15m）存放，冰箱（冷库）内温度应符合食品储存卫生要求

续表

项目编码	名称	计量单位	项目名称	工作内容及包含范围
011707001014	临时设施	项	现场食堂生活设施	（4）原料加工场地地面应由防水、防滑、无毒、易清洗的材料建造，具有1%~2%的坡度。设有蔬菜、水产品、禽肉类等三类食品清洗池，并有明显标志
				（5）烹调场所地面应铺设防滑地砖、墙壁应铺设瓷砖，炉灶上方应安装有效的脱排油烟机和排气罩，设有烹饪时放置生食品（包括配料）、熟料品的操作台或者货架
				（6）备餐间应设有两次更衣设施、备餐台、能开合的食品传递窗及清洗消毒设施，并配备紫外线灭菌灯等空气消毒设施。220V紫外线灯安装应距离地面不得低于2.5m，安装数量以1W/m³计算。备餐间排水不得为明沟，备餐台应采用不锈钢材质制成
				（7）在烹调场所或专用场所必须设立公用清洗消毒专用水池和保洁柜。公用具、餐饮具清洗消毒专用水池不得与蔬菜、水产品、禽肉类等食品清洗池混用。水池应采用耐腐蚀、耐磨损、易清洗的无毒材料制成。保洁柜采用不锈钢材质制成，为就餐人员提供餐饮具的食堂，还应根据需要配备足够的餐饮具清洗消毒保洁设施
				（8）食堂应配备必要的排风设施和冷藏设施
				（9）食堂外应当设置密闭式泔水桶，并应及时清运
011707001015			现场厕所、浴室、开水房等设施	（1）施工现场应设有水冲式或移动式厕所，厕所地面应硬化，门窗应齐全。蹲位之间宜设置隔板，隔板高度不宜低于0.9m
				（2）厕所大小应根据大小作业人员的数量设置，高层建筑施工超过8层，每隔4层宜设置临时厕所。厕所应设专人负责清扫、消毒、化粪池应及时清掏
				（3）淋浴间内应设满足需要的淋浴喷头，可设储衣柜或挂衣柜
				（4）漱洗设施应设置满足作业人员使用的漱洗池，并应使用节水龙头
				（5）生活区应设开水炉，电热水器或饮用水保温桶，施工区应配备流动保温水桶
				（6）文体活动室应配备电视机、书报、杂志等文体活动设施、用品
				（7）施工现场应设专职或兼职保洁员，负责卫生清扫或保洁
				（8）办公区和生活区应采取灭鼠、蚊、苍蝇、蟑螂等措施，并定位投放和喷洒药物
				（9）炊事人员上岗应穿戴洁净的工作服、工作帽和口罩，并定位保持个人卫生
				（10）食堂的炊具、餐具和公用饮水器必须清洗消毒
011707001016			水泥仓库	

项目编码	名称	计量单位	项目名称		工作内容及包含范围
011707001017			木工棚、钢筋棚		
011707001018			其他库房		
011707001019			施工现场临时用电	配电线路	（1）按 TN-5 系统要求配备五芯电缆、四芯电缆、三芯电缆
					（2）按要求架设临时用电线路的电杆、横担、瓷夹、瓷瓶等，或电缆埋地地沟
					（3）对靠近施工现场的外电线路，设置木质，塑料凳绝缘体的防护设施
011707001020	临时设施			配电箱开关箱	（1）按三级配电要求，配备总配电箱，分配电箱，开关箱三类标准电箱。开关箱应符合一机，一箱，一闸，一漏。三类电箱中的各类电器应是合格品
					（2）按二级保护要求，选取符合容量要求和质量合格的总配电箱和开关箱中的漏电保护器
011707001021				接地保护装置	施工现场保护零线的重复接地应不少于三处
011707001022		项	供水管线		
011707001023			排水管线		
011707001024			沉淀池		
011707001025			临时道路		
011707001026			硬地坪		
011707001027	安全施工		临边洞口交叉高处作业防护	楼板、屋面、阳台等临时防护	用密目式安全立网封闭，作业层另加两边防护栏杆和 0.18m 高的踢脚板，脚手架基础，架体，安全网等应当符合规定
011707001028				通道口防护	设防护棚，防护棚应不得小于 0.05m 厚的木板或两道相距 0.5m 的竹笆。两侧应沿栏杆架用密目式安全网封闭。应当采用标准化、定型化防护设施，安全警示标志应醒目
011707001029				预留洞口防护	用木板全封闭。短边超过 1.5m 长的洞口，除封闭外四周还应设有防护栏杆。应当采用标准化、定型化防护设施，安全警示标志应醒目
011707001030				电梯井口防护	设置定型化、工具化、标准化的防护门：在电梯井内每隔两层（不大于 10m）设置一道安全平网。或每层设置一道硬隔离。应当采用标准化、定型化防护设施，安全警示标志应醒目
011707001031				楼梯边防护	设 1.2m 高的定型化、工具化、标准化的防护栏杆，0.18m 高的踢脚板。应当采用标准化、定型化防护设施，安全警示标志应醒目

续表

项目编码	名称	计量单位	项目名称		工作内容及包含范围
011707001032	安全施工	项	临边洞口交叉高处作业防护	垂直方向交叉作业防护	设置防护隔离棚或其他设施
011707001033				高空作业防护	有悬挂安全带的悬索或其他设施；有操作平台；有上下的梯子或其他形式的通道
011707001034				操作平台交叉作业	（1）操作平台面积不应超过 10m², 高度不应超过 5m
					（2）操作平台面满铺竹笆、设置防护栏杆，并应布置登高扶梯
					（3）悬挑式钢平台两边各设前后两道斜拉杆或钢丝绳，应设 4 个经过验算的吊环
					（4）钢平台左右两侧必须装置固定的防护栏杆
					（5）高层建筑施工或起重设备起重臂回转半径内，按照规定设置安全防护棚
011707001035					作业人员具备必要的安全帽、安全带等安全防护用品

2. 单价措施项目

单价措施项目应载明项目编码、项目名称、项目特征、计量单位和工程量。编制工程量清单时，与分部分项工程项目的相关规定一致，其主要包括：脚手架工程、混凝土模板及支架（撑）工程、垂直运输及超高施工增加、大型机械设备进出场及安拆，以及施工排水、降水等。

四、其他项目清单的编制

（一）其他项目清单的类别

其他项目清单是指分部分项工程项目清单、措施项目清单所包含的内容以外，因招标人的特殊要求而发生的与拟建工程有关的其他费用项目和相应数量的清单，工程建设标准的高低、工程的复杂程度、工程的工期长短、工程的组成内容、发包人对工程管理的要求等都直接影响其他项目清单的具体内容。其他项目清单包括暂列金额、暂估价（包括材料暂估单价、工程设备暂估单价、专业工程暂估价）、计日工和总承包服务费。

（二）暂列金额

暂列金额是指招标人在工程量清单中暂定并包括在合同价款中的一笔款项。用于工程合同签订时尚未确定或者不可预见的所需材料、设备、服务的采购，施工中可能发生的工程变更、合同约定调整因素出现时的工程价款调整以及发生的索赔、现场签证确认等的费用。暂列金额应包含与其对应的管理费、利润和规费，但不含税金。应根据工程特点按有关计价规定估算，一般不超过分部分项工程费和措施项目费之和的 10%～15%。

不管采用何种合同形式，其理想的标准是，一份建设工程施工合同的价格就是其最终的竣工结算价格，或者至少两者应尽可能接近。我国规定对政府投资工程实行概算管理，经项目审批部门批复的设计概算是工程投资控制的刚性指标，即使是商业性开发项目也有成本的预先控制问题，否则，无法相对准确预测投资的收益和科学合理地进行投资控制。而工程建设自身的规律决定，设计需要根据工程进展不断地进行优化和调整，发包人的需求可能会随工程建设进展出现变化，工程建设过程还存在其他诸多不确定性因素，消化这些因素必然会影响合同价格的调整，暂列金额正是应这类不可避免的价格调整而设立，以便合理确定工程造价的控制目标。有一种错误的观念认为，暂列金额列入合同价格就属于承包人（中标人）所有了。事实上，即便是总价包干合同，也不是列入合同价格的任何金额都属于中标人的，是否属于中标人应得金额取决于具体的合同约定，暂列金额从定义开始就明确，只有按照合同约定程序实际发生后，才能成为中标人的应得金额，纳入合同结算价款中。扣除实际发生金额后的暂列金额余额仍属于招标人所有。设立暂列金额并不能保证合同结算价格不会再出现超过已签约合同价的情况，是否超出已签约合同价完全取决于对暂列金额预测的准确性，以及工程建设过程是否出现了其他事先未预测到的事件。

（三）暂估价

暂估价是指招标人在工程量清单中提供的用于支付必然发生但暂时不能确定价格的材料、工程设备的单价以及专业工程的金额。暂估价包括材料暂估单价、工程设备暂估单价和专业工程暂估价。

暂估价中的材料、工程设备暂估单价应根据工程造价信息或参照市场价格估算，列出明细表；专业工程暂估价应分不同专业，按有关计价规定估算，列出明细表。暂估价按本市建设行政管理部门的规定执行。

其中材料和工程设备暂估价是此类材料、工程设备本身运至施工现场内的工地地面价。

专业工程暂估价应包含与其对应的管理费、利润，但不含规费、税金。

（四）计日工

计日工是指在施工过程中，承包人完成发包人提出的工程合同范围以外的零星项目或工作，按合同中约定的单价计价的一种方式。计日工应列出项目名称、计量单位和暂估数量。其中计日工种类和暂估数量应尽可能贴近实际。计日工综合单价均不包括规费和税金，包括：

（1）劳务单价应当包括工人工资、交通费用、各种补贴、劳动安全保护、个人应缴纳的社保费用、手提手动和电动工器具、施工场地内已经搭设的脚手架、水电和低值易耗品费用、现场管理费用、企业管理费和利润；

（2）材料价格包括材料运到现场的价格以及现场搬运、仓储、二次搬运、损耗、保险、企业管理费和利润；

（3）施工机械限于在施工场地（现场）的机械设备，其价格包括租赁或折旧、维修、维护和燃油等消耗品以及操作人员费用，包括承包人企业管理费和利润；

（4）辅助人员按劳务价格另计。

计日工以完成零星工作所消耗的人工工时、材料数量、机械台班进行计量，并按照计日工表中填报的适用项目的单价进行计价支付。计日工适用的零星工作一般是指合同约定之外的或者因变更而产生的、工程量清单中没有相应项目的额外工作，尤其是那些时间不允许事先商定价格的额外工作。计日工为额外工作和变更的计价提供了一个方便快捷的途径。但是，在以往的实践中，计日工经常被忽略，其主要原因是计日工项目的单价水平一般要高于工程量清单项目单价的水平。理论上讲，合理的计日工单价水平一定是高于工程量清单的价格水平，其原因在于计日工往往是用于一些突发性的额外工作，缺少计划性，承包人在调动施工生产资源方面难免会影响已经计划好的工作，生产资源的使用效率也会有一定的降低，客观上造成超出常规的额外投入。另一方面，计日工清单往往忽略给出一个暂定的工程量，无法纳入有效的竞争，也是造成计日工单价水平偏高的原因之一。因此，为了获得合理的计日工单价，计日工表中一定要给出暂定数量，并且需要根据经验，尽可能估算一个比较贴近实际的数量。当然，尽可能把项目列全，防患于未然，更是值得充分重视的工作。

（五）总承包服务费

总承包服务费是指总承包人为配合协调发包人进行的专业工程分包，对发包人自行采购的材料、工程设备等进行保管以及施工现场管理、竣工资料汇总整理等服务所需的费用。总承包服务费是为了解决招标人在法律、法规允许的条件下进行专业工程发包以及自行采购供应材料、设备时，要求总承包人对发包的专业工程提供协调和配合服务（如分包人使用总包人的脚手架、水电接驳等）；对供应的材料、设备提供收、发和保管服务以及对施工现场进行统一管理；对竣工资料进行统一汇总整理等发生并向总承包人支付的费用。招标人应当预计该项费用并按投标人的投标报价向投标人支付该项费用。

五、规费的编制

（一）规费内容、概念

规费是指根据国家法律、法规规定，由省级政府或省级有关权力部门规定施工企业必须缴纳的，应计入建筑安装工程造价的费用。规费项目清单应按照下列内容列项：

（1）社会保险费（包括养老、失业、医疗、生育和工伤保险费）；

（2）住房公积金。

（二）规费计算依据

1. 社会保险费

采用工程量清单计价进行招标的施工项目，社会保险费及住房公积金以分部分项工程、单项措施和专业暂估价的人工费之和为基数，乘以相应费率。其中，专业暂估价中的人工费按专业暂估价的 20% 计算。招标人在工程量清单招标文件规费项目中列支社会保险费，社会保险费包括管理人员和施工现场作业人员的社会保险费，管理人员和施工现场作业人员社会保险费取费费率固定统一。

2. 住房公积金

住房公积金指企业按规定标准为职工缴纳的住房公积金。住房公积金的计算，以人工费为基数，并应符合上海市相关文件规定。

六、税金项目清单的编制

（一）工程造价税金（增值税）基数

工程造价税金（增值税）基数是税前工程造价，即人工费、材料费、施工机具使用费、企业管理费、利润和规费之和，各费用项目均以不包含增值税可抵扣进项税额的价格计算。

（二）工程造价税金（增值税）基本概念

增值税即为当期销项税额，当期销项税额 = 税前工程造价 × 增值税税率，自 2019 年 4 月 1 日起建筑业增值税税率为 9%。

第四节 土建工程工程量计算规则及应用

一、土石方工程

土石方工程包括土方工程、石方工程及回填。

（一）土方工程（编号：010101）

土方工程包括平整场地、挖一般土方、挖沟槽土方、挖基坑土方、冻土开挖、挖淤泥（流砂）、管沟土方、暗挖土方（逆作法）等项目，见表 2.4-1。具体项目划分的规定：建筑物场地厚度 ≤ ±300mm 的挖、填运、找平，应按平整场地项目编码列项，厚度 > ±300mm 的竖向布置挖土或山坡切土应按一般土方项目编码列项；底宽 ≤ 7m，底长 >3 倍底宽为沟槽，底长 ≤ 3 倍底宽、底面积 ≤ 150 m² 为基坑，超出上述范围则为一般土方。

平整场地若需要外运土方或取土回填时，在清单项目特征中应描述弃土运距或取土运距，其报价应包括在平整场地项目中；当清单中没有描述弃、取土运距时，应注明由投标人根据施工现场实际情况自行考虑到投标报价中。

土方工程   表 2.4-1

项目编码	项目名称	项目特征	计量单位	工程量计算规则	工作内容
010101001	平整场地	1. 土壤类别 2. 弃土运距 3. 取土运距	m²	按设计图示尺寸以建筑物首层建筑面积计算	1. 土方挖填 2. 场地找平 3. 场内运输
010101002	挖一般土方	1. 土壤类别 2. 挖土深度 3. 弃土运距	m³	按设计图示尺寸以体积计算	1. 土方开挖 2. 基底钎探 3. 场内运输
010101003	挖沟槽土方	1. 土壤类别 2. 挖土深度 3. 弃土运距	m³	按设计图示尺寸以基础垫层底面积乘以挖土深度计算	1. 土方开挖 2. 基底钎探 3. 场内运输
010101004	挖基坑土方				
010101005	冻土开挖	1. 冻土厚度 2. 弃土运距	m³	按设计图示尺寸开挖面积乘厚度以体积计算	1. 爆破 2. 开挖 3. 清理 4. 运输
010101006	挖淤泥、流砂	1. 挖掘深度 2. 弃淤泥、流砂距离	m³	按设计图示位置、界限以体积计算	1. 开挖 2. 场内运输
010101007	管沟土方	1. 土壤类别 2. 管外径 3. 挖沟深度 4. 回填要求	1.m 2.m³	1. 以米计量，按设计图示以管道中心线长度计算 2. 以立方米计量，按设计图示管底垫层面积乘以挖土深度计算；无管底垫层按管外径的水平投影面积乘以挖土深度计算。不扣除各类井的长度，井的土方并入	1. 土方开挖 2. 基底钎探 3. 场内运输 4. 回填

续表

项目编码	项目名称	项目特征	计量单位	工程量计算规则	工作内容
沪 010101008	暗挖土方（逆作法）	1. 土壤类别 2. 基础类型 3. 挖土深度 4. 取土方式 5. 弃土运距	m³	按设计图示尺寸以基础垫层底面积乘以挖土深度计算	1. 土方开挖 2. 基底钎探 3. 垂直与水平运输

　　如需按天然密实体积折算时，应按表 2.4-2 系数计算。挖方如需截桩头时，应按桩基工程相关项目列项。桩间挖土不扣除桩的体积，并在项目特征中加以描述。

土方体积折算系数　　　　　　　　　　　　　　　　表 2.4-2

天然密实度体积	虚方体积	夯实后体积	松填体积
0.77	1.00	0.67	0.83
1.00	1.30	0.87	1.08
1.15	1.50	1.00	1.25
0.92	1.20	0.80	1.00

　　注：1. 虚方指未经碾压、堆积时间≤1年的土壤。
　　　　2. 本表按《全国统一建筑工程预算工程计算规则》GJDGZ-101-95 整理。
　　　　3. 设计密实度超过规定的，填方体积按工程设计要求执行；无设计要求按各省、自治区、直辖市或行业建设行政主管部门规定的系数执行。

　　土壤的不同类型决定了土方工程施工的难易程度、施工方法、功效及工程成本，所以应掌握土壤类别的确定，如土壤类别不能准确划分时，招标人可注明为综合，由投标人根据地勘报告决定报价。土壤分类可参考表 2.4-3。

土壤分类　　　　　　　　　　　　　　　　　　　表 2.4-3

土壤分类	土壤名称	开挖方法
一、二类土	粉土、砂土（粉砂、细砂、中砂、粗砂、砾砂）、粉质黏土、弱中盐渍土、软土（淤泥质土、泥炭、泥炭质土）、软塑红黏土、冲填土	用锹、少许用镐、条锄开挖。机械能全部直接铲挖满载者
三类土	黏土、碎石土（圆砾、角砾）混合土、可塑红黏土、硬塑红黏土、强盐渍土、素填土、压实填土	主要用镐、条锄、少许用锹开挖。机械需部分刨松方能铲挖满载者或可直接铲挖但不能满载者
四类土	碎石土（卵石、碎石、漂石、块石）、坚硬红黏土、超盐渍土、杂填土	全部用镐、条锄挖掘、少许用撬棍挖掘。机械须普遍刨松方能铲挖满载者

　　注：本表土壤的名称及含义依据国家标准《岩土工程勘察规范》GB 50021—2001（2009 年版）定义。

　　基础土方开挖深度应按基础垫层底表面标高至交付施工场地标高确定，无交付施工场地标高时，按自然地面标高确定。

　　挖方平均厚度可按自然地面测量标高至设计地坪标高间的平均厚度确定。

　　土方体积应按挖掘前的天然密实体积计算。

　　挖沟槽、基坑、一般土方如遇有桩基或有支撑时，应在项目特征中加以描述。挖沟槽、基坑、一般土方因工作面和放坡增加的工程量（管沟工作面增加的工程量），不并入各土方工程量中，增加的土方应计入综合单价中。

挖方出现流砂、淤泥时，如设计未明确，在编制工程量清单时，其工程数量可为暂估量，结算时应根据实际情况由发包人与承包人双方现场签证确认工程量。

挖土深度，有管沟设计时，平均深度以沟垫层底面标高至交付施工场地标高计算；无管沟设计时，直埋管深度应按管底外表面标高至交付施工场地标高的平均高度计算。不扣除各类井的长度，井的土方并入。

（二）石方工程（编号：010102）

石方工程包括挖一般石方、挖沟槽石方、挖基坑石方、挖管沟石方，见表 2.4-4。

具体项目划分的规定：厚度 >±300mm 的竖向布置挖石或山坡凿石应按挖一般石方项目编码列项。沟槽、基坑、一般石方的划分为：底宽≤ 7m 且底长 >3 倍底宽为沟槽；底长≤ 3 倍底宽且底面积≤ 150 m² 为基坑；超出上述范围则为一般石方。

石方工程

表 2.4-4

项目编码	项目名称	项目特征	计量单位	工程量计算规则	工作内容
010102001	挖一般石方	1. 岩石类别 2. 开凿深度 3. 弃碴运距	m³	按设计图示尺寸以体积计算	1. 排地表水 2. 凿石 3. 运输
010102002	挖沟槽石方			按设计图示尺寸沟槽底面积乘以挖石深度以体积计算	
010102003	挖基坑石方			按设计图示尺寸基坑底面积乘以挖石深度以体积计算	
010102004	挖管沟石方	1. 岩石类别 2. 管外径 3. 挖沟深度	1.m 2.m³	1. 以米计量，按设计图示以管道中心线长度计算 2. 以立方米计量，按设计图示截面面积乘以长度计算	1. 排地表水 2. 凿石 3. 回填 4. 运输

挖石方应按自然地面测量标高至设计地坪标高的平均厚度确定。石方工程中岩石的分类应按表 2.4-5 确定。弃碴运距可以不描述，但应注明由投标人根据施工现场实际情况自行考虑，决定报价。石方体积应按挖掘前的天然密实体积计算。非天然密实石方应按表 2.4-6 折算。

有管沟设计时，平均深度以沟垫层底面标高至交付施工场地标高计算；无管沟设计时，直埋管深度应按管底外表面标高至交付施工场地标高的平均高度计算。

岩石分类表

表 2.4-5

岩石分类		代表性岩石	开挖方法
极软岩		1. 全风化的各种岩石 2. 各种半成岩	部分用手凿工具、部分用爆破法开挖
软质岩	软岩	1. 强风化的坚硬岩或较硬岩 2. 中等风化 - 强风化的较软岩 3. 未风化 - 微风化的页岩、泥岩、泥质砂岩等	用风镐和爆破法开挖
	较软岩	1. 中等风化 - 强风化的坚硬岩或较硬岩 2. 未风化 - 微风化的凝灰岩、千枚岩、泥灰岩、砂质泥岩等	用爆破法开挖

续表

岩石分类		代表性岩石	开挖方法
硬质岩	较硬岩	1. 微风化的坚硬岩 2. 未风化 - 微风化的大理岩、板岩、石灰岩、白云岩、钙质砂岩等	用爆破法开挖
	坚硬岩	未风化 - 微风化的花岗石、闪长岩、辉绿岩、玄武岩、安山岩、片麻岩、石英岩、石英砂岩、硅质砾岩、硅质石灰岩等	

注：本表依据《工程岩体分级标准》GB/T 50218—2014 和《岩土工程勘察规范》GB 50021—2001（2009 年版）整理。

石方体积折算系数表 表 2.4-6

石方类别	天然密实度体积	虚方体积	松填体积	码方
石方	1.00	1.54	1.31	—
块石	1.00	1.75	1.43	1.67
砂夹石	1.00	1.07	0.94	—

注：本表按《爆破工程消耗量定额》GYD—102—2008 整理。

（三）回填（编号：010103）

回填见表 2.4-7。

回填 表 2.4-7

项目编码	项目名称	项目特征	计量单位	工程量计算规则	工作内容
010103001	回填方	1. 密实度要求 2. 填方材料品种 3. 填方粒径要求 4. 填方来源、运距	m^3	按设计图示尺寸以体积计算 1. 场地回填：未达到场地平整标准标高要求进行回填，工程量以回填面积乘以平均回填厚度计算 2. 室内回填：室内地坪低于设计标高时需要进行的回填，工程量以主墙间净面积乘以回填厚度计算，不扣除间隔墙 3. 挖方清单项目工程量减去自然地坪以下埋设的基础体积（包括基础垫层及其他构筑物）	1. 场内运输 2. 回填 3. 压实
010103002	余方弃置	1. 废弃料品种 2. 运距	m^3	按挖方清单项目工程量减利用回填方体积（正数）计算	余方点装料运输至弃置点
沪 010103003	缺土购置	1. 土方来源 2. 运距	m^3	按挖方清单项目工程量减利用回填方体积（负数）计算	1. 土方购置 2. 取料点装土 3. 运输至缺土点 4. 卸土
沪 010103004	淤泥、流砂外运	1. 废弃料品种 2. 淤泥、流砂装料点运输至弃置点或运距	m^3	按设计图示位置、界限以体积计算	淤泥、流砂装料点运输至弃置点

续表

项目编码	项目名称	项目特征	计量单位	工程量计算规则	工作内容
沪 010103005	废泥浆外运	泥浆排运起点至卸点或运距	m³	按设计图示尺寸成孔（成槽）部分的体积计算	1. 装卸泥浆、运输 2. 清理场地

基础回填体积＝挖方清单项目工程量－自然地坪以下埋设的基础体积（包括基础垫层及其他构筑物）

二、地基处理与边坡支护工程

地基处理与边坡支护工程包括地基处理、基坑与边坡支护。

（一）地基处理（编号：010201）

地基处理见表 2.4-8。

地基处理 表 2.4-8

项目编码	项目名称	项目特征	计量单位	工程量计算规则	工作内容
010201001	换填垫层	1. 材料种类及配比 2. 压实系数 3. 掺加剂品种	m³	按设计图示尺寸以体积计算	1. 分层铺填 2. 碾压、振密或夯实 3. 材料运输
010201002	铺设土工合成材料	1. 部位 2. 品种 3. 规格	m²	按设计图示尺寸以面积计算	1. 挖填锚固沟 2. 铺设 3. 固定 4. 运输
010201003	预压地基	1. 排水竖井种类、断面尺寸、排列方式、间距深度 2. 预压方法 3. 预压荷载、时间 4. 砂垫层厚度	m²	按设计图示处理范围以面积计算	1. 设置排水竖井、盲沟、滤水管 2. 铺设砂垫层、密封膜 3. 堆载、卸载或抽气设备安拆、抽真空 4. 材料运输
010201004	强夯地基	1. 夯击能量 2. 夯击遍数 3. 夯击点布置形式、间距 4. 地耐力要求 5. 夯填材料种类	m²	按设计图示处理范围以面积计算	1. 铺设夯填材料 2. 强夯 3. 夯填材料运输
010201005	振冲密实（不填料）	1. 地层情况 2. 振密深度 3. 孔距			1. 振冲加密 2. 泥浆运输
010201006	振冲桩（填料）	1. 地层情况 2. 空桩长度、桩长 3. 桩径 4. 填充材料种类	1. m 2. m³	1. 以米计量，按设计图示尺寸以桩长计算 2. 以立方米计量，按设计桩截面乘以桩长以体积计算	1. 振冲成孔、填料、振实 2. 材料运输 3. 泥浆运输

项目编码	项目名称	项目特征	计量单位	工程量计算规则	工作内容
010201007	砂石桩	1. 地层情况 2. 空桩长度、桩长 3. 桩径 4. 成孔方法 5. 材料种类、级配	1. m 2. m³	1. 以米计量，按设计图示尺寸以桩长（包括桩尖）计算 2. 以立方米计量，按设计桩截面乘以桩长（包括桩尖）以体积计算	1. 成孔 2. 填充、振实 3. 材料运输
010201008	水泥粉煤灰碎石桩	1. 地层情况 2. 空桩长度、桩长 3. 桩径 4. 成孔方法 5. 混合料强度等级	m	按设计图示尺寸以桩长（包括桩尖）计算	1. 成孔 2. 混合料制作、灌注、养护 3. 材料运输
010201009	深层搅拌桩	1. 地层情况 2. 空桩长度、桩长 3. 桩截面尺寸 4. 水泥强度等级、掺量	m	按设计图示尺寸以桩长计算	1. 预搅下钻、水泥浆制作、喷浆搅拌提升成桩 2. 材料运输
010201010	粉喷桩	1. 地层情况 2. 空桩长度、桩长 3. 桩径 4. 粉体种类、掺量 5. 水泥强度等级、石灰粉要求	m	按设计图示尺寸以桩长计算	1. 预搅下钻、喷粉搅拌提升成桩 2. 材料运输
010201011	夯实水泥土桩	1. 地层情况 2. 空桩长度、桩长 3. 桩径 4. 成孔方法 5. 水泥强度等级 6. 混合料配比	m	按设计图示尺寸以桩长（包括桩尖）计算	1. 成孔、夯底 2. 水泥土拌合、填料、夯实 3. 材料运输
010201012	高压喷射注浆桩	1. 地层情况 2. 空桩长度、桩长 3. 桩截面尺寸 4. 注浆类型、方法 5. 水泥强度等级	m	按设计图示尺寸以桩长计算	1. 成孔 2. 水泥浆制作、高压喷射注浆 3. 材料运输
010201013	石灰桩	1. 地层情况 2. 空桩长度、桩长 3. 桩径 4. 成孔方法 5. 掺和料种类、配合比	m	按设计图示尺寸以桩长（包括桩尖）计算	1. 成孔 2. 混合料制作、运输、夯填
010201014	灰土（土）挤密桩	1. 地层情况 2. 空桩长度、桩长 3. 桩径 4. 成孔方法 5. 灰土级配	m	按设计图示尺寸以桩长（包括桩尖）计算	1. 成孔 2. 灰土拌合、运输、填充、夯实

续表

项目编码	项目名称	项目特征	计量单位	工程量计算规则	工作内容
010201015	柱锤冲扩桩	1. 地层情况 2. 空桩长度、桩长 3. 桩径 4. 成孔方法 5. 桩体材料种类、配合比	m	按设计图示尺寸以桩长计算	1. 安拔套管 2. 冲孔、填料、夯实 3. 桩体材料制作、运输
010201016	注浆地基	1. 地层情况 2. 空钻深度、注浆深度 3. 注浆间距 4. 浆液种类及配比 5. 注浆方法 6. 水泥强度等级	1.m 2.m³	1. 以米计量，按设计图示尺寸的钻孔深度计算 2. 以立方米计量，按设计图示尺寸以加固体积计算	1. 成孔 2. 注浆导管制作、安装 3. 浆液制作、压浆 4. 材料运输
010201017	褥垫层	1. 厚度 2. 材料品种及比例	1.m² 2.m³	1. 以平方米计量，按设计图示尺寸以铺设面积计算 2. 以立方米计量，按设计图示尺寸以体积计算	材料拌合、运输、铺设、压实
沪 0102010018	树根桩	1. 地层情况 2. 桩径 3. 骨料品种、规格 4. 水泥强度等级	m³	按设计图示桩截面面积乘以设计桩长以体积计算	1. 钻机就位、移位 2. 成孔 3. 填骨料 4. 注浆 5. 材料场内运输
沪 0102010019	型钢水泥土搅拌墙	1. 地层情况 2. 桩长 3. 桩截面尺寸 4. 水泥强度等级、掺量百分比 5. 插拔型钢（摊销或租赁）	m³	按设计图示尺寸以体积计算	1. 桩机就位 2. 钻桩孔 3. 喷浆下沉、提升 4. 插拔型钢

注：项目特征中的桩长应包含桩尖，空桩长度＝孔深－桩长，孔深为自然地面至设计桩底的深度。

　　如采用泥浆护壁成孔，工作内容包括土方、废泥浆外运，如采用沉管灌注成孔，工作内容包括桩尖制作、安装。

（二）边坡支护（编码：010202）

边坡支护划分为地下连续墙、咬合灌注桩、圆木桩、预制钢筋混凝土板桩、型钢桩、钢板桩、锚杆（锚索）、土钉、喷射混凝土及水泥砂浆、钢筋混凝土支撑、钢支撑等项目，见表2.4-9。

边坡支护 　　　　　　　　　　　　　　　　　　　表2.4-9

项目编码	项目名称	项目特征	计量单位	工程量计算规则	工作内容
010202001	地下连续墙	1. 地层情况 2. 导墙类型、截面	m³	按设计图示墙中心线长乘以厚度乘以槽深以体积计算	1. 导墙挖填、制作、安装、拆除

续表

项目编码	项目名称	项目特征	计量单位	工程量计算规则	工作内容
010202001	地下连续墙	3. 墙体厚度 4. 成槽深度 5. 混凝土种类、强度等级 6. 接头形式	m³	按设计图示墙中心线长乘以厚度乘以槽深以体积计算	2. 挖土成槽、固壁、清底置换 3. 混凝土制作、运输、灌注、养护 4. 接头处理 5. 泥浆池、泥浆沟
010202002	咬合灌注桩	1. 地层情况 2. 桩长 3. 桩径 4. 混凝土种类、强度等级 5. 部位	1. m 2. 根	1. 以米计量，按设计图示尺寸以桩长计算 2. 以根计量，按设计图示数量计算	1. 成孔、固壁 2. 混凝土制作、运输、灌注、养护 3. 套管压拔 4. 泥浆池、泥浆沟
010202003	圆木桩	1. 地层情况 2. 桩长 3. 材质 4. 尾径 5. 桩倾斜度	1. m 2. 根	1. 以米计量，按设计图示尺寸以桩长（包括桩尖）计算 2. 以根计量，按设计图示数量计算	1. 工作平台搭拆 2. 桩机移位 3. 桩靴安装 4. 沉桩
010202004	预制钢筋混凝土板桩	1. 地层情况 2. 送桩深度、桩长 3. 桩截面尺寸 4. 沉桩方法 5. 连接方式 6. 混凝土强度等级			1. 工作平台搭拆 2. 桩机移位 3. 沉桩 4. 板桩连接
010202005	型钢桩	1. 地层情况或部位 2. 送桩深度、桩长 3. 规格型号 4. 桩倾斜度 5. 防护材料种类 6. 是否拔出	1. t 2. 根	1. 以吨计量，按设计图示尺寸以质量计算 2. 以根计量，按设计图示数量计算	1. 工作平台搭拆 2. 桩机移位 3. 打（拔）桩 4. 接桩 5. 刷防护材料
010202006	钢板桩	1. 地层情况 2. 桩长 3. 板桩厚度	1. t 2. m²	1. 以吨计量，按设计图示尺寸以质量计算 2. 以平方米计量，按设计图示墙中心线长乘以桩长以面积计算（以平方米计量时，必须描述板桩厚度）	1. 工作平台搭拆 2. 桩机竖拆、移位 3. 打拔钢板桩
010202007	锚杆、锚索	1. 地层情况 2. 锚杆（索）类型、部位 3. 钻孔深度 4. 钻孔直径 5. 杆体材料品种、规格、数量 6. 预应力	1. m 2. 根	1. 以米计量，按设计图示尺寸以钻孔深度计算	1. 钻孔、浆液制作、运输、压浆 2. 锚杆、锚索制作、安装 3. 张拉锚固

续表

项目编码	项目名称	项目特征	计量单位	工程量计算规则	工作内容
010202007	锚杆、锚索	7. 浆液种类、强度等级	1. m 2. 根	2. 以根计量，按设计图示数量计算	4. 锚杆、锚索施工平台搭设、拆除
010202008	土钉	1. 地层情况 2. 钻孔深度 3. 钻孔直径 4. 置入方法 5. 杆体材料品种、规格、数量 6. 浆液种类、强度等级	1. m 2. 根	1. 以米计量，按设计图示尺寸以钻孔深度计算 2. 以根计量，按设计图示数量计算	1. 钻孔、浆液制作、运输、压浆 2. 土钉制作、安装 3. 土钉施工平台搭设、拆除
010202009	喷射混凝土、水泥砂浆	1. 部位 2. 厚度 3. 材料种类 4. 混凝土（砂浆）类别、强度等级	m²	按设计图示尺寸以面积计算	1. 修整边坡 2. 混凝土（砂浆）制作、运输、喷射、养护 3. 钻排水孔、安装排水管 4. 喷射施工平台搭设、拆除
010202010	混凝土支撑	1. 部位 2. 混凝土种类 3. 混凝土强度等级	m³	按设计图示尺寸以体积计算	1. 模板（支架或支撑）制作、安装、拆除、堆放、运输及清理模内杂物、刷隔离剂等 2. 混凝土制作、运输、浇筑、振捣、养护
010202011	钢支撑	1. 部位 2. 钢材品种、规格 3. 探伤 4. 施加预应力	t	按设计图示尺寸以质量计算，不扣除孔眼质量，焊条、铆钉、螺栓等不另增加质量	1. 支撑、铁件制作（摊销、租赁） 2. 支撑、铁件安装 3. 探伤 4. 刷漆 5. 施加预应力 6. 拆除 7. 运输
沪010202013	塑料排水板	1. 地层情况 2. 打入深度	m	按设计图示尺寸以长度计算	1. 桩机移位 2. 安装管靴、沉设导管 3. 打拔导管 4. 切割排水板 5. 场内运输

咬合灌注桩是指在桩与桩之间形成相互咬合排列的一种基坑围护结构。其他锚杆是指不施加预应力的土层锚杆和岩石锚杆。置入方法包括钻孔置入、打入或射入等。

【例 2.4-1】某工程基坑围护采用下图三轴水泥搅拌桩（图 2.4-1），桩径为 850mm，桩轴（圆心）距为 600mm，设计有效桩长 15m，设计桩顶相对标高 −3.65m，设计桩底标高 −18.65m，交付地坪标高 −2.65m，按全截面套打施工方案，试计算该工程基坑围护三轴水泥搅拌桩清单工程量。

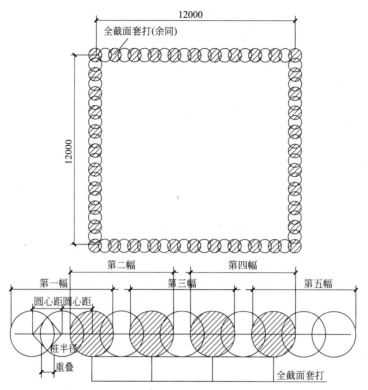

图 2.4-1　某三轴水泥搅拌桩平、截面施工图

解：计算结果见表 2.4-10。

计算结果　　　　　　　　　　　　　　　　表 2.4-10

序号	项目编码	项目名称	计量单位	计算式	工程量
1	010201009001	深层水泥搅拌桩	m	$L=12000/1200×4×15$	600

三、桩基础工程

桩基础工程包括打桩工程、灌注桩工程等。

（一）打桩工程（编号：010301）

打桩工程包括预制钢筋混凝土方桩、预制钢筋混凝管桩、钢管桩、截（凿）桩头等项，见表 2.4-11。

打桩工程　　　　　　　　　　　　　　　　表 2.4-11

项目编码	项目名称	项目特征	计量单位	工程量计算规则	工作内容
010301001	预制钢筋混凝土方桩	1.地层情况 2.送桩深度、桩长 3.桩截面 4.桩倾斜度 5.沉桩方法 6.接桩方式 7.混凝土强度等级	1.m 2.m³ 3.根	1.以米计量，按设计图示尺寸以桩长（包括桩尖）计算 2.以立方米计量，按设计图示截面面积乘以桩长（包括桩尖）以体积计算 3.以根计量，按设计图示数量计算	1.构件卸车 2.工作平台搭拆 3.桩机移位 4.构件场内驳运 5.沉桩 6.接桩 7.送桩 8.填充材料

续表

项目编码	项目名称	项目特征	计量单位	工程量计算规则	工作内容
010301002	预制钢筋混凝管桩	1. 地层情况 2. 送桩深度、桩长 3. 桩外径、壁厚 4. 桩倾斜度 5. 沉桩方法 6. 桩尖类型 7. 混凝土强度等级 8. 填充材料种类	1.m 2.m³ 3.根	1. 以米计量，按设计图示尺寸以桩长（包括桩尖）计算 2. 以立方米计量，按设计图示截面面积乘以桩长（包括桩尖）以体积计算 3. 以根计量，按设计图示数量计算	1. 构件卸车 2. 工作平台搭拆 3. 桩机移位 4. 构件场内驳运 5. 沉桩 6. 接桩 7. 送桩 8. 桩尖制作安装 9. 填充材料
010301003	钢管桩	1. 地层情况 2. 送桩深度、桩长 3. 材质 4. 管径、壁厚 5. 桩倾斜度 6. 沉桩方式 7. 填充材料种类 8. 防护材料种类	1.t 2.根	1. 以吨计量，按设计图示尺寸以质量计算 2. 以根计量，按设计图示数量计算	1. 构件卸车 2. 工作平台搭拆 3. 桩机移位 4. 构件场内驳运 5. 沉桩 6. 接桩 7. 送桩 8. 切割钢管、精割盖帽 9. 管内取土 10. 填充材料、刷防护材料
010301004	截（凿）桩头	1. 桩类型 2. 桩头截面、高度 3. 混凝土强度等级 4. 有无钢筋	1.m³ 2.根	1. 以立方米计量，按设计桩截面乘以桩头长度以体积计算 2. 以根计量，按设计图示数量计算	1. 截（切割）桩头 2. 凿平 3. 废料外运

截（凿）桩头项目适用于地基处理与边坡支护工程、桩基工程所列桩的桩头截（凿）。

预制钢筋混凝土方桩、预制钢筋混凝土管桩项目以成品桩编制，应包括成品桩购置费。

（二）灌注桩工程（编号：010302）

灌注桩分为泥浆护壁成孔灌注桩、沉管灌注桩、干作业成孔灌注桩、挖孔桩土（石）方、人工挖孔灌注桩、钻孔压浆桩、灌注桩后压浆，见表 2.4-12。

灌注桩　　　　　　　　　　　　　　　　　　表 2.4-12

项目编码	项目名称	项目特征	计量单位	工程量计算规则	工作内容
010302001	泥浆护壁成孔灌注桩	1. 地层情况 2. 空桩长度、桩长 3. 桩径 4. 成孔方法 5. 护筒类型、长度 6. 混凝土种类、强度等级	1.m 2.m³ 3.根	1. 以米计量，按设计图示尺寸以桩长（包括桩尖）计算 2. 以立方米计量，按不同截面在桩上范围内以体积计算 3. 以根计量，按设计图示数量计算	1. 护筒埋设 2. 成孔、固壁 3. 混凝土制作、运输、灌注、养护 4. 泥浆池、泥浆沟

项目编码	项目名称	项目特征	计量单位	工程量计算规则	工作内容
010302002	沉管灌注桩	1. 地层情况 2. 空桩长度、桩长 3. 复打长度 4. 桩径 5. 沉管方法 6. 桩尖类型 7. 混凝土种类、强度等级	1. m 2. m³ 3. 根	1. 以米计量，按设计图示尺寸以桩长（包括桩尖）计算 2. 以立方米计量，按不同截面在桩上范围内以体积计算 3. 以根计量，按设计图示数量计算	1. 打（沉）拔钢管 2. 桩尖制作、安装 3. 混凝土制作、运输、灌注、养护
010302003	干作业成孔灌注桩	1. 地层情况 2. 空桩长度、桩长 3. 桩径 4. 扩孔直径、高度 5. 成孔方法 6. 混凝土种类、强度等级			1. 成孔、扩孔 2. 混凝土制作、运输、灌注、振捣、养护
010302004	挖孔桩土（石）方	1. 土（石）类别 2. 挖孔深度 3. 弃土（石）运距	m³	按设计图示尺寸（含护壁）截面面积乘以挖孔深度以立方米计算	1. 排地表水 2. 挖土、凿石 3. 基底钎探 4. 运输
010302005	人工挖孔灌注桩	1. 桩芯长度 2. 桩芯直径、扩底直径、扩底高度 3. 护壁厚度、高度 4. 护壁混凝土种类、强度等级 5. 桩芯混凝土种类、强度等级	1. m³ 2. 根	1. 以立方米计量，按桩芯混凝土体积计算 2. 以根计量，按设计图示数量计算	1. 护壁制作 2. 混凝土制作、运输、灌注、振捣、养护
010302006	钻孔压浆桩	1. 地层情况 2. 空钻长度、桩长 3. 钻孔直径 4. 水泥强度等级	1. m 2. 根	1. 以米计量，按设计图示尺寸以桩长计算 2. 以根计量，按设计图示数量计算	钻孔、下注浆管、投放骨料、浆液制作、运输、压浆
010302007	灌注桩后注浆	1. 注浆导管材料、规格 2. 注浆导管长度 3. 单孔注浆量 4. 水泥强度等级	孔	按设计图示以注浆孔数计算	1. 注浆导管制作、安装 2. 浆液制作、运输、压浆

注：项目特征中的桩长应包括桩尖，空桩长度 = 孔深 - 桩长，孔深为自然地面至设计桩底的深度。

项目特征中的桩截面（桩径）、混凝土强度等级、桩类型等可直接用标准图代号或设计桩型进行描述。

【例 2.4-2】某工程基底采用泥浆护壁成孔灌注桩，数量为 100 根，室外地坪 -0.15m，桩顶设计标高 -5.4m，桩设计截面直径 600mm，桩长 31m，空钻 5.25m，混凝土采用水下非泵送混凝土强度等级为 C30。请根据工程量计算规范确定相关清单项目的工程量。

解：计算结果见表 2.4-13。

计算结果 表 2.4-13

序号	项目编码	项目名称	计量单位	计算式	工程量
1	010302001001	泥浆护壁成孔灌注桩	m³	$V=3.14×0.3×0.3×31×100$	876
2	沪 010103005001	泥浆外运	m³	$V=3.14×0.3×0.3×（31+5.25）×100$	1024

四、砌筑工程

砌筑工程划分为砖砌体、砌块砌体、石砌体、垫层。

（一）砖砌体（编号：010401）

砖砌体指砖砌筑的基础、墙体、柱、水池、散水、地坪、地沟及其他的零星砌体。砖砌体划分为砖基础、砖砌挖孔桩护壁、实心砖墙、多孔砖墙、空心砖墙、空斗墙、空花墙、填充墙、实心砖柱、多孔砖柱、砖检查井、零星砌砖、砖散水（地坪）、砖地沟（明沟），见表 2.4-15。

标准砖尺寸应为 240mm×115mm×53mm，标准砖墙厚度应按表 2.4-14 计算。

标准砖墙厚度 表 2.4-14

砖数（厚度）	$\frac{1}{4}$	$\frac{1}{2}$	$\frac{3}{4}$	1	$1\frac{1}{2}$	2	$2\frac{1}{2}$	3
计算厚度（mm）	53	115	180	240	365	490	615	740

基础与墙（柱）身的划分：基础与墙（柱）身使用同一种材料时，以设计室内地面为界（有地下室的，以地下室室内设计地面为界），地面以下为基础，地面以上为墙（柱）身。基础与墙身使用不同材料时，材料分界面与设计室内地面的高度差≤±300mm 时，以不同材料为分界线，高度差 >±300mm 时，以设计室内地面为分界线。砖围墙应以设计室外地坪为界，以下为基础，以上为墙身。

砖砌体 表 2.4-15

项目编码	项目名称	项目特征	计量单位	工程量计算规则	工作内容
010401001	砖基础	1.砖品种、规格、强度等级 2.基础类型 3 砂浆强度等级 4.防潮层材料种类	m³	按设计图示尺寸以体积计算 包括附墙垛基础宽出部分体积，扣除地梁（圈梁）、构造柱所占体积，不扣除基础大放脚 T 形接头处的重叠部分及嵌入基础内的钢筋、铁件、管道、基础砂浆防潮层和单个面积≤0.3 m² 的孔洞所占体积，靠墙暖气沟的挑檐不增加 基础长度的确定：外墙按外墙中心线，内墙按内墙净长线计算	1.砂浆制作、运输 2.砌砖 3.防潮层铺设 4.材料运输
010401002	砖砌挖孔桩护壁	1.砖品种、规格、强度等级 2.砂浆强度等级	m³	按设计图示尺寸以立方米计算	1.砂浆制作、运输 2.砌砖 3.材料运输

续表

项目编码	项目名称	项目特征	计量单位	工程量计算规则	工作内容
010401003	实心砖墙			按设计图示尺寸以体积计算。扣除门窗、洞口、嵌入墙内的钢筋混凝土柱、梁、圈梁、挑梁、过梁及凹进墙内的壁龛、管槽、暖气槽、消火栓箱所占体积，不扣除梁头、板头、檩头、垫木、木楞头、沿椽木、木砖、门窗走头、砖墙内加固钢筋、木筋、铁件、钢管及单个面积≤0.3 m² 的孔洞所占的体积。凸出墙面的腰线、挑檐、压顶、窗台线、虎头砖、门窗套的体积也不增加。凸出墙面的砖垛并入墙体体积内计算。	
010401004	多孔砖墙	1.砖品种、规格、强度等级 2.墙体类型 3.砂浆强度等级、配合比	m³	1.墙长度的确定。外墙按中心线，内墙按净长线计算 2.墙高度的确定： （1）外墙：斜（坡）屋面无檐口天棚的算至屋面板底；有屋架且室内外均有天棚的算至屋架下弦底另加 200mm，无天棚的算至屋架下弦底另加 300mm，出檐宽度超过 600mm 时按实砌高度计算；有钢筋混凝土楼板隔层者算至板顶，平屋顶算至钢筋混凝土板底 （2）内墙：位于屋架下弦者，算至屋架下弦底；无屋架者算至天棚底另加 100mm；有钢筋混凝土楼板隔层者算至楼板顶；有框架梁时算至梁底 （3）女儿墙：从屋面板上表面算至女儿墙顶面（如有混凝压顶时算至压顶下表面） （4）内、外山墙：按其平均高度计算 3.框架间墙：不分内外墙按墙体净尺寸以体积计算 4.围墙的高度算至压顶上表面（如有混凝土压顶时算至压顶下表面），围墙柱并入围墙体积内计算	1.砂浆制作、运输 2.砌砖 3.刮缝 4.砖压顶砌筑 5.材料运输
010401005	空心砖墙				
010401006	空斗墙	1.砖品种、规格、强度等级 2.墙体类型 3.砂浆强度等级、配合比	m³	按设计图示尺寸以空斗墙外形体积计算。墙角、内外墙交接处、门窗洞口立边、窗台砖、屋檐处的实砌部分体积并入空斗墙体积内	1.砂浆制作、运输 2.砌砖 3.装填充料 4.刮缝 5.材料运输
010401007	空花墙			按设计图示尺寸以空花部分外形体积计算，不扣除空洞部分体积	

项目编码	项目名称	项目特征	计量单位	工程量计算规则	工作内容
010401008	填充墙	1. 砖品种、规格、强度等级 2. 墙体类型 3. 填充材料种类及厚度 4. 砂浆强度等级、配合比	m³	按设计图示尺寸以填充墙外形体积计算	1. 砂浆制作、运输 2. 砌砖 3. 装填充料 4. 刮缝 5. 材料运输
010401009	实心砖柱	1. 砖品种、规格、强度等级 2. 柱类型 3. 砂浆强度等级、配合比	m³	按设计图示尺寸以体积计算。扣除混凝土及钢筋混凝土梁垫、梁头、板头所占体积	1. 砂浆制作、运输 2. 砌砖 3. 刮缝 4. 材料运输
010401010	多孔砖柱				
010401011	砖检查井	1. 井截面、深度 2. 砖品种、规格、强度等级 3. 垫层材料种类、厚度 4. 底板厚度 5. 井盖安装 6. 混凝土强度等级 7. 砂浆强度等级 8. 防潮层材料种类	座	按设计图示数量计算	1. 砂浆制作、运输 2. 铺设垫层 3. 底板混凝土制作、运输、浇筑、振捣、养护 4. 砌砖 5. 刮缝 6. 井池底、壁抹灰 7. 抹防潮层 8. 材料运输
010401012	零星砌砖	1. 零星砌砖名称、部位 2. 砖品种、规格、强度等级 3. 砂浆强度等级、配合比	1. m³ 2. m² 3. m 4. 个	1. 以立方米计量，按设计图示尺寸截面面积乘以长度计算； 2. 以平方米计量，按设计图示尺寸水平投影面积计算； 3. 以米计量，按设计图示尺寸长度计算； 4. 以个计量，按设计图示数量计算	1. 砂浆制作、运输 2. 砌砖 3. 刮缝 4. 材料运输
010401013	砖散水、地坪	1. 砖品种、规格、强度等级 2. 垫层材料种类、厚度 3. 散水、地坪厚度 4. 面层种类、厚度 5. 砂浆强度等级	m²	按设计图示尺寸以面积计算	1. 土方挖、运、填 2. 地基找平、夯实 3. 铺设垫层 4. 砌砖散水、地坪 5. 抹砂浆面层
010401014	砖地沟、明沟	1. 砖品种、规格、强度等级 2. 沟截面尺寸 3. 垫层材料种类、厚度 4. 混凝土强度等级 5. 砂浆强度等级	m	以米计量，按设计图示以中心线长度计算	1. 土方挖、运、填 2. 铺设垫层 3. 底板混凝土制作、运输、浇筑、振捣、养护 4. 砌砖 5. 刮缝、抹灰 6. 材料运输

"空花墙"项目适用于各种类型的空花墙，使用混凝土花格砌筑的空花墙，实砌墙体

与混凝土花格应分别计算，混凝土花格按混凝土及钢筋混凝土中预制构件相关项目编码列项。

砖砌锅台与炉灶可按外形尺寸以个计算，砖砌台阶可按水平投影面积以平方米计算，小便槽、地垄墙可按长度计算，其他工程以立方米计算。

（二）砌块砌体（编号：010402）

砖块砌体划分为砌块墙和砌块柱两项，见表2.4-16。工程量计算时，砌块墙和砌块柱分别与实心砖墙和实心砖柱一致。

砌块砌体　　表 2.4-16

项目编码	项目名称	项目特征	计量单位	工程量计算规则	工作内容
010402001	砌块墙	1.砌块品种、规格、强度等级 2.墙体类型 3.砂浆强度等级	m³	按设计图示尺寸以体积计算 扣除门窗、洞口、嵌入墙内的钢筋混凝土柱、梁、圈梁、挑梁、过梁及凹进墙内的壁龛、管槽、消火栓箱所占体积，不扣除梁头、板头、檩头、垫木、木楞头、沿椽木、木砖、门窗走头、砌块墙内加固钢筋、木筋、铁件、钢管及单个面积≤0.3m²的孔洞所占体积。凸出墙面的腰线、挑檐、压顶、窗台线、虎头砖、门窗套的体积也不增加。凸出墙面的砖垛并入墙体体积内计算 墙长度：外墙按中心线、内墙按净长计算 墙高度：（1）外墙：斜（坡）屋面无檐口天棚者算至屋面板底；有屋架且室内外均有天棚的算至屋架下弦底另加200mm；无天棚者算至屋架下弦底另加300mm，出檐宽度超过600mm时按实砌高度计算；有钢筋混凝土楼板隔层者算至板顶。平屋顶算至钢筋混凝土板底 （2）内墙：位于屋架下弦者，算至屋架下弦底；无屋架者算至天棚底另加100mm；有钢筋混凝土楼板隔层者算至楼板顶，有框架梁时算至梁底 （3）女儿墙：从屋面板上表面算至女儿墙顶面（如有混凝土压顶时算至压顶下表面） （4）内、外出墙：按其平均高度计算 框架间墙不分内外墙按墙体净尺寸以体积计算 围墙高度算至压顶上表面（如有混凝土压顶时算至压顶下表面）；围墙柱并入围墙体积内	1.砂浆制作、运输 2.砌砖、砌块 3.勾缝 4.材料运输
010402002	砌块柱	1.砖品种、规格、强度等级 2.墙体类型 3.砂浆强度等级	m³	按设计图示尺寸以体积计算；扣除混凝土及钢筋混凝土梁垫、梁头、板头所占体积	1.砂浆制作、运输 2.砌砖、砌块 3.勾缝 4.材料运输

（三）石砌体（编号：010403）

石砌体划分为石基础、石勒脚、石墙、石挡土墙、石柱、石栏杆、石护坡、石台阶、石坡道、石地沟（明沟）等项目，见表2.4-17。

石基础、石勒脚、石墙的划分：基础与勒脚应以设计室外地坪为界。勒脚与墙身应以设计室内地面为界。石围墙内外地坪标高不同时，应以较低地坪标高为界，以下为基础；内外标高之差为挡土墙时，挡土墙以上为墙身。

石砌体   表2.4-17

项目编码	项目名称	项目特征	计量单位	工程量计算规则	工作内容
010403001	石基础	1. 石料种类、规格 2. 基础类型 3. 砂浆强度等级	m³	石基础按设计图示尺寸以体积计算包括附墙垛基础宽出部分体积，不扣除基础砂浆防潮层及单个面积小于或等于0.3m²的孔洞所占体积，靠墙暖气沟的挑檐不增加。基础长度：外墙按中心线，内墙按净长线计算	1. 砂浆制作、运输 2. 吊装 3. 砌石 4. 防潮层铺设 5. 材料运输
010403002	石勒脚	1. 石料种类、规格 2. 石表面加工要求 3. 勾缝要求 4. 砂浆强度等级、配合比	m³	按设计图示尺寸以体积计算，扣除单个面积>0.3m²的孔洞所占的体积	1. 砂浆制作、运输 2. 吊装 3. 砌石 4. 石表面加工 5. 勾缝 6. 材料运输
010403003	石墙	1. 石料种类、规格 2. 石表面加工要求 3. 勾缝要求 4. 砂浆强度等级、配合比	m³	按设计图示尺寸以体积计算 扣除门窗、洞口、嵌入墙内的钢筋混凝土柱、梁、圈梁、挑梁、过梁及凹进墙内的壁龛、管槽、暖气槽、消火栓箱所占体积，不扣除梁头、板头、檩头、垫木、木楞头、沿椽木、木砖、门窗走头、石墙内加固钢筋、木筋、铁件、钢管及单个面积≤0.3m²的孔洞所占的体积。凸出墙面的腰线、挑檐、压顶、窗台线、虎头砖、门窗套的体积亦不增加。凸出墙面的砖垛并入墙体体积内计算 （1）墙长度：外墙按中心线、内墙按净长计算 （2）墙高度： 1）外墙：斜（坡）屋面无檐口天棚的算至屋面板底；有屋架且室内外均有天棚的算至屋架下弦底另加200mm；无天棚的算至屋架下弦底另加300mm，出檐宽度超过600mm时按实砌高度计算；与钢筋混凝土楼板隔层者算至板顶。平屋顶算至钢筋混凝土板底	1. 砂浆制作、运输 2. 吊装 3. 砌石 4. 石表面加工 5. 勾缝 6. 材料运输

续表

项目编码	项目名称	项目特征	计量单位	工程量计算规则	工作内容
010403003	石墙	1. 石料种类、规格 2. 石表面加工要求 3. 勾缝要求 4. 砂浆强度等级、配合比	m³	2）内墙：位于屋架下弦者，算至屋架下弦底；无屋架者算至天棚底另加 100mm；有钢筋混凝土楼板隔层者算至楼板顶；有框架梁时算至梁底 3）女儿墙：从屋面板上表面算至女儿墙顶面（如有混凝土压顶时算至压顶下表面） 4）内、外出墙：按其平均高度计算 （3）框架间墙：不分内外墙按墙体净尺寸以体积计算。围墙：高度算至压顶上表面（如有混凝土压顶时算至压顶下表面）；围墙柱并入围墙体积内	1. 砂浆制作、运输 2. 吊装 3. 砌石 4. 石表面加工 5. 勾缝 6. 材料运输
010403004	石挡土墙	1. 石料种类、规格 2. 石表面加工要求 3. 勾缝要求 4. 砂浆强度等级、配合比	m³	按设计图示尺寸以体积计算	1. 砂浆制作、运输 2. 吊装 3. 砌石 4. 变形缝、泄水孔、压顶抹灰 5. 滤水层 6. 勾缝 7. 材料运输
010403005	石柱	1. 石料种类、规格 2. 石表面加工要求 3. 勾缝要求 4. 砂浆强度等级、配合比	m³	按设计图示尺寸以体积计算	1. 砂浆制作、运输 2. 吊装 3. 砌石 4. 石表面加工 5. 勾缝 6. 材料运输
010403006	石栏杆	1. 石料种类、规格 2. 石表面加工要求 3. 勾缝要求 4. 砂浆强度等级、配合比	m	按设计图示以长度计算	1. 砂浆制作、运输 2. 吊装 3. 砌石 4. 石表面加工 5. 勾缝 6. 材料运输
010403007	石护坡	1. 垫层材料种类、厚度 2. 石料种类、规格 3. 护坡厚度、高度 4. 石表面加工要求 5. 勾缝要求 6. 砂浆强度等级、配合比	m³	按设计图示尺寸以体积计算	1. 砂浆制作、运输 2. 吊装 3. 砌石 4. 石表面加工 5. 勾缝 6. 材料运输
010403008	石台阶	1. 垫层材料种类、厚度 2. 石料种类、规格 3. 护坡厚度、高度	m³	按设计图示尺寸以体积计算	1. 铺设垫层 2. 石料加工 3. 砂浆制作、运输 4. 砌石

续表

项目编码	项目名称	项目特征	计量单位	工程量计算规则	工作内容
010403008	石台阶	4. 石表面加工要求 5. 勾缝要求 6. 砂浆强度等级、配合比	m³	按设计图示尺寸以体积计算	5. 石表面加工 6. 勾缝 7. 材料运输
010403009	石坡道	1. 垫层材料种类、厚度 2. 石料种类、规格 3. 护坡厚度、高度 4. 石表面加工要求 5. 勾缝要求 6. 砂浆强度等级、配合比	m²	按设计图示以水平投影面积计算	1. 铺设垫层 2. 石料加工 3. 砂浆制作、运输 4. 砌石 5. 石表面加工 6. 勾缝 7. 材料运输
010403010	石地沟、明沟	1. 沟截面尺寸 3. 土壤类别、运距 4. 垫层材料种类、厚度 5. 石料种类、规格 6. 石表面加工要求 7. 勾缝要求 8. 砂浆强度等级、配合比	m	按设计图示以中心线长度计算	1. 土方挖、运 2. 砂浆制作、运输 3. 铺设垫层 4. 砌石 5. 石表面加工 6. 勾缝 7. 回填 8. 材料运输

（四）垫层（编号：010404）

垫层（010404001）主要指除混凝土垫层外的其他材质的垫层，没有包括垫层要求的清单项目应按该垫层项目编码列项，例如：砖砌垫层、砂垫层、灰土垫层、楼地面等（非混凝土）垫层等，见表2.4-18。

垫层　　　　　　　　　　　　　　　　　　　　　　　　　　　　　　　表 2.4-18

项目编码	项目名称	项目特征	计量单位	工程量计算规则	工作内容
010404001	垫层	1. 垫层材料种类、配合比、厚度	m³	按设计图示尺寸以立方米计算	1. 垫层材料的拌制 2. 垫层铺设 3. 材料运输

（五）其他墙体（编号：010406）

其他墙体见表2.4-19。

其他墙体　　　　　　　　　　　　　　　　　　　　　　　　　　　　　表 2.4-19

项目编码	项目名称	项目特征	计量单位	工程量计算规则	工作内容
沪 010406001	轻质墙体	1. 墙体类型 2. 墙体厚度 3. 材质、规格 4. 砂浆强度等级、配合比 5. 细石混凝土强度等级	m²	按设计图示尺寸以面积计算 扣除门窗洞口及单个 > 0.3m² 的孔洞所占面积	1. 材料运输 2. 墙板安装 3. 嵌缝、贴网格布 4. 捣细石混凝土

续表

项目编码	项目名称	项目特征	计量单位	工程量计算规则	工作内容
沪 010406002	轻集料混凝土多孔墙板	1. 墙体类型 2. 墙体厚度 3. 材质、规格 4. 砂浆强度等级、配合比	m²	按设计图示尺寸以面积计算	1. 清理基层 2. 吊运就位、固定 3. 贴网格布等 4. 砂浆制作、运输

五、混凝土及钢筋混凝土工程

混凝土及钢筋混凝土工程包括现浇混凝土构件、预制混凝构件及钢筋工程等部分。在计算现浇或预制混凝土和钢筋混凝土构件工程量时，不扣除构件内钢筋、螺栓、预埋铁件、张拉孔道所占体积，但应扣除劲性骨架的型钢所占体积。

（一）现浇混凝土基础（编号：010501）

现浇混凝土基础划分为带形基础、独立基础、满堂基础、桩承台基础、设备基础、垫层等项目，见表2.4-20。

现浇混凝土基础 表 2.4-20

项目编码	项目名称	项目特征	计量单位	工程量计算规则	工作内容
010501001	垫层				
010501002	带形基础	1. 混凝土种类 2. 混凝土强度等级	m³	按设计图示尺寸以体积计算。不扣除伸入承台基础的桩头所占体积	1. 模板及支撑制作、安装、拆除、堆放、运输及清理模内杂物、刷隔离剂等 2. 混凝土制作、运输、浇筑、振捣、养护
010501003	独立基础				
010501004	满堂基础				
010501005	桩承台基础				
010501006	设备基础	1. 混凝土种类 2. 混凝土强度等级 3. 灌浆材料及其强度等级			

（二）现浇混凝土柱（编号：010502）

现浇混凝土柱见表2.4-21。

现浇混凝土柱 表 2.4-21

项目编码	项目名称	项目特征	计量单位	工程量计算规则	工作内容
010502001	矩形柱	1. 混凝土种类 2. 混凝土强度等级	m³	按设计图示尺寸以体积计算。不扣除构件内钢筋，预埋铁件所占体积。型钢混凝土柱扣除构件内型钢所占体积 1. 有梁板的柱高（图2.4-2），应自柱基上表面（或楼板上表面）至上一层楼板上表面之间的高度计算 2. 无梁板的柱高（图2.4-3），应自柱基上表面（或楼板上表面）至柱帽下表面之间的高度计算 3. 框架柱的柱高（图2.4-4），应自柱基上表面至柱顶高度计算	1. 模板及支架（撑）制作、安装、拆除、堆放、运输及清理模内杂物、刷隔离剂等 2. 混凝土制作、运输、浇筑、振捣、养护
010502002	构造柱				
010502003	异形柱	1. 柱形状 2. 混凝土种类 3. 混凝土强度等级			

续表

项目编码	项目名称	项目特征	计量单位	工程量计算规则	工作内容
010502003	异形柱	1.柱形状 2.混凝土种类 3.混凝土强度等级	m³	4.构造柱按全高计算，嵌接墙体部分（马牙槎）并入柱身体积 5.依附柱上的牛腿和升板的柱帽，并入柱身体积计算	1.模板及支架（撑）制作、安装、拆除、堆放、运输及清理模内杂物、刷隔离剂等 2.混凝土制作、运输、浇筑、振捣、养护

现浇混凝土柱可划分为矩形柱（010502001）、构造柱（010502002）、异形柱（010502003）等项目。

矩形柱除无梁板柱的高度计算至柱帽下表面，其他柱以全高计算。

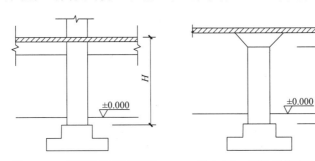

图 2.4-2 有梁板柱高示意图　　　图 2.4-3 无梁板柱高示意图

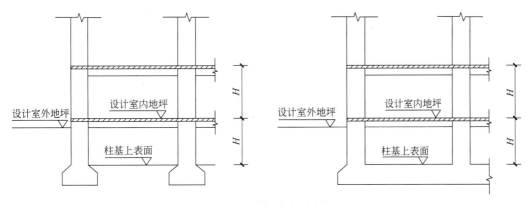

图 2.4-4 框架柱高示意图

（三）现浇混凝土梁（编号：010503）

现浇混凝土梁见表 2.4-22。

现浇混凝土梁　　　表 2.4-22

项目编码	项目名称	项目特征	计量单位	工程量计算规则	工作内容
010503001	基础梁	1.混凝土种类 2.混凝土强度等级	m³	按设计图示尺寸以体积计算伸入墙内的梁头、梁垫并入梁	1.模板及支架（撑）制作、安装、
010503002	矩形梁				

续表

项目编码	项目名称	项目特征	计量单位	工程量计算规则	工作内容
010503003	异形梁	1. 混凝土种类 2. 混凝土强度等级	m³	体积内 梁长的确定： 1. 梁与柱连接时，梁长算至柱侧面，如图 2.4-5 所示 2. 主梁与次梁连接时，次梁长算至主梁侧面，如图 2.4-6 所示	拆除、堆放、运输及清理模内杂物、刷隔离剂等 2. 混凝土制作、运输、浇筑、振捣、养护
010503004	圈梁				
010503005	过梁				
010503006	弧形梁 （拱形梁）				

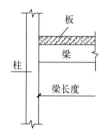

图 2.4-5　梁与柱连接示意图

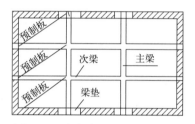

图 2.4-6　主梁与次梁连接示意图

（四）现浇混凝土墙（编号：010504）

现浇混凝土墙划分为直形墙（010504001）、弧形墙（010504002）、短肢剪力墙（010504003）、挡土墙（010504004），见表 2.4-23。

现浇混凝土墙　　　　　　　　　　　　　　　　　　表 2.4-23

项目编码	项目名称	项目特征	计量单位	工程量计算规则	工作内容
010504001	直形墙	1. 混凝土种类 2. 混凝土强度等级	m³	按设计图示尺寸以体积计算不扣除构件内钢筋，预埋铁件所占体积，扣除门窗洞口及单个面积 >0.3m² 的孔洞所占体积，墙垛及凸出墙面部分并入墙体体积内计算	1. 模板及支架（撑）制作、安装、拆除、堆放、运输及清理模内杂物、刷隔离剂等 2. 混凝土制作、运输、浇筑、振捣、养护
010504002	弧形墙				
010504003	短肢剪力墙				
010504004	挡土墙				

（五）现浇混凝土板（编号：010505）

现浇混凝土板划分为有梁板（010505001）、无梁板（010505002）、平板（010505003）、拱板（010505004）、薄壳板（010505005）、栏板（010505006）、天沟（檐沟）及挑檐板（010505007）、雨篷、悬挑板及阳台板（010505008）、其他板等项目，见表 2.4-24。

现浇混凝土板　　　　　　　　　　　　　　　　　　表 2.4-24

项目编码	项目名称	项目特征	计量单位	工程量计算规则	工作内容
010505001	有梁板	1. 混凝土种类 2. 混凝土强度等级	m³	按设计图示尺寸以体积计算不扣除构件内钢筋、预埋铁件及单个面积 ≤ 0.3m² 的柱、垛以及孔洞所占体积 压形钢板混凝土楼板扣除构件内压形钢板所占体积	1. 模板及支架（撑）制作、安装、拆除、堆放、运输及清理模内杂物、刷隔离剂等
010505002	无梁板				
010505003	平板				
010505004	拱板				

项目编码	项目名称	项目特征	计量单位	工程量计算规则	工作内容
010505005	薄壳板	1. 混凝土种类 2. 混凝土强度等级	m³	有梁板（包括主、次梁与板）按梁、板体积之和计算，无梁板按板和柱帽体积之和计算，各类板伸入墙内的板头并入板体积内，薄壳板的肋、基梁并入薄壳体积内计算	2. 混凝土制作、运输、浇筑、振捣、养护
010505006	栏板				
010505007	天沟（檐沟）及挑檐板			按设计图示尺寸以体积计算	
010505008	雨篷、悬挑板及阳台板			按设计图示尺寸以体积计算。包括伸出墙外的牛腿和雨篷反挑檐的体积	
010505009	空心板			按设计图示尺寸以体积计算空心板（CBF 高强薄壁蜂巢芯板等）应扣除空心部分体积	
010505010	其他板			按设计图示尺寸以体积计算	

有梁板工程量按梁、板体积之和计算，如图 2.4-7 所示。

无梁板工程量按板和柱帽体积之和计算，如图 2.4-8 所示。

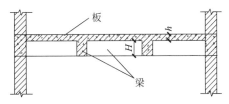

图 2.4-7　有梁板（包括主、次梁与板）

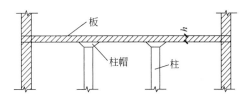

图 2.4-8　无梁板（包括柱帽）

（六）现浇混凝土楼梯（编号：010506）

现浇混凝土楼梯划分为直形楼梯（010506001）、弧形楼梯（010506002），见表 2.4-25。

现浇混凝土楼梯　　　　　　　　　　　　　　　　　　　　　表 2.4-25

项目编码	项目名称	项目特征	计量单位	工程量计算规则	工作内容
010506001	直形楼梯	1. 混凝土种类 2. 混凝土强度等级	1. m² 2. m³	1. 以平方米计量，按设计图示尺寸以水平投影面积计算。不扣除宽度≤500mm 的楼梯井，伸入墙内部分不计算 2. 以立方米计量，按设计图示尺寸以体积计算	1. 模板及支架（撑）制作、安装、拆除、堆放、运输及清理模内杂物、刷隔离剂等 2. 混凝土制作、运输、浇筑、振捣、养护
010506002	弧形楼梯				

工程量编制时需说明：整体楼梯（包括直形楼梯、弧形楼梯）水平投影面积包括休息平台、平台梁、斜梁和楼梯的连接梁。当整体楼梯与现浇楼板无梯梁连接时，以楼梯的最后一个踏步边缘加 300mm 为界。

（七）现浇混凝土其他构件（编号：010507）

现浇混凝土其他构件包括散水与坡道（010507001）、室外地坪（010507002）、电缆沟与地沟（010507003）、台阶（010507004）、扶手和压顶（010507005）、化粪池和检查井（010507006）、其他构件（010507007），见表2.4-26。现浇混凝土小型池槽、垫块、门框等，应按其他构件项目编码列项。

现浇混凝土其他构件　　　　　　　　表 2.4-26

项目编码	项目名称	项目特征	计量单位	工程量计算规则	工作内容
010507001	散水、坡道	1. 垫层材料种类、厚度 2. 面层厚度 3. 混凝土种类 4. 混凝土强度等级 5. 变形缝填塞材料种类	m²	按设计图示尺寸以水平投影面积计算。不扣除单个<0.3 m²的孔洞所占面积。不扣除构件内钢筋、预埋铁件所占体积	1. 地基夯实 2. 铺设垫层 3. 模板及支撑制作、安装、拆除、堆放、运输及清理模内杂物、刷隔离剂等 4. 混凝土制作、运输、浇筑、振捣、养护 5. 变形缝填塞
010507002	室外地坪	1. 地坪厚度 2. 混凝土强度等级			
010507003	电缆沟、地沟	1. 土壤类别 2. 沟截面净空尺寸 3. 垫层材料种类、厚度 4. 混凝土种类 5. 混凝土强度等级 6. 防护材料种类	m	以米计量，按设计图示以中心线长度计算	1. 挖填、运土石方 2. 铺设垫层 3. 模板及支撑制作、安装、拆除、堆放、运输及清理模内杂物、刷隔离剂等 4. 混凝土制作、运输、浇筑、振捣、养护 5. 刷防护材料
010507004	台阶	1. 踏步高宽比 2. 混凝土种类 3. 混凝土强度等级	1.m² 2.m³	1. 以平方米计量时，按设计图示尺寸水平投影面积计算 2. 以立方米计量时，按设计图示尺寸以体积计算	1. 模板及支撑制作、安装、拆除、堆放、运输及清理模内杂物、刷隔离剂等 2. 混凝土制作、运输、浇筑、振捣、养护
010507005	扶手、压顶	1. 断面尺寸 2. 混凝土种类 3. 混凝土强度等级	1.m 2.m³	1. 以米计量时，按设计图示的中心线以延米计算 2. 以立方米计量时，按设计图示尺寸以体积计算	1. 模板及支架（撑）制作、安装、拆除、堆放、运输及清理模内杂物、刷隔离剂等 2. 混凝土制作、运输、浇筑、振捣、养护
010507006	化粪池、检查井	1. 部位 2. 混凝土强度等级 3. 防水、抗渗要求	1.m³ 2. 座	1. 按设计图示尺寸以体积计算 2. 以座计量，按设计图示数量计算	1. 模板及支架（撑）制作、安装、拆除、堆放、运输及清理模内杂物、刷隔离剂等 2. 混凝土制作、运输、浇筑、振捣、养护
010507007	其他构件	1. 构件的类型 2. 构件规格 3. 部位 4. 混凝土种类 5. 混凝土强度等级	m³		

注：架空式混凝土台阶，按现浇楼梯计算。

钢筋混凝土化粪池工程量以座计量时，按设计图示数量计算；也可以立方米计量，按设计图示尺寸以体积计算；现浇混凝土小型池槽、垫块、门框等，应按其他构件项目编码列项。

（八）后浇带（编号：010508）

后浇带见表 2.4-27。

后浇带 表 2.4-27

项目编码	项目名称	项目特征	计量单位	工程量计算规则	工作内容
010508001	后浇带	1. 混凝土种类 2. 混凝土强度等级	m³	按设计图示尺寸以体积计算	1. 模板及支架（撑）制作、安装、拆除、堆放、运输及清理清理模内杂物、刷隔离剂等 2. 混凝土制作、运输、浇筑、振捣、养护及混凝土交接面、钢筋等的清理

（九）预制混凝土

预制混凝土柱包括矩形柱（010509001）、异形柱（010509002）。

预制混凝土梁包括矩形梁（010510001）、异形梁（010510002）、过梁（010510003）、拱形梁（010510004）、鱼腹式吊车梁（010510005）和其他梁（010510006）。

装配整体式混凝土住宅体系中的预制叠合梁，按相应项目编码列项。

预制混凝土屋架包括折线型屋架（010511001）、组合屋架（010511002）、薄腹屋架（010511003）、门式刚架屋架（010511004）、天窗架屋架（010511005）。

预制混凝土板包括平板（010512001）、空心板（010512002）、槽形板（010512003）、网架板（010512004）、折线板（010512005）、带肋板（010512006）、大型板（010512007）、沟盖板（井盖板）和井圈（010512008）。

以上分类，见表 2.4-28。

预制混凝土 表 2.4-28

项目编码	项目名称	项目特征	计量单位	工程量计算规则	工作内容
010509001	矩形柱	1. 图代号 2. 单件体积 3. 安装高度 4. 构件混凝土强度等级 5. 砂浆（细石混凝土）强度等级、配合比	1. m³ 2. 根	1. 以立方米计量，按设计图示尺寸以体积计算 2. 以根计量，按设计图示尺寸以数量计算。当以根计量时，必须描述单件体积	1. 模板及支架（撑）制作、安装、拆除、堆放、运输及清理模内杂物、刷隔离剂等 2. 混凝土制作、运输、浇筑、振捣、养护 3. 构件运输、安装 4. 砂浆制作、运输 5. 接头灌缝、养护
010509002	异形柱				
010510001	矩形梁	1. 图集、图纸名称 2. 构件代号、名称 3. 单件体积 4. 安装高度 5. 构件混凝土强度等级 6. 砂浆（细石混凝土）强度等级、配合比	1. m³ 2. 根	1. 以立方米计量，按设计图示尺寸以体积计算 2. 以根计量，按设计图示尺寸以数量计算。必须描述单件体积	1. 构件卸车 2. 构件驳运、安装 3. 校正、固定 4. 接头灌缝、养护
010510002	异形梁				
010510003	过梁				
010510004	拱形梁				
010510005	鱼腹式吊车梁				
010510006	其他梁				

续表

项目编码	项目名称	项目特征	计量单位	工程量计算规则	工作内容
010511001	折线型	1. 图集、图纸名称 2. 构件代号、名称 3. 单件体积 4. 安装高度 5. 构件混凝土强度等级 6. 砂浆（细石混凝土）强度等级、配合比	1. m³ 2. 榀	1. 以立方米计量，按设计图示尺寸以体积计算。 2. 以榀计量，按设计图示尺寸以数量计算。必须描述单件体积	1. 构件卸车 2. 构件驳运、安装 3. 校正、固定 4. 接头灌缝、养护
010511002	组合				
010511003	薄腹				
010511004	门式刚架				
010511005	天窗架				
010512001	平板	1. 图集、图纸名称 2. 构件代号、名称 3. 单件体积 4. 构件混凝土强度等级 5. 砂浆（细石混凝土）强度等级、配合比	1. m³ 2. 块	1. 以立方米计量，按设计图示尺寸以体积计算。不扣除单个尺寸 ≤ 300mm×300mm 的孔洞所占体积，扣除空心板空洞体积。 2. 以块计量，按设计图示尺寸以"数量"计算。必须描述单件体积	1. 构件卸车 2. 构件驳运、安装 3. 校正、固定 4. 接头灌缝、养护
010512002	空心板				
010512003	槽形板				
010512004	网架板				
010512005	折线板				
010512006	带肋板				
010512007	大型板				
010512008	沟盖板、井盖板、井圈	1. 图集、图纸名称 2. 构件代号、名称 3. 单件体积 4. 构件混凝土强度等级 5. 砂浆强度等级、配合比	1. m³ 2. 块（套）	1. 以立方米计量，按设计图示尺寸以体积计算 2. 以块计量，按设计图示尺寸以"数量"计算。必须描述单件体积	
010513001	楼梯	1. 图集、图纸名称 2. 构件代号、名称 3. 单件体积 4. 构件混凝土强度等级 5. 砂浆（细石混凝土）强度等级、配合比	1. m³ 2. 段	1. 以立方米计量，按设计图示尺寸以体积计算。扣除空心踏步板空洞体积。 2. 以段计量，按设计图示数量计算必须描述单件体积	1. 构件卸车 2. 构件驳运、安装 3. 校正、固定 4. 接头灌缝、养护
010514001	垃圾道、通风道、烟道	1. 图集、图纸名称 2. 构件代号、名称 3. 单件体积 4. 构件混凝土强度等级 5. 砂浆（细石混凝土）强度等级、配合比	1. m³ 2. m² 3. 根（块、套）	1. 以立方米计量，按设计图示尺寸以体积计算。不扣除单个面积 ≤ 300mm×300mm 的孔洞所占体积，扣除烟道、垃圾道、通风道的孔洞所占体积 2. 以平方米计量，按设计图示尺寸以面积计算。不扣除单个面积 ≤ 300mm×300mm 的孔洞所占面积。 3. 以根计量，按设计图示尺寸以数量计算。必须描述单件体积	1. 构件卸车 2. 构件驳运、安装 3. 校正、固定 4. 接头灌缝、养护
010514002	其他构件	1. 图集、图纸名称 2. 构件代号、名称 3. 单件体积 4. 构件混凝土强度等级 5. 砂浆（细石混凝土）强度等级、配合比			

其他预制构件包括垃圾道、通风道、烟道（010514001）及其他构件（010514002）。

（十）钢筋工程（编号：010515）

钢筋工程包括现浇构件钢筋（010515001）、预制构件钢筋（010515002）、钢筋网片（010515003）、钢筋笼（010515004）、先张法预应力钢筋（010515005）、后张法预应力钢筋（010515006）、预应力钢丝（010515007）、预应力钢绞线（010515008）、支撑钢筋（铁马）（010515009）、声测管（010515010），见表2.4-29。

钢筋工程　　　　　　　　　　　　　　　　　　表2.4-29

项目编码	项目名称	项目特征	计量单位	工程量计算规则	工作内容
010515001	现浇构件钢筋	钢筋种类、规格	t	按设计图示钢筋（网）长度（面积）乘单位理论质量计算。现浇构件中伸出构件的锚固钢筋应并入钢筋工程量内	1. 钢筋制作、运输 2. 钢筋安装 3. 焊接（绑扎）
010515002	预制构件钢筋				
010515003	钢筋网片				1. 钢筋网制作、运输 2. 钢筋网安装 3. 焊接（绑扎）
010515004	钢筋笼				1. 钢筋笼制作、运输 2. 钢筋笼安装 3. 焊接（绑扎）
010515005	先张法预应力钢筋	1. 钢筋种类、规格 2. 锚具种类	t	按设计图示钢筋长度乘单位理论质量计算	1. 钢筋制作、运输 2. 钢筋张拉
010515006	后张法预应力钢筋	1. 钢筋种类、规格 2. 钢丝种类、规格 3. 钢绞线种类、规格 4. 锚具种类 5. 砂浆强度等级	t	工程量按设计图示钢筋（丝束、绞线）长度乘单位理论质量计算 1. 低合金钢筋两端均采用螺杆锚具时，钢筋长度按孔道长度减0.35m计算，螺杆另行计算 2. 低合金钢筋一端采用镦头插片、另一端采用螺杆锚具时，钢筋长度按孔道长度计算，螺杆另行计算 3. 低合金钢筋一端采用镦头插片、另一端采用帮条锚具时，钢筋增加0.15m计算；两端均采用帮条锚具时，钢筋长度按孔道长度增加0.3m计算 4. 低合金钢筋采用后张混凝土自锚时，钢筋长度按孔道长度增加0.35m计算 5. 低合金钢筋（钢绞线）采用JM、XM、QM型锚具，孔道长度≤20m时，钢筋长度增加1m计算；孔道长度>20m时，钢筋长度增加1.8m计算 6. 碳素钢丝采用锥形锚具，孔道长度≤20m时，钢丝束长度按孔道长度增加1m计算，孔道长度>20m时，钢丝束长度增加1.8m计算 7. 碳素钢丝采用镦头锚具时，钢丝束长度按孔道长度增加0.35m计算	1. 钢筋、钢丝、钢绞线制作、运输 2. 钢筋、钢丝、钢绞线安装 3. 预埋管孔道铺设 4. 锚具安装 5. 砂浆制作、运输 6. 孔道压浆、养护
010515007	预应力钢丝				
010515008	预应力钢绞线				

续表

项目编码	项目名称	项目特征	计量单位	工程量计算规则	工作内容
010515009	支撑钢筋（铁马）	1. 钢筋种类 2. 规格	t	按钢筋长度乘单位理论质量计算	钢筋制作、焊接、安装
010515010	声测管	1. 材质 2. 规格型号	t	按设计图示尺寸质量计算	1. 检测管截断、封头 2. 套管制作、焊接 3. 定位、固定

注：支撑钢筋（铁马）如果设计未明确，其工程数量可为暂估量，结算时按现场签证数量计算。
　　除设计（包括规范规定）标明的搭接外，其他施工搭接不计算工程量，在综合单价中综合考虑。

（十一）螺栓、铁件（编号：010516）

螺栓、铁件见表 2.4-30。

螺栓、铁件 表 2.4-30

项目编码	项目名称	项目特征	计量单位	工程量计算规则	工作内容
010516001	螺栓	1. 螺栓种类 2. 规格	t	按设计图纸尺寸以质量计算	1. 螺栓、铁件制作、运输 2. 螺栓、铁件安装
010516002	预埋铁件	1. 钢材种类 2. 规格 3. 铁件尺寸			
010516003	机械连接	1. 连接方式 2. 螺纹套筒种类 3. 规格	个	按数量计算	1. 钢筋套丝 2. 套筒连接
沪 010516004	钢筋电渣压力焊接头	钢筋种类、规格			1. 接头清理 2. 焊接固定
沪 010516005	植筋	1. 材料种类 2. 材料规格 3. 植入深度 4. 植筋胶品种	根	按设计图示数量计算	1. 定位、钻孔、清孔 2. 钢筋加工成型 3. 注胶植筋 4. 抗拔试验 5. 养护

六、金属结构工程

（一）钢网架（编号：010601）

钢网架见表 2.4-31。

钢网架 表 2.4-31

项目编码	项目名称	项目特征	计量单位	工程量计算规则	工作内容
010601001	钢网架	1. 钢材品种、规格 2. 网架节点形式、连接方式 3. 网架跨度、安装高度 4. 探伤要求 5. 防火要求	t	按设计图示尺寸以质量计算。不扣除孔眼的质量，焊条、铆钉等不另增加质量	1. 构件卸车 2. 构件场内驳运 3. 拼装 4. 安装 5. 探伤 6. 补刷油漆

（二）钢屋架、钢托架、钢桁架、钢桥架（编号：010602）

钢屋架、钢托架、钢桁架、钢桥架，见表 2.4-32。

钢屋架、钢托架、钢桁架、钢桥架　　　　　　　　表 2.4-32

项目编码	项目名称	项目特征	计量单位	工程量计算规则	工作内容
010602001	钢屋架	1. 钢材品种、规格 2. 单榀质量 3. 屋架跨度、安装高度 4. 螺栓种类 5. 探伤要求 6. 防火要求	1. 榀 2. t	1. 以榀计量，按设计图示数量计算 2. 以吨计量，按设计图示尺寸以质量计算。不扣除孔眼的质量，焊条、铆钉、螺栓等不另增加质量	1. 构件卸车 2. 构件场内驳运 3. 拼装 4. 安装 5. 探伤 6. 补刷油漆
010602002	钢托架	1. 钢材品种、规格 2. 单榀质量 3. 安装高度 4. 螺栓种类 5. 探伤要求 6. 防火要求	t	按设计图示尺寸以质量计算。不扣除孔眼的质量，焊条、铆钉等不另增加质量	1. 构件卸车 2. 构件场内驳运 3. 拼装 4. 安装 5. 探伤 6. 补刷油漆
010602003	钢桁架				
010602004	钢桥架	1. 桥架类型 2. 钢材品种、规格 3. 单榀质量 4. 安装高度 5. 螺栓种类 6. 探伤要求	t	按设计图示尺寸以质量计算。不扣除孔眼的质量，焊条、铆钉等不另增加质量	1. 构件卸车 2. 构件场内驳运 3. 拼装 4. 安装 5. 探伤 6. 补刷油漆

注：以榀计量，按标准图设计的应注明标准图代号；按非标准图设计的项目特征必须描述单榀屋架的质量。

（三）钢柱（编号：010603）

钢柱见表 2.4-33。

钢柱　　　　　　　　表 2.4-33

项目编码	项目名称	项目特征	计量单位	工程量计算规则	工作内容
010603001	实腹钢柱	1. 柱类型 2. 钢材品种、规格 3. 单根柱质量 4. 螺栓种类 5. 探伤要求 6. 防火要求	t	按设计图示尺寸以质量计算。不扣除孔眼的质量，焊条、铆钉等不另增加质量，依附在钢柱上的牛腿及悬臂梁等并入钢柱工程量内	1. 构件卸车 2. 构件场内驳运 3. 拼装 4. 安装 5. 探伤 6. 补刷油漆
010603002	空腹钢柱				
010603003	钢管柱	1. 钢材品种、规格 2. 单根柱质量 3. 螺栓种类 4. 探伤要求 5. 防火要求		按设计图示尺寸以质量计算。不扣除孔眼的质量，焊条、铆钉、螺栓等不另增加质量，钢管柱上的节点板、加强环、内衬管、牛腿等并入钢管柱工程量内	

注：1. 高层金属构件的劲性钢柱、非劲性钢柱，按本表相应项目列项，并在项目特征中予以描述。
　　　劲性钢构件类型是指十字、T、L、H形及异形组合。非劲性构件类型是指箱形、圆管形及异形组合。
　　2. 大跨度金属构件中的钢柱，按本表相应项目列项，并在项目特征中予以描述。

（四）钢梁（编号：010604）

钢梁见表 2.4-34。

钢梁 表 2.4-34

项目编码	项目名称	项目特征	计量单位	工程量计算规则	工作内容
010604001	钢梁	1. 梁类型 2. 钢材品种、规格 3. 单根质量 4. 螺栓种类 5. 安装高度 6. 探伤要求 7. 防火要求	t	按设计图示尺寸以质量计算。不扣除孔眼的质量，焊条、铆钉、螺栓等不另增加质量，制动梁、制动板、制动桁架、车挡并入钢吊车梁工程量内	1. 构件卸车 2. 构件场内驳运 3. 拼装 4. 安装 5. 探伤 6. 补刷油漆
010604002	钢吊车梁	1. 钢材品种、规格 2. 单根质量 3. 螺栓种类 4. 安装高度 5. 探伤要求 6. 防火要求			

注：1. 高层金属构件的劲性钢梁、非劲性钢梁，按本表相应项目列项，并在项目特征中予以描述。
劲性钢构件类型是指十字、T、L、H 形及异形组合。非劲性构件类型是指箱形、圆管形及异形组合。
2. 大跨度金属构件中的钢梁，按本表相应项目列项。并在项目特征中予以描述。

（五）钢板楼板、墙板（编号：010605）

钢板楼板、墙板见表 2.4-35。

钢板楼板、墙板 表 2.4-35

项目编码	项目名称	项目特征	计量单位	工程量计算规则	工作内容
010605001	钢板楼板	1. 钢材品种、规格 2. 钢板厚度 3. 螺栓种类 4. 防火要求	m²	按设计图示尺寸以铺设水平投影面积计算。不扣除单个面积 ≤ 0.3m² 柱、垛及孔洞所占面积	1. 构件卸车 2. 构件场内驳运 3. 拼装 4. 安装 5. 探伤 6. 补刷油漆
010605002	钢板墙板	1. 钢材品种、规格 2. 钢板厚度、复合板厚度 3. 螺栓种类 4. 复合板夹芯材料种类、层数、型号、规格 5. 防火要求		按设计图示尺寸以铺挂展开面积计算。不扣除单个面积 ≤ 0.3m² 的梁、孔洞所占面积，包角、包边、窗台泛水等不另加面积	
沪 010605003	钢筋桁架式组合楼板	1. 钢材品种、规格 2. 压型钢板厚度 3. 螺栓种类 4. 钢筋 5. 防火要求	m²	按设计图示尺寸以铺设水平投影面积计算。不扣除单个面积 ≤ 0.3m² 柱、垛及孔洞所占面积	1. 构件卸车 2. 构件场内驳运 3. 安装

注：1. 钢板楼板上浇筑钢筋混凝土，其混凝土和钢筋应按第二章第四节"五、混凝土及钢筋混凝土工程"中相关项目编码列项。
2. 压型钢楼板按本表中钢板楼板项目编码列项。

（六）钢构件（编号：010606）

钢构件见表 2.4-36。

钢构件　　　　　　　　　　　　　　　　　　　　　　　　　　表 2.4-36

项目编码	项目名称	项目特征	计量单位	工程量计算规则	工作内容
010606001	钢支撑、钢拉条	1. 钢材品种、规格 2. 构件类型 3. 安装高度 4. 螺栓种类 5. 探伤要求 6. 防火要求	t	按设计图示尺寸以质量计算。不扣除孔眼的质量，焊条、铆钉、螺栓等不另增加质量	1. 构件卸车 2. 构件场内驳运 3. 拼装 4. 安装 5. 探伤 6. 补刷油漆
010606002	钢檩条	1. 钢材品种、规格 2. 构件类型 3. 单根质量 4. 安装高度 5. 螺栓种类 6. 探伤要求 7. 防火要求			
010606003	钢天窗架	1. 钢材品种、规格 2. 单榀质量 3. 安装高度 4. 螺栓种类 5. 探伤要求 6. 防火要求			
010606004	钢挡风架	1. 钢材品种、规格 2. 单榀质量 3. 螺栓种类 4. 探伤要求 5. 防火要求			
010606005	钢墙架				
010606006	钢平台	1. 钢材品种、规格 2. 螺栓种类 3. 防火要求			
010606007	钢走道				
010606008	钢梯	1. 钢材品种、规格 2. 钢梯形式 3. 螺栓种类 4. 防火要求			
010606009	钢护栏	1. 钢材品种、规格 2. 防火要求			
010606010	钢漏斗	1. 钢材品种、规格 2. 漏斗、天沟形式 3. 安装高度 4. 探伤要求	t	按设计图示尺寸以质量计算，不扣除孔眼的质量，焊条、铆钉、螺栓等不另增加质量，依附漏斗或天沟的型钢并入漏斗或天沟工程量内	1. 构件卸车 2. 构件场内驳运 3. 拼装 4. 安装 5. 探伤 6. 补刷油漆
010606011	钢板天沟				
010606012	钢支架	1. 钢材品种、规格 2. 单独重量 3. 防火要求		按设计图示尺寸以质量计算，不扣除孔眼的质量，焊条、铆钉、螺栓等不另增加质量	
010606013	零星钢构件	1. 构件名称 2. 钢材品种、规格			

注：1. 高层金属构件中的钢支撑、钢桁架，按本表相应项目列项，并在项目特征中予以描述。
　　　高层金属构件的钢桁架类型是指钢桁架、管桁架。

　　2. 大跨度金属构件中的钢支撑、空间钢桁架、钢檩条按本表相应项目列项，并在项目特征中予以描述。

（七）金属制品（编号：010607）

金属制品见表 2.4-37。

金属制品
表 2.4-37

项目编码	项目名称	项目特征	计量单位	工程量计算规则	工作内容
010607001	成品空调金属百叶护栏	1. 材料品种、规格 2. 边框材质	m²	按设计图示尺寸以框外围展开面积计算	1. 安装 2. 校正 3. 预埋铁件及安装螺栓
010607002	成品栅栏	1. 材料品种、规格 2. 边框及立柱型钢品种、规格			1. 安装 2. 校正 3. 预埋铁件 4. 安装螺栓及金属立柱
010607003	成品雨篷	1. 材料品种、规格 2. 雨篷宽度 3. 晾衣杆品种、规格	1. m 2. m²	1. 以米计量，按设计图示接触边以米计算 2. 以平方米计量，按设计图示尺寸以展开面积计算	1. 安装 2. 校正 3. 预埋铁件及安装螺栓
010607004	金属网栏	1. 材料品种、规格 2. 边框及立柱型钢品种、规格	m²	按设计图示尺寸以框外围展开面积计算	1. 安装 2. 校正 3. 安装螺栓及金属立柱
010607005	砌块墙钢网加固	1. 材料品种、规格 2. 加固方式		按设计图示尺寸以面积计算	1. 铺贴 2. 铆固
010607006	后浇带金属网				

注：抹灰钢丝网加固按本表中砌块墙钢丝网加固项目编码列项。

（八）相关问题及说明

1. 金属构件的切边，不规则及多边形钢板发生的损耗在综合单价中考虑。

2. 防火要求指耐火极限。

（九）其他金属结构工程（编号：010609）

其他金属结构工程见表 2.4-38。

其他金属结构工程
表 2.4-38

项目编码	项目名称	项目特征	计量单位	工程量计算规则	工作内容
沪 010609001	轻钢结构	1. 钢材材质 2. 构件名称、用途 3. 跨度、安装高度 4. 探伤要求 5. 防火要求	t	按设计图示尺寸以质量计算。不扣除孔眼的质量，焊条、铆钉、螺栓等不另增加质量	1. 构件卸车 2. 构件场内驳运 3. 拼装、安装 4. 搭设操作脚手架 5. 补刷油漆

七、木结构工程

（一）木屋架（编号：010701）

木屋架见表 2.4-39。

木屋架 表 2.4-39

项目编码	项目名称	项目特征	计量单位	工程量计算规则	工作内容
010701001	木屋架	1. 跨度 2. 材料品种、规格 3. 刨光要求 4. 拉杆及夹板种类 5. 防护材料种类	1. 榀 2. m³	1. 以榀计量，按设计图示数量计算 2. 以立方米计量，按设计图示的规格尺寸以体积计算	1. 构件卸车 2. 运输 3. 安装 4. 刷防护材料
010701002	钢木屋架	1. 跨度 2. 材料品种、规格 3. 刨光要求 4. 钢材品种、规格 5. 防护材料种类	榀	以榀计量，按设计图示数量计算	1. 构件卸车 2. 运输 3. 安装 4. 刷防护材料

（二）木构件（编号：010702）

木构件见表 2.4-40。

木构件 表 2.4-40

项目编码	项目名称	项目特征	计量单位	工程量计算规则	工作内容
010702001	木柱	1. 构件规格尺寸 2. 木材种类 3. 刨光要求 4. 防护材料种类	m³	按设计图示尺寸以体积计算	1. 制作 2. 运输 3. 安装 4. 刷防护材料
010702002	木梁				
010702003	木檩	1. 构件规格尺寸 2. 木材种类 3. 刨光要求 4. 防护材料种类	1. m³ 2. m	1. 以立方米计量，按设计图示尺寸以体积计算 2. 以米计量，按设计图示尺寸以长度计算	1. 运输 2. 安装 3. 刷防护材料
010702004	木楼梯	1. 楼梯形式 2. 木材种类 3. 刨光要求 4. 防护材料种类	m²	按设计图示尺寸以水平投影面积计算。不扣除宽度 ≤ 300mm 的楼梯井，伸入墙内部分不计算	1. 制作 2. 运输 3. 安装 4. 刷防护材料
010702005	其他木构件	1. 构件名称 2. 构件规格尺寸 3. 木材种类 4. 刨光要求 5. 防护材料种类	1. m³ 2. m	1. 以立方米计量，按设计图示尺寸以体积计算 2. 以米计量，按设计图示尺寸以长度计算	1. 运输 2. 安装 3. 刷防护材料

（三）屋面木基层（编号：010703）

屋面木基层见表 2.4-41。

屋面木基层 表 2.4-41

项目编码	项目名称	项目特征	计量单位	工程量计算规则	工作内容
010703001	屋面木基层	1. 椽子断面尺寸及椽距 2. 望板材料种类、厚度 3. 防护材料种类	m²	按设计图示尺寸以斜面积计算不扣除房上烟囱、风帽底座、风道、小气窗、斜沟等所占面积。小气窗的出檐部分不增加面积	1. 椽子制作、安装 2. 望板制作、安装 3. 顺水条和挂瓦条制作、安装 4. 刷防护材料

八、门窗工程

（一）木门（编号：010801）

木门见表2.4-42。

木门　　　　　　　　　　　　　　　　　表 2.4-42

项目编码	项目名称	项目特征	计量单位	工程量计算规则	工作内容
010801001	木质门	1. 门代号及洞口尺寸 2. 镶嵌玻璃品种、厚度	1. 樘 2. m²	1. 以樘计量，按设计图示数量计算 2. 以平方米计量，按设计图示洞口尺寸以面积计算	1. 门安装 2. 玻璃安装 3. 五金安装
010801002	木质门带套				
010801003	木质连窗门				
010801004	木质防火门				
010801005	木门框	1. 门代号及洞口尺寸 2. 框截面尺寸 3. 防护材料种类	1. 樘 2. m	1. 以樘计量，按设计图示数量计算 2. 以米计量，按设计图示框的中心线以延长米计算	1. 木门框制作、安装 2. 运输 3. 刷防护材料
010801006	门锁安装	1. 锁品种 2. 锁规格	个（套）	按设计图示数量计算	安装

注：1. 木质门应区分镶板木门、企口木板门、实木装饰门、胶合板门、夹板装饰门、木纱门、全玻门（带木质扇框），木质半玻门（带木质扇框）等项目，分别编码列项。

2. 木门五金应包括：折页、插销、门碰珠、弓背拉手、搭机、木螺钉、弹簧折页（自动门）、管子拉手（自由门、地弹门）、地弹簧（地弹门）、角铁、门轧头（地弹门、自由门）等。

3. 木质门带套计量按洞口尺寸以面积计算，不包括门套的面积，但门套应计算在综合单价中。

4. 以樘计量，项目特征必须描述洞口尺寸；以平方米计量，项目特征可不描述洞口尺寸。

5. 单独制作安装木门框按木门框项目编码列项。

（二）金属门（编号：010802）

金属门见表2.4-43。

金属门　　　　　　　　　　　　　　　　　表 2.4-43

项目编码	项目名称	项目特征	计量单位	工程量计算规则	工作内容
010802001	金属(塑钢)门	1. 门代号及洞口尺寸 2. 门框或扇外围尺寸 3. 门框、扇材质 4. 玻璃品种、厚度	1. 樘 2. m²	1. 以樘计量，按设计图示数量计算 2. 以平方米计量，按设计图示洞口尺寸以面积计算	1. 门安装 2. 玻璃安装 3. 五金安装
010802002	彩板门	1. 门代号及洞口尺寸 2. 门框或扇外围尺寸			
010802003	钢质防火门	1. 门代号及洞口尺寸 2. 门框或扇外围尺寸 3. 门框、扇材质			1. 门安装 2. 五金安装
010802004	防盗门				

注：1. 金属门应区分金属平开门、金属推拉门、金属地弹门、全门（带金属扇框）金属半玻门（带扇框）等项目，分别编码列项。

2. 铝合金门五金包括：地弹簧、门锁、拉手、门插、门铰、螺丝等。

3. 金属门五金包括 L 形执手插锁（双舌）、执手锁（单舌）、门轧头、地锁、防盗门机、门眼（猫眼）、门碰珠、电子锁（磁卡锁）、闭门器、装饰拉手等。

4. 以樘计量，项目特征必须描述洞口尺寸，没有洞口尺寸必须描述门框或扇外围尺寸，以平方米计量，项目特征可不描述洞口尺寸及框、扇的外围尺寸。

5. 以平方米计量，无设计图示洞口尺寸，按门框、扇外围以面积计算。

（三）金属卷帘（闸）门（编号：010803）

金属卷帘（闸）门见表 2.4-44。

金属卷帘（闸）门   表 2.4-44

项目编码	项目名称	项目特征	计量单位	工程量计算规则	工作内容
010803001	金属卷帘（闸）门	1. 门代号及洞口尺寸 2. 门材质 3. 启动装置品种、规格	1. 樘 2. m²	1. 以樘计量，按设计图示数量计算 2. 以平方米计量，按设计图示洞口尺寸以面积计算	1. 门运输、安装 2. 启动装置、活动小门、五金安装
010803002	防火卷帘（闸）门				

注：以樘计量，项目特征必须描述洞口尺寸；以平方米计量，项目特征可不描述洞口尺寸。

（四）厂库房大门、特种门（编号：010804）

厂库房大门、特种门见表 2.4-45。

厂库房大门、特种门   表 2.4-45

项目编码	项目名称	项目特征	计量单位	工程量计算规则	工作内容
010804001	木板大门	1. 门代号及洞口尺寸 2. 门框或扇外围尺寸 3. 门框、扇材质 4. 五金种类、规格 5. 防护材料种类	1. 樘 2. m²	1. 以樘计量，按设计图示数量计算 2. 以平方米计量，按设计图示洞口尺寸以面积计算	1. 门（骨架）制作、运输 2. 门、五金配件安装 3. 刷防护材料
010804002	钢木大门				
010804003	全钢板大门				
010804004	防护铁丝门			1. 以樘计量，按设计图示数量计算 2. 以平方米计量，按设计图示门框或扇以面积计算	
010804005	金属格栅门	1. 门代号及洞口尺寸 2. 门框或扇外围尺寸 3. 门框、扇材质 4. 启动装置的品种、规格	1. 樘 2. m²	1. 以樘计量，按设计图示数量计算 2. 以平方米计量，按设计图示洞口尺寸以面积计算	1. 门安装 2. 启动装置、五金配件安装
010804006	钢质花饰大门	1. 门代号及洞口尺寸 2. 门框或扇外围尺寸 3. 门框、扇材质		1. 以樘计量，按设计图示数量计算 2. 以平方米计量，按设计图示门框或扇以面积计算	1. 门安装 2. 五金配件安装
010804007	特种门			1. 以樘计量，按设计图示数量计算 2. 以平方米计量，按设计图示洞口尺寸以面积计算	

注：1. 特种门应区分冷藏门、冷冻间门、保温门、变电室门、隔声门、防射线门、人防门、金库门等项目，分别编码列项。

    2. 以樘计量，项目特征必须描述洞口尺寸，没有洞口尺寸必须描述门框或扇外围尺寸；以平方米计量，项目特征可不描述洞口尺寸及框、扇的外围尺寸。

    3. 以平方米计量，无设计图示洞口尺寸，按门框、扇外围以面积计算。

（五）其他门（编号：010805）

其他门见表 2.4-46。

其他门 表 2.4-46

项目编码	项目名称	项目特征	计量单位	工程量计算规则	工作内容
010805001	电子感应门	1. 门代号及洞口尺寸 2. 门框或扇外围尺寸 3. 门框、扇材质 4. 玻璃品种、厚度 5. 启动装置的品种、规格 6. 电子配件品种、规格	1. 樘 2. m²	1. 以樘计量,按设计图示数量计算 2. 以平方米计量,按设计图示洞口尺寸以面积计算	1. 门安装 2. 启动装置、五金、电子配件安装
010805002	旋转门				
010805003	电子对讲门	1. 门代号及洞口尺寸 2. 门框或扇外围尺寸 3. 门材质 4. 玻璃品种、厚度 5. 启动装置的品种、规格 6. 电子配件品种、规格			
010805004	电动伸缩门				
010805005	全玻自由门	1. 门代号及洞口尺寸 2. 门框或扇外围尺寸 3. 框材质 4. 玻璃品种、厚度	1. 樘 2. m²	1. 以樘计量,按设计图示数量计算 2. 以平方米计量,按设计图示洞口尺寸以面积计算	1. 门安装 2. 五金安装
010805006	镜面不锈钢饰面门	1. 门代号及洞口尺寸 2. 门框或扇外围尺寸 3. 框、扇材质 4. 玻璃品种、厚度			
010805007	复合材料门				

注:1. 以樘计量,项目特征必须描述洞口尺寸,没有洞口尺寸必须描述门框或扇外围尺寸;以平方米计量,项目特征可不描述洞口尺寸及框、扇的外围尺寸。

2. 以平方米计量,无设计图示洞口尺寸,按门框、扇外围以面积计算。

(六)木窗(编号:010806)

木窗见表 2.4-47。

木窗 表 2.4-47

项目编码	项目名称	项目特征	计量单位	工程量计算规则	工作内容
010806001	木质窗	1. 窗代号及洞口尺寸 2. 玻璃品种、厚度	1. 樘 2. m²	1. 以樘计量,按设计图示数量计算 2. 以平方米计量,按设计图示洞口尺寸以面积计算	1. 窗安装 2. 五金、玻璃安装
010806002	木飘(凸)窗			1. 以樘计量,按设计图示数量计算 2. 以平方米计量,按设计图示尺寸以框外围展开面积计算	
010806003	木橱窗	1. 窗代号 2. 框截面及外围展开面积 3. 玻璃品种、厚度 4. 防护材料种类			1. 窗制作、运输、安装 2. 五金、玻璃安装 3. 刷防护材料
010806004	木纱窗	1. 窗代号及框的外围尺寸 2. 窗纱材料品种、规格		1. 以樘计量,按设计图示数量计算 2. 以平方米计量,按框的外围尺寸以面积计算	1. 窗安装 2. 五金安装

注:1. 木质窗应区分木百叶窗、木组合窗、木天窗、木固定窗、木装饰空花窗等项目,分别编码列项。

2. 以樘计量,项目特征必须描述洞口尺寸,没有洞口尺寸必须描述窗框外围尺寸;以平方米计量,项目特征可不描述洞口尺寸及框的外围尺寸。

3. 以平方米计量,无设计图示洞口尺寸,按窗框外围以面积计算。

4. 木橱窗、木飘(凸)窗以樘计量,项目特征必须描述框截面及外围展开面积。

5. 木窗五金包括:折页、插销、风钩、木螺钉、滑轮滑轨(推拉窗)等。

（七）金属窗（编号：010807）

金属窗见表2.4-48。

金属窗 表2.4-48

项目编码	项目名称	项目特征	计量单位	工程量计算规则	工作内容
010807001	金属（塑钢、断桥）窗	1. 窗代号及洞口尺寸 2. 框、扇材质 3. 玻璃品种、厚度	1. 樘 2. m²	1. 以樘计量，按设计图示数量计算 2. 以平方米计量，按设计图示洞口尺寸以面积计算	1. 窗安装 2. 五金、玻璃安装
010807002	金属防火窗				
010807003	金属百叶窗	1. 窗代号及洞口尺寸 2. 框、扇材质 3. 玻璃品种、厚度			
010807004	金属纱窗	1. 窗代号及框的外围尺寸 2. 框材质 3. 窗纱材料品种、规格		1. 以樘计量，按设计图示数量计算 2. 以平方米计量，按框的外围尺寸以面积计算	1. 窗安装 2. 五金安装
010807005	金属格栅窗	1. 窗代号及洞口尺寸 2. 框外围尺寸 3. 框、扇材质		1. 以樘计量，按设计图示数量计算 2. 以平方米计量，按设计图示洞口尺寸以面积计算	
010807006	金属（塑钢、断桥）橱窗	1. 窗代号 2. 框外围展开面积 3. 框、扇材质 4. 玻璃品种、厚度 5. 防护材料种类		1. 以樘计量，按设计图示数量计算 2. 以平方米计量，按设计图示尺寸以框外围展开面积计算	1. 窗制作、运输、安装 2. 五金、玻璃安装 3. 刷防护材料
010807007	金属（塑钢、断桥）飘（凸）窗	1. 窗代号 2. 框外围展开面积 3. 框、扇材质 4. 玻璃品种、厚度	1. 樘 2. m²	1. 以樘计量，按设计图示数量计算 2. 以平方米计量，按设计图示尺寸以框外围展开面积计算	1. 窗安装 2. 五金、玻璃安装 3. 刷防护材料
010807008	彩板窗	1. 窗代号及洞口尺寸 2. 框外围尺寸 3. 框、扇材质 4. 玻璃品种、厚度		1. 以樘计量，按设计图示数量计算 2. 以平方米计量，按设计图示洞口尺寸或外围以面积计算	1. 窗安装 2. 五金、玻璃安装
010807009	复合材料窗				

注：1. 金属窗应区分金属组合窗、防盗窗等项目分别编码列项。

2. 以樘计量，项目特征必须描述洞口尺寸，没有洞口尺寸必须描述窗框外围尺寸；以平方米计量，项目特征可不描述洞口尺寸及框的外围尺寸。

3. 以平方米计量，无设计图示洞口尺寸，按窗框外围以面积计算。

4. 金属橱窗、飘（凸）窗以樘计量，项目特征必须描述框外围展开面积。

5. 金属窗五金包括：折页、螺丝、执手、卡锁、铰拉、风撑、滑轮、滑轨、拉把、拉手、角码、牛角制等。

（八）门窗套（编号：010808）

门窗套见表2.4-49。

门窗套 表2.4-49

项目编码	项目名称	项目特征	计量单位	工程量计算规则	工作内容
010808001	木门窗套	1. 窗代号及洞口尺寸 2. 门窗套展开宽度 3. 基层材料种类 4. 面层材料品种、规格 5. 线条品种、规格 6. 防护材料种类	1. 樘 2. m² 3. m	1. 以樘计量，按设计图示数量计算 2. 以平方米计量，按设计图示尺寸以展开面积计算 3. 以米计量，按设计图示中心以延长米计算	1. 清理基层 2. 立筋制作、安装 3. 基层板安装 4. 面层铺贴 5. 线条安装 6. 刷防护材料
010808002	木筒子板	1. 筒子板宽度 2. 基层材料种类 3. 面层材料品种、规格 4. 线条品种、规格 5. 防护材料种类			
010808003	饰面夹板筒子板				
010808004	金属门窗套	1. 窗代号及洞口尺寸 2. 门窗套展开宽度 3. 基层材料种类 4. 面层材料品种、规格 5. 防护材料种类			1. 清理基层 2. 立筋制作、安装 3. 基层板安装 4. 面层铺贴 5. 刷防护材料
010808005	石材门窗套	1. 窗代号及洞口尺寸 2. 门窗套展开宽度 3. 粘结层厚度、砂浆配合比 4. 面层材料品种、规格 5. 线条品种、规格	1. 樘 2. m² 3. m	1. 以樘计量，按设计图示数量计算 2. 以平方米计量，按设计图示尺寸以展开面积计算 3. 以米计量，按设计图示中心以延长米计算	1. 清理基层 2. 立筋制作、安装 3. 基层抹灰 4. 面层铺贴 5. 线条安装
010808006	门窗木贴脸	1. 窗代号及洞口尺寸 2. 贴脸板宽度 3. 防护材料种类	1. 樘 2. m	1. 以樘计量，按设计图示数量计算 2. 以米计量，按设计图示尺寸以延长米计算	安装
010808007	成品木门窗套	1. 门窗代号及洞口尺寸 2. 门窗套展开宽度 3. 门窗套材料品种、规格	1. 樘 2. m² 3. m	1. 以樘计量，按设计图示数量计算 2. 以平方米计量，按设计图示尺寸以展开面积计算 3. 以米计量，按设计图示中心以延长米计算	1. 清理基层 2. 立筋制作、安装 3. 板安装

注：1. 以樘计量，项目特征必须描述洞口尺寸、门窗套展开宽度。

2. 以平方米计量，项目特征可不描述洞口尺寸、门窗套展开宽度。

3. 以米计量，项目特征必须描述门窗套展开宽度、筒子板及贴脸宽度。

4. 木门窗套适用于单独门窗套的制作、安装。

（九）窗台板（编号：010809）

窗台板见表2.4-50。

窗台板

表 2.4-50

项目编码	项目名称	项目特征	计量单位	工程量计算规则	工作内容
010809001	木窗台板	1. 基层材料种类 2. 窗台面板材质、规格、颜色 3. 防护材料种类	m²	按设计图示尺寸以展开面积计算	1. 基层清理 2. 基层制作、安装 3. 窗台板制作、安装 4. 刷防护材料
010809002	铝塑窗台板				
010809003	金属窗台板	1. 基层材料种类 2. 窗台面板材质、规格、颜色 3. 防护材料种类	m²	按设计图示尺寸以展开面积计算	1. 基层清理 2. 基层制作、安装 3. 窗台板制作、安装 4. 刷防护材料
010809004	石材窗台板	1. 粘结层厚度、砂浆配合比 2. 窗台板材质、规格、颜色			1. 基层清理 2. 抹找平层 3. 窗台板制作、安装

（十）窗帘（编号：010810）

窗帘见表 2.4-51。

窗帘

表 2.4-51

项目编码	项目名称	项目特征	计量单位	工程量计算规则	工作内容
010810001	窗帘	1. 窗帘材质 2. 窗帘高度、宽度 3. 窗帘层数 4. 带幔要求	1. m 2. m²	1. 以米计量，按设计图示尺寸以成活后长度计算 2. 以平方米计量，按图示尺寸以成活后展开面积计算	1. 制作、运输 2. 安装
010810002	木窗帘盒	1. 窗帘盒材质、规格 2. 防护材料种类	m	按设计图示尺寸以长度计算	1. 制作、运输、安装 2. 刷防护材料
010810003	饰面夹板、塑料窗帘盒				
010810004	铝合金窗帘盒				
010810005	窗帘轨	1. 窗帘轨材质、规格 2. 轨的数量 3. 防护材料种类			

注：1. 窗帘若是双层，项目特征必须描述每层材质。

　　2. 窗帘以米计量，项目特征必须描述窗帘高度和宽度。

九、屋面及防水工程

屋面及防水工程包括瓦、型材及其他屋面（编码：010901），屋面防水及其他（编码：010902），墙面防水、防潮（编码：010903），楼（地）面防水、防潮（编码：010904），见表 2.4-52。

（一）瓦屋面（010901）

瓦屋面 　　　　　　　表 2.4-52

项目编码	项目名称	项目特征	计量单位	工程量计算规则	工作内容
010901001	瓦屋面	1. 瓦品种、规格 2. 粘结层砂浆的配合比	m²	按设计图示尺寸以斜面积计算。不扣除房上烟囱、风帽底座、风道、小气窗、斜沟等所占面积。小气窗的出檐部分不增加面积	1. 砂浆制作、运输、摊铺、养护 2. 安瓦、作瓦脊
010901002	型材屋面	1. 型材品种、规格 2. 金属檩条材料品种、规格 3. 接缝、嵌缝材料种类	m²		1. 檩条制作、运输、安装 2. 屋面型材安装 3. 接缝、嵌缝
010901003	阳光板屋面	1. 阳光板品种、规格 2. 骨架材料品种、规格 3. 接缝、嵌缝材料种类 4. 油漆品种、刷漆遍数	m²	按设计图示尺寸以斜面积计算。不扣除屋面面积≤0.3m² 孔洞所占面积	1. 骨架制作、运输、安装、刷防护材料、油漆 2. 阳光板安装 3. 接缝、嵌缝
010901004	玻璃钢屋面	1. 玻璃钢品种、规格 2. 骨架材料品种、规格 3. 玻璃钢固定方式 4. 接缝、嵌缝材料种类 5. 油漆品种、刷漆遍数	m²		1. 骨架制作、运输、安装、刷防护材料、油漆 2. 玻璃钢制作、安装 3. 接缝、嵌缝
010901005	膜结构屋面	1. 膜布品种、规格 2. 支柱（网架）钢材品种、规格 3. 钢丝绳品种、规格 4. 锚固基座做法 5. 油漆品种、刷漆遍数	m²	按设计图示尺寸以需要覆盖的水平投影面积计算	1. 膜布热压胶接 2. 支柱（网架）制作、安装 3. 膜布安装 4. 穿钢丝绳、锚头锚固 5. 锚固基座挖土、回填 6. 刷防护材料，油漆
沪 010901006	型材构件	1. 工程部位 2. 材料规格、品种、类型 3. 接缝、嵌缝材料种类 4. 防火要求	m²	按设计图示尺寸以水平投影面积计算	1. 制作 2. 运输 3. 安装 4. 搭拆简易脚手架

（二）屋面防水（010902）

屋面防水包括屋面卷材防水、屋面涂膜防水、屋面刚性层、屋面排水管、屋面排（透）气管、屋面（廊、阳台）泄（吐）水管、屋面天沟及檐沟、屋面变形缝，屋面找平层按楼地面装饰工程"平面砂浆找平层"项目编码列项，见表 2.4-53。具体的工程量计算规则如下。

屋面防水及其他 　　　　　　　表 2.4-53

项目编码	项目名称	项目特征	计量单位	工程量计算规则	工作内容
010902001	屋面卷材防水	1. 卷材品种、规格、厚度 2. 防水层数 3. 防水层做法	m²	按设计图示尺寸以面积计算。 1. 斜屋顶（不包括平屋顶找坡）按斜面积计算，平屋顶按水平投影面积计算 2. 不扣除房上烟囱、风帽底座、风道、屋面小气窗和斜沟所占面积	1. 基层处理 2. 刷底油 3. 铺油毡卷材、接缝
010902002	屋面涂膜防水	1. 防水膜品种 2. 涂膜厚度、遍数			1. 基层处理 2. 刷基层处理剂

续表

项目编码	项目名称	项目特征	计量单位	工程量计算规则	工作内容
010902002	屋面涂膜防水	3. 增强材料种类	m²	3. 屋面的女儿墙、伸缩缝和天窗等处的弯起部分,并入屋面工程量内	3. 铺布、喷涂防水层
010902003	屋面刚性层	1. 刚性层厚度 2. 混凝土种类 3. 混凝土强度等级 4. 嵌缝材料种类 5. 钢筋规格、型号	m²	按设计图示尺寸以面积计算。不扣除房上烟囱、风帽底座、风道、屋面小气窗和斜沟所占面积	1. 基层处理 2. 混凝土制作、运输、铺筑、养护 3. 钢筋制作安装
010902004	屋面排水管	1. 排水管品种、规格 2. 雨水斗、山墙出水口品种、规格 3. 接缝、嵌缝材料种类 4. 油漆品种、刷漆遍数	m	按设计图示尺寸以长度计算。如设计未标注尺寸,以檐口至设计室外散水上表面垂直距离计算	1. 排水管及配件安装、固定 2. 雨水斗、山墙出水口、雨水箅子安装 3. 接缝、嵌缝 4. 刷漆
010902005	屋面排(透)气管	1. 排(透)气管品种、规格 2. 接缝、嵌缝材料种类 3. 油漆品种、刷漆遍数		按设计图示尺寸以长度计算	1. 排(透)气管及配件安装、固定 2. 铁件制作、安装 3. 接缝、嵌缝 4. 刷漆
010902006	屋面(廊、阳台)泄(吐)水管	1. 吐水管品种、规格 2. 接缝、嵌缝材料种类 3. 吐水管长度 4. 油漆品种、刷漆遍数	根(个)	按设计图示数量计算	1. 吐水管及配件安装、固定 2. 接缝、嵌缝 3. 刷漆
010902007	屋面天沟、檐沟	1. 材料品种、规格 2. 接缝、嵌缝材料种类	m²	按设计图示尺寸以展开面积计算	1. 天沟材料铺设 2. 天沟配件安装 3. 接缝、嵌缝 4. 刷防护材料
010902008	屋面变形缝	1. 嵌缝材料种类 2. 止水带材料种类 3. 盖缝材料 4. 防护材料种类	m	按设计图示以长度计算	1. 清缝 2. 填塞防水材料 3. 止水带安装 4. 盖缝制作、安装 5. 刷防护材料

注：屋面防水搭接及附加层用量不另行计算,在综合单价中考虑。

(三)墙面防水防潮(编码:010903)

墙面防水防潮见表 2.4-54。

墙面防水防潮　　　　　　　　　　　　　　　　　　表 2.4-54

项目编码	项目名称	项目特征	计量单位	工程量计算规则	工作内容
010903001	墙面卷材防水	1. 卷材品种、规格、厚度 2. 防水层数 3. 防水层做法	m²	按设计图示尺寸以面积计算	1. 基层处理 2. 刷胶粘剂 3. 铺防水卷材 4. 接缝、嵌缝

续表

项目编码	项目名称	项目特征	计量单位	工程量计算规则	工作内容
010903002	墙面涂膜防水	1. 防水膜品种 2. 涂膜厚度、遍数 3. 增强材料种类	m²	按设计图示尺寸以面积计算	1. 基层处理 2. 刷基层处理剂 3. 铺布、喷涂防水层
010903003	墙面砂浆防水（潮）	1. 防水层做法 2. 砂浆厚度、配合比 3. 钢丝网规格			1. 基层处理 2. 挂钢丝网片 3. 设置分格缝 4. 砂浆制作、运输、摊铺、养护
010903004	墙面变形缝	1. 嵌缝材料种类 2. 止水带材料种类 3. 盖缝材料 4. 防护材料种类	m	按设计图示以长度计算	1. 清缝 2. 填塞防水材料 3. 止水带安装 4. 盖缝制作、安装 5. 刷防护材料

注：墙面防水搭接及附加层用量不另行计算，在综合单价中考虑；

墙面变形缝若做双面，工程量乘系数 2。

（四）楼（地）面防水、防潮（编码：010904）

楼地面防水防潮包括楼（地）面卷材防水、楼（地）面涂膜防水、楼（地）面砂浆防水（防潮）、楼（地）面变形缝，见表 2.4-55。

楼（地）面防水、防潮　　　　　　　　　　　　　　　　表 2.4-55

项目编码	项目名称	项目特征	计量单位	工程量计算规则	工作内容
010904001	楼（地）面卷材防水	1. 卷材品种、规格、厚度 2. 防水层数 3. 防水层做法 4. 反边高度	m²	按设计图示尺寸以面积计算 楼（地）面防水：按主墙间净空面积计算，扣除凸出地面的构筑物、设备基础等所占面积，不扣除间壁墙及单个面积≤ 0.3m² 柱、垛、烟囱和孔洞所占面积 楼（地）面防水反边高度≤ 300mm 算作地面防水，反边高度＞ 300mm 按墙面防水计算	1. 基层处理 2. 刷粘结剂 3. 铺防水卷材 4. 接缝、嵌缝
010904002	楼（地）面涂膜防水	1. 防水膜品种 2. 涂膜厚度、遍数 3. 增强材料种类 4. 反边高度			1. 基层处理 2. 刷基层处理剂 3. 铺布、喷涂防水层
010904003	楼（地）面砂浆防水（潮）	1. 防水层做法 2. 砂浆厚度、配合比 3. 反边高度			1. 基层处理 2. 砂浆制作、运输、摊铺、养护
010904004	楼（地）面变形缝	1. 嵌缝材料种类 2. 止水带材料种类 3. 盖缝材料 4. 防护材料种类	m	按设计图示以长度计算	1. 清缝 2. 填塞防水材料 3. 止水带安装 4. 盖缝制作、安装 5. 刷防护材料

注：楼（地）面防水搭接及附加层用量不另行计算，在综合单价中考虑。

十、保温、隔热、防腐工程

清单中保温、隔热、防腐工程包括保温及隔热工程、防腐面层工程及其他防腐工程三类，并划分为 16 个清单项目。

（一）保温、隔热（编码：011001）

保温、隔热见表 2.4-56。

保温、隔热　　　　　　　　　　　　　　　　　　　　　　表 2.4-56

项目编码	项目名称	项目特征	计量单位	工程量计算规则	工作内容
011001001	保温隔热屋面	1. 保温隔热材料品种、规格、厚度 2. 隔汽层材料品种、厚度 3. 粘结材料种类、做法 4. 防护材料种类、做法	m²	按设计图示尺寸以面积计算 扣除面积＞0.3m²孔洞及占位面积	1. 基层清理 2. 刷粘结材料 3. 铺粘保温层 4. 铺、刷（喷）防护材料
011001002	保温隔热天棚	1. 保温隔热面层材料品种、规格、性能 2. 保温隔热材料品种、规格及厚度 3. 粘结材料种类及做法 4. 防护材料种类及做法	m²	按设计图示尺寸以面积计算 扣除面积＞0.3 m²上柱、垛、孔洞所占面积。与天棚相连的梁按展开面积，计算并入天棚工程量内；柱帽保温隔热应并入天棚保温隔热工程量内	
011001003	保温隔热墙面	1. 保温隔热部位 2. 保温隔热方式 3. 踢脚线、勒脚线保温做法	m²	按设计图示尺寸以面积计算。扣除门窗洞口以及面积＞0.3m²梁、孔洞所占面积；门窗洞口侧壁需作保温时，并入保温墙体工程量内	1. 基层清理 2. 刷界面剂 3. 安装龙骨 4. 填贴保温材料 5. 保温板安装 6. 粘贴面层 7. 铺设增强格网、抹抗裂、防水砂浆面层 8. 嵌缝 9. 铺、刷（喷）防护材料
011001004	保温柱、梁	4. 龙骨材料品种、规格 5. 保温隔热面层材料品种、规格、性能 6. 保温隔热材料品种、规格及厚度 7. 增强网及抗裂防水砂浆种类 8. 粘结材料种类及做法 9. 防护材料种类及做法	m²	按设计图示尺寸以面积计算，适用于不与墙、天棚相连的独立柱、梁 1. 柱按设计图示柱断面保温层中心线展开长度乘保温层高度以面积计算，扣除面积＞0.3 m²梁所占面积 2. 梁按设计图示梁断面保温层中心线展开长度乘保温层长度以面积计算	
011001005	保温隔热楼地面	1. 保温隔热部位 2. 保温隔热材料品种、规格、厚度 3. 隔汽层材料品种、厚度 4. 粘结材料种类、做法 5. 防护材料种类、做法	m²	按设计图示尺寸以面积计算。扣除面积＞0.3m²柱、垛、孔洞所占面积。门洞、空圈、暖气包槽、壁龛的开口部分不增加面积	1. 基层清理 2. 刷粘结材料 3. 铺粘保温层 4. 铺、刷（喷）防护材料
011001006	其他保温隔热	1. 保温隔热部位 2. 保温隔热方式 3. 隔汽层材料品种、厚度 4. 保温隔热面层材料品种、规格、性能 5. 保温隔热材料品种、规格及厚度 6. 粘结材料种类及做法	m²	按设计图示尺寸以展开面积计算。扣除面积＞0.3m²孔洞及占位面积	1. 基层清理 2. 刷界面剂 3. 安装龙骨 4. 填贴保温材料 5. 保温板安装 6. 粘贴面层 7. 铺设增强格网、抹抗裂防水砂浆面层

续表

项目编码	项目名称	项目特征	计量单位	工程量计算规则	工作内容
011001006	其他保温隔热	7. 增强网及抗裂防水砂浆种类 8. 防护材料种类及做法	m²	按设计图示尺寸以展开面积计算。扣除面积＞0.3m²孔洞及占位面积	8. 嵌缝 9. 铺、刷（喷）防护材料

注：1. 保温隔热装饰面层，按本章十、十一、十二、十三、十四中相关项目编码列项；仅做找平层按本章十中"平面砂浆找平层"或十一"立面砂浆找平层"项目编码列项。

　　2. 柱帽保温隔热应并入天棚保温隔热工程量内。

　　3. 池槽保温隔热应按其他保温隔热项目编码列项。

　　4. 保温隔热方式：指内保温、外保温、夹心保温。

（二）防腐面层（编码：011002）

防腐混凝土面层（011002001）、防腐砂浆面层（011002002）、防腐胶泥面层（011002003）、玻璃钢防腐面层（011002004）、聚氯乙烯板面层（011002005）、块料防腐面层（011002006）、池、槽块料防腐面层（011002007），见表2.4-57。

防腐面层　　　　　　　　　　表2.4-57

项目编码	项目名称	项目特征	计量单位	工程量计算规则	工作内容
011002001	防腐混凝土面层	1. 防腐部位 2. 面层厚度 3. 混凝土种类 4. 胶泥种类、配合比	m²	按设计图示尺寸以面积计算 （1）平面防腐：扣除凸出地的构筑物、设备基础等以及面积＞0.3m²孔洞、柱、垛所占面积；门洞、空圈、暖气包槽、壁龛的开口部分不增加面积 （2）立面防腐：扣除门、窗洞口以及面积＞0.3m²孔洞、梁所占面积。门、窗、洞口侧壁、垛凸出部分按展开面积并入墙面面积内	1. 基层清理 2. 基层刷稀胶泥 3. 混凝土制作、运输、摊铺、养护
011002002	防腐砂浆面层	1. 防腐部位 2. 面层厚度 3. 砂浆、胶泥种类、配合比			1. 基层清理 2. 基层刷稀胶泥 3. 砂浆制作、运输、摊铺、养护
011002003	防腐胶泥面层	1. 防腐部位 2. 面层厚度 3. 胶泥种类、配合比			1. 基层清理 2 胶泥调制、摊铺
011002004	玻璃钢防腐面层	1. 防腐部位 2. 玻璃钢种类 3. 贴布材料的种类、层数 4. 面层材料品种			1. 基层清理 2. 刷底漆、刮腻子 3. 胶浆配制、涂刷 4. 粘布、涂刷面层
011002005	聚氯乙烯板面层	1. 防腐部位 2. 面层材料品种、厚度 3. 粘结材料种类			1. 基层清理 2. 配料、涂胶 3. 聚氯乙烯板铺设
011002006	块料防腐面层	1. 防腐部位 2. 块料品种、规格 3. 粘结材料种类 4. 勾缝材料种类			1. 基层清理 2. 铺贴块料 3. 胶泥调制、勾缝
011002007	池、槽块料防腐面层	1. 防腐池、槽名称、代号 2. 块料品种、规格 3. 粘结材料种类 4. 勾缝材料种类		按设计图示尺寸以展开面积计算	1. 基层清理 2. 铺贴块料 3. 胶泥调制、勾缝

注：防腐踢脚线，应按本章十中"踢脚线"项目编码列项。

（三）其他防腐（编码：011003）

其他防腐见表 2.4-58。

其他防腐

表 2.4-58

项目编码	项目名称	项目特征	计量单位	工程量计算规则	工作内容
011003001	隔离层	1. 隔离层部位 2. 隔离层材料品种 3. 隔离层做法 4. 粘贴材料种类	m²	按设计图示尺寸以面积计算 1. 平面防腐：扣除凸出地面的构筑物、设备基础等以及面积 >0.3m² 孔洞、柱、垛所占面积 2. 立面防腐：扣除门、窗、洞口以及面积 >0.3m² 孔洞、梁所占面积，门、窗、洞口侧壁、垛凸出部分按展开面积并入墙面积内；门洞、空圈、暖气包槽、壁龛的开口部分不增加面积	1. 基层清理、刷油 2. 煮沥青 3. 胶泥调制 4. 隔离层铺设
011003002	砌筑沥青浸渍砖	1. 砌筑部位 2. 浸渍砖规格 3. 胶泥种类 4. 浸渍砖砌法	m³	按设计图示尺寸以体积计算	1. 基层清理 2. 胶泥调制 3. 浸渍砖铺砌
011003003	防腐涂料	1. 涂刷部位 2. 基层材料类型 3. 刮腻子的种类、遍数 4. 涂料品种、刷涂遍数	m²	按设计图示尺寸以面积计算 1. 平面防腐：扣除凸出地面的构筑物、设备基础等以及面积 >0.3m² 孔洞、柱、垛所占面积 2. 立面防腐：扣除门、窗、洞口以及面积 >0.3m² 孔洞、梁所占面积，门、窗、洞口侧壁、垛凸出部分按展开面积并入墙面积内；门洞、空圈、暖气包槽、壁龛的开口部分不增加面积	1. 基层清理 2. 刮腻子 3. 刷涂料

注：浸渍砖砌法指平砌、立砌。

十一、楼地面装饰工程

清单将楼地面装饰工程共划分为整体面层及找平层工程、块料面层工程、橡胶面层工程、其他材料面层工程、踢脚线工程、楼梯面层工程、台阶装饰工程、零星装饰项目工程八类，并划分为 43 个清单项目。

（一）整体面层及找平层（编码：011101）

整体面层及找平层包括水泥砂浆楼地面、现浇水磨石楼地面、细石混凝土楼地面、菱苦土楼地面、自流坪楼地面、平面砂浆找平层。

水泥砂浆楼地面（011101001）、现浇水磨石楼地面（011101002）、细石混凝土楼地面（011101003）、菱苦土楼地面（011101004）、自流坪楼地面（011101005），见表 2.4-59。

整体面层及找平层

表 2.4-59

项目编码	项目名称	项目特征	计量单位	工程量计算规则	工作内容
011101001	水泥砂浆楼地面	1. 垫层材料种类、厚度 2. 找平层厚度、砂浆配合比 3. 素水泥浆遍数 4. 面层厚度、砂浆配合比 5. 面层做法要求	m²		1. 基层清理 2. 抹找平层 3. 抹面层 4. 材料运输

续表

项目编码	项目名称	项目特征	计量单位	工程量计算规则	工作内容
011101002	现浇水磨石楼地面	1. 找平层厚度、砂浆配合比 2. 面层厚度、水泥石子浆配合比 3. 嵌条材料种类、规格 4. 石子种类、规格、颜色 5. 颜料种类、颜色 6. 图案要求 7. 磨光、酸洗、打蜡要求		按设计图示尺寸以面积计算 扣除凸出地面构筑物、设备基础、室内管道、地沟等所占面积，不扣除间壁墙及≤0.3 m² 柱、垛、附墙烟囱及孔洞所占面积。门洞、空圈、暖气包槽、壁龛的开口部分不增加面积	1. 基层清理 2. 抹找平层 3. 面层铺设 4. 嵌缝条安装 5. 磨光、酸洗打蜡 6. 材料运输
011101003	细石混凝土楼地面	1. 找平层厚度、砂浆配合比 2. 面层厚度、混凝土强度等级			1. 基层清理 2. 抹找平层 3. 面层铺设 4. 材料运输
011101004	菱苦土楼地面	1. 找平层厚度、砂浆配合比 2. 面层厚度 3. 打蜡要求	m²		1. 基层清理 2. 抹找平层 3. 面层铺设 4. 打蜡 5. 材料运输
011101005	自流坪楼地面	1. 找平层厚度、砂浆配合比 2. 界面剂材料种类 3. 中层漆材料种类、厚度 4. 面漆材料种类、厚度 5. 面层材料种类			1. 基层处理 2. 抹找平层 3. 涂界面剂 4. 涂刷中层漆 5. 打磨、吸尘 6. 镘自流平面漆（浆） 7. 拌合自流平浆料 8. 铺面层
011101006	平面砂浆找平层	找平层厚度、砂浆配合比		按设计图示尺寸以面积计算。只适用于仅做找平层的平面抹灰	1. 基层处理 2. 抹找平层 3. 材料运输
沪 011101007	涂料楼地面	1. 找平层厚度、砂浆配合比 2. 面层材料品种 3. 颜色、图案要求 4. 打蜡要求	m²	按设计图示尺寸以面积计算 扣除凸出地面构筑物、设备基础、室内管道、地沟等所占面积，不扣除间壁墙及≤0.3 m² 柱、垛、附墙烟囱及孔洞所占面积。门洞、空圈、暖气包槽、壁龛的开口部分不增加面积	1. 基层清理 2. 抹找平层 3. 刷涂料 4. 打蜡、上光

注：1. 水泥砂浆面层处理是拉毛还是提浆压光应在面层做法要求中描述。

　　2. 平面砂浆找平层只适用于仅做找平层的平面抹灰。

　　3. 间壁墙指墙厚≤120mm 的墙。

（二）块料面层（编码：011102）

块料面层包括：石材楼地面（011102001）、碎石材楼地面（011102002）、块料楼地面（011102003），见表2.4-60。

块料面层　　　　　　　　　　　　　　　　　　　　　表2.4-60

项目编码	项目名称	项目特征	计量单位	工程量计算规则	工作内容
011102001	石材楼地面	1. 找平层厚度、砂浆配合比 2. 结合层厚度、砂浆配合比 3. 面层材料品种、规格、颜色 4. 嵌缝材料种类 5. 防护层材料种类 6. 酸洗、打蜡要求	m²	按设计图示尺寸以面积计算。门洞、空圈、暖气包槽、壁龛的开口部分并入相应的工程量内	1. 基层清理 2. 抹找平层 3. 面层铺设、磨边 4. 嵌缝 5. 刷防护材料 6. 酸洗、打蜡 7. 材料运输
011102002	碎石材楼地面				
011102003	块料楼地面	1. 找平层厚度、砂浆配合比 2. 结合层厚度、砂浆配合比 3. 面层材料品种、规格、颜色 4. 嵌缝材料种类 5. 防护层材料种类 6. 酸洗、打蜡要求			

注：1. 在描述碎石材项目的面层材料特征时可不用描述规格、品牌、颜色。
　　2. 石材、块料与粘接材料的结合面刷防渗材料的种类在防护层材料种类中描述。
　　3. 本表工作内容中的磨边指施工现场磨边，后面章节工作内容中涉及的磨边含义同此条。

（三）橡胶面层（编码：011103）

橡胶面层见表2.4-61。

橡胶面层　　　　　　　　　　　　　　　　　　　　　表2.4-61

项目编码	项目名称	项目特征	计量单位	工程量计算规则	工作内容
011103001	橡胶板楼地面	1. 粘结层厚度、材料种 2. 面层材料品种、规格、颜色 3. 压线条种类	m²	按设计图示尺寸以面积计算。门洞、空圈、暖气包槽、壁龛的开口部分并入相应的工程量内	1. 基层清理 2. 面层铺贴 3. 压缝条装钉 4. 材料运输
011103002	橡胶板卷材楼地面				
011103003	塑料板楼地面				
011103004	塑料卷材楼地面				

（四）其他材料面层（编码：011104）

其他材料面层见表2.4-62。

其他材料面层　　　　　　　　　　　　　　　　　　　　表2.4-62

项目编码	项目名称	项目特征	计量单位	工程量计算规则	工作内容
011104001	地毯楼地面	1. 面层材料品种、规格、颜色 2. 防护材料种类 3. 粘结材料种类 4. 压线条种类	m²		1. 基层清理 2. 铺贴面层 3. 刷防护材料 4. 装钉压条 5. 材料运输

项目编码	项目名称	项目特征	计量单位	工程量计算规则	工作内容
011104002	竹、木（复合）地板	1. 龙骨材料种类、规格、铺设间距 2. 基层材料种类、规格 3. 面层材料品种、规格、颜色 4. 防护材料种类	m²	按设计图示尺寸以面积计算 门洞、空圈、暖气包槽、壁龛的开口部分并入相应的工程量内	1. 基层清理 2. 龙骨铺设 3. 基层铺设 4. 面层铺贴 5. 刷防护材料 6. 材料运输
011104003	金属复合地板	1. 龙骨材料种类、规格、铺设间距 2. 基层材料种类、规格 3. 面层材料品种、规格、颜色 4. 防护材料种类			
011104004	防静电活动地板	1. 支架高度、材料种类 2. 面层材料品种、规格、颜色 3. 防护材料种类			1. 基层清理 2. 固定支架安装 3. 活动面层安装 4. 刷防护材料 5. 材料运输

（五）踢脚线（编码：011105）

踢脚线见表 2.4-63。

踢脚线 表 2.4-63

项目编码	项目名称	项目特征	计量单位	工程量计算规则	工作内容
011105001	水泥砂浆踢脚线	1. 踢脚线高度 2. 底层厚度、砂浆配合比 3. 面层厚度、砂浆配合比	1.m² 2.m	1.按设计图示长度乘高度以面积计算 2.按延长米计算	1. 基层清理 2. 底层和面层抹灰 3. 材料运输
011105002	石材踢脚线	1. 踢脚线高度 2. 粘贴层厚度、材料种类 3. 面层材料品种、规格、颜色 4. 防护材料种类			1. 基层清理 2. 底层抹灰 3. 面层铺贴、磨边 4. 擦缝 5. 磨光、酸洗、打蜡 6. 刷防护材料 7. 材料运输
011105003	块料踢脚线				
011105004	塑料板踢脚线	1. 踢脚线高度 2. 粘结层厚度、材料种类 3. 面层材料种类、规格、颜色			1. 基层清理 2. 基层铺贴 3. 面层铺贴 4. 材料运输
011105005	木质踢脚线	1. 踢脚线高度 2. 基层材料种类、规格 3. 面层材料品种、规格、颜色			
011105006	金属踢脚线				
011105007	防静电踢脚线				

注：石材、块料与粘接材料的结合面刷防渗材料的种类在防护层材料种类中描述。

（六）楼梯面层（编码：011106）

楼梯面层见表 2.4-64。

楼梯面层
表 2.4-64

项目编码	项目名称	项目特征	计量单位	工程量计算规则	工作内容
011106001	石材楼梯面层	1. 找平层厚度、砂浆配合比 2. 贴结层厚度、材料种类 3. 面层材料品种、规格、颜色 4. 防滑条材料种类、规格 5. 勾缝材料种类 6. 防护层材料种类 7. 酸洗、打蜡要求	m²	按设计图示尺寸以楼梯（包括踏步、休息平台及≤500mm 的楼梯井）水平投影面积计算。楼梯与楼地面相连时，算至梯口梁内侧边沿；无梯口梁者，算至最上一层踏步边沿加 300mm	1. 基层清理 2. 抹找平层 3. 面层铺贴、磨边 4. 贴嵌防滑条 5. 勾缝 6. 刷防护材料 7. 酸洗、打蜡 8. 材料运输
011106002	块料楼梯面层				
011106003	拼碎块料面层				
011106004	水泥砂浆楼梯面层	1. 找平层厚度、砂浆配合比 2. 面层厚度、砂浆配合比 3. 防滑条材料种类、规格			1. 基层清理 2. 抹找平层 3. 抹面层 4. 抹防滑条 5. 材料运输
011106005	现浇水磨石楼梯面层	1. 找平层厚度、砂浆配合比 2. 面层厚度、水泥石子浆配合比 3. 防滑条材料种类、规格 4. 石子种类、规格、颜色 5. 颜料种类、颜色 6. 磨光、酸洗打蜡要求			1. 基层清理 2. 抹找平层 3. 抹面层 4. 贴嵌防滑条 5. 磨光、酸洗、打蜡 6. 材料运输
011106006	地毯楼梯面层	1. 基层种类 2. 面层材料品种、规格、颜色 3. 防护材料种类 4. 粘结材料种类 5. 固定配件材料种类、规格			1. 基层清理 2. 铺贴面层 3. 固定配件安装 4. 刷防护材料 5. 材料运输
011106007	木板楼梯面层	1. 基层材料种类、规格 2. 面层材料品种、规格、颜色 3. 粘结材料种类 4. 防护材料种类			1. 基层清理 2. 基层铺贴 3. 面层铺贴 4. 刷防护材料 5. 材料运输
011106008	橡胶板楼梯面层	1. 粘结层厚度、材料种类 2. 面层材料品种、规格、颜色 3. 压线条种类	m²	按设计图示尺寸以楼梯（包括踏步、休息平台及≤500mm 的楼梯井）水平投影面积计算。楼梯与楼地面相连时，算至梯口梁内侧边沿；无梯口梁者，算至最上一层踏步边沿加 300mm	1. 基层清理 2. 面层铺贴 3. 压缝条装钉 4. 材料运输
011106009	塑料板楼梯面层				

注：1. 在描述碎石材项目的面层材料特征时可不用描述规格、品牌、颜色。

2. 石材、块料与粘接材料的结合面刷防渗材料的种类在防护层材料种类中描述。

（七）台阶装饰（编码：011107）

台阶装饰见表2.4-65。

台阶装饰 表2.4-65

项目编码	项目名称	项目特征	计量单位	工程量计算规则	工作内容
011107001	石材台阶面	1. 找平层厚度、砂浆配合比 2. 粘结层材料种类 3. 面层材料品种、规格、颜色 4. 勾缝材料种类 5. 防滑条材料种类、规格 6. 防护材料种类	m²	按设计图示尺寸以台阶（包括最上层踏步边沿加300mm）水平投影面积计算	1. 基层清理 2. 抹找平层 3. 面层铺贴 4. 贴嵌防滑条 5. 勾缝 6. 刷防护材料 7. 材料运输
011107002	块料台阶面				
011107003	拼碎块料台阶面				
011107004	水泥砂浆台阶面	1. 找平层厚度、砂浆配合比 2. 面层厚度、砂浆配合比 3. 防滑条材料种类			1. 基层清理 2. 抹找平层 3. 抹面层 4. 抹防滑条 5. 材料运输
011107005	现浇水磨石台阶面	1. 找平层厚度、砂浆配合比 2. 面层厚度、水泥石子浆配合比 3. 防滑条材料种类、规格 4. 石子种类、规格、颜色 5. 颜料种类、颜色 6. 磨光、酸洗、打蜡要求	m²	按设计图示尺寸以台阶（包括最上层踏步边沿加300mm）水平投影面积计算	1. 清理基层 2. 抹找平层 3. 抹面层 4. 贴嵌防滑条 5. 打磨、酸洗、打蜡 6. 材料运输
011107006	剁假石台阶面	1. 找平层厚度、砂浆配合比 2. 面层厚度、砂浆配合比 3. 剁假石要求			1. 清理基层 2. 抹找平层 3. 抹面层 4. 剁假石 5. 材料运输

注：1. 在描述碎石材项目的面层材料特征时可不用描述规格、品牌、颜色。
2. 石材、块料与粘接材料的结合面刷防渗材料的种类在防护层材料种类中描述。

（八）零星装饰项目（编码：011108）

零星装饰项目见表2.4-66。

零星装饰项目 表2.4-66

项目编码	项目名称	项目特征	计量单位	工程量计算规则	工作内容
011108001	石材零星项目	1. 工程部位 2. 找平层厚度、砂浆配合比 3. 贴结合层厚度、材料种类 4. 面层材料品种、规格、颜色 5. 勾缝材料种类 6. 防护材料种类 7. 酸洗、打蜡要求	m²	按设计图示尺寸以面积计算	1. 清理基层 2. 抹找平层 3. 面层铺贴、磨边 4. 勾缝 5. 刷防护材料 6. 酸洗、打蜡 7. 材料运输
011108002	拼碎石材零星项目				
011108003	块料零星项目				

续表

项目编码	项目名称	项目特征	计量单位	工程量计算规则	工作内容
011108004	水泥砂浆零星项目	1. 工程部位 2. 找平层厚度、砂浆配合比 3. 面层厚度、砂浆厚度	m²	按设计图示尺寸以面积计算	1. 清理基层 2. 抹找平层 3. 抹面层 4. 材料运输

注：1. 楼梯、台阶牵边和侧面镶贴块料面层，≤0.5m²的少量分散的楼地面镶贴块料面层，应按表2.4-67零星装饰项目执行。

2. 石材、块料与粘接材料的结合面刷防渗材料的种类在防护层材料种类中描述。

十二、墙、柱面装饰与隔断、幕墙工程

清单将墙、柱面装饰与隔断、幕墙工程划分为墙面抹灰、柱（梁）面抹灰、零星抹灰、墙面块料面层、柱（梁）面镶贴块料、镶贴零星块料、墙饰面、柱（梁）饰面、幕墙工程、隔断工程十类。

（一）墙面抹灰（编码：011201）

墙面抹灰包括墙面一般抹灰（011201001）、墙面装饰抹灰（011201002）、墙面勾缝（011201003）、立面砂浆找平层（011201004），见表2.4-67。

墙面抹灰　　　　表2.4-67

项目编码	项目名称	项目特征	计量单位	工程量计算规则	工作内容
011201001	墙面一般抹灰	1. 墙体类型 2. 底层厚度、砂浆配合比	m²	按设计图示尺寸以面积计算 扣除墙裙、门窗洞口及单个>0.3m²的孔洞面积，不扣除踢脚线、挂镜线和墙与构件交接处的面积，门窗洞口和孔洞的侧壁及顶面不增加面积；附墙柱、梁、垛、烟囱侧壁并入相应的墙面面积内 1. 外墙抹灰面积按外墙垂直投影面积计算 2. 外墙裙抹灰面积按其长度乘以高度计算 3. 内墙抹灰底面面积按主墙间的净长乘以高度计算 （1）无墙裙的，高度按室内楼地面至天棚底面计算 （2）有墙裙的，高度按墙裙顶至天棚底面计算 （3）有吊顶天棚抹灰，高度算至天棚底 4. 内墙裙抹灰面按内墙净长乘以高度计算	1. 基层清理 2. 砂浆制作、运输 3. 底层抹灰 4. 抹面层 5. 抹装饰面 6. 勾分格缝
011201002	墙面装饰抹灰	3. 面层厚度、砂浆配合比 4. 装饰面材料种类 5. 分格缝宽度、材料种类			
011201003	墙面勾缝	1. 勾缝类型 2. 勾缝材料种类			1. 基层清理 2. 砂浆制作、运输 3. 勾缝
011201004	立面砂浆找平层	1. 基层类型 2. 找平层砂浆厚度、配合比			1. 基层清理 2. 砂浆制作、运输 3. 抹灰找平

注：1. 立面砂浆找平项目适用于仅做找平层的立面抹灰。

2. 抹石灰砂浆、水泥砂浆、混合砂浆、聚合物水泥砂浆、麻刀石灰浆、石膏灰浆等按墙面一般抹灰列项，水刷石、斩假石、干粘石、假面砖等按墙面装饰抹灰列项。

3. 飘窗凸出外墙面增加的抹灰不计算工程量，在综合单价中考虑。

（二）柱（梁）面抹灰（编码：011202）

柱（梁）面抹灰见表2.4-68。

柱（梁）面抹灰

表 2.4-68

项目编码	项目名称	项目特征	计量单位	工程量计算规则	工作内容
011202001	柱、梁面一般抹灰	1. 柱体类型 2. 底层厚度、砂浆配合比 3. 面层厚度、砂浆配合比 4. 装饰面材料种类 5. 分格缝宽度、材料种类	m²	1. 柱面抹灰：按设计图示柱断面周长乘高度以面积计算 2. 梁面抹灰：按设计图示梁断面周长乘长度以面积计算	1. 基层清理 2. 砂浆制作、运输 3. 底层抹灰 4. 抹面层 5. 勾分格缝
011202002	柱、梁面装饰抹灰				
011202003	柱、梁面砂浆找平	1. 柱（梁）体类型 2. 找平的砂浆厚度、配合比			1. 基层清理 2. 砂浆制作、运输 3. 抹灰找平
011202004	柱、梁面勾缝	1. 勾缝类型 2. 勾缝材料种类		按设计图示柱断面周长乘高度以面积计算	1. 基层清理 2. 砂浆制作、运输 3. 勾缝

注：1. 砂浆找平项目适用于仅做找平层的柱（梁）面抹灰。

2. 抹石灰砂浆、水泥砂浆、混合砂浆、聚合物水泥砂浆、麻刀石灰浆、石膏灰浆等按柱（梁）面一般抹灰编码列项，水刷石、斩假石、干粘石、假面砖等按柱（梁）面装饰抹灰编码列项。

（三）零星抹灰（编码：011203）

零星抹灰见表 2.4-69。

零星抹灰

表 2.4-69

项目编码	项目名称	项目特征	计量单位	工程量计算规则	工作内容
011203001	零星项目一般抹灰	1. 基层类型、部位 2. 底层厚度、砂浆配合比 3. 面层厚度、砂浆配合比 4. 装饰面材料种类 5. 分格缝宽度、材料种类	m²	按设计图示尺寸以面积计算	1. 基层清理 2. 砂浆制作、运输 3. 底层抹灰 4. 抹面层 5. 抹装饰面 6. 勾分格缝
011203002	零星项目装饰抹灰	1. 基层类型、部位 2. 底层厚度、砂浆配合比 3. 面层厚度、砂浆配合比 4. 装饰面材料种类 5. 分格缝宽度、材料种类			
011203003	零星项目砂浆找平	1. 基层类型、部位 2. 找平的砂浆厚度、配合比			1. 基层清理 2. 砂浆制作、运输 3. 抹灰找平

注：1. 抹石灰砂浆、水泥砂浆、混合砂浆、聚合物水泥砂浆、麻刀石灰浆、石膏灰浆等按零星项目一般抹灰编码列项，水刷石、斩假石、干粘石、假面砖等按零星项目装饰抹灰编码列项。

2. 墙、柱（梁）面≤0.5m² 的少量分散的抹灰按表 2.4-66 零星抹灰项目编码列项。

（四）墙面块料面层（编码：011204）

墙面块料面层包括石材墙面（011204001）、拼碎石材墙面（011204002）、块料墙面（011204003）及干挂石材钢骨架（011204004），见表 2.4-70。

墙面块料面层 表 2.4-70

项目编码	项目名称	项目特征	计量单位	工程量计算规则	工作内容
011204001	石材墙面	1. 墙体类型 2. 安装方式 3. 面层材料品种、规格、颜色 4. 缝宽、嵌缝材料种类 5. 防护材料种类 6. 磨光、酸洗、打蜡要求	m²	按镶贴表面积计算	1. 基层清理 2. 砂浆制作、运输 3. 粘结层铺贴 4. 面层安装 5. 嵌缝 6. 刷防护材料 7. 磨光、酸洗打蜡
011204002	拼碎石材墙面				
011204003	块料墙面				
011204004	干挂石材钢骨架	1. 骨架种类、规格 2. 防锈漆品种遍数	t	按设计图示以质量计算	1. 骨架制作、运输、安装 2. 刷漆

注：1. 在描述碎块项目的面层材料特征时可不用描述规格、品牌、颜色。

2. 石材、块料与粘接材料的结合面刷防渗材料的种类在防护层材料种类中描述。

3. 安装方式可描述为砂浆或胶粘剂粘贴、挂贴、干挂等，不论哪种安装方式，都要详细描述与组价相关的内容。

（五）柱（梁）面镶贴块料（编码：011205）

柱（梁）面镶贴块料见表 2.4-71。

柱（梁）面镶贴块料 表 2.4-71

项目编码	项目名称	项目特征	计量单位	工程量计算规则	工作内容
011205001	石材柱面	1. 柱截面类型、尺寸 2. 安装方式 3. 面层材料品种、规格、颜色 4. 缝宽、嵌缝材料种类 5. 防护材料种类 6. 磨光、酸洗、打蜡要求	m²	按镶贴表面积计算	1. 基层清理 2. 砂浆制作、运输 3. 粘结层铺贴 4. 面层安装 5. 嵌缝 6. 刷防护材料 7. 磨光、酸洗、打蜡
011205002	块料柱面				
011205003	拼碎块柱面				
011205004	石材梁面	1. 安装方式 2. 面层材料品种、规格、颜色 3. 缝宽、嵌缝材料种类 4. 防护材料种类 5. 磨光、酸洗、打蜡要求			
011205005	块料梁面				

注：1. 在描述碎块项目的面层材料特征时可不用描述规格、品牌、颜色。

2. 石材、块料与粘接材料的结合面刷防渗材料的种类在防护层材料种类中描述。

3. 柱梁面干挂石材的钢骨架按表 2.4-70 相应项目编码列项。

（六）镶贴零星块料（编码：011206）

镶贴零星块料见表 2.4-72。

镶贴零星块料 表 2.4-72

项目编码	项目名称	项目特征	计量单位	工程量计算规则	工作内容
011206001	石材零星项目	1. 基层类型、部位 2. 安装方式 3. 面层材料品种、规格、颜色 4. 缝宽、嵌缝材料种类	m²	按镶贴表面积计算	1. 基层清理 2. 砂浆制作、运输 3. 面层安装 4. 嵌缝
011206002	块料零星项目				

项目编码	项目名称	项目特征	计量单位	工程量计算规则	工作内容
011206003	拼碎块零星项目	5. 防护材料种类 6. 磨光、酸洗、打蜡要求	m²	按镶贴表面积计算	5. 刷防护材料 6. 磨光、酸洗、打蜡

注：1. 在描述碎块项目的面层材料特征时可不用描述规格、品牌、颜色。

2. 石材、块料与粘接材料的结合面刷防渗材料的种类在防护层材料种类中描述。

3. 零星项目干挂石材的钢骨架按表 2.4-70 相应项目编码列项。

4. 墙柱面≤0.5m² 的少量分散的镶贴块料面层应按零星项目执行。

（七）墙饰面（编码：011207）

墙饰面工程包括墙面装饰板（011207001），见表 2.4-73。

墙饰面 表 2.4-73

项目编码	项目名称	项目特征	计量单位	工程量计算规则	工作内容
011207001	墙面装饰板	1. 龙骨材料种类、规格、中距 2. 隔离层材料种类、规格 3. 基层材料种类、规格 4. 面层材料品种、规格、颜色 5. 压条材料种类、规格	m²	按设计图示墙净长乘净高以面积计算。扣除门窗洞口及单个>0.3m²的孔洞所占面积	1. 基层清理 2. 龙骨制作、运输、安装 3. 钉隔离层 4. 基层铺钉 5. 面层铺贴
011207002	墙面浮雕装饰	1. 基层类型 2. 浮雕材料种类 3. 浮雕样式	m²	按设计图示尺寸以面积计算	1. 基层清理 2. 材料制作运输 3. 安装成型

（八）柱（梁）饰面（编码：011208）

柱（梁）饰面见表 2.4-74。

柱（梁）饰面 表 2.4-74

项目编码	项目名称	项目特征	计量单位	工程量计算规则	工作内容
011208001	柱（梁）面装饰	1. 龙骨材料种类、规格、中距 2. 隔离层材料种类 3. 基层材料种类、规格 4. 面层材料品种、规格、颜色 5. 压条材料种类、规格	m²	按设计图示饰面外围尺寸以面积计算。柱帽、柱墩并入相应柱饰面工程量内	1. 清理基层 2. 龙骨制作、运输、安装 3. 钉隔离层 4. 基层铺钉 5. 面层铺贴
011208002	成品装饰柱	1. 柱截面、高度尺寸 2. 柱材质	1. 根 2. m	1. 以根计量，按设计数量计算 2. 以米计量，按设计长度计算	柱运输、固定、安装

（九）幕墙工程（编码：011209）

幕墙工程见表 2.4-75。

幕墙工程　　　　　　　　　　　　　　　　　　　　表 2.4-75

项目编码	项目名称	项目特征	计量单位	工程量计算规则	工作内容
011209001	带骨架幕墙	1. 骨架材料种类、规格、中距 2. 面层材料品种、规格、颜色 3. 面层固定方式 4. 隔离带、框边封闭材料品种、规格 5. 嵌缝、塞口材料种类	m²	按设计图示框外围尺寸以面积计算。与幕墙同种材质的窗所占面积不扣除	1. 骨架制作、运输、安装 2. 面层安装 3. 隔离带、框边封闭 4. 嵌缝、塞口 5. 清洗
011209002	全玻（无框玻璃）幕墙	1. 玻璃品种、规格、颜色 2. 粘结塞口材料种类 3. 固定方式		按设计图示尺寸以面积计算。带肋全玻幕墙按展开面积计算	1. 幕墙安装 2. 嵌缝、塞口 3. 清洗
沪011209003	单元式幕墙	1. 面层构件、材料的品种、规格、颜色、尺寸 2. 面层固定方式 3. 隔离带、框边封闭材料品种、规格 4. 嵌缝、塞口材料种类		按设计图示框外围尺寸以面积计算。与幕墙同种材质的窗所占面积不扣除	1. 幕墙制作、运输、安装 2. 嵌缝、塞口 3. 清洗

（十）隔断（编码：011210）

隔断工程主要包括木隔断（011210001）、金属隔断（011210002）、玻璃隔断（011210003）、塑料隔断（011210004）、成品隔断（011210005）以及其他隔断工程（011210006），见表 2.4-76。

隔断　　　　　　　　　　　　　　　　　　　　　　表 2.4-76

项目编码	项目名称	项目特征	计量单位	工程量计算规则	工作内容
011210001	木隔断	1. 骨架、边框材料种类、规格 2. 隔板材料品种、规格、颜色 3. 嵌缝、塞口材料品种 4. 压条材料种类	m²	按设计图示框外围尺寸以面积计算 不扣除单个 ≤ 0.3m² 的孔洞所占面积；浴厕门的材质与隔断相同时，门的面积并入隔断面积内	1. 骨架及边框制作、运输、安装 2. 隔板制作、运输、安装 3. 嵌缝、塞口 4. 装钉压条
011210002	金属隔断	1. 骨架、边框材料种类、规格 2. 隔板材料品种、规格、颜色 3. 嵌缝、塞口材料品种			1. 骨架及边框制作、运输、安装 2. 隔板制作、运输、安装 3. 嵌缝、塞口
011210003	玻璃隔断	1. 边框材料种类、规格 2. 玻璃品种、规格、颜色 3. 嵌缝、塞口材料品种		按设计图示框外围尺寸以面积计算 不扣除单个 ≤ 0.3 m² 的孔洞所占面积	1. 边框制作、运输、安装 2. 玻璃制作、运输、安装 3. 嵌缝、塞口
011210004	塑料隔断	1. 边框材料种类、规格 2. 隔板材料品种、规格、颜色 3. 嵌缝、塞口材料品种			1. 骨架及边框制作、运输、安装 2. 隔板制作、运输、安装 3. 嵌缝、塞口

续表

项目编码	项目名称	项目特征	计量单位	工程量计算规则	工作内容
011210005	成品隔断	1. 隔断材料品种、规格、颜色 2. 配件品种、规格	1. m² 2. 间	1. 按设计图示框外围尺寸以面积计算 2. 按设计间的数量以间计算	1. 隔断运输、安装 2. 嵌缝、塞口
011210006	其他隔断	1. 骨架、边框材料种类、规格 2. 隔板材料品种、规格、颜色 3. 嵌缝、塞口材料品种	m²	按设计图示框外围尺寸以面积计算 不扣除单个 ≤ 0.3m² 的孔洞所占面积	1. 骨架及边框安装 2. 隔板安装 3. 嵌缝、塞口

十三、天棚工程

清单将天棚工程共划分为天棚抹灰、天棚吊顶、采光天棚、天棚其他装饰四类，并划分为 10 个清单项目。

（一）天棚抹灰（编码：011301）

天棚抹灰（011301001），见表 2.4-77。

天棚抹灰　　　　　表 2.4-77

项目编码	项目名称	项目特征	计量单位	工程量计算规则	工作内容
011301001	天棚抹灰	1. 基层类型 2. 抹灰厚度、材料种类 3. 砂浆配合比	m²	按设计图示尺寸以水平投影面积计算。不扣除间壁墙、垛、柱、附墙烟囱、检查口和管道所占的面积，带梁天棚的梁两侧抹灰面积并入天棚面积内，板式楼梯底面抹灰按斜面积计算，锯齿形楼梯底板抹灰按展开面积计算	1. 基层清理 2. 底层抹灰 3. 抹面层

（二）天棚吊顶（编码：011302）

天棚吊顶工程主要包括吊顶天棚、格栅吊顶、吊筒吊顶、藤条造型悬挂吊顶、织物软雕吊顶、装饰网架吊顶，见表 2.4-78。

天棚吊顶　　　　　表 2.4-78

项目编码	项目名称	项目特征	计量单位	工程量计算规则	工作内容
011302001	吊顶天棚	1. 吊顶形式、吊杆规格、高度 2. 龙骨材料种类、规格、中距 3. 基层材料种类、规格 4. 面层材料品种、规格 5. 压条材料种类、规格 6. 嵌缝材料种类 7. 防护材料种类	m²	按设计图示尺寸以水平投影面积计算。天棚面中的灯槽及跌级、锯齿形、吊挂式、藻井式天棚面积不展开计算。不扣除间壁墙、检查口、附墙烟囱、柱垛和管道所占面积，扣除单个 > 0.3m² 的孔洞、独立柱及与天棚相连的窗帘盒所占的面积，石膏板不予扣除	1. 基层清理、吊杆安装 2. 龙骨安装 3. 基层板铺贴 4. 面层铺贴 5. 嵌缝 6. 刷防护材料

续表

项目编码	项目名称	项目特征	计量单位	工程量计算规则	工作内容
011302002	格栅吊顶	1. 龙骨材料种类、规格、中距 2. 基层材料种类、规格 3. 面层材料品种、规格 4. 防护材料种类	m²	按设计图示尺寸以水平投影面积计算	1. 基层清理 2. 安装龙骨 3. 基层板铺贴 4. 面层铺贴 5. 刷防护材料
011302003	吊筒吊顶	1. 吊筒形状、规格 2. 吊筒材料种类 3. 防护材料种类			1. 基层清理 2. 吊筒制作安装 3. 刷防护材料
011302004	藤条造型悬挂吊顶	1. 骨架材料种类、规格 2. 面层材料品种、规格			1. 基层清理 2. 龙骨安装 3. 铺贴面层
011302005	织物软雕吊顶				1. 基层清理 2. 龙骨安装 3. 铺贴面层
011302006	装饰网架吊顶	1. 网架材料品种、规格			1. 基层清理 2. 网架制作安装

（三）采光天棚（编码：011303）

采光天棚见表 2.4-79。

采光天棚　　　　　　　　　　　　　　　　　　　　　　　　表 2.4-79

项目编码	项目名称	项目特征	计量单位	工程量计算规则	工作内容
011303001	采光天棚	1. 骨架类型 2. 固定类型、固定材料品种、规格 3. 面层材料品种规格 4. 嵌缝、塞口材料种类	m²	按框外围展开面积计算	1. 清理基层 2. 面层制安 3. 嵌缝、塞口 4. 清洗

（四）天棚其他装饰（编码：011304）

天棚其他装饰见表 2.4-80。

天棚其他装饰　　　　　　　　　　　　　　　　　　　　　　表 2.4-80

项目编码	项目名称	项目特征	计量单位	工程量计算规则	工作内容
011304001	灯带（槽）	1. 灯带型式、尺寸 2. 格栅片材料品种、规格 3. 安装固定方式	m²	按设计图示尺寸以框外围面积计算	安装、固定
011304002	送风口、回风口	1. 风口材料品种、规格 2. 安装固定方式 3. 防护材料种类	个	按设计图示数量计算	1. 安装、固定 2. 刷防护材料

十四、油漆、涂料、裱糊工程

（一）门油漆（编码：011401）

门油漆见表 2.4-81。

门油漆　　　　　　　　　　　　　　　　　　　　　　　　表 2.4-81

项目编码	项目名称	项目特征	计量单位	工程量计算规则	工作内容
011401001	木门油漆	1. 门类型 2. 门代号及洞口尺寸 3. 腻子种类	1. 樘 2. m²	1. 以樘计量，按设计图示数量计量 2. 以平方米计量，按设计图示洞口尺寸以面积计算	1. 基层清理 2. 刮腻子 3. 刷防护材料、油漆
011401002	金属门油漆	4. 刮腻子遍数 5. 防护材料种类 6. 油漆品种、刷漆遍数			1. 除锈、基层清理 2. 刮腻子 3. 刷防护材料、油漆

注：1. 木门油漆应区分木大门、单层木门、双层（一玻一纱）木门、双层（单裁口）木门、全玻自由门、半玻自由门、装饰门及有框门或无框门等项目，分别编码列项。

　　2. 金属门油漆应区分平开门、推拉门、钢制防火门等项目，分别编码列项。

　　3. 以平方米计量，项目特征可不必描述洞口尺寸。

（二）窗油漆（编码：011402）

窗油漆见表 2.4-82。

窗油漆　　　　　　　　　　　　　　　　　　　　　　　　表 2.4-82

项目编码	项目名称	项目特征	计量单位	工程量计算规则	工作内容
011402001	木窗油漆	1. 窗类型 2. 窗代号及洞口尺寸 3. 腻子种类	1. 樘 2. m²	1. 以樘计量，按设计图示数量计量 2. 以平方米计量，按设计图示洞口尺寸以面积计算	1. 基层清理 2. 刮腻子 3. 刷防护材料、油漆
011402002	金属窗油漆	4. 刮腻子遍数 5. 防护材料种类 6. 油漆品种、刷漆遍数			1. 除锈、基层清理 2. 刮腻子 3. 刷防护材料、油漆

注：1. 木窗油漆应区分单层木门、双层（一玻一纱）木窗、双层框扇（单裁口）木窗、双层框三层（二玻一纱）木窗单层组合窗、双层组合窗、木百叶窗、木推拉窗等项目，分别编码列项。

　　2. 金属窗油漆应区分平开窗、推拉窗、固定窗、组合窗、金属隔栅窗等项目，分别编码列项。

　　3. 以平方米计量，项目特征可不必描述洞口尺寸。

（三）木扶手及其他板条、线条油漆（编码：011403）

木扶手及其他板条、线条油漆见表 2.4-83。

木扶手及其他板条、线条油漆　　　　　　　　　　　　　　表 2.4-83

项目编码	项目名称	项目特征	计量单位	工程量计算规则	工作内容
011403001	木扶手油漆	1. 腻子种类 2. 刮腻子遍数 3. 防护材料种类 4. 油漆品种、刷漆遍数	m	按设计图示尺寸以长度计算	1. 基层清理 2. 刮腻子 3. 刷防护材料、油漆
011403002	窗帘盒油漆				
011403003	封檐板、顺水板油漆				
011403004	挂衣板、黑板框油漆				
011403005	挂镜线、窗帘棍、单独木线油漆				

注：木扶手应区分带托板与不带托板，分别编码列项，若是木栏杆带扶手，木扶手不应单独列项，应包含在木栏杆油漆中。

（四）木材面油漆（编码：011404）

木材面油漆见表2.4-84。

木材面油漆　　　　　　　　　　　　　　　　　　　表2.4-84

项目编码	项目名称	项目特征	计量单位	工程量计算规则	工作内容
011404001	木护墙、木墙裙油漆	1. 腻子种类 2. 刮腻子遍数 3. 防护材料种类 4. 油漆品种、刷漆遍数	m²	按设计图示尺寸以面积计算	1. 基层清理 2. 刮腻子 3. 刷防护材料、油漆
011404002	窗台板、筒子板、盖板门窗套、踢脚线油漆				
011404003	清水板条天棚、檐口油漆				
011404004	木方格吊顶天棚油漆				
011404005	吸声板墙面天棚面油漆				
011404006	暖气罩油漆				
011404007	其他木材面				
011404008	木间壁、木隔断油漆	1. 腻子种类 2. 刮腻子遍数 3. 防护材料种类 4. 油漆品种、刷漆遍数	m²	按设计图示尺寸以单面外围面积计算	1. 基层清理 2. 刮腻子 3. 刷防护材料、油漆
011404009	玻璃间壁露明墙筋油漆				
0114040010	木栅栏、木栏杆（带扶手）油漆				
0114040011	衣柜、壁柜油漆			按设计图示尺寸以油漆部分展开面积计算	
0114040012	梁柱饰面油漆				
0114040013	零星木装修油漆				
0114040014	木地板油漆			按设计图示尺寸以面积计算空洞、空圈、暖气包槽、壁龛的开口部分并入相应的工程量内	1. 基层清理 2. 烫蜡
0114040015	木地板烫硬蜡面	1. 硬蜡品种 2. 面层处理要求			

（五）金属面油漆（编码：011405）

金属面油漆见表2.4-85。

金属面油漆　　　　　　　　　　　　　　　　　　　表2.4-85

项目编码	项目名称	项目特征	计量单位	工程量计算规则	工作内容
011405001	金属面油漆	1. 构件名称 2. 腻子种类 3. 刮腻子要求 4. 防护材料种类 5. 油漆品种、刷漆遍数	1. t 2. m²	1. 以吨计量，按设计图示尺寸以质量计算 2. 以平方米计量，按设计展开面积计算	1. 基层清理 2. 刮腻子 3. 刷防护材料、油漆

（六）抹灰面油漆（编码：011406）

抹灰面油漆见表2.4-86。

抹灰面油漆 表 2.4-86

项目编码	项目名称	项目特征	计量单位	工程量计算规则	工作内容
011406001	抹灰面油漆	1. 基层类型 2. 腻子种类 3. 刮腻子遍数 4. 防护材料种类 5. 油漆品种、刷漆遍数 6. 部位	m²	按设计图示尺寸以面积计算	1. 基层清理 2. 刮腻子 3. 刷防护材料、油漆
011406002	抹灰线条油漆	1. 线条宽度、道数 2. 腻子种类 3. 刮腻子遍数 4. 防护材料种类 5. 油漆品种、刷漆遍数	m	按设计图示尺寸以长度计算	
011406003	满刮腻子	1. 基层类型 2. 腻子种类 3. 刮腻子遍数	m²	按设计图示尺寸以面积计算	1. 基层清理 2. 刮腻子

（七）喷刷涂料（编码：011407）

喷刷涂料见表 2.4-87。

喷刷涂料 表 2.4-87

项目编码	项目名称	项目特征	计量单位	工程量计算规则	工作内容
011407001	墙面喷刷涂料	1. 基层类型 2. 喷刷涂料部位 3. 腻子种类 4. 刮腻子要求 5. 涂料品种、喷刷遍数	m²	按设计图示尺寸以面积计算	1. 基层清理 2. 刮腻子 3. 刷、喷涂料
011407002	天棚喷刷涂料		m²		
011407003	空花格、栏杆刷涂料	1. 腻子种类 2. 刮腻子遍数 3. 涂料品种、刷喷遍数	m²	按设计图示尺寸以单面外围面积计算	
011407004	线条刷涂料	1. 基层清理 2. 线条宽度 3. 刮腻子遍数 4. 刷防护材料、油漆	m	按设计图示尺寸以长度计算	
011407005	金属构件刷防火涂料	1. 喷刷防火涂料构件名称 2. 防火等级要求 3. 涂料品种、喷刷遍数	1. m² 2. t	1. 以吨计量，按设计图示尺寸以质量计算 2. 以平方米计量，按设计展开面积计算	1. 基层清理 2. 刷防护材料、油漆
011407006	木材构件喷刷防火涂料		m²	以平方米计量，按设计图示尺寸以面积计算	1. 基层清理 2. 刷防火材料

注：喷刷墙面涂料部位要注明内墙或外墙。

（八）裱糊（编码：011408）

裱糊见表 2.4-88。

裱糊　　　　　　　　　　　　　　表 2.4-88

项目编码	项目名称	项目特征	计量单位	工程量计算规则	工作内容
011408001	墙纸裱糊	1. 基层类型 2. 裱糊部位 3. 腻子种类 4. 刮腻子遍数 5. 粘结材料种类 6. 防护材料种类 7. 面层材料品种、规格、颜色	m²	按设计图示尺寸以面积计算	1. 基层清理 2. 刮腻子 3. 面层铺粘 4. 刷防护材料
011408002	织锦缎裱糊				

（九）其他面层（编码：沪 011409）

其他面层见表 2.4-89。

其他面层　　　　　　　　　　　　　表 2.4-89

项目编码	项目名称	项目特征	计量单位	工程量计算规则	工作内容
沪 011409001	饰面花纹	1. 基层类型 2. 腻子种类 3. 刮腻子遍数 4. 颜色、花纹要求 5. 防护材料种类 6. 油漆品种、刷漆遍数	m²	按设计饰面面积计算	1. 基层清理 2. 刮腻子、磨光 3. 刷防护材料、油漆
沪 011409002	贴装饰薄皮	1. 基层类型 2. 粘贴部位 3. 粘结材料种类 4. 颜色、花纹要求 5. 防护材料种类 6. 面层材料品种、规格、颜色	m²	按设计图示尺寸以面积计算	1. 基层清理 2. 刷胶 3. 铺粘面层

十五、其他装饰工程

（一）柜类、货架（编码：011501）

柜类、货架见表 2.4-90。

柜类、货架　　　　　　　　　　　　表 2.4-90

项目编码	项目名称	项目特征	计量单位	工程量计算规则	工作内容
011501001	柜台	1. 台柜规格 2. 材料种类、规格 3. 五金种类、规格 4. 防护材料种类 5. 油漆品种、刷漆遍数	1. 个 2. m 3. m³	1. 以个计量，按设计图示数量计算 2. 以米计量，按设计图示尺寸以延长米计算 3. 以立方米计量，按设计图示尺寸以体积计算	1. 台柜制作、运输、安装（安放） 2. 刷防护材料、油漆 3. 五金件安装
011501002	酒柜				
011501003	衣柜				
011501004	存包柜				
011501005	鞋柜				
011501006	书柜				
011501007	厨房壁柜				
011501008	木壁柜				
011501009	厨房低柜				

续表

项目编码	项目名称	项目特征	计量单位	工程量计算规则	工作内容
011501010	厨房吊柜				
011501011	矮柜				
011501012	吧台背柜				
011501013	酒吧吊柜	1. 台柜规格 2. 材料种类、规格 3. 五金种类、规格 4. 防护材料种类 5. 油漆品种、刷漆遍数	1. 个 2. m 3. m³	1. 以个计量，按设计图示数量计算 2. 以米计量，按设计图示尺寸以延长米计算 3. 以立方米计量，按设计图示尺寸以体积计算	1. 台柜制作、运输、安装（安放） 2. 刷防护材料、油漆 3. 五金件安装
011501014	酒吧台				
011501015	展台				
011501016	收银台				
011501017	试衣间				
011501018	货架				
011501019	书架				
011501020	服务台				

（二）压条、装饰线（编码：011502）

压条、装饰线见表 2.4-91。

压条、装饰线 表 2.4-91

项目编码	项目名称	项目特征	计量单位	工程量计算规则	工作内容
011502001	金属装饰线	1. 基层类型 2. 线条材料品种、规格、颜色 3. 防护材料种类			1. 线条制作、安装 2. 刷防护材料
011502002	木质装饰线				
011502003	石材装饰线				
011502004	石膏装饰线				
011502005	镜面装饰线	1. 基层类型 2. 线条材料品种、规格、颜色 3. 防护材料种类	m	按设计图示尺寸以长度计算	
011502006	铝塑装饰线				
011502007	塑料装饰线				
011502008	GRC 装饰线条	1. 基层类型 2. 线条规格 3. 线条安装部位 4. 填充材料种类			线条制作安装

（三）扶手、栏杆、栏板装饰（编码：011503）

扶手、栏杆、栏板装饰见表 2.4-92。

扶手、栏杆、栏板装饰 表 2.4-92

项目编码	项目名称	项目特征	计量单位	工程量计算规则	工作内容
011503001	金属扶手、栏杆、栏板	1. 扶手材料种类、规格 2. 栏杆材料种类、规格 3. 栏板材料种类、规格 4. 固定配件种类 5. 防护材料种类	m	按设计图示以扶手中心线长度（包括弯头长度）计算	1. 制作 2. 运输 3. 安装 4. 刷防护材料
011503002	硬木扶手、栏杆、栏板				
011503003	塑料扶手、栏杆、栏板				

续表

项目编码	项目名称	项目特征	计量单位	工程量计算规则	工作内容
011503004	GRC栏杆、扶手	1.栏杆的规格 2.安装间距 3.扶手类型规格 4.填充材料种类	m	按设计图示以扶手中心线长度（包括弯头长度）计算	1.制作 2.运输 3.安装 4.刷防护材料
011503005	金属靠墙扶手	1.扶手材料种类、规格 2.固定配件种类 3.防护材料种类			
011503006	硬木靠墙扶手				
011503007	塑料靠墙扶手				
011503008	玻璃栏板	1.栏杆玻璃的种类、规格、颜色 2.固定方式 3.防护材料种类			

（四）暖气罩（编码：011504）

暖气罩见表2.4-93。

暖气罩　　　　　　　　　　　　　　　　　　　　　　表2.4-93

项目编码	项目名称	项目特征	计量单位	工程量计算规则	工作内容
011504001	饰面板暖气罩	1.暖气罩材质 2.防护材料种类	m²	按设计图示尺寸以垂直投影面积（不展开）计算	1.暖气罩制作、运输、安装 2.刷防护材料
011504002	塑料板暖气罩				
022604003	金属暖气罩				

（五）浴厕配件（编码：011505）

浴厕配件见表2.4-94。

浴厕配件　　　　　　　　　　　　　　　　　　　　　　表2.4-94

项目编码	项目名称	项目特征	计量单位	工程量计算规则	工作内容
011505001	洗漱台	1.材料品种、规格、颜色 2.支架、配件品种、规格	1.m² 2.个	1.按设计图示尺寸以台面外接矩形面积计算 不扣除孔洞、挖弯、削角所占面积，挡板、吊沿板面积并入台面面积内 2.按设计图示数量计算	1.台面及支架运输、安装 2.杆、环、盒、配件安装 3.刷油漆
011505002	晒衣架	1.材料品种、规格、颜色 2.支架、配件品种、规格	个	按设计图示数量计算	1.台面及支架运输、安装 2.杆、环、盒、配件安装 3.刷油漆
011505003	帘子杆				
011505004	浴缸拉手				
011505005	卫生间扶手				
011505006	毛巾杆(架)		套		1.台面及支架制作、运输、安装 2.杆、环、盒、配件安装 3.刷油漆
011505007	毛巾环		副		
011505008	卫生纸盒		个		
011505009	肥皂盒				

续表

项目编码	项目名称	项目特征	计量单位	工程量计算规则	工作内容
011505010	镜面玻璃	1. 镜面玻璃品种、规格 2. 框材质、断面尺寸 3. 基层材料种类 4. 防护材料种类	m²	按设计图示尺寸以边框外围面积计算	1. 基层安装 2. 玻璃及框制作、运输、安装
011505011	镜箱	1. 箱体材质、规格 2. 玻璃品种、规格 3. 基层材料种类 4. 防护材料种类 5. 油漆品种、刷漆遍数	个	按设计图示数量计算	1. 基层安装 2. 箱体制作、运输、安装 3. 玻璃安装 4. 刷防护材料、油漆

（六）雨篷、旗杆（编码：011506）

雨篷、旗杆见表 2.4-95。

雨篷、旗杆   表 2.4-95

项目编码	项目名称	项目特征	计量单位	工程量计算规则	工作内容
011506001	雨篷吊挂饰面	1. 基层类型 2. 龙骨材料种类、规格、中距 3. 面层材料品种、规格 4. 吊顶（天棚）材料品种、规格 5. 嵌缝材料种类 6. 防护材料种类	m²	按设计图示尺寸以水平投影面积计算	1. 底层抹灰 2. 龙骨基层安装 3. 面层安装 4. 刷防护材料、油漆
011506002	金属旗杆	1. 旗杆材料、种类、规格 2. 旗杆高度 3. 基础材料种类 4. 基座材料种类 5. 基座面层材料、种类、规格	根	按设计图示数量计算	1. 土石挖、填、运 2. 基础混凝土浇筑 3. 旗杆制作、安装 4. 旗杆台座制作、饰面
011506003	玻璃雨篷	1. 玻璃雨篷固定方式 2. 龙骨材料种类、规格、中距 3. 玻璃材料品种、规格 4. 嵌缝材料种类 5. 防护材料种类	m²	按设计图示尺寸以水平投影面积计算	1. 龙骨基层安装 2. 面层安装 3. 刷防护材料、油漆

（七）招牌、灯箱（编码：011507）

招牌、灯箱见表 2.4-96。

招牌、灯箱   表 2.4-96

项目编码	项目名称	项目特征	计量单位	工程量计算规则	工作内容
011507001	平面、箱式招牌	1. 箱体规格 2. 基层材料种类 3. 面层材料种类 4. 防护材料种类	m²	按设计图示尺寸以正立面边框外围面积计算。复杂型的凸凹造型部分不增加面积	1. 基层安装 2. 箱体及支架制作、运输、安装 3. 面层制作、安装 4. 刷防护材料、油漆
011507002	竖式标箱			按设计图示数量计算	
011507003	灯箱				

续表

项目编码	项目名称	项目特征	计量单位	工程量计算规则	工作内容
011507004	信报箱	1. 箱体规格 2. 基层材料种类 3. 面层材料种类 4. 防护材料种类 5. 户数	个	按设计图示数量计算	1. 基层安装 2. 箱体及支架制作、运输、安装 3. 面层制作、安装 4. 刷防护材料、油漆

（八）美术字（编码：011508）

美术字见表2.4-97。

美术字　　　　　　　　　　　　　　　　表2.4-97

项目编码	项目名称	项目特征	计量单位	工程量计算规则	工作内容
011508001	泡沫塑料字	1. 基层类型 2. 镌字材料品种、颜色 3. 字体规格 4. 固定方式 5. 油漆品种、刷漆遍数	个	按设计图示数量计算	1. 字制作、准数、安装 2. 刷油漆
011508002	有机玻璃字				
011508003	木质字				
011508004	金属字				
011508005	吸塑字				

十六、拆除工程

（一）砖砌体拆除（编码：011601）

砖砌体拆除见表2.4-98。

砖砌体拆除　　　　　　　　　　　　　　表2.4-98

项目编码	项目名称	项目特征	计量单位	工程量计算规则	工作内容
011601001	砖砌体拆除	1. 砌体名称 2. 砌体材质 3. 拆除高度 4. 拆除砌体的截面尺寸 5. 砌体表面的附着物种类	1.m³ 2.m	1. 以立方米计量，按拆除的体积计算 2. 以米计量，按拆除的延长米计算	1. 拆除 2. 控制扬尘 3. 清理 4. 建渣场内、外运输

注：以米计量，如砖地沟、砖明沟等必须描述拆除部位的截面尺寸；以立方米计量，截面尺寸则不必描述。

（二）混凝土及钢筋混凝土构件拆除（编码：011602）

混凝土及钢筋混凝土构件拆除见表2.4-99。

混凝土及钢筋混凝土构件拆除　　　　　　表2.4-99

项目编码	项目名称	项目特征	计量单位	工程量计算规则	工作内容
011602001	混凝土构件拆除	1. 构件名称 2. 拆除构件的厚度或规格尺寸 3. 构件表面的附着物种类	1.m³ 2.m² 3.m	1. 以立方米计量，按拆除构件的混凝土体积计算 2. 以平方米计量，按拆除面积计算 3. 以米计量，按拆除部位的延长米计算	1. 拆除 2. 控制扬尘 3. 清理 4. 建渣场内、外运输
011602002	钢筋混凝土构件拆除				

续表

项目编码	项目名称	项目特征	计量单位	工程量计算规则	工作内容
沪 011602003	全回转清障	1. 孔径 2. 孔深	m³	按设计图示尺寸以体积计算	1. 钻机就位 2. 钻机空搅 3. 钻进取土 4. 灌液 5. 超声波测试 6. 回填水泥土、拔管

注：构件表面的附着物种类指抹灰层、块料层、龙骨及装饰面层等。

（三）木构件拆除（编码：011603）

木构件拆除见表2.4-100。

木构件拆除　　　　表 2.4-100

项目编码	项目名称	项目特征	计量单位	工程量计算规则	工作内容
011603001	木构件拆除	1. 构件名称 2. 拆除构件的厚度或规格尺寸 3. 构件表面的附着物种类	1. m³ 2. m² 3. m	1. 以立方米计量，按拆除构件的体积计算 2. 以平方米计量，按拆除面积计算 3. 以米计量，按拆除延长米计算	1. 拆除 2. 控制扬尘 3. 清理 4. 建渣场内、外运输

注：　以立方米作为计量单位时，可不描述构件的规格尺寸，以平方米作为计量单位时，则应描述构件的厚度，以米作为计量单位时，则必须描述构件的规格尺寸。

（四）抹灰层拆除（编码：011604）

抹灰层拆除见表2.4-101。

抹灰层拆除　　　　表 2.4-101

项目编码	项目名称	项目特征	计量单位	工程量计算规则	工作内容
011604001	平面抹灰层拆除	1. 拆除部位 2. 抹灰层种类	m²	按拆除部位的面积计算	1. 拆除 2. 控制扬尘 3. 清理 4. 建渣场内、外运输
011604002	立面抹灰层拆除				
011604003	天棚抹灰面拆除				

注：抹灰层种类可描述为一般抹灰或装饰抹灰。

（五）块料面层拆除（编码：011605）

块料面层拆除见表2.4-102。

块料面层拆除　　　　表 2.4-102

项目编码	项目名称	项目特征	计量单位	工程量计算规则	工作内容
011605001	平面块料拆除	1. 拆除的基层类型 2. 饰面材料种类	m²	按拆除面积计算	1. 拆除 2. 控制扬尘 3. 清理 4. 建渣场内、外运输
011605002	立面块料拆除				

注：如仅拆除块料层，拆除的基层类型不用描述。

（六）龙骨及饰面拆除（编码：011606）

龙骨及饰面拆除见表2.4-103。

		龙骨及饰面拆除				表 2.4-103
项目编码	项目名称	项目特征	计量单位	工程量计算规则	工作内容	
011606001	楼地面龙骨及饰面拆除	1. 拆除的基层类型 2. 龙骨及饰面种类	m²	按拆除面积计算	1. 拆除 2. 控制扬尘 3. 清理 4. 建渣场内、外运输	
011606002	墙柱面龙骨及饰面拆除					
011606003	天棚面龙骨及饰面拆除					

注：基层类型的描述指砂浆层、防水层等。

　　如仅拆除龙骨及饰面，拆除的基层类型不用描述。

　　如只拆除饰面，不用描述龙骨材料种类。

（七）屋面拆除（编码：011607）

屋面拆除见表 2.4-104。

		屋面拆除			表 2.4-104
项目编码	项目名称	项目特征	计量单位	工程量计算规则	工作内容
011607001	刚性层拆除	刚性层厚度	m²	按铲除部位的面积计算	1. 拆除 2. 控制扬尘 3. 清理 4. 建渣场内、外运输
011607002	防水层拆除	防水层种类			

注：铲除部位名称的描述指墙面、柱面、天棚、门窗等。

（八）铲除油漆涂料裱糊面（编码：011608）

铲除油漆涂料裱糊面见表 2.4-105。

		铲除油漆涂料裱糊面			表 2.4-105
项目编码	项目名称	项目特征	计量单位	工程量计算规则	工作内容
011608001	铲除油漆面	1. 铲除部位名称 2. 铲除部位的截面尺寸	1. m² 2. m	1. 以平方米计量，按铲除部位的面积计算 2. 以米计量，按铲除部位的延长米计算	1. 拆除 2. 控制扬尘 3. 清理 4. 建渣场内、外运输
011608002	铲除涂料面				
011608003	铲除裱糊面				

（九）栏杆栏板、轻质隔断隔墙拆除（编码：011609）

栏杆栏板、轻质隔断隔墙拆除见表 2.4-106。

		栏杆栏板、轻质隔断隔墙拆除			表 2.4-106
项目编码	项目名称	项目特征	计量单位	工程量计算规则	工作内容
011609001	栏杆、栏板拆除	1. 栏杆（板）的高度 2. 栏杆、栏板种类	1. m² 2. m	1. 以平方米计量，按拆除部位的面积计算 2. 以米计量，按拆除的延长米计算	1. 拆除 2. 控制扬尘 3. 清理 4. 建渣场内、外运输
011609002	隔断隔墙拆除	1. 拆除隔墙的骨架种类 2. 拆除隔墙的饰面种类	m²	按拆除部位的面积计算	

（十）门窗拆除（编码：011610）

门窗拆除见表 2.4-107。

门窗拆除　　　　　　　　　　　　　　　　　　　　表 2.4-107

项目编码	项目名称	项目特征	计量单位	工程量计算规则	工作内容
011610001	木门窗拆除	1. 室内高度 2. 门窗洞口尺寸	1. m² 2. 樘	1. 以平方米计量，按拆除面积计算 2. 以樘计量，按拆除樘数计算	1. 拆除 2. 控制扬尘 3. 清理 4. 建渣场内、外运输
011610002	金属门窗拆除				

注：门窗拆除以平方米计量，不用描述门窗的洞口尺寸。室内高度指室内楼地面至门窗的上边框。

（十一）金属构件拆除（编码：011611）

金属构件拆除见表 2.4-108。

金属构件拆除　　　　　　　　　　　　　　　　　　表 2.4-108

项目编码	项目名称	项目特征	计量单位	工程量计算规则	工作内容
011611001	钢梁拆除	1. 构件名称 2. 拆除构件的规格尺寸	1. t 2. m	1. 以吨计量，按拆除构件的质量计算 2. 以米计量，按拆除延长米计算	1. 拆除 2. 控制扬尘 3. 清理 4. 建渣场内、外运输
011611002	钢柱拆除		1. t 2. m		
011611003	钢网架拆除		t	按拆除构件的质量计算	
011611004	钢支撑、钢墙拆除		1. t 2. m	1. 以吨计量，按拆除构件的质量计算 2. 以米计量，按拆除延长米计算	
011611005	其他金属构件拆除				

（十二）管道及卫生洁具拆除（编码：011612）

管道及卫生洁具拆除见表 2.4-109。

管道及卫生洁具拆除　　　　　　　　　　　　　　　表 2.4-109

项目编码	项目名称	项目特征	计量单位	工程量计算规则	工作内容
011612001	管道拆除	1. 管道种类、材质 2. 管道上的附着物种类	m	按拆除管道的延长米计算	1. 拆除 2. 控制扬尘 3. 清理 4. 建渣场内、外运输
011612002	卫生洁具拆除	卫生洁具种类	1. 套 2. 个	按拆除的数量计算	

（十三）灯具、玻璃拆除（编码：011613）

灯具、玻璃拆除见表 2.4-110。

灯具、玻璃拆除　　　　　　　　　　　　　　　　　表 2.4-110

项目编码	项目名称	项目特征	计量单位	工程量计算规则	工作内容
011613001	灯具拆除	1. 拆除灯具高度 2. 灯具种类	套	按拆除的数量计算	1. 拆除 2. 控制扬尘 3. 清理 4. 建渣场内、外运输
011613002	玻璃拆除	1. 玻璃厚度 2. 拆除部位	m²	按拆除的面积计算	

注：拆除部位的描述指门窗玻璃、隔断玻璃、墙玻璃、家具玻璃等。

（十四）其他构件拆除（编码：011614）

其他构件拆除见表2.4-111。

其他构件拆除

表2.4-111

项目编码	项目名称	项目特征	计量单位	工程量计算规则	工作内容
011614001	暖气罩拆除	暖气罩材质	1.个 2.m	1.以个为单位计量，按拆除个数计算 2.以米为单位计量，按拆除延长米计算	1.拆除 2.控制扬尘 3.清理 4.建渣场内、外运输
011614002	柜体拆除	1.柜体材质 2.柜体尺寸：长、宽、高			
011614003	窗台板拆除	窗台板平面尺寸	1.块 2.m	1.以块计量，按拆除数量计算 2.以米计量，按拆除的延长米计算	
011614004	筒子板拆除	筒子板平面尺寸			
011614005	窗帘盒拆除	窗帘盒平面尺寸	m	按拆除的延长米计算	
011614006	窗帘轨拆除	窗帘轨的材质			

注：双轨窗帘轨拆除按双轨长度分别计算工程量。

（十五）开孔（打洞）（编码：011615）

开孔（打洞）见表2.4-112。

开孔（打洞）

表2.4-112

项目编码	项目名称	项目特征	计量单位	工程量计算规则	工作内容
011615001	开孔（打洞）	1.部位 2.打洞部位材质 3.洞尺寸	个	按数量计算	1.拆除 2.控制扬尘 3.清理 4.建渣场内、外运输

注：部位可描述为墙面或楼板。

打洞部位材质可描述为页岩砖或空心砖或钢筋混凝土等。

十七、措施项目

措施项目包括脚手架工程、混凝土模板及支架（撑）、垂直运输、超高施工增加、大型机械设备进出场及安拆、施工排水及降水、安全文明施工及其他措施项目。

（一）脚手架工程（编码：011701）

脚手架工程包括综合脚手架（011702001）、外脚手架（011701002）、里脚手架（011701003）、悬空脚手架（011701004）、挑脚手架（011701005）、满堂脚手架（011701006）、整体提升架（011701007）、外装饰吊篮（011701008）、电梯井脚手架（沪011701009）、防护脚手架（沪011701010），见表2.4-113。

177

脚手架工程 表 2.4-113

项目编码	项目名称	项目特征	计量单位	工程量计算规则	工作内容
011701001	综合脚手架	1.建筑结构形式 2.檐口高度	m²	按建筑面积计算	1.场内、场外材料搬运 2.搭、拆脚手架、斜道、上料平台 3.安全网的铺设 4.选择附墙点与主体连接 5.测试电动装置、安全锁等 6.拆除脚手架后材料的堆放
011701002	外脚手架	1.搭设方式 2.搭设高度 3.脚手架材质	m²	按所服务对象的垂直投影面积计算	1.场内、场外材料搬运 2.搭、拆脚手架、斜道、上料平台 3.安全网的铺设 4.拆除脚手架后材料的堆放
011701003	里脚手架				
011701004	悬空脚手架	1.搭设方式 2.悬挑宽度 3.脚手架材质	m²	按搭设的水平投影面积计算	
011701005	挑脚手架		m	按搭设长度乘以搭设层数以延长米计算	
011701006	满堂脚手架	1.搭设方式 2.搭设高度 3.脚手架材质	m²	按搭设的水平投影面积计算	
011701007	整体提升架	1.搭设方式及启动装置 2.搭设高度	m²	按所服务对象的垂直投影面积计算	1.场内、场外材料搬运 2.选择附墙点与主体连接 3.搭、拆脚手架、斜道、上料平台 4.安全网的铺设 5.测试电动装置、安全锁等 6.拆除脚手架后材料的堆放
011701008	外装饰吊篮	1.升降方式及启动装置 2.搭设高度及吊篮型号	m²	按所服务对象的垂直投影面积计算	1.场内、场外材料搬运 2.吊篮的安装 3.测试电动装置、安全锁、平衡控制器等 4.吊篮的拆卸
沪011701009	电梯井脚手架	1.用途 2.搭设方式 3.搭设高度 4.脚手架材质	座	按设计图示数量以座计算	1.场内外材料搬运 2.搭、拆脚手架、斜道、上料平台 3.挖地锚、拉缆风绳 4.拆除脚手架后材料的堆放
沪011701010	防护脚手架	1.用途 2.搭设方式 3.搭设高度 4.脚手架材质	1.m 2.m²	1.沿街建筑外侧防护安全笆:按建筑物外侧沿街长度的垂直投影面积计算 2.钢管水平防护架:按立杆中心线的水平投影面积计算 3.高压线防护架:按搭设长度以延长米计算	1.场内、场外材料搬运 2.搭、拆脚手架 3.拆除脚手架后材料的堆放

注:电梯井脚手架以一座电梯为一孔。

建筑物高度≤3.0m时,应在特征中注明。

防护安全笆适用于高度≤20m的沿街建筑物。

综合脚手架适用于能够按"建筑面积计算规则"计算建筑面积的建筑工程脚手架，不适用于房屋夹层、构筑物及附属工程脚手架。建筑物的檐口高度是指设计室外地坪至檐口滴水的高度（平屋顶系指屋面板底高度），凸出主体建筑物屋顶的电梯机房、楼梯出口间、水箱间、瞭望塔、排烟机房等不计入檐口高度。

综合脚手架针对整个房屋建筑的土建和装饰装修部分。

（二）混凝土模板及支架（撑）工程（编码：011702）

混凝土模板及支架（撑）工程见表 2.4-114。

混凝土模板及支架（撑）工程　　　　　　　　　　　　表 2.4-114

项目编码	项目名称	项目特征	计量单位	工程量计算规则	工作内容
011702001	基础	基础类型	m²	按模板与现浇混凝土构件的接触面积计算 1. 浇钢筋混凝土墙、板单孔面积≤0.3m²的孔洞不予扣除，洞侧壁模板亦不增加；单孔面积＞0.3m²时应予扣除，洞侧壁模板面积并入墙、板工程量内计算 2. 现浇框架分别按梁、板、柱有关规定计算；附墙柱、暗梁、暗柱并入墙内工程量内计算 3. 柱、梁、墙、板相互连接的重叠部分，均不计算模板面积 4. 构造柱按图示外露部分计算模板面积	1. 模板制作 2. 模板安装、拆除、整理堆放及场内外运输 3. 清理模板粘结物及模内杂物、刷隔离剂等
011702002	矩形柱				
011702003	构造柱				
011702004	异形柱	柱截面形状			
011702005	基础梁	梁截面形状			
011702006	矩形梁	支撑高度			
011702007	异形梁	1. 梁截面形状 2. 支撑高度			
011702008	圈梁				
011702009	过梁				
011702010	弧形、拱形梁	1. 梁截面形状 2. 支撑高度			
011702011	直形墙				
011702012	弧形墙				
011702013	短肢剪力墙、电梯井壁				
011702014	有梁板				
011702015	无梁板				
011702016	平板				
011702017	拱板	支撑高度			
011702018	薄壳板				
011702019	空心板				
011702020	其他板				
011702021	栏板				
011702022	天沟、檐沟	构件类型		按模板与现浇混凝土构件的接触面积计算	
011702023	雨篷、悬挑板、阳台板	1. 构件类型 2. 板厚度		按图示外挑部分尺寸的水平投影面积计算、挑出墙外的悬臂梁及板边不另计算	

续表

项目编码	项目名称	项目特征	计量单位	工程量计算规则	工作内容
011702024	楼梯	类型	m²	按楼梯（包括休息平台、平台梁、斜梁和楼层板的连接梁）的水平投影面积计算，不扣除宽度≤500mm的楼梯井所占面积，楼梯踏步、踏步板、平台梁等侧面模板不另计算，伸入墙内部分亦不增加	1.模板制作 2.模板安装、拆除、整理堆放及场内外运输 3.清理模板粘结物及模内杂物、刷隔离剂等
011702025	其他现浇构件	构件类型		按模板与现浇混凝土构件的接触面积计算	
011702026	电缆沟、地沟	1.沟类型 2.沟截面		按模板与电缆沟、地沟接触的面积计算	
011702027	台阶	台阶踏步宽		按图示台阶水平投影面积计算，台阶端头两侧不另计算模板面积。架空式混凝土台阶，按现浇楼梯计算	
011702028	扶手	扶手断面尺寸		按模板与扶手的接触面积计算	
011702029	散水			按模板与散水的接触面积计算	
011702030	后浇带	后浇带部位		按模板与后浇带的接触面积计算	
011702031	化粪池	1.化粪池部位 2.化粪池规格		按模板与混凝土接触面积计算	
011702032	检查井	1.检查井部位 2.检查井规格			
沪011702033	池槽	池槽外围尺寸	m³	按设计图示外围体积计算	1.模板制作 2.模板安装、拆除、整理堆放及场内外运输 3.清理模板粘结物及模内杂物、刷隔离剂等
沪011702034	压顶		m³	按混凝土实体体积计算	
沪011702035	零星构件		m³	按混凝土实体体积计算	

注：垫层、导墙、基坑混凝土支撑等构件的模板按本表中其他浇筑构件编码列项构筑物模板，按《构筑物工程工程量计算规范》GB 50860—2013的相应项目要求编码、列项。若现浇混凝土梁、板支撑高度超过3.6m时，项目特征应描述支撑高度。

混凝土模板及支架（撑）包括基础、矩形柱、构造柱、异形柱、基础梁、矩形梁、异形梁、圈梁、过梁、弧形及拱形梁、直形墙、弧形墙、短肢剪力墙及电梯井壁、有梁板、无梁板、平板、拱板、薄壳板、空心板、其他板、栏板、天沟及檐沟、雨篷/悬挑板/阳台板、楼梯、其他现浇构件、电缆沟及地沟、台阶、扶手、散水、后浇带、化粪池、检查井。

（三）垂直运输及超高施工增加

1.垂直运输（011703）

指施工工程在合理工期内所需垂直运输机械，见表2.4-115。

垂直运输　　　　　　　　　　　　　　　　　表 2.4-115

项目编码	项目名称	项目特征	计量单位	工程量计算规则	工作内容
011703001	垂直运输	1. 建筑物建筑类型及结构形式 2. 地下室建筑面积 3. 建筑物檐口高度、层数	1. m² 2. 天	1. 按建筑面积计算 2. 按施工工期日历天数计算	1. 垂直运输机械的固定装置、基础制作、安装 2. 行走式垂直运输机械轨道的铺设、拆除、摊销
沪 011703002	基础垂直运输	钢筋混凝土基础种类	m³	按钢筋混凝土基础设计图示尺寸的混凝土体积计算	1. 垂直运输机械的固定基础制作、安装、拆除 2. 建筑物单位工程合理工期内完成全部工程项目所需的全部垂直运输

注：地下室与上部建筑物，分别计算建筑面积，分别编码列项。

基础垂直运输中的混凝土基础仅适用满堂基础、独立基础、杯形基础、桩承台基础、带形基础及设备基础。

建筑物檐口高度≤3.6m 时，应在特征中注明。

轨道式基础（双轨）：按轨道（双轨）的长度计算；即两根轨道按一根轨道的长度计算。

构筑物的垂直运输，按《构筑物工程工程量计算规范》GB 50860—2013 的相应项目要求编码、列项。

2. 超高施工增加（011704）

单层建筑物檐口高度超过 20m，多层建筑物超过 6 层时，可按超高部分的建筑面积计算超高施工增加。计算层数时，地下室不计入层数。同一建筑物有不同檐高时，可按不同高度的建筑面积分别计算建筑面积，以不同檐高分别编码列项，见表 2.4-116。

超高施工增加　　　　　　　　　　　　　　　表 2.4-116

项目编码	项目名称	项目特征	计量单位	工程量计算规则	工作内容
011704001	超高施工增加	1. 建筑物建筑类型及结构形式 2. 建筑物檐口高度、层数 3. 单层建筑物檐口高度超过 20m，多层建筑物超过 6 层部分的建筑面积	m²	按建筑物超高部分的建筑面积计算	1. 建筑物超高引起的人工工效降低以及由于人工工效降低引起的机械降效 2. 高层施工用水加压水泵的安装、拆除及工作台班 3. 通信联络设备的使用及摊销

（四）大型机械设备进出场及安拆（011705）

安拆费包括施工机械、设备在现场进行安装拆卸所需人工、材料、机械和试运转费用以及机械辅助设施的折旧、搭设、拆除等费用；进出场费包括施工机械、设备整体或分体自停放地点运至施工现场或由一施工地点运至另一施工地点所发生的运输、装卸、辅助材料等费用。工程量以台次计量，按使用机械设备的数量计算，见表 2.4-117。

大型机械设备进出场及安拆　　　　　　　　　　　　表 2.4-117

项目编码	项目名称	项目特征	计量单位	工程量计算规则	工作内容
011705001	大型机械设备进出场及安拆	1. 机械设备名称 2. 机械设备规格型号	台次	按使用机械设备的数量计算	1. 安拆费包括施工机械、设备在现场进行安装拆卸所需人工、材料、机械和试运转费用以及机械辅助设施的折旧、搭设、拆除等费用 2. 进出场费包括施工机械、设备整体或分体自停放地点运至施工现场或由一施工地点运至另一施工地点所发生的运输、装卸、辅助材料等费用

（五）施工排水、降水（011706）

施工排水、降水包括成井、排水及降水。相应专项设计不具备时，可按暂估量计算。临时排水沟、排水设施安砌、维修、拆除，已包含在安全文明施工中，不包括在施工排水、降水措施项目中。成井，按设计图示尺寸以钻孔深度计算。排水、降水，以昼夜（24h）为单位计量，按排水、降水日历天数计算，见表 2.4-118。

施工排水、降水　　　　　　　　　　　　表 2.4-118

项目编码	项目名称	项目特征	计量单位	工程量计算规则	工作内容
011706001	成井	1. 成井方式 2. 地层情况 3. 成井直径 4. 井（滤）管类型、直径	m	按设计图示尺寸以钻孔深度计算	1. 准备钻孔机械、埋设护筒、钻机就位；泥浆制作、固壁；成孔、出渣、清孔等 2. 对接上、下井管（滤管），焊接、安放，下滤料，洗井，连接试抽等
011706002	排水、降水	1. 机械规格型号 2. 降排水管规格	昼夜	按排、降水日历天数计算	1. 管道安装、拆除，场内搬运等 2. 抽水、值班、降水设备维修等

注：相应专项设计不具备时，可按暂估量计算。

（六）安全文明施工及其他措施项目（011707）

安全文明施工及其他措施项目包括：安全文明施工，夜间施工，非夜间施工照明，二次搬运，冬雨期施工，地上、地下设施、建筑物的临时保护设施，已完工程及设备保护等。

项目应根据工程实际情况计算措施项目费用，需分摊的应合理计算摊销费用。安全文明施工及其他措施项目参见表 2.3-4。

十八、附属工程

窨井见表 2.4-119。

窨井　　　　　　　　　　　　表 2.4-119

项目编码	项目名称	项目特征	计量单位	工程量计算规则	工作内容
011801001	成品窨井	1. 材料种类 2. 型号、规格	座	按设计图示数量计算	1. 卸车 2. 运输 3. 安装 4. 检验及试验

注：成品窨井，若为标准设计，在项目特征中标注标准图集号及页码。

第五节 工程计量的原则和不同合同形式下工程计量的要求

一、一般规定

1. 工程量必须按照相关工程现行国家计量规范规定的工程量计算规则计算。没有国家计量标准的专业工程，可选用行业标准或地方标准，如《上海市建设工程工程量清单计价应用规则》等。

2. 工程计量可选择按月或按工程形象进度分段计量，具体计量周期应在合同中约定。

3. 因承包人原因造成的超出合同工程范围施工或返工的工程量，发包人不予计量。

4. 成本加酬金合同应按本节中单价合同的计量规定。

二、单价合同的计量

单价合同是发承包双方约定以工程量清单及其综合单价进行合同价款计算、调整和确认的建设工程施工合同。

1. 工程量必须以承包人完成合同工程应予计量的工程量确定。

2. 施工中进行工程计量，当发现招标工程量清单中出现缺项、工程量偏差，或因工程变更引起工程量增减时，应按承包人在履行合同义务中完成的工程量计算。

3. 承包人应当按照合同约定的计量周期和时间向发包人提交当期已完工程量报告。发包人应在收到报告后 7 天内核实，并将核实计量结果通知承包人。发包人未在约定时间内进行核实的，承包人提交的计量报告中所列的工程量应视为承包人实际完成的工程量。

4. 发包人认为需要进行现场计量核实时，应在计量前 24h 通知承包人，承包人应为计量提供便利条件并派人参加。当双方均同意核实结果时，双方应在上述记录上签字确认。承包人收到通知后不派人参加计量，视为认可发包人的计量核实结果。发包人不按照约定时间通知承包人，致使承包人未能派人参加计量，计量核实结果无效。

5. 当承包人认为发包人核实后的计量结果有误时，应在收到计量结果通知后的 7 天内向发包人提出书面意见，并应附上其认为正确的计量结果和详细的计算资料。发包人收到书面意见后，应在 7 天内对承包人的计量结果进行复核后通知承包人。承包人对复核计量结果仍有异议的，按照合同约定的争议解决办法处理。

6. 承包人完成已标价工程量清单中每个项目的工程量并经发包人核实无误后，发承包双方应对每个项目的历次计量报表进行汇总，以核实最终结算工程量，并应在汇总表上签字确认。

三、总价合同的计量

总价合同是发承包双方约定以施工图及其预算和有关条件进行合同价款计算、调整和确认的建设工程施工合同。

1. 采用工程量清单方式招标形成的总价合同，其工程量应按照本节中单价合同的规定计算。

2. 采用经审定批准的施工图设计文件及其预算方式发包形成的总价合同，除按照工程变更规定的工程量增减外，总价合同各项目的工程量应为承包人用于结算的最终工程量。

3. 总价合同约定的项目计量应以合同工程经审定批准的施工图设计文件为依据，发承包双方应在合同中约定工程计量的形象目标或时间节点进行计量。

4. 承包人应在合同约定的每个计量周期内对已完成的工程进行计量，并向发包人提交达到工程形象目标完成的工程量和有关计量资料的报告。

5. 发包人应在收到报告后 7 天内对承包人提交的上述资料进行复核，以确定实际完成的工程量和工程形象目标。对其有异议的，应通知承包人进行共同复核。

第六节　计算机辅助工程量计算

工程量计算耗用的工作量，约占全部造价文件编制工程量的 70%，随着工程建设技术的发展，项目复杂度越来越大，规范程度越来越强，建设速度越来越快，对工程造价编制人员的工作要求越来越高，对工程量计算工作的速度和精度要求越来越严。随着计算机技术的进步和技术人员的不断努力，工程量的自动计算软件已经进入普及应用阶段。工程造价专业人员在掌握了专业识图、材料、工艺及计量计价知识外，借助计算机辅助工程量计算，可高效、高质量地做好工程建设各个阶段的工程计量。

一、模型计算工程量

（一）模型计算工程量定义

1. 基本定义

模仿人工算量的思路方法及操作习惯，利用计算机速度快、易操作、保存久、容量大、便管理、可视强等特点，将建筑工程图内信息输入软件中，包括工程平、立面关系对应及各个构件属性对应，来完成模型的建立，之后由算量模型软件完成自动检查、自动扣减、统计分类、自动计算，得到构件实体的工程量或工程量清单或定额工程量。

2. 工作原理

建模过程，即是将单一的平面构件布置到绘图界面中，让平面构件按图纸标注的属性和位置关系相互建立联系，形成项目整体的三维模型；软件识别了构件之间的位置关系后，整理比较尺寸数据，自动判断各构件之间的扣减或搭接关系，自动判断适用的规范或图集，通过内置的计算规则进行工程量计算。

3. 建模方式

首先，是三维模型的创建。设置工程属性，对构件属性完整定义后，进行构件布置、编辑，完成建模，经合法化检查无误后进行工程量汇总计算，报表输出。同时，算量模型软件支持电子版图纸的导入，包括 CAD 图纸、PDF 图纸、图片等，通过智能识别构件属性、空间位置等信息来创建模型。某些工程量不适合图形法计算，也可单构件法（表格法）算量，最终统一汇总计算。

其次，在图形法中，算量模型软件中内置全国的清单工程量和定额计算规则，采用模型与清单／定额独立存储和匹配的方式，同模型可以套取不同地区清单、定额，按对应的清单、定额计算规则计算不同需求的工程量，如图 2.6-1 所示。

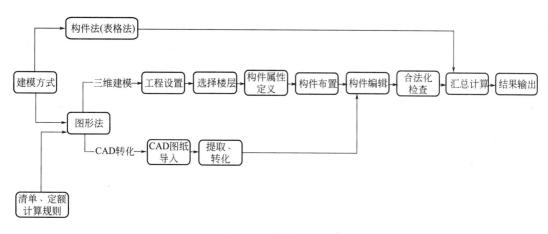

图 2.6-1　建模方式

（二）模型计算工程量方法

算量模型软件计算工程量的方法有图形法、构件法（表格法）两种方式，本节着重讲述图形法模型的建立、工程量的计算的基本步骤。

1. 建模前准备

（1）应具备建模能力，如表 2.6-1 所示。

建模能力

表 2.6-1

一级	具备基本识图能力，了解房屋建筑构造 能够依据图纸创建简单模型
二级	熟悉房屋建筑构造，知道钢木混凝土、二次结构施工工艺 能够依据图纸创建稍微复杂模型，零构件冲突错误
三级	熟悉现场各类施工工艺，有快速辨别图纸中的问题的能力 积累自己的建模思路，快速、灵活建立完整模型
四级	深入熟悉软件规则，对模型的质和量有十足把握 了解并一定程度上懂得国家规范、图集等

（2）理解图纸内容

浏览建筑和结构图，熟悉设计说明，对图纸进行分析，了解该工程的一些基本信息，如设计地坪标高与楼层相关信息、大体构造和基本轮廓、混凝土结构类型、混凝土强度等级、抗震等级（抗震设防烈度）、选用规范以及节点设置等基本参数，以便做好工程设置及属性设置。找出图纸的规律：是否有标准层、是否存在对称或相同的区域等，对称位置可以镜像，相同的可以复制，避免重复建模。查看电子图，在转化前可以对 CAD 图纸做适当的修改，保证转化达到更高的成功率。

（3）整理建模的思路

建模过程，可按照"先主体，后零星；先地上，后地下"的思路，如图 2.6-2 所示。

2. 工程设置

工程设置是模型算量软件操作的准备工作，完成工程关键信息的设置。工程设置的内

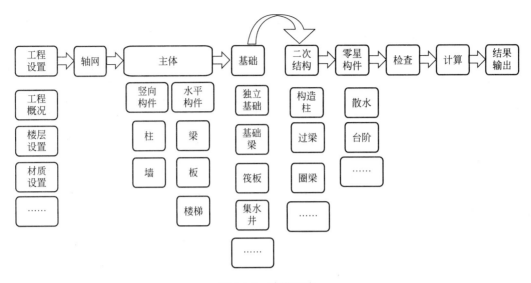

图 2.6-2　建模思路

容如表 2.6-2 所示。

工程设置内容　　　　　　　　　　　　　　　　　　　　　　　　　　　　表 2.6-2

设置分类	分类内容
工程信息概况	如工程名称、工程地点、结构类型、建筑规模等信息
选择算量模式	如清单模式、定额模式，该工程所需要套用的清单、定额库以及清单、定额的计算规则等信息
楼层信息设置	如工程的楼层标高、标准层设置、室外设计地坪标高、自然地坪标高、地下水位等信息。楼层标高，相对本层地面的高度；工程标高，相对 1 层 ±0.000 的高度
材质设置	工程中大宗材料材质等级设置，如砌体、混凝土、土方等
标高设置	工程中的两种相对标高（楼层标高和工程标高）设置
计算规则	如图集选择、抗震等级、单个弯钩增加值及箍筋弯钩增加值、根数取证规则、计算参数、定尺长度、箍筋计算方法
锚固设置	如锚固值、搭接系数、锚固设置
计算设置	各构件钢筋的计算规则，一般按照默认，个别构件不一样的可在属性定义中单独修改
搭接设置	各构件钢筋的直径对应接头类型
箍筋设置	如复合方式、内部形式
特殊钢筋设置	带 E、F 钢筋的条件设置

3. 构件属性定义

（1）软件内置构件分类，如表 2.6-3 所示。

构件分类　　　　　　　　　　　　　　　　　　　　　　　　　　　　　　表 2.6-3

序号	大类	小类
1	基础	混凝土条基础、砖石条基础、独立基础、柱状独立基础、满堂基础、筏板钢筋、实体集水井、井坑、基础梁、基础连梁、其他桩、人工挖空桩、土方

续表

序号	大类	小类
2	柱	混凝土柱、砖柱、构造柱、暗柱、门垛、柱帽、柱墩、预制柱
3	墙	混凝土外墙、混凝土内墙、砖外墙、砖内墙、填充墙、间壁墙、电梯井墙、玻璃幕墙、斜墙、预制外墙、预制内墙
4	梁	框架梁、次梁、预制梁、独立梁、圈梁、连梁、过梁、窗台
5	楼板楼梯	现浇板、预制板、叠合板、拱形板、楼梯、梯段、螺旋板、板洞、板钢筋
6	门窗洞口	门、窗、墙洞、梁洞、壁龛、飘窗、老虎窗、带型窗
7	装饰工程	房间、楼地面、天棚、内墙面、墙裙、踢脚线、外墙面、屋面、柱面、墙裙、保温层、吊顶、立面装饰、立面洞口
8	零星构件	阳台、雨篷、栏杆扶手、排水沟、散水、坡道、台阶、导墙、后浇带、外墙节点、施工段、面积、自定义线性构件
9	几何、多义构件	点实体、线实体、面实体、几何构件、钢结构构件

（2）构件的命名方式，可参照表 2.6-4 所示。

构件命名方式　　　　　　　　　　　　　　表 2.6-4

构件大类	构件小类	构件名称	举例
柱	框架柱	严格按照图纸命名，如图纸无详细标注命名为 KZ，截面尺寸 $a \times b$	KZ1，KZ400×400
	构造柱	GZ，截面尺寸 $a \times b$	GZ200×240
	楼梯柱	TZ，截面尺寸 $a \times b$	TZ200×200
梁	框架梁	严格按照图纸命名，如图纸无详细标注命名为 KL，截面尺寸 $a \times b$	KL1，KL200×600
	次梁	严格按照图纸命名，如图纸无详细标注命名为 L，截面尺寸 $a \times b$	L1，L200×400
	基础梁	严格按照图纸命名，如图纸无详细标注命名为 JL，截面尺寸 $a \times b$	JL1，JL200×500
	圈梁	严格按照图纸命名，如图纸无详细标注命名为 QL，截面尺寸 H	QL120
砖墙	砖外墙	ZWQ 厚度	砖外墙 240 厚，即 ZWQ240
	砖内墙	ZNQ 厚度	砖内墙 120 厚，即 ZNQ120
混凝土墙	混凝土外墙	TWQ 厚度	混凝土外墙 200 厚，即 TWQ200
	混凝土内墙	TNQ 厚度	混凝土内墙 100 厚，即 TNQ200
板	现浇板	LB 板厚	LB100;LB120;LB150
	阳台板	阳台板厚	阳台 100；阳台 200
楼梯	楼梯	严格按照详图名称命令	1 号楼梯 LT1
门窗	门窗	门窗表标注 M1 C1 如图纸无详细标注命名为 M，截面尺寸 $a \times b$	M0721，C1221

续表

构件大类	构件小类	构件名称	举例
导墙	导墙	导墙部位 + 高度	阳台 200；厨卫 200
过梁	过梁	过梁 高度	过梁 180
台阶	台阶	台阶 使用台阶构件绘制或面构件绘制	台阶 1，台阶 2
栏杆	栏杆	栏杆 高度 使用栏杆构件绘制	栏杆 1200

4. 绘制图形

（1）轴网

轴网是建筑制图的主体框架，利用 CAD 转化轴网能快速方便地完成轴网的绘制。它的作用在于对建模构件进行定位、统一构件空间关系，以及在最终计算结果中显示构件位置，方便反查、修改等操作。

（2）一次结构

CAD 转化原理：图纸导入—提取—转化—检查（任何构件需要转化成功都必须完成这几个步骤）。具体解析如表 2.6-5 所示。

一次结构建模

表 2.6-5

操作类型	构件分类	注意事项
图纸导入—提取、识别—转化	柱	检查与图纸中的钢筋信息是否一致
	混凝土墙	可使用检查的相关功能，查找是否有未封闭墙区域，对墙进行闭合设置
	梁	检查梁集中标注、梁原位标注信息与图纸是否一致，修改后注意刷新支座
智能绘制	板	注意板厚和标高的参数设置，保护层厚度、混凝土强度等级，取整规则；墙梁闭合情况，可根据墙、梁判断自动形成范围
绘图输入	楼梯	选择与图纸对应的楼梯类型或梯段类型，录入参数；注意上下跑的插入点位置及标高

（3）二次结构

软件中的二次结构采用转化及智能生成的方式可快速完成构件建模，举例如表 2.6-6 所示。

二次结构建模

表 2.6-6

操作类型	构件分类	注意事项
图纸导入—提取、识别—转化	砖墙	注意图纸中同位置有砖墙也有混凝土墙的情况判断
	门窗墙洞	注意门窗尺寸表转化后属性核查安装高度等信息，再执行门窗的转化；洞口可随墙体转化
智能绘制	构造柱	生成方式按图纸要求设置，例如砖墙交叉、砖墙转角、砖墙长度 >5m、洞宽 >1.5m 两端生成构造柱等条件；以及马牙槎宽度的设置
	圈、过梁	注意随构件生成时的判断条件，例如过梁随洞口宽度不同设置过梁高不同，洞口宽度 =1m、过梁高 =0.12m
绘图输入	窗台	形成窗或墙洞是布置窗台的前提

（4）基础构件

针对基础类构件的复杂性，使用计算机辅助建模计算可轻松计算得到精确工程量，举例如表2.6-7所示。

基础构件建模   表 2.6-7

操作类型	构件	注意事项
图纸导入—提取、识别—转化	桩	参数信息，例如管桩、圆形桩、深层搅拌桩等类型选择正确；桩顶标高不同时配合快捷命令批量进行高度调整
	独立基础	承台平立面参数录入完整，例如侧面类型（垫层／砖模）；根据配筋样式选择承台类型
	基础梁	检查基础梁集中标注、梁原位标注信息与图纸是否一致，修改后注意刷新支座
智能绘制	筏板	如相邻筏板厚度不一，面、底标高一项不同，或者均不相同时，注意运用满基变截面操作进行放坡处理完成图纸实际要求
绘图输入	集水井	复杂的多孔集水井按单孔集水井的方法布置后注意合并井的操作，计算机软件自动完成三维空间扣减关系，如图2.6-3所示

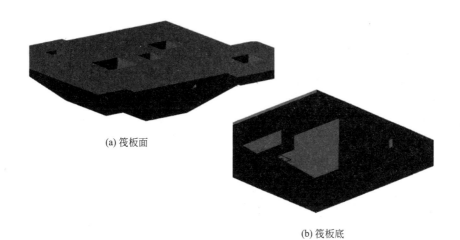

(a) 筏板面

(b) 筏板底

图 2.6-3 多孔集水井三维空间扣减关系视图

（5）零星构件

1）挑件：用于转化断面形式较复杂的阳台等。软件会自动将图形保存到属性自定义断面中的阳台的断面。方便绘制。

2）自定义线型构件：对于断面或者配筋信息较为复杂的构件可以使用自定义线型构件进行编辑属性。例如女儿墙是建筑物屋顶周围的矮墙可以通过断面等信息自由绘制。

3）后浇带：在绘图界面直接使用布后浇带命令，可以分成基础后浇带、主体后浇带两大类绘制。

（6）屋面

1）多坡屋板：工程屋面为复杂的多坡屋面时，可以通过绘制或者识别屋面轮廓线，赋予边线角度参数后形成屋面板。注意墙柱梁构件标高需要随板调整，可一键跟随多坡屋面板高度。

2）屋面：多坡屋板绘制完成后，注意对其绘制屋面，根据图纸实际情况判断绘制方式，可以随板直接形成不同坡度的屋面，方便计算屋面防水层、屋面保温隔热层的工程量。

（7）装饰建模

1）房间装饰：将属性定义好的楼地面、顶棚、内墙面等装饰同房间属性一键布置。装饰构件的属性可以通过"转化装修表"快速完成定义；房间装饰的属性通过"转化房间"快速完成单个房间装饰的定义。

2）构件装饰：根据实际工程的装饰设计要求，当出现柱面装饰不同，墙面不同标高装饰不同等情况时，可以使用单类型构件装饰布置，例如"柱面装饰、绘制装饰、布吊顶、布保温层"等命令操作。

3）外墙装饰：选择"外墙装饰"命令，可以一次性配置混凝土墙面、砖墙面、其他墙面及墙裙和踢脚线，软件自动搜索外墙外边线并生成外墙装饰。

5. 套取清单、定额

在软件中套做法会有多种体现方式，无论哪种方式，需注意确认各构件间的计算方式及扣减项目正确。

（1）单一

在属性定义界面中对单构件进行套取或者同类构件批量套取清单或者定额，属性复制可替换或覆盖到其他楼层中的同名称或者同类构件。除去套做法的内容外还包括调整好的计算规则及各构件间的扣减关系等。

（2）批量

自动套对于整个工程进行批量套取，又可以分为云自动套和本地自动套。云自动套在联网条件下直接调用；本地自动套方便工程或者本地有特殊计算要求的项目进行人工调整后，对工程一键套取。

6. 模型检查

模型检查一般分为本地检查修复功能和云模型检查两种。本地检查功能包括常见问题的查找与提示功能，支持图形反查、定位修改。云模型检查进行全方面核查，避免少算、错算、漏算等。

云模型检查功能的范围涵盖本地合法性检查功能，检查项目类型多，包括属性合理性、建模遗漏、建模合理性、混凝土强度等级合理性、设计规范、计算结果合理性，从六大方面展开细分；且检查功能模板化，在云端可即时更新，根据本地化及项目情况及时调整规则运用。

（1）属性合理性：检查工程中工程环境设置和构件属性设置的合理性；如表 2.6-8 所示。

属性合理性检查常见问题　　　　　　　　　　表 2.6-8

检查项目类型	常见问题
属性合理性	构件尺寸异常（大类可分为基础工程、墙、柱、梁、楼板楼梯等）
	基础顶标高检查
	工程错漏套项

续表

检查项目类型	常见问题
属性合理性	计算规则矛盾检查（例如混凝土构件空间关系搭接，可规则调整为互补扣减）
	超高合理性（墙、柱、梁、板超高模板去算高度）
	井坑深度检查
	螺旋板尺寸检查
	矩形梁截面高宽比检查
	梁名称与尺寸不对应
	清单定额（单位合理性、未套项、同一计算项目套取多条清单）
	构件未配筋

（2）建模遗漏：检查工程中建模时遗漏的构件和设置，如表2.6-9所示。

建模遗漏检查常见问题　　　　　　　　　　　　　表 2.6-9

检查项目类型	常见问题
建模遗漏	卫生间未设置翻边
	检查主体结构遗漏（基础工程、墙、柱、梁、楼板楼梯）
	检查装饰遗漏（装饰下构件均可按需选择）
	检查门窗洞口是否布置过梁
	检查零星构件遗漏
	检查二次结构遗漏
	检查地下室范围遗漏（会影响回填土的工程量）
	检查按规定布置圈梁
	检查按规定设置构造柱
	检查空楼层
	墙边线是否布置墙面装饰
	检查表格算量遗漏

（3）建模合理性：检查工程中建模时布置和尺寸的合理性，如表2.6-10所示。

建模合理性检查常见问题　　　　　　　　　　　　表 2.6-10

检查项目类型	常见问题
建模合理性	构件偏差检查（针对建模中构件细微偏差的检查项）
	检查构件自身重叠（包括基础梁、独立基础、井坑、梁、柱、楼板楼梯等构件）
	检查构件点重叠
	检查门窗洞与构件重叠（构件包括梁、柱、自身）
	检查未封闭墙区域（会影响房间装饰、外墙装饰、地下室范围等构件的绘制）
	检查无效装饰工程
	跨层设置提醒

续表

检查项目类型	常见问题
建模合理性	检查房间无门或墙洞
	检查构件自交（包括基础工程、楼板楼梯、零星构件等）
	板筋超过双层双向
	梁支座宽度＞设定值（图形构件中，梁支座尺寸在设置范围外，则检查为错误项）
	上下层构件未关联（墙、柱标高不连续）

（4）混凝土强度等级合理性：检查工程中构件混凝土强度等级设置的合理性，如表 2.6-11 所示。

混凝土强度等级合理性常见问题　　　　　　　　　　　表 2.6-11

检查项目类型	常见问题
混凝土强度等级合理性	人工挖孔桩、混凝土条基础、柱状独立基础、满堂基础、其他桩混凝土强度等级检查
	框架梁、混凝土柱混凝土强度等级检查
	混凝土外墙、混凝土内墙混凝土强度等级检查

（5）设计规范：检查工程中与设计规范不符的构件和设置，如表 2.6-12 所示。

设计规范检查常见问题　　　　　　　　　　　表 2.6-12

检查项目类型	常见问题
设计规范（钢筋）	砖墙净长≥设定值设置构造柱（尺寸在设置范围内【砖墙长度（m）≥5】则检查为错误项）
	砖墙净高≥设定值设置圈梁（尺寸在设置范围内【砖墙高度（m）≥4】则检查为错误项）

（6）计算结果合理性：检查工程中计算结果的合理性，如表 2.6-13 所示。

计算结果合理性检查常见问题　　　　　　　　　　　表 2.6-13

检查项目类型	常见问题
计算结果合理性	计算结果≤0
	钢筋根数≤0
	钢筋长度≤0

检查项目类型全面，检查后问题构件定位反查和一键修复，设置信任规则，提高检查效率。

7. 模型计算工程

通过建立好的三维模型，一次性可计算的内容有：实物量计算、钢筋量计算、清单定额量计算，还可根据所划分的施工段进行计算。

8. 报表数据的查看、导出

（1）清单、定额量的编制、输出

软件报表界面可快捷统计所有模型数据，提供清单模式和定额模式。用相应的清单、定额编号进行编制，清单列表中自动编码命令可根据清单编码规则自动添加清单项目名称3位顺序码。按照不同施工阶段出量的项目可按照设定条件，如施工段、楼层、构件等信息统计工程量，最后输出报表。

（2）实物量的编制、输出

无须套做法的项目，可根据绘制模型直接计算得出实物量报表。分为汇总表、计算书，在计算书中可查看详细的楼层、构件、位置信息及计算式。联网条件可根据云报表按混凝土强度等级、装饰、模板、砌体以及基础防水来分类统计构件工程量，构件大、小类分类齐全。

二、BIM 技术在土建工程中的应用

（一）BIM 技术的特点

建筑信息模型是一个以参数化三维数字表达为基础，集成了建筑工程项目各种相关信息的工程数据模型。BIM 的核心是信息，BIM 模型具有参数化、可视化、模拟化以及可协调性等特点。主要有以下两点：

首先，是可视化。不同于传统的二维平面图纸，BIM 是三维可视化的，可见即所得，也就拥有了二维图纸所不可比拟的优势。利用 BIM 的三维空间关系可以进行碰撞检查，优化工程设计，减少设计变更与返工；三维可视模型可以在施工前反映复杂节点与复杂工艺，为施工班组进行虚拟交底，提升沟通效率；此外在 BIM 的三维模型上加以渲染并制作动画，给人以真实感和直接的视觉冲击，用于业主展示，提升中标概率。

其次，BIM 是一个多维的关联数据库。BIM 是以构件为基础，与构件相关的信息都可以存储在模型中，并且与构件相关联。利用 BIM 这一海量数据库，可以快速算量，并进行拆分、统计、分析，有效进行成本管控、材料管理，支持精细化管理；项目所有相关人员都可以利用统一的 BIM 数据进行决策支持，提高决策的准确性，提高协同效率；项目竣工后，竣工模型成为有效的电子工程档案，可以提交给业主为运维管理提供信息；BIM 中的数据进行积累、研究、分析后，可以形成指标定额等知识，为未来的项目管理提供参考或控制依据，并成为企业的核心竞争力。

（二）BIM 技术在土建工程中的应用

BIM 应用价值在项目全过程中均有体现，整体可归纳为提升建筑质量；减少投资风险；保证施工工期；减少变更风险；提升沟通效率；责任可追溯性；方便后期运维。而在计算机辅助工程量计算的相关软件中，对于土建工程常可体现的 BIM 应用技术点，不限于以下内容：

1. 施工段分区应用

一些大型工程中常常会遇到分段投标、分段施工、分段计算、分段显示控制、分区报表出量等情况，以便于工程报表的查量、核算。这时候就需要通过划分工程的施工段来实现这些目的。根据施工现场对施工区域的划分要求（区域划分图），运用鲁班土建建模软件中的施工段应用，对 BIM 模型进行相应的区域划分，组合施工段分区计算，完成对模型的分区，导入 BIM 系统中实现分区提取数据以及分区进度模拟。

2. 分割土方

主要是将开挖不同深度的土方进行分开出量，对于一个比较大的项目来说土方开挖深

度不同，其施工难度以及土方开挖的造价都有所不同，因此需要我们对深度不同的土方进行分割出量。在基础开挖同时也会遇到多种不同土质，松土下方有硬土或者石方等，就需要分开出不同的工程量。如图 2.6-4 所示。

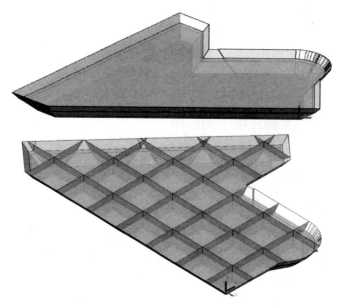

图 2.6-4　土方分割出量

3. 节点生成

在设计图中遇到柱墙混凝土强度等级比梁板混凝土大两个等级以上时，柱头需要外扩，在实际的施工过程中需要准确地统计外扩的高强度等级混凝土的数量，满足施工生产计划的需求具有一定的难度。运用节点生产功能可以一键在选定柱子周围生成后浇带，以此来识别外扩柱子的高强度等级混凝土数量和工程量，这对施工的质量和成本管控都具有巨大的意义。

4. 高大支模查找

高大支模的筛选是对施工项目的质量和安全的重要把控，在整个项目实施过程中是尤为重要的一环。快速高效的查找可以很好地排除施工后续的安全隐患和减少不必要的返工，对项目的管理有很大的帮助。高大支模查找功能不仅让高大支模准确定位变成了可能，并且在三维可视化添加下显示并定位反查到单个构件等功能，一目了然，具有很强的直观形象。可通过设定范围查找高大支模，并同时支持反查定位、生成结果。

5. 净高检查

进行净高检查提前发现问题、解决问题做到防患于未然，达到节约时间成本，避免增加不必要的工程成本。在施工中会遇到很多净高不足的问题。我们通过对 BIM 模型进行净高检查快速找出净高不足的区域，提前对存在问题的区域进行调整或提出修改意见，从而避免日后施工过程中因净高不合理而造成的大面积返工，也可帮我们节约工期以及工程成本。

6. 洞梁间距

洞梁间距可用来检查门、窗、带形窗、飘窗、墙洞、壁龛与框架梁、次梁、独立梁、圈梁之间的间距。

7. 一键生成防护栏杆

通过设置条件判断模型，发现施工过程中重大危险源并实现水平洞口危险源自动识别，对危险源识别后自动进行临边防护，对现场的安全管理工作给予很大的帮助；检查出板边、板洞边（楼梯位置）无墙等构件时的板边位置，并布置防护栏杆构件，支持当前楼层或多楼层布置。

8. 楼板颜色与填充

由于模型中楼板标高厚度不同检查或者核对工程量时，造成困难，可使用此功能自定义不同标高板的颜色，自定义不同厚度板的填充样式，无论平面还是立面都更直观展现不同标高及板厚的楼板。

9. 图纸记录

图纸记录功能，可以把所有图纸问题全部集中在 1 张表中；标记图纸中的问题部位后，可以直接进行反查；并且建模过程中记录的问题，在模型建立完成后，可以直接输出为 Excel 文件，方便后期使用。

10. 一键生成施工图纸

直接将建立完成的工程模型，通过命令，生成模型剖面图、平面图及详图，与施工图纸进行直接对比，快速对比模型准确率，大大提高建模效率，减少模型核对的时间。

11. 快速标注

提供多种标注方式：引线标注、共用引线、间距标注、对齐标注、标高标注、坡度标注、点标注；搭配生成图纸功能，更精确地得到构件信息，辅助现场施工；支持修改标注的颜色、比例、样式。

第三章　工程计价

第一节　施工图预算编制的常用方法

一、施工图预算的概念及其编制内容

（一）施工图预算的概念

建筑工程施工图预算，是以施工图设计文件为依据，按照规定的程序、方法和依据，在工程施工前对工程项目的工程费用进行的测算和计量。

（二）施工图预算的编制内容

1. 施工图预算的主要内容

施工图预算包括单位工程施工图预算、单项工程施工图预算和建设项目总预算。首先要编制单位工程施工图预算；然后汇总各单位工程施工图预算，成为单项工程施工图预算；最后再汇总各单项工程施工图预算，即成为建设项目总预算，本章节主要介绍单位工程施工图预算。

单位工程施工图预算，包括建筑工程预算和设备及安装工程预算两大部分。建筑工程预算又分为一般土建工程预算、安装工程预算，本章节仅涉及"一般土建工程预算"的内容。

单位工程施工图预算，其成果文件一般包括预算书封面、签署页、目录、编制说明、单位工程施工图预算汇总表、单位工程施工图预算表、主要设备和材料数量及价格表、人工材料机械和设备分析表等。

2. 施工图预算的编制依据

（1）相应工程造价管理机构发布的预算定额、费用标准和工程价格信息。

（2）法律法规、规章、规范性文件和标准的有关规定。

（3）已批准的初步设计文件和设计概算文件。

（4）施工图设计项目一览表、各专业设计施工图、工程信息化模型（如有）、设计说明、人工、材料、机械和设备规范等。

（5）建设项目已批准的或签订的相关文件、合同、协议等。

（6）建设项目拟采用的施工组织设计或施工方案。

（7）建设项目的管理模式、发包模式和施工条件。

（8）其他应提供的资料。

二、施工图预算的编制

（一）施工图预算

施工图预算就是根据施工图计算的各分项工程量及措施项目工程量分别乘以预算定额

中人工、材料、施工机械台班的定额消耗量，分类汇总得出该单位工程所需的全部人工、材料、施工机械台班消耗数量，然后乘以当时人工工日单价、各种材料单价、施工机械台班单价，求出相应的人工费、材料费、机械使用费，再加上管理费、利润、规费和税金等费用的方法。

（二）施工图预算编制的方法

1. 施工图预算编制的步骤

（1）编制前的准备工作。资料收集和现场情况的调查，包括各种人工、材料、机械台班的当时当地的市场价格。

（2）熟悉设计图纸。设计文件是编制施工图预算的基本依据，必须充分熟悉图纸。熟悉图纸不但要弄清图纸的内容，而且要对图纸进行审核，对施工图设计文件提出调整和修改意见或建议。

（3）了解施工组织设计、施工方案和施工条件。编制施工图预算前，应了解施工组织设计中影响工程造价的有关内容。例如，模板的种类、钢筋马镫的设置、土方工程中余土外运的距离，施工平面图中对建筑材料、构件等堆放点到施工操作地点的距离等，以便能正确计算工程量和正确套用定额。

（4）划分工程子目和计算工程量。根据预算定额项目划分工程定额子目，按定额规定的工程量计算规则计算相应定额子目工程量。

（5）套用定额消耗量，计算人工、材料、机械台班消耗量。根据预算定额中人工、材料、施工机械台班的定额消耗量，乘以各分项工程的工程量，分别计算出各分项工程所需的各类人工工日数量、各类材料消耗数量和各类施工机械台班数量。统计汇总后得到单位工程所需的各种人工、材料和机械的实物消耗总量。

（6）根据当时的人工、材料和机械台班单价，计算汇总人工费、材料费和机械台班费。

（7）计算其他各项费用，汇总工程造价。

（8）对施工图预算进行复核。

（9）对施工图预算和设计概算进行对比分析。

（10）对施工图设计文件提出调整和修改意见或建议。

2. 施工图预算示例

某单位工程（土建）施工图预算书编制实例见表 3.1-1 ～表 3.1-3。

（1）预算书封面及签署页

1）施工图预算书封面

××工程名称

施工图预算

档案号：

共××册　第××册

编制单位：××

2023 年 5 月 19 日

2）施工图预算书签署页

××工程名称

施工图预算

档案号：

共××册　第××册

工程造价咨询企业盖章：

企业法定代表人或其授权人：

编制人：＿＿＿＿＿＿＿＿　　　　　　　　　审核人：

（造价人员签字盖专用章）　　　　　　　　（造价人员签字盖专用章）

编制时间：××　　　　　　　　　　　　　审核时间：××

3）工程概况

工程概况

项目名称：	××工程
工程地点：	上海市××
建设单位：	××
施工单位：	××
设计单位：	××
监理单位：	××
编制单位：	××有限公司
结构类型：	框架
建筑面积（m²）：	××
框架面积（m²）：	××
地下面积（m²）：	××

编制人：	××
上岗证号：	
校对人：	××
上岗证号：	
审核人：	××
上岗证号：	
编制日期：	20××—××—××
工程造价：	××
造价指标：	××
总造价（大写）：	柒拾陆万零壹佰肆拾捌元零伍分

（2）编制说明

1）工程概况：本项目为××垃圾房，框架结构，地上1层，建筑面积106.86m²，列取部分定额项目示意，其他略。

2）主要技术经济指标：本项目建筑装饰工程建筑面积单方指标××元/m²。

3）编制范围：本次预算编制范围为施工图（图纸编号：××，日期：××年××月××日）范围内除装饰装修以外的建筑工程。

4）编制依据：

①采用的预算定额：《上海市建筑和装饰工程预算定额》SH 01—31—2016。

②采用的费用定额：《上海市建设工程施工费用计算规则》SHT 0—33—2016。

5）建筑装饰工程取费说明：

①措施费取费如下：

a. 安全文明防护措施费按规定计取。

b. 脚手架、模板及支撑、施工排水与降水等按施工组织设计进行计算。

c. 其他措施费按合同约定。

②规费按《关于调整本市建设工程造价中社会保险费率的通知》（沪建市管［2019］24号）；

③企业管理费和利润按《关于实施建筑业营业税改增值税调整本市建设工程计价依据的通知》（沪建市管［2016］42号）；

④材料及机械价格按上海市建设市场信息服务平台发布的2023年3月信息价；

⑤增值税税金9%。

6）其他说明：

①本工程所用的混凝土、砂浆均为预拌混凝土（商品混凝土）、预拌砂浆（商品砂浆）。

（3）建筑工程费用表（取费程序）见表3.1-1。

建设工程费用表　　　　　　　　　　　　　　表3.1-1

序号	项目		计　算　式	取费标准	金额（元）
1	直接费	人工、材料、设备、施工机具使用费	按预算定额子目规定计算	人工、材料、施工机具使用费中不含增值税	
2		其中：人工费			

续表

序号	项目		计算式	取费标准	金额(元)
3	企业管理费和利润		（2）×合同约定费率	沪建市管〔2016〕42号文	
4	安全防护、文明施工措施费		［（1）+（3）］×相应费率	按规定计取	
5	施工措施费		［（1）+（3）］×相应费率	由双方合同约定	
6	小计		（1）+（3）+（4）+（5）		
7	规费	社会保险费	（2）×费率	按照沪建市管〔2019〕24号文件相应费率	
8		住房公积金	（2）×费率		
9	增值税		［（6）+（7）+（8）+（9）］×增值税税率	增值税税率:9%	
10	费用合计		（6）+（7）+（8）+（9）		

（4）单位工程预算书见表3.1-2。

单位工程预算书　　　　表 3.1-2

序号	类	编号	名称	单位	工程量	单价（元）	合价（元）
1	土	01-1-1-9	机械挖土方 埋深3.5m以内	m³			
2	土	01-4-2-6系	加气混凝土砌块墙200mm厚干混砌筑砂浆 DM M5.0	m³			
3	土	01-5-11-18	钢筋 有梁板	t			
4	土	01-5-12-4	钢筋 电渣压力焊	只			
5	土	01-5-2-1换	预拌混凝土（泵送）矩形柱 预拌混凝土（泵送型）C30 粒径5～25mm	m³			
6	土	01-5-5-1换	预拌混凝土（泵送）有梁板 预拌混凝土（泵送型）C30 粒径5～25mm	m³			
7	土	01-5-2-2换	预拌混凝土（泵送）构造柱 预拌混凝土（泵送型）C25 粒径5～25mm	m³			
8	土	01-17-3-37	输送泵车	m³			
9	土	01-17-2-53	复合模板 矩形柱	m²			
10	土	01-17-2-59	复合模板 柱3.6m 每增3m	m²			
11	土	01-17-2-74	复合模板 有梁板	m²			
12	土	01-17-2-85	复合模板 板超3.6m 每增3m	m²			
13	土	01-11-1-15	干混砂浆找平层 混凝土及硬基层上 20mm厚 干混地面砂浆 DS M20.0	m²			
14	土	01-17-1-3换	钢管双排外脚手架 高30m以内	m²			
合计				元			

（5）工程量计算表（略）。

（6）工料机汇总表（部分）见表3.1-3。

工料机汇总表　　　　　　　表 3.1-3

序号	编码	名称	单位	数量	单价(元)	合价(元)
1	00030117	模板工 建筑装饰	工日			
3	00030119	钢筋工 建筑装饰	工日			
5	00030121	混凝土工 建筑装饰	工日			
6	00030123	架子工 建筑装饰	工日			
7	00030125	砌筑工	工日			
8	00030127	一般抹灰工 建筑装饰	工日			
10	00030153	其他工 建筑装饰	工日			
11	01010120	成型钢筋 HRB400	t			
22	04050218	碎石 5～70mm	kg			
24	04151333	蒸压加气混凝土砌块 600mm×240mm×180mm	m³			
33	35010801	复合模板	m²			
44	80060111	干混砌筑砂浆 DM M5.0	m³			
45	80060312	干混地面砂浆 DS M20.0	m³			
47	80210423	预拌混凝土（泵送型）C30 粒径 5～25mm	m³			
49	99010060	履带式单斗液压挖掘机 1m³	台班			
50	99050540	混凝土输送泵车 75m³/h	台班			
51	99050920	混凝土振捣器 平板式	台班			
合计						

第二节　预算定额的分类、适用范围、调整及应用

一、预算定额的分类

（一）预算定额的分类

1. 预算定额的概念

预算定额是完成规定计量单位分部分项工程所需的人工、材料、施工机械台班的消耗量标准。

2. 预算定额的体系

上海市定额体系表共 12 大类，其中按专业分为 10 大类，对不适用专业划分的定额又分为 2 大类，如表 3.2-1 所示。

上海市建设工程定额体系表　　　　表 3.2-1

专业划分									不适用专业划分	
房屋建筑安装工程	民防工程	市政工程	城镇给水排水工程	绿化市容工程	燃气工程	轨道交通工程	公路工程	水利工程	主题类	通用类

（二）预算定额的应用

预算定额是编制施工图预算的基础资料，在选套定额项目时，一定要认真阅读定额的总说明、各章节说明和附注内容；要明确定额的适用范围、定额考虑的因素和有关问题的规定，以及定额中的用语和符号的含义（如定额中凡注有"×××以内"或"×××以下"者，均包括×××本身；而"×××以外"或"×××以上"者，均不包括×××本身）；要正确理解、熟记各分项工程的工程量计算规则，做到准确套用相应的定额项目。

二、预算定额的适用范围

（一）预算定额的适用范围概念

不同专业定额有不同的适用范围，每册专业定额的总说明都明确了该定额的适用范围。如《上海市建筑和装饰工程预算定额》SH 01—31—2016 总说明明确了"本定额适用于本市行政区域范围内的工业与民用建筑的新建、扩建、改建工程"。

（二）预算定额的适用范围应用

预算定额主要应用范围如下：

（1）编制施工图预算、最高投标限价的依据。

（2）确定合同价、结算价、调解工程价款争议的基础。

（3）编制概算定额、估算指标和技术经济指标的基础。

（4）投标报价的参考依据。

（5）编制企业定额的参考依据。

三、预算定额的应用

（一）预算定额的应用概念

1. 预算定额的内容

《上海市建筑和装饰工程预算定额》SH 01—31—2016 全册定额共 17 章，主要内容包括：总说明，土石方工程、地基处理及边坡支护工程，桩基工程，砌筑工程，混凝土及钢筋混凝土工程，金属结构工程，木结构工程，门窗工程，屋面及防水工程，保温、隔热、防腐工程，楼地面装饰工程，墙、柱面装饰与隔断、幕墙工程，天棚工程，油漆、涂料、裱糊工程，其他装饰工程，附属工程，措施项目，以及附录建筑工程主要材料损耗率取定表。

（1）文字说明

文字说明包括总说明和各章说明。总说明主要说明定额的编制依据、适用范围、用途、工程质量要求、施工条件、定额中已经考虑的因素和未考虑的因素，有关综合性工作内容及有关规定和说明。各章（分部工程）说明是定额中的重要内容，主要说明本章（分部工程）的施工方法、消耗量标准的调整、有关规定及说明。

1）定额是依据国家现行有关及上海市强制性标准、推荐性标准、设计规范、施工验收规范、质量评定标准、产品标准和安全操作规程，并参考了有关省（市）和行业标准、定额以及典型工程设计、施工和其他资料编制。

2）定额是以正常施工条件、多数施工企业采用的施工方法、装备设备和合理的劳动组织及工期为基础编制的，反映了上海地区的社会平均消耗量水平。

3）定额已包括材料、半成品、成品从工地仓库、现场集中堆放地点（或现场加工地点）至操作（或安装）地点的水平和垂直运输所需的人工及机械。

4）定额的垂直运输系指单位工程在合理工期内完成全部工程项目所需的垂直运输机械台班量。

5）定额除注明高度的以外，均按建筑物檐高 20m 以内编制，檐高在 20m 以上的工程，其降效应增加的人工、机械等，另按本定额中的建筑物超高增加子目计算。

6）定额未包括《房屋建筑与装饰工程工程量计算规范》GB 50854—2013 中的安全文明施工及其他措施项目。

7）定额中的工作内容已说明主要的施工工序，次要工序虽未说明，但均已包括在内。

8）建筑面积计算按《建筑工程建筑面积计算规范》GB/T 50353—2013 执行。

（2）工程量计算规则

预算定额中的工程量计算规则综合考虑了施工方法、施工工艺和施工质量要求，与定额项目的消耗量指标相互配套使用。如在《上海市建筑和装饰工程预算定额》SH 01—31—2016（以下简称"2016 预算定额"）中定额编号"01-1-1-9 机械挖土方"项目的工程量计算规则为"一般土方按设计图示尺寸，以基础垫层底面积（包括工作面宽度和放坡宽度的面积）乘以挖土深度以体积计算"。

（3）定额项目表

定额项目表是消耗量定额的核心内容，包括工作内容、定额编号、定额项目名称、定额计量单位和消耗量指标。定额消耗量指标一般包括人工消耗量、材料消耗量和机械台班消耗量。

1）人工消耗量的确定

人工消耗量是以现行全国建筑与装饰工程劳动定额为基础计算，内容包括基本用工、超运距用工、辅助用工及劳动定额项目外必须增加的基本用工幅度差。

① 基本用工是指完成单位合格产品所必需消耗的技术工种用工。

② 超运距用工是指超过人工定额规定的材料、半成品运距的用工。

③ 辅助用工是指材料需要在现场加工的用工。

④ 基本用工幅度差是指人工定额中未包括的，而在一般正常情况下又不可避免的一些零星用工，一般以人工幅度差系数表示。

定额每工日按 8h 工作制计算。

机械土方、桩基、金属构件驳运及安装等工程，人工是随机械台班产量计算的，人工幅度差按机械幅度差计算。

2）材料消耗量的确定

① 定额中的材料包括施工中消耗的主要材料、辅助材料、周转材料和其他材料；对于用量少、低值易耗的零星材料列入其他材料费，以该项目材料费之和的百分率表示。

② 定额中的材料消耗量包括净用量和损耗量。损耗量包括从工地仓库、现场集中堆放地点（或现场加工地点）至操作（或安装）地点的施工场内运输损耗、施工操作损耗、施工现场堆放损耗等。规范（设计文件）规定的预留量、搭接量不在损耗率中考虑。

③ 定额中的周转性材料（钢模板、复合模板、木模板、脚手架等）按不同施工方法、不同类别、材质及摊销量编制，且已包括回库维修的消耗量。

④ 定额中的混凝土及钢筋混凝土、砌筑砂浆、抹灰砂浆等分别按预拌混凝土与预拌干混砂浆编制，各种胶泥均按半成品编制。

⑤ 预拌干混砂浆强度等级配合比中的材料由干混砂浆及水组成。其中砌筑、抹灰砂浆按每立方米含干混砂浆 1700kg、含水 280kg 计算；地面砂浆按每立方米含干混砂浆 1800kg、含水 200kg 计算。

⑥ 定额子目中的钢筋按工厂成型钢筋编制，如施工实际采用现场制作钢筋时，可按定额中的现场制作钢筋附表调整。

⑦ 本定额采用的材料（包括构配件、零件、半成品及成品）均按符合国家质量标准和相应设计要求的合格产品编制。

⑧ 本定额所采用的材料、半成品、成品品种、规格型号与设计不符时，可按各章节规定调整。定额未注明材料规格、强度等级的应按设计要求选用。

⑨ 本定额中的木（金属）门窗均按工厂成品、现场安装编制，除定额注明外，成品均包括玻璃及小五金配件等。

⑩ 本定额木材分类如下：

a. 一类木材：红松、水桐木、樟子松。

b. 二类木材：白松（云杉、冷杉）、杉木、枸木、柳木、椴木。

c. 三类木材：青松、黄花松、秋子木、马尾松、东北榆木、柏木、苦楝木、梓木、黄菠萝、椿木、楠木、柚木、樟木。

d. 四类木材：栎木（柞木）、檀木、色木、槐木、荔木、麻栗木（麻栎、青刚）、桦木、荷木、水曲柳、华北榆木。

⑪ 现浇混凝土工程的承重支模架、钢结构或空间网架结构安装使用的满堂承重架以及其他施工用承重架，满足下列条件之一的应另行计算相应费用：

a. 搭设高度 8m 及以上；

b. 搭设跨度 18m 及以上；

c. 施工总荷载 15kN/m² 及以上；

d. 集中线荷载 20kN/m² 及以上。

3）机械台班消耗量的确定

① 本定额中的机械是按常用机械、合理机械配备和施工企业的机械化装备程度，并结合工程实际综合确定。

② 定额的机械台班消耗量是按正常机械施工工效并考虑机械幅度差综合确定，零星辅助机械列入其他机械费，以该项目机械费之和的百分率确定。

③ 凡单位价值 2000 元以下、使用年限在一年以内的不构成固定资产的施工机械，不列入机械台班消耗量，作为工具用具在建筑安装工程费中的企业管理费考虑。

④ 定额说明中未注明（或省略）尺寸单位的宽度、厚度、断面等，均以"mm"为单位。

4）附表、附录

附表、附录部分附在预算定额的最后，包括模板一次使用量表和建筑工程主要材料损耗率取定表，主要用来做定额换算和工料机分析使用。

2. 预算定额的使用

正确使用预算定额，首先要学习定额的总说明、各部分工程量技术规则以及附表和附录，对说明中有关编制原则、适用范围、已考虑因素或未考虑因素，有关问题的说明和使用方法等都要熟悉掌握。其次对常用项目包括的工作内容、计量单位和定额项目隐含的工艺做法要理解其含义。最后精通定额工程量计算规则与方法。

要正确理解设计文件要求和施工做法是否和定额一致，只有对设计文件和施工要求有深刻的了解，才能正确使用预算定额，防止错套、重套和漏套。预算定额的使用一般有直接套用、调整换算后套用等方法。

（1）预算定额的直接套用

当工程项目的设计要求、做法说明、技术特征和施工方法等与定额内容完全相符，可以直接套用预算定额。套用预算定额时应注意以下几点：

1）根据施工图纸、设计说明、标准图集及做法说明，选择预算定额项目；

2）对每个分项工程的内容、技术特征、施工方法进行仔细核对，确定与之相对应的预算定额项目；

3）每个分项工程的名称、工作内容、计量单位应与定额项目一致（单位不一致时注意工程量的处理）。

（2）预算定额的换算

当工程做法要求与定额内容不完全符合，所不同之处在属于定额规定允许调整换算的项目，应根据不同情况进行调整换算，定额换算可参考如下方式。

【例 3.2-1】某工程桩基采用钻孔灌注桩，土方开挖方式为大开挖，挖土深度 4.5m，请根据定额规定计算基坑底面以上 3m 以内有桩基挖土的定额消耗量。

解：挖有桩土方定额消耗量的换算调整计算见表 3.2-2。

挖有桩土方定额消耗量（挖土深度 5.0m 以内）　　　　　表 3.2-2

定额编号		01-1-1-10		01-1-1-10 换 （有桩土方）
项目	单位	机械挖一般土方	调整系数	机械挖一般土方
		埋深 5.0m 以内		埋深 5.0m 以内
名称		m³		m³
		数量		数量

续表

	其他工	工日	0.0157	1.50	0.0236
	人工工日	工日	0.0157		0.0236
材料					
机械	履带式液压单斗挖掘机 斗容量1.25m³	台班	0.0020	1.500	0.0030

解析：按定额说明，遇有桩土方时，按相应定额人工、机械乘以系数1.5。

【例3.2-2】某钢结构工程，采用压型钢板上现浇14cm厚混凝土，请根据定额规定计算压型钢板现浇混凝土的定额子目消耗量。

解：压型钢板上现浇混凝土子目消耗量换算调整的计算见表3.2-3。

压型钢板上现浇混凝土定额消耗量　　　　　表3.2-3

定额编号			01-5-5-3	调整系数	01-5-5-3 换（压型钢板上）
项目		单位	现浇泵送混凝土 平板、弧形板 m³		现浇泵送混凝土 平板、弧形板 m³
名称			数量		数量
	混凝土工	工日	0.2110	1.10	0.2321
	其他工	工日	0.0266	1.10	0.0293
	人工工日	工日	0.2376		0.2614
材料	现浇泵送混凝土	m³	1.0100	1.0	1.0100
	塑料薄膜	m²	11.1964	1.0	11.1964
	水	m³	0.2545	1.0	0.2545
机械	混凝土振捣器 插入式	台班	0.1000	1.0	0.1000

解析：压型钢板上现浇混凝土板，执行平板定额子目，人工乘以系数1.1。

（3）工料机分析

工料机分析就是依据预算定额中的各类人工、各种材料、机械的消耗量，计算分析出单位工程中相同的人工、材料、机械的消耗量，即将单位工程的各分项工程的工程量乘以相应的人工、材料、机械定额消耗量，然后将相同消耗量相加，即为该单位工程人工、材料、机械的消耗量，计算公式为：

单位工程某种人工、材料、机械消耗量＝∑（各分项工程工程量 × 定额消耗量）

（二）预算定额的应用计算

本章节主要介绍《上海市建筑和装饰工程预算定额》SH 01—31—2016的工程量计算应用。

1. 土方工程

（1）工程量计算规则

1）土方工程按下列规定计算：

① 土方体积应按挖掘前的天然密实体积计算。非天然密实体积应按表 3.2-4 所列系数换算。

土方体积折算表　　　　　　　　　　　　　　　　　　　　表 3.2-4

虚方体积	天然密实体积	夯实后体积	松填体积
1	0.77	0.67	0.83
1.2	0.92	0.8	1
1.3	1	0.87	1.08
1.5	1.15	1	1.25

② 基础土方开挖深度应按基础垫层底标高至设计室外地坪标高确定，交付施工场地标高与设计室外地坪标高不同时，应按交付施工场地标高确定。

2）沟槽、基坑、一般土方工程量按下列规定计算：

① 沟槽、基坑、一般土方的划分为：底宽 ≤ 7m 且底长 > 3 倍底宽为沟槽；底长 ≤ 3 倍底宽且底面积 ≤ 150m² 为基坑；超出上述范围则为一般土方。

② 沟槽土方，按设计图示沟槽长度乘以沟槽断面面积（包括工作面宽度和放坡宽度的面积），以体积计算。

a. 带形基础的沟槽长度，设计无规定时，按下列规定计算：

（a）外墙沟槽，按外墙中心线长度计算。

（b）内墙沟槽，按相交墙体基础（含垫层）之间垫层的净长度计算。

（c）框架间墙沟槽，按独立基础（含垫层）之间垫层的净长度计算。

（d）凸出墙面的墙垛的沟槽，按墙垛凸出墙面的中心线长度，并入相应工程量内计算。

b. 管道沟槽的长度按设计图示尺寸计算，不扣除各类井的长度。井的土方并入管道土方内。

③ 基坑土方按设计图示尺寸，以基础垫层底面积（包括工作面宽度和放坡宽度的面积）乘以挖土深度以体积计算。

④ 一般土方按设计图示尺寸，以基础垫层底面积（包括工作面宽度和放坡宽度的面积）乘以挖土深度以体积计算。

⑤ 挖淤泥流砂按设计或施工组织设计规定的位置、界限，以实际挖方体积计算。

3）土方放坡按下列规定计算：

① 土方放坡的起点深度和放坡坡度，设计或施工组织设计无规定时，可按表 3.2-5 计算（放坡起点为基础垫层下表面）。

土方放坡的起点深度和放坡坡度表　　　　　　　　　　　　表 3.2-5

名称	挖土深度(m 以内)	放坡系数
挖土	1.5	
挖土	2.5	1：0.5
挖土	3.5	1：0.7
挖土	5	1：1.0
采用降水措施	不分深度	1：0.5

②计算放坡时，在交接处所产生的重复工程量不予扣除。

4）基础施工所需工作面按下列规定计算：

①基础施工的工作面宽度，设计或施工组织设计无规定时，可按表3.2-6计算。

基础施工所需工作面宽度计算表

表3.2-6

名称	每边增加工作面宽度（mm）	名称	每边增加工作面宽度（mm）
砖基础	200	地下室埋深超3m以上	1800
混凝土基础、垫层支模板	300	支挡土板	100（另加）
基础垂直面做防水层	1000（防水层面）		

②管道沟槽的宽度，设计或施工组织设计无规定时，可按表3.2-7计算。

管道施工所需每边工作面宽度计算表

表3.2-7

管道材质	管道基础外沿宽度（无管道基础时管道外径）（mm）			
	≤ 500	≤ 1000	≤ 2500	> 2500
混凝土管及钢筋混凝土管	400	500	600	700
其他材质管	300	400	500	600

5）机械挖有桩基土方时，分别按1m（混凝土桩）、0.5m（钢管桩）、3m（钻孔混凝土灌注桩）乘以基坑底面积以体积计算（若有放坡按放坡计算规则），桩基挖土不扣除桩体所占体积。

6）平整场地，按设计图示尺寸以建筑物或构筑物的底面积的外边线，每边各加2m以面积计算。

7）回填土按夯填和松填分别以体积计算。

①回填土按下列规定以体积计算：

a. 基础回填，按挖方体积减去设计室外地坪以下埋设的基础体积（包括基础垫层及其他构筑物）计算。

b. 室内（房心）回填，按主墙间净面积乘以回填厚度计算，不扣除间隔墙。

c. 场区（含地下室顶板以上）回填，按回填面积乘以平均回填厚度计算。

d. 管道沟槽回填，按挖方体积减去管道基础和表3.2-8管道折合回填体积计算。

管道折合回填体积表（单位：m³/m）

表3.2-8

管道	公称直径（mm以内）					
	500	600	800	1000	1200	1500
混凝土管及钢筋混凝土管道	—	0.33	0.6	0.92	1.15	1.45
其他材质管道	—	0.22	0.46	0.74	—	—

②余土或取土按下列规定以体积计算：

余土运输体积 = 挖土量 – 回填土量

式中计算结果正值时为余土外运体积；负值时为需取土体积。

8）场地机械碾压按下列规定计算：

①填土机械碾压，按设计图示尺寸以体积计算。

② 原土机械碾压，按设计图示尺寸以面积计算。

9）机械土方运距按下列方法计算：

① 推土机推距，按挖方区重心至填方区重心直线距离计算。

② 自卸汽车装车、运土，按挖方区重心至填方区（堆放地点）重心之间的最短行驶距离计算。

10）淤泥流砂，泥浆外运按下列规定计算：

① 淤泥流砂外运按设计或施工组织设计规定的位置、界限，以实际挖方体积计算。

② 钻孔灌注桩等泥浆外运按设计图示钻孔灌注桩成孔体积计算。

11）逆作法施工按下列计算规则计算：

① 暗挖土方按地下连续墙内侧水平投影面积乘以挖土深度计算，不扣除格构柱以及桩体所占的体积。

② 混凝土垫层、连续墙和混凝土桩柱表面凿除，按设计图示尺寸以体积计算。

③ 钢结构柱内混凝土凿除，按设计图示或施工组织设计规定的位置、界限，以凿除体积计算。

④ 钢格构柱切割，按设计图示以质量计算。

⑤ 桩柱、复合墙、有梁板、平板按第三章第二节"五、混凝土及钢筋混凝土工程"及"十七、措施项目"相应计算规则执行。

（2）定额说明

1）人工土方定额综合考虑了干湿土的比例。

2）机械土方均按天然湿度土壤考虑（指土壤含水率25%以内）。含水率大于25%时，定额人工、机械乘以系数1.15。

① 机械土方定额中已考虑机械挖掘所不及位置和修整底边所需的人工。

② 机械土方（除挖有支撑土方及逆作法挖土外）未考虑群桩间的挖土人工及机械降效差，遇有桩土方时，按相应定额人工、机械乘以系数1.5。

③ 挖有支撑土方定额已综合考虑了栈桥上挖土等因素，栈桥搭、拆及折旧摊销等未包括在定额内。

④ 挖土机在垫板上施工时，定额人工、机械乘以系数1.25。定额未包括垫板的装、运及折旧摊销。

⑤ 定额"汽车装车、运土、运距1km内"子目适用于场内土方驳运。

3）干、湿土，淤泥的划分以地质勘测资料为准。地下常水位以上为干土，以下为湿土。地表水排出层，土壤含水率≥25%时为湿土。含水率超过液限，土和水的混合物呈现流动状态时为淤泥。

4）管沟土方按相应的挖沟槽土方子目执行。

5）逆作法施工

① 适用于多层地下室结构逆作法施工。

② 逆作法土方分明挖和暗挖两部分施工。明挖土方按相应挖土子目执行，暗挖土方指地下室首层楼板结构完成后的挖土。

③ 逆作法暗挖土方已综合考虑了支撑间挖土降效因素以及挖掘机水平驳运土和垂直吊运土因素。

6）平整场地系指建筑物所在现场厚度≤±300mm 的就地挖、填及平整。挖填土方厚度＞±300mm 时，全部厚度土方按一般土方相应子目另行计算，但仍应计算平整场地。

7）回填

①场区（含地下室顶板以上）回填，按相应子目的人工、机械乘以系数 0.9。

②基础（地下室）周边回填材料时，按第三章第二节"二、地基处理与边坡支护工程"第一节中地基处理相应定额子目的人工、机械乘以系数 0.9。

8）本章定额均未包括湿土排水。

（3）示例

【例 3.2-3】某建筑物如图 3.2-1 所示，地下独立基础，基础垫层底相对标高为 −2.1m，室外地坪高差 0.3m，垫层宽度出基础边 100mm，试列挖独立基础（DJP03）土方定额子目，并计算工程量。

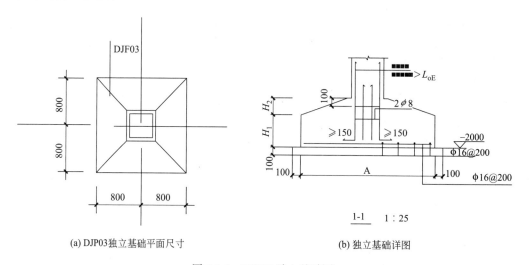

(a) DJP03独立基础平面尺寸　　　　(b) 独立基础详图

图 3.2-1　DJP03 独立基础图

解：挖独立基础土方工程量计算过程见表 3.2-9，土方定额子目套用见表 3.2-10。

独立基础（DJP03）土方工程量计算表　　　　表 3.2-9

序号	项目名称	计算部位	工程量计算稿	计量单位	工程量
1	埋深	埋深	2.1−0.3	m	1.80
2	放坡宽度	放坡宽度	1.8×0.5	m	0.9
3	独立基础挖土	DJP03—单个	19.49	m³	19.49
3.1		挖土总体积	1.8/3×（5.52+17.22+sqrt（5.52×17.22））	m³	19.49
3.2		下口面积	（1.6+0.1×2［垫层宽度］+0.3×2［工作面］）×（1.5+0.1×2+0.3×2）	m²	5.52
3.3		上口面积	（1.6+0.1×2+0.3×2+0.9×2［放坡宽度］）×（1.5+0.1×2+0.3×2+0.9×2）	m²	17.22

解析：棱台体积公式 $V = \left(S_1 + S_2 + \sqrt{S_1 \times S_2}\right) \times H / 3$

式中　S_1——棱台上表面面积；

S_2——棱台下表面面积;

H——棱台高。

土方定额子目套用表

表 3.2-10

序号	定额编码	项 目 名 称	计量单位	工程量
1	01-1-1-20	机械挖基坑 埋深 3.5m 以内	m³	19.49

【例 3.2-4】如图 3.2-2 所示,某建筑物首层平面图,试列场地平整定额子目,并计算工程量。

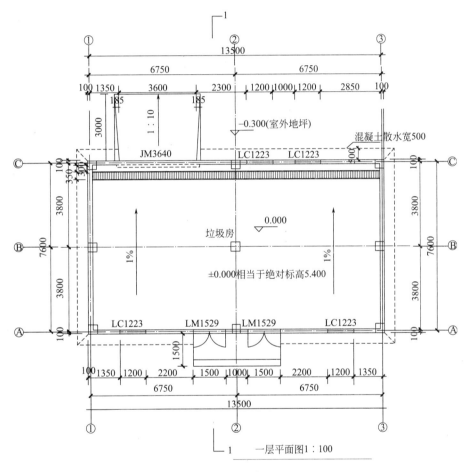

图 3.2-2 首层建筑平面

解:场地平整工程量计算过程见表 3.2-11,场地平整定额子目套用见表 3.2-12

场地平整工程量计算表

表 3.2-11

项目名称	计算部位	工程量计算稿	计量单位	工程量
场地平整	一层	(13.5+0.1×2+2×2) × (7.6+0.1×2+2×2)	m²	208.86

解析:平整场地,按设计图示尺寸以建筑物或构筑物的底面积的外边线,每边各加 2m 以面积计算。

场地平整定额子目套用表

表 3.2-12

序号	项目编码	项目名称	计量单位	工程量
1	01-1-1-1	平整场地	m²	208.86

2. 地基处理与边坡支护工程

（1）工程量计算规则

1）换填垫层（填料加固）按设计图示尺寸以体积计算。

2）土工布按设计图示尺寸以面积计算。

3）强夯地基按下列规定计算：

① 按设计图示强夯处理范围以面积计算（即按设计图纸最外围点夯轴线加其最近两轴线的距离所包围的面积计算）。设计无规定时，按建筑物外围边线每边各加 4m 计算。

② 强夯工程量应区别不同夯击能量和夯点密度，按设计图示夯击范围及夯击遍数分别计算。

4）水泥土搅拌桩按设计图示桩截面面积乘以桩长计算，如开槽施工桩长算至槽底。

① 承重桩按设计图示桩截面面积乘以设计桩长加 0.4m。

② 围护桩用于基坑加固土体的，按设计加固面积乘以加固深度以体积计算。

③ 空搅按设计图示桩截面面积乘以自然地坪至桩顶长度以体积计算；用于基坑加固土体的空搅部分，按设计图示加固面积乘以设计深度以体积计算。

5）高压喷射注浆桩（高压旋喷桩）按下列规定计算：

① 成孔按设计图示尺寸以桩长计算。

② 喷浆按设计图示桩截面面积乘以桩长以体积计算。

③ 喷浆用于基坑加固土体的，按设计加固面积乘以设计加固深度以体积计算。

6）压密注浆按下列规定计算：

① 钻孔按设计图示尺寸的钻孔深度以长度计算。

② 注浆按设计图示尺寸以体积计算。

a. 如设计图纸以布点形式图示土体加固范围的，则按两孔间距的一半作为扩散半径，以布点边线各加扩散半径，形成计算平面计算注浆体积。

b. 如设计图纸注浆点在钻孔灌注混凝土桩之间，按两注浆孔距作为每孔的扩散直径，以此圆柱体体积计算注浆体积。

7）褥垫层按设计图示尺寸以体积计算。

8）地下连续墙工程量按下列规定计算：

① 导墙混凝土按设计图示尺寸以体积计算。

② 成槽按设计图示墙中心长乘以厚度乘以槽深加 0.5m 以体积计算。

③ 钢筋网片按设计钢筋长度乘以单位理论质量计算。

④ 混凝土浇筑按设计图示墙中心长乘以墙厚及墙深以体积计算。

⑤ 混凝土导墙拆除、清底置换、接头管（锁口管）安、拔按设计图示槽段数量，分别以段计算。

9）型钢水泥土搅拌墙按下列规定计算：

① 型钢水泥土搅拌墙按设计图示断面面积乘以设计桩长（压梁底至桩底）以体积计算。

② 如开槽，施工桩长算至槽底。

③ 插拔型钢按设计图示尺寸以质量计算。

10）钢板桩按下列规定计算：

① 打、拔钢板桩按设计桩体以质量计算。

② 安、拆导向夹具按设计图示尺寸以长度计算。

11）锚杆（锚索）、土钉按下列规定计算：

① 锚杆（锚索）、土钉的钻孔、注浆按设计图示或施工组织设计规定的钻孔深度以长度计算。

② 锚头制作、安装、张拉、锁定按设计图示数量以套计算。

12）喷射混凝土护坡按设计图示或施工组织设计规定以面积计算。

13）现浇钢筋混凝土支撑按设计图示尺寸以体积计算。

14）钢支撑安、拆按设计图示尺寸以质量计算，不扣除孔眼质量；焊条、铆钉、螺栓等也不另增加质量。

15）型钢桩、钢板桩、钢管支撑使用（租赁）按质量乘以使用天数计算，使用天数按施工组织设计确定的天数计算。

（2）定额说明

1）换填垫层子目适用于软弱地基挖土后的换填材料加固等。

2）铺设土工布为基底整理平整后的铺设。

3）强夯地基：

① 强夯子目中每单位面积夯点数，指设计文件规定单位面积内的夯点数量，若设计文件的夯点数量与定额不一致时，可采用内插法计算消耗量。

② 强夯的夯击击数，系指强夯机械就位后，夯锤在同一夯点上下起落的次数。

4）水泥土搅拌桩：

① 水泥土搅拌桩的水泥掺量按加固土重 1800kg/m³ 计算，如设计与定额掺量不同时，按每增减 1% 子目计算。

② 水泥土搅拌桩如设计采用全断面套打时，执行型钢水泥土搅拌墙子目。

③ 水泥土搅拌桩空搅部分，如设计采用低渗量回掺水泥时，其材料可按设计用量增加。

5）高压旋喷桩（高压喷射注浆桩）：

高压旋喷桩成孔子目，定额按双重管旋喷桩机编制。如为单重管或三重管旋喷桩机成孔者，则调整相应机械，但消耗量不变。

6）压密注浆：

① 注浆子目中注浆管消耗量为摊销量，若为一次性使用，可进行调整。

② 当设计文件要求的注浆料及用量与定额不同时可作调整，人工、机械不作调整。

7）褥垫层适用于在桩承台下铺设的砂、碎石等垫层。

8）地下连续墙：

① 导墙的挖土、回填、运土、模板、钢筋等按相应章节定额子目执行。

② 地下连续墙子目未包括土方及泥浆外运。

9）型钢水泥土搅拌墙：

① 型钢水泥土搅拌墙，如设计与定额掺量不同时可作换算，人工、机械不作调整。

②型钢水泥土搅拌墙中的重复套钻部分已在定额内考虑，不另行计算。

10）钢板桩：

①打拔槽钢或钢轨，按相应钢板桩子目，其机械乘以系数 0.77，其他不变。

②如单位工程的钢板桩的工程量≤50t 时，其人工、机械按相应子目乘以系数 1.25 计算。

11）喷射混凝土护坡，如设计文件需要放置钢筋（钢筋网片）者，另按第三章第二节"五、混凝土及钢筋混凝土工程"中钢筋工程的相应子目执行。

12）钢筋混凝土支撑的钢筋、模板等按第三章第二节"五、混凝土及钢筋混凝土工程"及"十七、措施项目"相应定额子目执行。

13）钢支撑：

①钢支撑适用于基坑开挖的大型支撑安装、拆除。

②钢支撑安装、拆除，定额按一道支撑编制，从地面以下第二道起，每增加一道钢管支撑，其定额人工、机械累计乘以系数 1.1。

14）水泥土搅拌桩、高压旋喷桩、型钢水泥土搅拌墙等均不包括开槽挖土；如实际发生时，按相应定额子目执行。

15）本章定额不包括外掺剂材料。

（3）示例

【例 3.2-5】如图 3.2-3 所示，双轴水泥土搅拌桩桩径 700mm，间距 1000mm，水泥掺

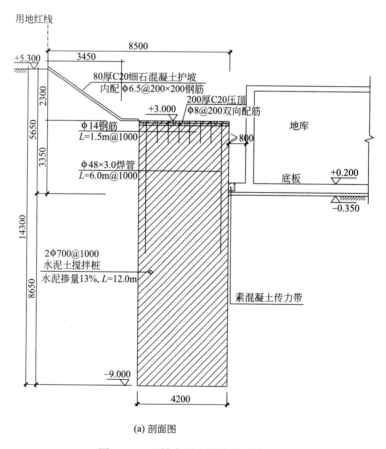

(a) 剖面图

图 3.2-3　双轴水泥土搅拌桩 （一）

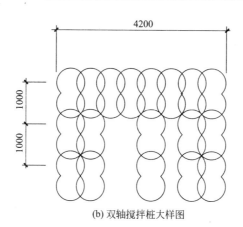

(b) 双轴搅拌桩大样图

图 3.2-3 双轴水泥土搅拌桩 (二)

量 13%，桩顶绝对标高 +3.0m，室外自然地坪绝对标高 +5.3m，试列双轴水泥土搅拌桩大样图中搅拌桩定额子目，并计算工作量。

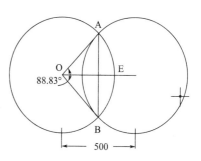

图 3.2-4 单根双轴搅拌桩示意图

解：水泥土搅拌桩体积 V_1=18 [搅拌桩根数] ×12 [桩长] ×0.702 [单根桩截面面积] =151.6m³

空搅体积 V_2=18×2.3 [空搅长度] ×0.702 [单根桩截面面积] =29.1m³。

解析：单幅双轴搅拌桩的图示（图 3.2-4）桩截面面积为 2 个圆面积减去 2 个重叠的弓形面积，经计算为单根双轴搅拌桩桩截面面积 0.702m²/m，计算过程见表 3.2-13；空搅计算高度以自然地坪至桩顶长度计算。

单根双轴搅拌桩截面面积计算表 表 3.2-13

序号	项目名称	计算部位	工程量计算稿	计量单位	工程量
	双轴搅拌桩单根截面面积				
1		双圆原始面积	3.14×0.35×0.35×2	m²	0.7693
2		圆心角	2×arcos（0.25/0.35）	弧度	1.5504
3		扇形面积	3.14×0.35×0.35×1.55/（2×3.14）	m²	0.0949
4		三角形面积	sqrt（0.35×0.35−0.25×0.25）×0.25	m²	0.0612
5		弓形面积	扇形面积−三角形面积	m²	0.0337
6	双轴搅拌桩单根截面面积		双圆面积−弓形面积×2	m²/m	0.702

双轴搅拌桩定额子目套用见表 3.2-14。

双轴搅拌桩定额子目套用表 表 3.2-14

序号	定额编码	项目名称	计量单位	工程量
1	01-2-1-14	水泥土搅拌桩 二轴 一喷二搅 水泥掺量 13%	m³	151.6
2	01-2-1-16	空搅	m³	29.1

【例 3.2-6】如本书第二章图 2.4-1 所示，三轴水泥土搅拌桩桩径为 850mm，桩轴（圆心）距为 600mm，设计有效桩长 15m，设计桩顶相对标高 -3.65m，设计桩底相对标高 -18.65m，交付地坪相对标高 -2.65m，水泥掺入量 18%，按全截面套打施工。试列三轴水泥土搅拌桩定额子目，并计算工作量。

三轴搅拌桩根数 =12000［围护长度］/1200［搅拌桩间距］×4=40 根

型钢水泥土搅拌墙体积 V_1=40［搅拌桩根数］×15［桩长］×1.494［单根桩截面积］-3.14×0.425×0.425×15×40［扣套打孔 40 个］=556.10m³

空搅体积 V_2=40×（3.65-2.65）［空搅长度］×1.494=59.76m³

解析：水泥土搅拌桩如设计采用全面套打时，执行型钢水泥土搅拌墙子目，扣除套打重叠工程量；单幅三轴搅拌桩的图示桩截面面积为 3 个圆面积减去 4 个重叠的弓形面积，经计算为三轴搅拌桩桩截面面积 1.494m²/m，计算方式详见表 3.2-15。

单根三轴搅拌桩截面面积计算表　　　　表 3.2-15

序号	项目名称	计算部位	工程量计算稿	计量单位	工程量
	三轴搅拌桩单根截面面积				
1		三圆原始面积	3.14×0.425×0.425×3	m²	1.7015
2		圆心角	2×arcos（0.3/0.425）	弧度	1.5743
3		扇形面积	3.14×0.425×0.425×1.5743/（2×3.14）	m²	0.1422
4		三角形面积	sqrt（0.425×0.425-0.3×0.3）×0.3	m²	0.0903
5		弓形面积	扇形面积 - 三角形面积	m²	0.0519
6	三轴搅拌桩单根截面面积		三圆面积 - 弓形面积 ×4	m²/m	1.494

三轴搅拌桩定额子目套用见表 3.2-16。

三轴搅拌桩定额子目套用表　　　　表 3.2-16

序号	定额编码	项目名称	计量单位	工程量
1	01-2-2-16 换	型钢水泥土搅拌墙 三轴 一喷一搅 水泥掺量 18%	m³	556.10
2	01-2-1-16	空搅	m³	59.76

3．桩基工程

（1）工程量计算规则

1）打、压预制钢筋混凝土桩：

① 预制钢筋混凝土方桩、定型短桩均按设计图示桩长（不扣除桩尖虚体积）乘以桩截面面积以体积计算。

② 预制钢筋混凝土管桩，按设计图示尺寸以桩长度（包括桩尖）计算。

③ 如设计要求采用混凝土灌注或其他材料填充桩的空心部分时，按灌注或填充的实体积计算。

2）送桩：

① 预制钢筋混凝土方桩按桩截面面积乘以送桩长度（设计桩顶面至打、压桩前自然地坪面加 0.5m）以体积计算。

② 预制钢筋混凝土管桩，按设计桩顶面至打、压桩前自然地坪面加 0.5m 以长度计算。

3）接桩按设计图示数量以个计算。

4）钢管桩按设计长度（设计桩顶至桩底标高）、管径、壁厚以质量计算。

① 计算公式：

$$W=（D-t）\times t\times 0.0246\times L\div 1000$$

式中：D——钢管桩直径（mm）；

W——钢管桩重量（t）；

L——钢管桩长度（m）；

t——钢管桩壁厚（mm）。

② 钢管桩内切割按设计图示数量以根计算；精割盖帽按设计图示数量以个计算。

③ 接桩按设计图示数量以个计算。

5）余桩 ≥ 1m 时可计算截桩，截、凿桩以根计算；截、凿混凝土灌注桩按实际凿截数量以根计算。

6）钻孔灌注混凝土桩按下列规定计算：

① 灌注混凝土按设计桩长（以设计桩顶标高至桩底标高）乘以设计桩径截面面积以体积计算。

② 成孔按打桩前自然地坪标高至桩底标高乘以设计截面面积以体积计算。

7）就地灌注混凝土桩按设计桩长（不扣除桩尖虚体积）乘以设计截面面积以体积计算；多次复打桩按单桩体积乘以复打次数计算工程量。

8）静钻根植桩成孔工程量按成孔深度乘以成孔截面面积以体积计算；成孔深度为打桩前自然地坪标高至设计桩底的长度，设计桩径是指预应力混凝土根植管桩竹节外径。

① 扩底以上部分成孔工程量 =（成孔深度 − 扩底高度）×｛（设计桩径 +10cm）÷2｝$^2\times \pi$。

② 扩底部分成孔工程量 = 扩底高度 ×（扩底直径 ÷2）$^2\times \pi$。

③ 扩底以上部分注浆工程量 =（设计桩长 − 扩底高度）×｛（设计桩径 +10cm）÷2｝$^2\times \pi \times 0.3$。

④ 扩底部分注浆工程量同扩底部分成孔工程量。

⑤ 植桩工程量按设计桩长以长度计算。

⑥ 送桩工程量按设计桩顶标高至植桩前自然地坪面加 0.5m 以长度计算。

9）灌注桩后压浆按下列规定计算：

① 注浆管按打桩前的自然地坪标高至桩底标高的长度另加 0.5m 以长度计算。

② 灌注桩后压浆按设计注入水泥用量，以质量计算。

③ 声测管按打桩前的自然地坪标高至桩底标高的长度另加 0.5m 以长度计算。

（2）定额说明

1）打、压桩系指打到余出自然地坪 0.5m 以内。定额已包括打、压桩损耗。

2）本章均为打、压垂直桩，如打、压斜桩，斜度小于 1∶6 时，按相应定额子目人工、机械乘以系数 1.2，斜度大于 1∶6 时，按相应定额子目人工、机械乘以系数 1.3。

3）打、压各类预制混凝土桩均包括从现场堆放位置至打桩桩位的水平运输，未包括运输过程中需要过桥、下坑及室内运桩等特殊情况。

4）打、压各类预制桩定额分打桩、接桩、送桩。打定型短桩已包括接桩和送桩。

5）打、压试桩时，按相应定额人工、机械乘以系数1.5。

6）桩间补桩或在强夯后的地基上打、压桩时，按相应定额子目人工、机械乘以系数1.15。

7）打、压各类预制混凝土桩，定额按购入成品构件考虑。

8）灌注桩及静钻根植桩定额子目内，均已包括充盈系数和材料损耗，一般不予调整。

9）灌注桩钢筋笼按第三章第二节"五、混凝土及钢筋混凝土工程"中的相应定额子目执行。

10）截、凿钻孔灌注桩，如设计图示桩径>$\phi800$以上的，则相应人工、机械乘以系数1.5。

11）各类桩顶与基础底板钢筋的焊接，按第三章第二节"五、混凝土及钢筋混凝土工程"中的相应定额子目执行。

12）静钻根植桩子目未包括接桩、管桩填芯，可另行计算。

13）灌注桩后压浆的注浆管埋设定额按桩底注浆考虑，如设计采用侧向注浆，则相应人工、机械乘以系数1.2，注浆管材质、规格如设计要求与定额不同时，可以换算，其他不变。

14）灌注桩后压浆声测管埋设，若遇材质、规格不同时，用料可以调整，但人工不变。

15）小型打、压桩工程按相应定额人工、机械乘以系数1.25。不满下列数量的工程为小型打桩工程，见表3.2-17。

小型打桩工程　　　　　　　　　　　　　　　　　　　表3.2-17

桩类	工程量	桩类	工程量
预制钢筋混凝土方桩	200m³	灌注混凝土桩	150m³
预应力钢筋混凝土管桩	1000m	钢管桩	50t

（3）示例

【例3.2-7】某工程需做钻孔灌注桩，灌注桩直径600mm，设计桩长31m，室外自然地面相对标高 -0.15m，桩顶设计相对标高 -5.4m，预埋声测管钢管一根，钢管内径不宜小于25mm，请列出单根钻孔灌注桩定额项目，并计算工程量。

解：桩顶设计标高至自然地面高度 H=5.4-0.15=5.25m。

钻孔灌注桩体积 V_1=3.14×0.3×0.3×31=8.76m³。

成孔体积 V_2=3.14×0.3×0.3×（31+5.25）=10.24m³。

声测管工程量 =31+（5.4-0.15）+0.5=36.75m。

解析：声测管按打桩前的自然地坪标高至设计桩底标高的长度另加0.5m以长度计算。

钻孔灌注桩定额子目套用见表3.2-18。

钻孔灌注桩定额子目套用表　　　　　　　　　　表 3.2-18

序号	项目编码	项目名称	计量单位	工程量
1	01-3-2-2	钻孔灌注桩桩径 ϕ600 灌注混凝土（非泵送）	m³	8.76
2	01-3-2-1	钻孔灌注桩桩径 ϕ600 成孔	m³	10.24
3	01-1-2-9	泥浆外运	m³	10.24
4	01-3-2-21	钢管 声测管	m	36.75

4. 砌筑工程

（1）工程量计算规则

1）基础与墙（柱）身的划分

① 基础与墙（柱）身使用同一种材料时，以设计室内地面为界（有地下室者，以地下室室内设计地面为界），以下为基础，以上为墙（柱）身。

② 基础与墙（柱）身使用不同材料时，位于设计室内地面高度 ≤ ±300mm 时，以不同材料为分界线，高度 > ±300mm 时，以设计室内地面为分界线。

③ 砖砌地沟不分墙基和墙身，按不同材质合并工程量套用相应项目。

④ 围墙：以设计室外地坪为界，以下为基础，以上为墙体。

2）砖、砌块基础按设计图示尺寸以体积计算

① 砖、砌块基础包括附墙垛基础宽出部分体积。扣除地梁（圈梁）、构造柱所占体积。

② 不扣除基础大放脚 T 形接头处的重叠部分及嵌入基础内的钢筋、铁件、管道、基础砂浆防潮层和单个面积 ≤ 0.3m² 的孔洞所占体积，靠墙暖气沟的挑檐体积不增加。

③ 基础长度：外墙按外墙中心线长度计算，内墙按内墙净长线计算。

3）砖及砌块墙均按设计图示尺寸以体积计算

① 扣除门窗、洞口、嵌入墙内的钢筋混凝土柱、梁、板、圈梁、挑梁、过梁及凹进墙内的壁龛、管槽、暖气槽、消火栓箱所占体积。不扣除梁头、板头、檩头、垫木、木楞头、沿缘木、木砖、门窗走头、砖墙内加固钢筋、木筋、铁件、钢管及单个面积 ≤ 0.3m² 的孔洞所占的体积。凸出墙面的腰线、挑檐、压顶、窗台线、虎头砖、门窗套的体积亦不增加。凸出墙面的砖垛并入墙体体积内计算。

② 墙长度：外墙按中心线、内墙按净长计算。

③ 墙高度：

a. 外墙：斜（坡）屋面无檐口天棚者算至屋面板底；有屋架且室内外均有天棚者算至屋架下弦底另加 200mm；无天棚者算至屋架下弦底另加 300mm，出檐宽度超过 600mm 时按实砌高度计算；有钢筋混凝土楼板隔层者算至板顶。平屋顶算至钢筋混凝土板底。

b. 内墙：位于屋架下弦者，算至屋架下弦底；无屋架者算至天棚底另加 100mm；有钢筋混凝土楼板隔层者算至楼板底；有框架梁时算至梁底。

c. 女儿墙：从屋面板上表面算至女儿墙顶面（如有混凝土压顶时算至压顶下表面）。

④ 内、外山墙：按其平均高度计算。

⑤ 墙厚度：

a. 蒸压灰砂砖、蒸压灰砂多孔砖的砌体计算厚度，按表 3.2-19 计算。

砖砌体计算厚度表（单位：mm）

表 3.2-19

砖数(厚度)	$\frac{1}{4}$	$\frac{1}{2}$	1	$1\frac{1}{2}$	2	$2\frac{1}{2}$	3
蒸压灰砂砖（240×115×53）	53	115	240	365	490	615	740
蒸压灰砂多孔砖（240×115×90）		侧砌 90	240	365	490	615	740
		平砌 115					
蒸压灰砂多孔砖（190×90×90）		90	190	290	390	490	590

b. 使用非标准砖时，其砌体厚度应按砖实际规格和设计厚度计算。

⑥ 框架间墙：不分内外墙按墙体净尺寸以体积计算。

⑦ 围墙：高度算至压顶上表面（如有混凝土压顶时算至压顶下表面），围墙柱并入围墙体积内。

⑧ 空花墙：按设计图示尺寸以空花部分外形体积计算，不扣除空洞部分体积。若有实砌墙连接，实体部分套用相应墙体定额子目。

⑨砖柱不分柱身和柱基，按设计图示尺寸以体积合并计算，扣除混凝土及钢筋混凝土梁垫、梁头、板头所占体积。

⑩ 砖砌检查井、阀井、地沟、明沟均按设计图示尺寸以体积计算。

⑪零星砌体、毛石砌挡土墙按设计图示尺寸以体积计算。

4）其他墙体

① 高强石膏空心板墙，按设计图示尺寸以体积计算。应扣除门窗、洞口及单个面积＞0.3m² 的孔洞所占的体积。

② GRC 轻质墙，按设计图示尺寸分不同厚度以面积计算。应扣除门窗、洞口及单个面积＞0.3m² 的孔洞所占的面积。

③ 轻集料混凝土多孔板墙，按设计图示尺寸以面积计算。应扣除门窗、洞口及单个面积＞0.3m² 的孔洞所占的面积。

5）垫层

① 基础垫层，按设计图示尺寸以体积计算。

② 地面垫层，按室内主墙间净面积乘以设计厚度以体积计算。应扣除凸出地面的构筑物、设备基础、地沟等所占体积，不扣除柱、垛、间壁墙、附墙烟囱及单个面积≤0.3m² 的孔洞所占体积。

（2）定额说明

1）本章定额中砖、砌块等按标准或常用规格编制，设计规格与定额不同时，砌体材料和砌筑（胶粘剂）材料用量可作调整换算。

本章选用的砖、砌块料规格为（长×宽×高）：

① 蒸压灰砂砖：240×115×53。

② 蒸压灰砂多孔砖：240×115×90、190×90×90。

③ 加气混凝土砌块：600×（100、200）×300。

④ 混凝土小型空心砌块：（390、290、190）×190×190、（390、190）×90×190。

⑤ 砂加气混凝土砌块：600×（100、120、150、200）×250。

2）本章砌筑砂浆及垫层灌浆按干混砂浆编制，如设计与定额所列砂浆种类、强度等级不同时，可作调整。

3）砖砌体、砌块砌体、石砌体

①砖砌体和砌块砌体不分内、外墙，均执行对应规格砖及砌块的相应定额子目。

②内墙砌筑高度超过 3.6m 时，其超过部分按相应定额子目人工乘以系数 1.3。

③嵌砌墙按相应定额的砌筑工乘以系数 1.22。

④定额中各类砖、砌块及石砌体均按直形墙砌筑编制，如为圆弧形砌筑者，按相应定额人工耗量乘以系数 1.1，砖、砌块、石砌体及砂浆（胶粘剂）用量乘以系数 1.03。

⑤砖砌体钢筋加固、砌体内加筋、灌注混凝土及墙身的防潮、防水、抹灰等按相应章节定额子目及规定计算。

⑥加气混凝土砌块墙定额内已包括镶砌砖，砂加气混凝土砌块墙、混凝土砌块墙定额内已包括砌第一皮砌块铺筑 20 厚水泥砂浆。

⑦混凝土小型砌块墙、混凝土模卡砌块墙定额已包括嵌砌墙人工增加难度系数及实心混凝土砌块（万能块）。

⑧毛石挡土墙如设计要求勾缝或压顶抹灰的，按相应章节定额子目执行。

⑨围墙按本章相应墙体定额子目执行。

⑩零星砌体适用于厕所蹲台、台阶、台阶挡墙、梯带、池槽、池槽腿、花台、花池、屋面出风口、地垄墙及 ≤ 0.3m² 的孔洞填塞等。

4）其他墙体

① GRC 轻质墙板定额已包括墙板底铺筑细石混凝土。

②轻集料混凝土多孔板墙板定额已包括门洞周边孔灌水泥砂浆及板缝贴网格布。

5）本章垫层定额适用于基础、楼地面等非混凝土垫层。

5. 混凝土及钢筋混凝土工程

（1）工程量计算规则

1）现浇混凝土

①混凝土工程量除另有规定者外，均按设计图示尺寸以体积计算。不扣除构件内钢筋、预埋铁件、预埋螺栓及墙、板中单个面积 ≤ 0.3m² 的孔洞所占体积。型钢组合混凝土构件中的型钢骨架所占体积按（密度）7850kg／m³ 扣除。

②垫层按设计图示尺寸以体积计算。

a. 基础垫层不扣除伸入承台基础的桩头所占体积。满堂基础局部加深，其加深部分按图示尺寸以体积计算，并入垫层工程量内。

b. 地面垫层按室内墙间净面积乘以设计厚度以体积计算。应扣除凸出地面的构筑物、设备基础、地沟等所占体积，不扣除柱、垛、间壁墙、附墙烟囱及面积 ≤ 0.3m² 的孔洞所占体积。

③基础按设计图示尺寸以体积计算，不扣除伸入承台基础的桩头所占体积。

a. 带形基础不分有梁式与无梁式，均按带形基础子目计算，有梁式带形基础，梁高（指基础扩大顶面至梁顶面的高）≤ 1.2m 时，合并计算；＞ 1.2m 时，扩大顶面以下的基础部分，按带形基础子目计算，扩大顶面以上部分，按混凝土墙子目计算。

b. 杯形基础应扣除杯口所占的体积。

c. 设备基础除块体以外,其他如框架设备基础分别按基础、梁、柱、板、墙等有关规定计算。

④ 柱按设计图示尺寸以体积计算。

a. 有梁板的柱高,应自柱基上表面(或楼板上表面)至上一层楼板上表面之间的高度计算。

b. 无梁板的柱高,应自柱基上表面(或楼板上表面)至柱帽下表面之间的高度计算。

c. 框架柱的柱高,应自柱基上表面至柱顶面高度计算。

d. 构造柱按净高计算,嵌接墙体部分(马牙槎)的体积并入柱身工程量内。

e. 依附柱上的牛腿等并入柱身体积内计算。

⑤ 梁按设计图示尺寸以体积计算,伸入砌体内的梁头、梁垫并入梁体积内计算。

a. 梁与柱连接时,梁长算至柱侧面。

b. 主梁与次梁连接时,次梁长算至主梁侧面。

c. 弧形梁不分曲率大小,断面不分形状,按梁中心部分的弧长计算。

d. 圈梁的长度,外墙按中心线、内墙按净长线计算。

e. 圈梁与过梁连接时,过梁长度按门、窗洞口宽度两端共加 500mm 计算。

⑥ 墙按设计图示尺寸以体积计算,扣除门窗洞口及单个面积 $> 0.3m^2$ 孔洞所占体积,墙垛及凸出部分并入墙体积内计算。

⑦ 板按设计图示尺寸以体积计算,不扣除单个面积 $\leqslant 0.3m^2$ 的柱、垛及孔洞所占体积。

a. 有梁板包括主、次梁与板,按梁、板体积之和计算。

b. 无梁板按板和柱帽体积之和计算。

c. 空心板按设计图示尺寸以体积(扣除空心部分)计算。

⑧ 栏板按设计图示尺寸以体积计算,伸入砌体内的部分并入栏板体积计算。

⑨ 挑檐、天沟按设计图示尺寸以墙外部分体积计算。挑檐、天沟板与板(包括屋面板、楼板)连接时,以外墙外边线为分界线;与梁(包括圈梁等)连接时,以梁外边线为分界线。外墙或梁外边线以外为挑檐、天沟。

⑩ 凸阳台、雨篷、悬挑板按伸出外墙的梁、板体积合并计算。凹进墙内的阳台,按平板计算。由柱支承的大雨篷,应按柱、板分别以体积计算。

⑪ 楼梯(包括休息平台、平台梁、斜梁及楼梯的连接梁)按设计图示尺寸以体积计算。当整体楼梯与现浇楼板无梯梁连接时,以楼梯的最后一个踏步边缘加 300mm 为界。

⑫ 散水、坡道,室外地坪按设计图示尺寸以水平投影面积计算,不扣除单个 $\leqslant 0.3m^2$ 孔洞所占面积。

⑬ 地沟、电缆沟、扶手、压顶、检查井、零星构件按设计图示尺寸以体积计算。

⑭ 台阶按设计图示尺寸以水平投影面积计算。台阶与平台连接时,以最上层踏步外沿加 300mm 计算。架空式混凝土台阶,按现浇混凝土楼梯计算。

⑮ 明沟按设计图示尺寸以延长米计算。

⑯ 后浇带按设计图示尺寸以体积计算。

2)装配整体式建筑结构件及其他

① 装配整体式混凝土结构件安装,均按成品构件的设计图示尺寸以实体积计算,依附于成品构件内的各类保温层、饰面层的体积并入相应构件安装中计算。不扣除构件内钢

筋、预埋铁件、配管、套管、线盒等所占体积，构件外露钢筋体积亦不再增加。

  a. 墙、板等安装，不扣除单个面积 $\leq 0.3m^2$ 的孔洞及线箱等所占体积。

  b. 楼梯安装应扣除空心踏步板的空洞体积。

  c. 套筒注浆按设计图示数量以个计算。

  d. 套用其他章节相应定额子目者，其工程量计算按各章节相关规定执行。

  ② 厨房排烟气道、住宅卫生间排气道均按设计图示规格以节计算。风帽按设计图示规格以个计算。

  ③ 各类检查井盖座安装按设计图示规格以套计算。

  ④ 预制零星构件按设计图示尺寸以体积计算，不扣除构件内钢筋、预埋铁件及螺栓所占体积。

  3）钢筋

  ① 现浇、现场预制构件成型钢筋及现场制作钢筋均按设计图示钢筋长度乘以单位理论质量计算。

  ② 钢筋搭接长度应按设计图示及规范要求计算。伸出构件的锚固钢筋应并入钢筋工程量内。

  ③ 后张法预应力钢筋按设计图示钢筋（绞线、丝束）长度乘以单位理论质量计算。

  a. 低合金钢筋两端采用螺杆锚具时，钢筋长度按孔道长度减 0.35m 计算，螺杆另行计算。

  b. 低合金钢筋一端采用镦头插片，另一端采用螺杆锚具时，钢筋长度按孔道计算，螺杆另行计算。

  c. 低合金钢筋一端采用镦头插片，另一端采用帮条锚具时，钢筋按增加 0.15m 计算；两端均采用帮条锚具时，钢筋长度按孔道长度增加 0.3m 计算。

  d. 低合金钢筋采用后张混凝土自锚时，钢筋长度按孔道长度增加 0.35m 计算。

  e. 低合金钢筋（钢绞线）采用 JM、XM、QM 型锚具，孔道长度 $\leq 20m$ 时，钢筋长度按孔道长度增加 1m 计算；孔道长度 $> 20m$ 时，钢筋长度按孔道长度增加 1.8m 计算。

  f. 碳素钢丝采用锥形锚具，孔道长度 $\leq 20m$ 时，钢丝束长度按孔道长度增加 1m 计算；孔道长度 $> 20m$ 时，钢筋长度按孔道长度增加 1.8m 计算。

  g. 碳素钢丝采用镦头锚具时，钢丝束长度按孔道长度增加 0.35m 计算。

  h. 预应力钢丝束、钢绞线锚具安装按套数计算。

  ④ 各类钢筋机械连接接头不分钢筋规格，按设计要求或施工规范规定以只计算，且不再计算该处的钢筋搭接长度。

  ⑤ 钢筋植筋不分孔深，按钢筋规格以根计算。

  ⑥ 钢筋笼按设计图示钢筋长度乘以单位理论质量计算。

  ⑦ 预埋铁件、预埋螺栓按设计图示尺寸乘以单位理论质量计算。

  ⑧ 支撑钢筋、型钢按设计图示（或施工组织设计）尺寸乘以单位理论质量计算。

  （2）定额说明

  1）现浇混凝土

  ① 现浇混凝土分为泵送预拌混凝土和非泵送预拌混凝土。泵送预拌混凝土定额不包括泵送费用（泵管、输送泵车、输送泵）；泵送费用按第二章第四节"十七、措施项目"

相应定额执行。

② 定额内的泵送预拌混凝土子目，如采用非泵送预拌混凝土者，按相应泵送预拌混凝土子目人工乘以系数 1.18，机械乘以系数 1.25。

③ 型钢组合混凝土构件，按相应定额的人工、机械乘以系数 1.2。

④ 压型钢板上浇捣混凝土板，执行平板定额子目，人工乘以系数 1.1。

⑤ 挑檐、天沟壁、雨篷翻口壁高度超过 400mm 时，按全高执行栏板子目。

⑥ 短肢剪力墙是指截面厚度 ≤ 300mm、各肢截面高度与厚度之比的最大值 > 4 但 ≤ 8 的剪力墙，各肢截面高度与厚度之比的最大值 ≤ 4 的剪力墙按相应柱定额计算。短肢剪力墙其形状包括 L 形、Y 形、十字形、T 形剪力墙。

⑦ 独立现浇门框按构造柱定额子目执行。

⑧ 与主体结构不同时浇捣的厨房、卫生间等处墙体下部的现浇混凝土翻边，按圈梁定额子目执行。

⑨ 空心砌块内灌注混凝土，按实际灌注混凝土体积计算，按构造柱子目执行。

⑩ 凸出混凝土柱、梁的线条，并入相应柱、梁构件内；凸出混凝土外墙面、阳台梁、栏板外侧 ≤ 300mm 的装饰线条，执行扶手、压顶子目；凸出混凝土墙面、梁外侧 > 300mm 的板，按伸出部分的梁、板体积合并计算，执行悬挑板子目。

⑪ 散水、坡道混凝土按厚度 60mm 编制，如设计厚度不同时，可作换算，但人工不作调整。

⑫ 大体积混凝土（指基础底板厚度大于 1m 的地下室底板或满堂基础等）养护期保温按相应定额子目增加其他人工 0.01 工日，草袋增加 0.469m²。大体积混凝土测温费另计。

⑬ 现浇钢筋混凝土构件未包括预埋铁件、预埋螺栓、支撑钢筋及支撑型钢等，若实际发生按相应定额子目执行。

⑭ 零星构件是指单体体积在 0.1m³ 以内的未列定额子目的小型构件。

2）装配整体式建筑结构件及其他

① 装配整体式建筑结构件安装不分构件外形尺寸、截面类型以及是否带有保温及门窗洞口，除另有规定者外，均按构件种类执行相应定额子目。

② 结构件安装定额已综合考虑结构件固定所需临时支撑的搭设方式、支撑类型（含支撑用预埋件）及数量，定额未包括结构件卸车、堆放支架及垂直运输机械等内容。

③ 预制混凝土柱、墙板、女儿墙等安装子目已包括结构件底部注浆料灌缝及外墙板接缝处嵌缝、打胶等工作内容。预制混凝土楼梯子目已包括干混砂浆坐浆的工作内容。

④ 预制阳台板安装不分板式或梁式，均执行同一定额子目。预制空调板安装子目适用于单独预制的空调板安装，依附于阳台板制品上的栏板、翻沿、空调板，并入阳台板内计算。

⑤ 套筒注浆不分部位、方向，按锚入套筒内的钢筋直径不同，执行相应定额子目。

⑥ 预制混凝土墙板构件内如带有门窗框者，在计算相应门窗时，应扣除门窗框安装人工及塞缝材料。

⑦ 与预制混凝土构件连接形成整体构件的现场后浇混凝土的浇筑、钢筋、模板等部分，分别按第三章第二节"十七、措施项目"相应定额子目执行。

⑧ 装配整体式建筑工程的外脚手架，按第三章第二节"十七、措施项目"相应定额子目乘以系数 0.85 计算，垂直运输与建筑物超高增加，按第三章第二节"十七、措施项目"

相应定额子目执行，其中执行建筑物超高增加相应定额子目的人工乘以系数 0.7 计算。

⑨ 住宅排气道定额按工厂制品（含配件）、现场安装编制，定额内不包括风帽承托板，风帽承托板按相应定额零星构件子目执行。

⑩ 预制零星构件子目适用于沟盖板等小型构件。

3）钢筋

① 钢筋除预应力钢筋、钢丝束、钢绞线等子目外，其余子目均按成型钢筋分不同构件部位编制。

② 钢筋以手工绑扎为准。钢筋接头按设计图示标明的长度或规范规定的搭接倍数考虑。若采用机械连接接头，套用相应定额子目。

③ 如采用现场制作钢筋时，按定额附表内现场制作钢筋相应子目替换定额内的成型钢筋消耗量，其他不变。

④ 型钢组合混凝土构件，按相应定额的人工乘以系数 1.50。

⑤ 后张法钢筋的锚固是按钢筋帮条焊、U 形插垫编制的，如采用其他方法锚固时，应另行计算。

⑥ 预应力钢丝束、钢绞线综合考虑了一端、二端张拉；锚具按单锚与群锚分列子目，单锚按单孔锚具编入，群锚按 3 孔锚具编入。预应力钢丝束，钢绞线长度大于 50m 时，应采用分段张拉。

⑦ 钢筋种植子目不包括钢筋本身质量，另按植筋长度乘以单位理论质量并入相应定额内计算。

⑧ 如使用化学螺栓，可另行计算，但应扣除定额子目内的植筋胶消耗量。

（3）示例

【例 3.2-8】某工程如图 3.2-5、图 3.2-6 所示，建筑物层高 5.6m，室内外高差 0.3m，

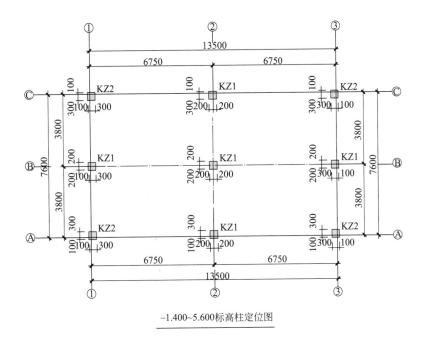

−1.400~5.600 标高柱定位图

图 3.2-5　柱平面图

现浇混凝土强度等级均为 C30，屋面板板厚 120mm，现浇梁体积参考综合案例数据为 6.37m³。试列混凝土结构柱和现浇有梁板定额项目，并计算工程量。

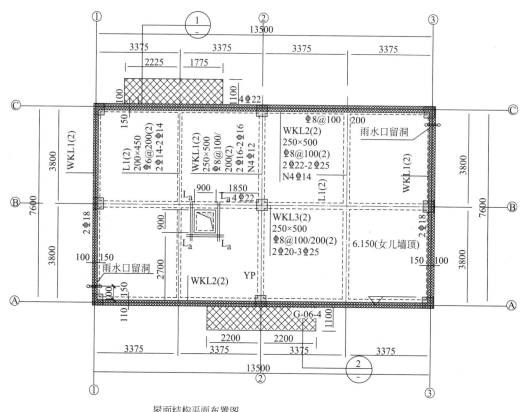

屋面结构平面布置图

未标注板厚120mm，未注明板配落双层双向 Φ8@150；
▨ 表示女儿墙，女儿墙墙顶标高为6.150。

图 3.2-6 屋面结构平面图

解：混凝土矩形柱及现浇板工程量计算过程见表 3.2-20，混凝土矩形柱及有梁板定额子目套用见表 3.2-21。

混凝土矩形柱及有梁板工程量计算表 表 3.2-20

序号	项目名称	计算部位	工程量计算稿	计量单位	工程量
1	矩形柱			m³	10.08
1.1		KZ1	0.4×0.4×（1.4+5.6）×5	m³	5.60
1.2		KZ2	0.4×0.4×（1.4+5.6）×4	m³	4.48
2	现浇有梁板			m³	19.10
2.1		现浇板	（13.7×7.8－0.9×0.9）×0.12	m³	12.73
3.1		现浇梁	6.37［详见综合案例数据］	m³	6.37

解析：有梁板的柱高，应自柱基上表面（或楼板上表面）至上一层楼板上表面之间的高度计算；板不扣除单个面积 ≤ 0.3m² 的柱所占体积。

混凝土矩形柱和现浇有梁板定额子套用表 表 3.2-21

序号	定额编码	项目名称	计量单位	工程量
1	01-5-2-1	预拌混凝土（泵送）矩形柱 C30	m³	10.08
2	01-5-5-1	预拌混凝土（泵送）有梁板 C30	m³	19.10

6. 金属工程

（1）工程量计算规则

1）金属结构件安装均按设计图示尺寸以质量计算。

① 不扣除单个面积 ≤ 0.3m² 的孔洞质量，焊条、铆钉、螺栓等不另增加质量。

② 焊接空心球网架质量包括连接钢管杆件、连接球、支托和网架支座等零件的质量，螺栓球节点网架质量包括连接钢管杆件（含高强度螺栓、销子、套筒、锥头或封板）、螺栓球、支托和网架支座等零件的质量。

③ 依附于钢柱上的牛腿及悬臂梁等，并入钢柱的质量内。

④ 钢管柱上的节点板、加强环、内衬管、牛腿等并入钢管柱的质量内，钢柱上的柱脚板、加劲板、柱顶板、隔板和肋板并入钢柱工程量内。

2）金属结构件安装使用的高强度螺栓、剪力栓钉均按设计图示数量以套计算。

3）钢平台的工程量包括钢平台的柱、梁、板、斜撑等的质量，依附于钢平台上的钢楼梯及平台钢栏杆，另按相应定额子目执行。

4）钢栏杆工程量包括钢扶手的质量。

5）钢楼梯的工程量包括楼梯平台、楼梯梁、楼梯踏步等的质量，钢楼梯上的栏杆、扶手另按相应定额子目执行。

6）钢漏斗、钢板天沟按设计图示尺寸以质量计算。依附在钢漏斗或钢板天沟的型钢并入钢漏斗或钢板天沟的质量内。彩钢板天沟按设计图示尺寸以长度计算。

7）金属结构楼（墙）面板：

① 楼面板按设计图示尺寸以铺设面积计算，不扣除单个面积 ≤ 0.3m² 柱、垛及孔洞所占面积。

② 墙面板按设计图示尺寸以铺挂面积计算，不扣除单个面积 ≤ 0.3m² 的梁、孔洞所占面积。泛水板、封边、包角等按设计图示尺寸展开面积计算。

8）金属结构件驳运及其他：

① 金属结构件驳运工程量同金属结构件安装工程量。

② 金属结构件现场拼装平台摊销工程量按实际拼装构件的工程量计算。

9）金属制品：

① 成品空调金属百叶护栏、成品栅栏及金属网栏均按设计图示尺寸以框外围展开面积计算。

② 后浇带金属网均按设计图示尺寸以面积计算。

（2）定额说明

1）金属结构件安装

① 本章金属结构件按工厂制品编制。

② 结构件安装按结构件种类及质量不同套用相应定额子目，结构件安装定额子目中

的质量指按设计图示所标明的构件单支（件）质量。

③ 整座网架质量＜120t，其安装人工、机械乘以系数1.2；钢网架安装按分块吊装考虑。

④ 钢网架安装定额按平面网格结构编制，如设计为筒壳、球壳及其他曲面结构的，其安装人工、机械乘以系数1.2。

⑤ 钢桁架安装定额按直线形桁架编制，如设计为曲线、折线形桁架，其安装人工、机械乘以系数1.20。

⑥ 钢屋架、钢托架、钢桁架单支质量＜0.2t时，按相应钢支撑定额子目执行。

⑦ 钢支撑包括：柱间支撑、屋面支撑、系杆、拉条、撑杆、隅撑等。

⑧ 钢柱（梁）定额不分实腹、空腹钢柱（梁）、钢管柱，均执行同一柱（梁）定额。

⑨ 制动梁、制动板、车挡等按钢吊车梁相应定额子目执行。

⑩ 柱间、梁间、屋架间的H形、箱形钢支撑套相应的钢柱、钢梁安装子目；墙架柱、墙架梁和相配套连接杆件套用钢墙架相应子目。

⑪ 钢支撑、钢檩条、钢墙架（挡风架）等单支质量＞0.2t时，按相应屋架、柱、梁子目执行。

⑫ 钢天窗架上的C、Z型钢，按钢檩条子目执行。

⑬ 基坑围护中的钢格构柱套用本章相应定额子目，其人工、机械乘以系数0.5，钢格构柱拆除及回收残值等另行计算。

⑭ 钢栏杆（钢护栏）定额适用于钢楼梯、钢平台、钢走道板等与金属结构相连的栏杆，其他部位的栏杆、扶手应按第三章第二节"十五、其他装饰工程"相应定额子目执行。

⑮ 单件质量在25kg以内的小型钢构件，套用本章定额中的零星钢构件子目。

⑯ 钢漏斗安装不分方形、圆形，定额已作综合考虑。

⑰ 结构件安装用的连接螺栓已综合考虑在定额子目内，但未包括高强度螺栓及剪力栓钉。

⑱ 结构件安装的补漆已综合考虑在定额子目内，如结构件制品需现场涂刷油漆、防火涂料，按第三章第二节"十四、油漆、涂料、裱糊工程"相应定额子目执行。

⑲ 结构件安装15t及以下构件子目，定额按单机吊装编制，其他按双机抬吊考虑吊装机械，网架按分块吊装考虑配置相应机械。

⑳ 结构件安装按建筑物檐高20m以内、跨内吊装编制。实际须采用跨外吊装的，可按施工组织设计方案调整。

㉑ 结构件采用塔式起重机吊装的，将结构件安装子目中的汽车式起重机20t、40t分别调整为自升式塔式起重机2500kN·m、3000kN·m，人工及起重机械乘以系数1.2。

㉒ 钢构件安装檐高超过20m或楼层数超过6层时，超高人工降效已综合考虑在第三章第二节"十七、措施项目"超高施工降效定额内；吊装机械按表3.2-22调整。

超高吊装机械调整表　　　　　　　　　　　　表3.2-22

建筑物檐高	调整后机械规格型号	建筑物檐高	调整后机械规格型号
20m＜H≤30m	2000kN·m	180m＜H≤240m	9000kN·m
30m＜H≤150m	3000kN·m	240m＜H≤315m	12000kN·m
150m＜H≤180m	6000kN·m	315m＜H≤420m	13500kN·m

㉓ 钢结构大跨度结构件适用于跨度 ≥ 36m 的建筑物，套用第二章相应定额子目，人工乘以系数 1.2，吊装机械按实调整。如安装檐高超过 20m 时人工及机械降效因素按第㉒条执行。如采用特殊施工方法（平移、滑移、提升及顶升）时，可按实调整。

㉔ 高层及大跨度结构件安装，不包括采用临时支撑等特殊施工措施。如发生时，可按施工方案调整。

㉕ 结构件安装已考虑现场拼装的工作内容，但未考虑分块或整体吊装的钢网架、钢桁架地面平台拼装摊销，如实际发生时，执行现场拼装平台摊销定额子目。

㉖ 结构件安装如需搭设脚手架及安全护栏时，按第三章第二节"十七、措施项目"相应定额子目执行。钢结构工程如有特殊搭设要求时，可按施工组织设计方案调整。

2）金属结构件驳运及卸车

① 结构件驳运为结构件从堆放点装车运至安装位置卸车就位，运距以 1km 为准（不足 1km 按 1km 计算）结构件运距超过 1km，每增加 1km 运距，按相应定额子目汽车台班消耗量增加 25%（累计千米数计算）。

② 结构件驳运定额子目分为两类，分别按相应定额子目执行。

a. 钢屋架类结构件指钢屋架、钢墙架、挡风架、钢天窗架。

b. 其他类结构件指钢柱、钢梁、桁架、吊车梁、网架、托架、檩条、支撑、栏杆、钢平台、钢走道、钢楼梯、钢漏斗、零星钢构件等。

3）金属结构楼（墙）面板及其他

① 压型钢板楼板安装不分板厚，均执行同一定额子目，如设计要求与定额取定板厚不同时，其材料可以调整，其余不变。

② 钢筋桁架式组合楼板中的钢筋桁架，按工厂制品列入定额，不另计算。

③ 楼面板的收边板已包括在相应定额子目内，不另计算。固定压型钢板楼板的支架另按本节相应定额子目计算。

④ 压型钢板楼板、钢筋桁架式组合楼板中未包含栓钉，套用相应定额子目。

⑤ 天沟支架安装按相应定额子目执行。

⑥ 封边、包角定额子目适用于墙面、板面、高低屋面等处需封边、包角的项目。

7. 木结构工程

（1）工程量计算规则

1）木屋架

① 木屋架工程量按设计图示的规格尺寸以体积计算。附属于木屋架上的木夹板、垫木、风撑、挑檐木等均包含在木屋架制品内，不另计算。

② 钢木屋架工程量按设计图示木杆件的规格尺寸以体积计算，其钢杆件及铁配件等包含在钢木屋架制品内，不另计算。

③ 带气楼的屋架，其气楼屋架并入所依附屋架工程量内计算。

④ 屋架的马尾、折角和正交部分半屋架，并入相连屋架工程量内计算。

2）木构架

① 木柱、木梁按设计图示尺寸以体积计算。

② 檩木按设计图示的规格尺寸以体积计算，单独挑檐木并入檩木工程量内。檩托木、檩垫木包含在檩木制品内，不另计算。

③ 简支檩木长度设计无规定时，按相邻屋架或山墙中距增加 200mm 接头计算，两端出山檩条算至搏风板；连续檩的长度按设计长度增加 5% 的接头长度计算。

④ 木楼梯按设计图示尺寸以水平投影面积计算。不扣除宽度 ≤ 300mm 的楼梯井，伸入墙内部分不计算。

⑤ 木葡萄架按设计图示的规格尺寸以体积计算。

⑥ 木露台按设计图示尺寸以水平投影面积计算。

3）屋面木基层

① 屋面板、椽子、挂瓦条、顺水条工程量按设计图示尺寸以屋面斜面积计算，不扣除屋面烟囱、风帽底座、风道、小气窗及斜沟等所占面积，小气窗的出檐部分亦不增加面积。

② 椽板工程量按设计图示尺寸以面积计算。

③ 封檐板工程量按设计图示檐口外围长度计算。搏风板按斜长度计算，每个大刀头增加长度 500mm，并入相应子目计算。

（2）定额说明

1）本章木屋架、木构架等定额子目按工厂制品、现场安装编制。

2）定额内木材木种均以一、二类木种取定。如采用三、四类木种时，按相应人工乘以系数 1.35。

3）定额内木材消耗量已包括刨光损耗，方材一面刨光为 3mm，两面刨光为 5mm。

4）屋架跨度是指屋架两端上、下弦中心线交点之间的距离。

5）屋面板不分厚度均执行同一定额。

6）附属于木屋架、钢木屋架等的铁配件，如需油漆者，按第三章第二节"十四、油漆、涂料、裱糊工程"相应定额子目执行。

7）木楼梯的栏杆（栏板）、扶手，按第三章第二节"十五、其他装饰工程"相应定额子目执行。

8）木葡萄架、木露台定额按一般构件形式及规格、尺寸等编制，如设计要求与定额不同时，可以调整。

8. 门窗工程

（1）工程量计算规则

1）木门

① 成品木门扇安装除纱门扇外，其余均按设计图示门洞口尺寸以面积计算。

② 纱门扇安装按门扇外围面积计算。

③ 成品套装木门安装按设计图示数量以樘计算。

④ 木门框安装按设计图示框的中心线以长度计算。

2）金属门窗

① 成品金属门窗安装除金属纱窗外，其余均按设计图示门窗洞口尺寸以面积计算。

② 金属纱窗安装按窗扇外围面积计算。

③ 门连窗按设计图示洞口尺寸分别计算门、窗面积，其中窗的宽度算至门框外边线。

3）金属卷帘

① 金属卷帘门安装按设计图示卷帘门宽度乘以卷帘门高度（包括卷帘箱高度）以面积计算。

② 卷帘门电动装置按设计图示数量以套计算。

4）厂库房大门、特种门

① 厂库房大门安装按设计图示门洞口尺寸以面积计算。

② 特种门安装按设计图示门框外边线尺寸以面积计算。

5）其他门

① 全玻有框门扇按设计图示门框外边线尺寸以面积计算，有框亮子按门扇与亮子分界线以面积计算。

② 全玻无框（条夹）门扇按设计图示扇面积计算，高度算至条夹外边线，宽度算至玻璃外边线。

③ 全玻无框（点夹）门扇按设计图示玻璃外边线尺寸以面积计算。

④ 无框亮子（固定玻璃）按设计图示亮子与横梁或立柱内边缘尺寸以面积计算。

⑤ 电子感应门传感装置安装按设计图示数量以套计算。

⑥ 旋转门按设计图示数量以樘计算。

⑦ 电动伸缩门安装按设计图示尺寸以长度计算，电动装置按设计图示数量以套计算。

6）门钢架、门窗套

① 门钢架基层、面层按设计图示饰面外围尺寸以展开面积计算。

② 门窗套、筒子板等均按设计图示饰面外围尺寸以展开面积计算。

③ 门窗木贴脸按设计图示尺寸以长度计算。

7）窗台板、窗帘盒、轨

① 窗台板按设计图示长度乘以宽度以面积计算。图纸未注明长度和宽度的可按窗框的外围宽度两边共加 100mm 计算，凸出墙面的宽度按墙面外加 50mm 计算。

② 窗帘按图示尺寸以成活后的展开面积计算。

③ 窗帘电动装置按设计图示数量以套计算。

④ 窗帘盒、窗帘轨（棍）按设计图示尺寸以长度计算。

8）门窗五金安装包括门锁、拉手、地弹簧、闭门器等，分别按设计数量以个计算。

（2）定额说明

1）本章各类门窗均按工厂成品、现场安装编制。定额已包括玻璃安装人工与辅料耗量，玻璃材料在成品中考虑。

2）成品套装门安装包括门套和门扇的安装。

3）木门框定额不分有亮门框和无亮门框及门框断面尺寸，均执行同一定额。

4）普通铝合金门窗定额按普通玻璃考虑。如设计为中空玻璃时，按相应定额子目人工乘以系数 1.1。

5）金属门连窗者，门与窗分别按相应定额子目执行。

6）金属卷帘门定额按卷帘侧装（即安装在门洞口内侧或外侧）考虑的，如设计为中装（即安装在门洞口中）时，按相应定额子目人工乘以系数 1.1。

7）金属卷帘门定额按不带活动小门考虑的，当设计为带活动小门时，按相应定额子目执行，其中人工乘以系数 1.07，卷帘门调整为金属卷帘门带活动小门。

8）防火卷帘门（除无机布基防火卷帘门外）按镀锌钢板卷帘门定额子目执行，其中卷帘门调整为相应的防火卷帘门，其余不变。

9）厂库房大门门扇上所用铁件包括在成品门内，除成品门附件以外，墙、柱、楼地面等部位的预埋铁件按设计要求另行计算。

10）全玻璃门扇安装定额按地弹簧门考虑，其中地弹簧消耗量可按实际调整。

11）全玻璃门带亮子者，有框亮子安装按全玻璃有框门扇定额子目执行，其中人工乘以系数0.75，地弹簧调整为膨胀螺栓，消耗量按277.55个／100m² 计算，无框亮子安装按固定玻璃安装定额子目执行。

12）电子感应自动门传感装置、伸缩门电动装置安装包括调试用工。

13）门窗套、窗台板、窗帘盒等定额子目分为成品安装和现场制作安装编制。

14）门钢架及门窗套基层钢骨架制作、安装，按第三章第二节"十二、墙、柱面装饰与隔断、幕墙工程"中的内墙（柱、梁）型钢骨架子目执行。

15）门钢架、门窗套、筒子板、窗台板子目中未包括封边线条，如设计要求时，按第三章第二节"十五、其他装饰工程"相应定额子目执行。

16）窗台板与暖气罩相连时，窗台板并入暖气罩，按第三章第二节"十五、其他装饰工程"中相应暖气罩子目执行。

17）石材门窗套、窗台板子目均按石材成品板考虑。

18）成品木门（扇）、全玻璃门扇安装子目中的五金配件安装，仅包括门合页与地弹簧安装，其中合页材料包括在成品门内。如设计要求其他五金时，则按本章相应五金安装子目计算。

19）成品金属门窗、金属卷帘门、厂库房大门、特种门、其他门安装子目均包括五金配件或五金铁件安装人工，五金配件及五金铁件的材料包括在成品门内。

20）本章定额不包括现场涂刷防腐油及油漆，如发生时，按第三章第二节"十四、油漆、涂料、裱糊工程"相应定额子目执行。

9. 屋面及防水工程

（1）工程量计算规则

1）瓦、型材及其他屋面：

① 各种瓦屋面均按设计图示尺寸以斜面面积计算，不扣除房上烟囱、风帽底座、风道、屋面小气窗、斜沟和脊瓦等所占面积，屋面小气窗的出檐部分也不增加。

② 混凝土脊瓦（不分平脊瓦、斜脊瓦）、斜沟、饿角线均按设计图示长度计算。

③ 屋面彩钢夹心板、压型钢板按设计图示尺寸以斜面面积计算。不扣除单个面积 ≤ 0.3m² 的柱、垛及孔洞所占面积。

④ 屋面阳光板（玻璃钢）按设计图示尺寸以斜面积计算，不扣除屋面面积 ≤ 0.3m² 的孔洞所占面积。

⑤ 膜结构按设计图示尺寸以需要覆盖的水平投影面积计算。

2）屋面防水按设计图示尺寸以面积计算。

① 斜屋顶（不包括平屋顶找坡）按斜面面积计算，平屋顶按水平投影面积计算。不扣除房上烟囱、风帽底座、风道、屋面小气窗和斜沟所占面积。

② 屋面的女儿墙、伸缩缝和天窗等处的弯起部分，按设计图示尺寸并入屋面工程量内计算；设计无规定时，伸缩缝、女儿墙、天窗弯起部分按500mm计算。

3）墙面防水、防潮层不论内墙、外墙均按设计图示尺寸以面积计算。

①附墙柱、梁、垛卷材防水按展开面积计算，并入墙面工程量内。

②扣除单个面积＞0.3m² 以上孔洞所占面积，洞口侧边不增加。

4）楼（地）面防水、防潮层按设计图示尺寸以面积计算。

①楼（地）面防水，按主墙间净面积计算，扣除凸出地面的构筑物、设备基础等所占面积，不扣除间壁墙及单个面积≤0.3m² 的柱、垛和孔洞所占的面积。

②平立面交接处，上翻高度≤300mm 时，按展开面积并入地面工程量内计算，上翻高度≤300mm 时，按墙面防水层计算。

③墙基水平防水、防潮层，外墙按外墙中心线长度、内墙按墙体净长度乘以宽度，以面积计算。

④基础底板的防水、防潮层按设计图示尺寸以面积计算，不扣除桩头所占面积。

⑤桩头处外包防水，按桩头投影外扩 300mm 以面积计算，地沟及零星部位防水按展开面积计算。

5）屋面排水

①排水管按设计图示尺寸以长度计算。如设计未标注尺寸，以檐沟底至设计室外散水或明沟上表面的垂直距离计算。

②雨水口、水斗、出水弯管等，均以个计算。

③檐沟按图示尺寸以长度计算。

④屋面保温层排气管按设计图示尺寸以长度计算。

⑤屋面保温层排气孔按设计图示数量以个计算。

⑥阳台、雨篷排水短管按设计图示数量以套计算。

6）各类变形缝（嵌填缝与盖板）与止水带应分不同材料，分别按设计图示以长度计算。墙面变形缝若为双面，工程量分别计算。

（2）定额说明

1）瓦、型材及其他屋面

①瓦、型材及其他屋面材料规格如设计与定额（定额未注明具体规格的除外）不同时，可以换算，人工、机械不变。

②屋面彩钢夹心板定额已包括封檐板、天沟板。

③屋面阳光板的支撑龙骨，如定额含量与设计不同时，可以调整，人工、机械不变；阳光板屋面如设计为滑动式，可按设计增加 U 形滑动盖帽等部件，调整材料，人工乘以系数 1.05。

④膜结构屋面的钢支柱、锚固支座混凝土基础等按第三章第二节"六、金属结构工程"及"五、混凝土及钢筋混凝土工程"相应定额子目执行。

2）屋面防水及其他

①防水：

a. 平屋面以坡度≤15% 为准，15%＜坡度≤25% 的，按相应定额子目的人工乘以系数 1.18，25%＜坡度≤45% 及弧形等不规则屋面，人工乘以系数 1.3；坡度＞45% 的，人工乘以系数 1.43。

b. 防水层定额中不包括找平（坡）层、防水保护层，如发生时，按第三章第二节"十一、楼地面装饰工程"相应定额子目执行。

c. 防水层定额中不包括涂刷防水底油，如实际发生时，按防水底油子目执行。防水底油子目适用于屋面、地面及立面项目。

d. 卷材防水定额均已包括防水搭接、拼缝、压边、留槎及附加层工料。

e. 细石混凝土防水层如使用钢筋网时，按第三章第二节"五、混凝土及钢筋混凝土工程"相应定额子目执行。

f. 立面为圆形或弧形者，按相应定额子目的人工乘以系数 1.18。

g. 如桩头、地沟、零星部位做防水层时，按相应定额子目的人工乘以系数 1.43。

② 屋面排水：

a. 水落管、雨水口、水斗均按材料成品、现场安装考虑，如设计采用的材料与定额不同时，按相应定额子目换算材料，其余不变。

b. 大型公共建筑、厂房等室内排水管或安装设计中的排水项目，执行相应专业工程定额。

③ 变形缝与止水带：

a. 变形缝定额缝口尺寸为（宽 × 深）：

建筑油膏为 30mm×20mm；

聚氯乙烯胶泥 30mm×20mm；

泡沫塑料填塞 30mm×20mm；

金属板止水带（厚 2mm）展开宽 450mm；

其他填料 30mm×15mm。

b. 变形缝盖缝定额尺寸为（宽 × 厚）：

木板盖板取定为 200mm×25mm；

金属盖板取定为 250mm×5mm。

c. 若设计要求与定额不同时，用料可以调整，但人工不变。

调整值按下列公式计算：

变形缝（盖缝）调整值 = 定额消耗量 ×（设计缝口断面面积 ÷ 定额缝口断面面积）

d. 变形缝金属盖板成品内已包含所有配件及辅材。

（3）示例

【例 3.2-9】某工程如图 3.2-7 所示，建筑物屋面铺设 3mm 厚 SBS 改性沥青防水卷材一道，热粘铺贴，女儿墙阴角处设置防水附加层 500mm，女儿墙高度 600mm，试列屋面防水卷材定额项目，并计算工程量。

解：屋面防水卷材工程量计算过程见表 3.2-23，屋面防水卷材定额子目套用见表 3.2-24。

解析：屋面的女儿墙弯起部分并入屋面工程量内计算，设计无规定时女儿墙弯起部分按 500mm 计算；卷材防水定额均已包括防水附加层工料。

屋面及防水工程量计算表   表 3.2-23

序号	项目名称	计算部位	工程量计算稿	计量单位	工程量
1	改性沥青卷材	屋面	（13.3×7.4+（13.3+7.4）×2×0.5［翻边高度］）	m²	119.12

屋面防水卷材定额子目套用表　　　　　　　　　　　　　　表 3.2-24

序号	定额编码	项目名称	计量单位	工程量
1	01-9-2-2	3mm 厚 SBS 改性沥青防水卷材	m²	119.12

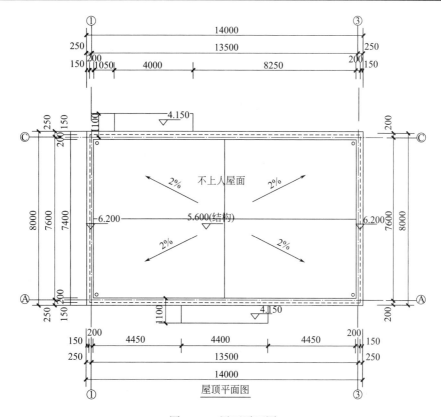

图 3.2-7　屋面平面图

10. 保温、隔热、防腐工程

（1）工程量计算规则

1）保温隔热工程

① 屋面保温隔热层按设计图示尺寸以面积计算。扣除单个面积＞0.3m² 孔洞所占面积。

② 天棚保温隔热层按设计图示尺寸以面积计算。扣除单个面积＞0.3m² 柱、垛、孔洞所占面积，与天棚相连的梁按展开面积计算，并入天棚工程量内。

③ 墙面保温隔热层按设计图示尺寸以面积计算。扣除门窗洞口及单个面积＞0.3m² 梁、孔洞所占面积；门窗洞口侧壁以及与墙相连的柱，并入保温墙体工程量内。墙体及混凝土板下铺贴隔热层不扣除木框架及木龙骨的体积。其中外墙按隔热层中心线长度计算，内墙按隔热层净长度计算。

④ 柱、梁保温隔热层按设计图示尺寸以面积计算。柱按设计图示柱断面保温层中心线展开长度乘以高度以面积计算，扣除＞0.3m² 梁所占面积。梁按设计图示梁断面保温层中心线周长乘以保温层长度以面积计算。

⑤ 楼地面保温隔热层按设计图示尺寸以面积计算。扣除单个面积＞0.3m² 以上柱、垛及孔洞所占面积。门洞、空圈、暖气包槽、壁龛的开口部分不增加面积。

⑥ 零星保温隔热层按设计图示尺寸以展开面积计算。

⑦ 洞口＞0.3m² 孔洞侧壁周围及梁头、连系梁等保温隔热层工程量，并入墙面保温隔热工程量内。

⑧ 柱帽保温隔热层，并入天棚保温隔热层工程量内。

2）防腐工程

① 防腐面层均按设计图示尺寸以面积计算。

a．平面防腐应扣除凸出地面的构筑物、设备基础等以及单个面积＞0.3m² 柱、垛、孔洞等所占面积，门洞、空圈、暖气包槽、壁龛的开口部分不增加面积。

b．立面防腐应扣除门、窗、洞口以及单个面积＞0.3m² 梁、孔洞所占面积，门、窗、洞口侧壁、垛凸出部分按展开面积并入墙面内。

② 沟、槽、池块料防腐面层按设计图示尺寸以展开面积计算。

③ 整体面层踢脚板并入相应防腐面层工程量内，块料踢脚板按设计图示长度乘以高度以面积计算，扣除门洞所占面积，并相应增加侧壁面积。

3）其他防腐

混凝土面及抹灰面防腐油漆工程量按设计图示尺寸以面积计算。

（2）定额说明

1）保温隔热工程

① 保温隔热定额仅包括保温隔热层材料的铺贴，不包括隔汽防潮、保护层或衬墙等。

② 保温隔热层的材料配合比、材质、厚度如设计与定额不同时，可以换算。

③ 弧形墙墙面保温隔热层，按相应定额子目的人工乘以系数 1.1。

④ 柱、梁保温定额子目适用于不与墙、天棚相连的独立柱、梁。

⑤ 无机及抗裂保护层耐碱网格布，如设计及规范要求采用锚固栓固定时，每平方米增加人工 0.03 工日，锚固栓 6.12 只。

⑥ 零星保温隔热项目（指池槽以及面积＜0.5m² 以内且未列项的子目），按相应定额子目的人工乘以系数 1.25，材料乘以系数 1.05。

⑦ 墙面岩棉板保温、发泡水泥板及保温装饰复合板子目如设计使用钢固架者，钢固架按第三章第二节"十二、墙、柱面装饰与隔断、幕墙工程"相应定额子目执行。

⑧ 聚氨酯硬泡屋面保温定额分为上人屋面与不上人屋面两个子目。上人屋面子目仅考虑保温层，其余部分应另按相应定额子目执行；不上人屋面子目包括保温工程全部工作内容。

2）防腐工程

① 各种砂浆、胶泥、混凝土配合比及各种整体面层的厚度，如设计与定额不同时，可以换算，各种块料面层的结合层胶结料厚度及灰缝厚度不予调整。

② 防腐砂浆、防腐胶泥及防腐玻璃钢定额子目考虑为平面施工，立面施工按相应子目的人工乘以系数 1.15；天棚按相应子目的人工乘以系数 1.3，材料、机械不变。

③ 块料面层子目中，树脂类胶泥包括环氧树脂胶泥、呋喃树脂胶泥、酚醛树脂胶泥等；环氧类胶泥包括环氧酚醛胶泥、环氧呋喃胶泥等；不饱和聚酯胶泥包括邻苯型不饱和聚酯胶泥、双酚 A 型不饱和聚酯胶泥等。

④ 块料面层子目考虑为平面施工，铺贴立面及沟、槽、池施工，按相应子目的人工乘以系数 1.4，材料、机械不变。

⑤ 防腐隔离层按设计图示要求，套用相应防腐定额子目。

⑥ 整体面层踢脚板按整体面层相应定额子目执行，块料面层踢脚板按平面块料相应定额子目的人工乘以系数 1.56。

⑦ 防腐卷材接缝、附加层、收头等人工及材料已包括在相应定额内。

⑧ 花岗石板以六面剁斧的板材为准。如底面为毛面者，水玻璃砂浆增加 0.0038m³/m²，水玻璃胶泥增加 0.0045m³/m²。

11. 楼地面装饰工程

（1）工程量计算规则

1）整体面层及找平层按设计图示尺寸以面积计算。扣除凸出地面构筑物、设备基础、地沟等所占面积，不扣除间壁墙及 ≤ 0.3m² 柱、垛及孔洞所占面积。门洞、空圈、暖气包槽、壁龛的开口部分不增加面积。

2）块料面层按设计图示尺寸以面积计算。门洞、空圈、暖气包槽、壁龛的开口部分并入相应的工程量内。

① 块料面层拼花按最大外围尺寸以矩形面积计算。

② 块料面层拼色、镶边按设计图示尺寸以面积计算。

③ 块料面层点缀按个计算，计算主体铺贴块料面层时，不扣除点缀所占面积。

④ 石材晶面处理按设计图示尺寸的石材表面积计算。

3）橡塑面层及其他材料面层按设计图示尺寸以面积计算。门洞、空圈、暖气包槽、壁龛的开口部分并入相应的工程量内。

4）踢脚线按设计图示长度计算，卷材踢脚线如与楼地面面层整体铺贴者，并入相应楼地面工程量内。

5）楼梯面层按设计图示尺寸以楼梯（包括踏步、休息平台及 ≤ 500mm 的楼梯井）水平投影面积计算。楼梯与楼地面相连时，算至梯口梁内侧边沿；无梯口梁者，算至最上一层踏步边沿加 300mm。

6）台阶面层按设计图示尺寸以台阶（包括最上层踏步边沿加 300mm）水平投影面积计算。

7）零星装饰项目按设计图示尺寸以面积计算。

8）分格嵌条、防滑条、地面分仓缝均按设计图示尺寸以长度计算。

（2）定额说明

1）本章砂浆、石子浆、混凝土等的配合比，设计与定额不同时，可以调整。

2）整体面层及找平层和块料面层定额子目中均不包括刷素水泥浆。

3）水磨石整体面层及块料面层（除广场砖及鹅卵石地坪外）定额子目中均不包括找平层。

4）整体面层、块料面层及橡塑、木地板面层等定额子目均未包括踢脚线，踢脚线另行计算。

5）如设计采用地暖者，其找平层按相应定额子目的人工乘以系数 1.3，材料乘以系数 0.95。

6）细石混凝土找平层及面层定额子目，如采用非泵送混凝土时，按相应泵送定额子目的人工乘以系数 1.1，机械乘以系数 1.05。

7）细石混凝土找平层厚度＞60mm 者，按"五、混凝土及钢筋混凝土工程"中的垫层子目执行。

8）水磨石面层定额子目未含分格嵌条，发生时，按相应定额子目执行。

9）玻化砖按地砖相应定额子目执行。

10）块料面层定额子目已包括块料直行切割。如设计要求分格、分色者，按相应子目人工乘以系数 1.1。

11）镶嵌规格在 100mm×100mm 以内的石材执行点缀子目。

12）广场砖铺贴如设计要求为环形及菱形者，其人工乘以系数 1.2。

13）鹅卵石铺设如设计要求为分色拼花者，其分色拼花部分的人工乘以系数 1.2。

14）木地板基层与面层应分别套用相应定额子目。防静电活动地板与智能化活动地板的支架与配件在成品内考虑。

15）本章踢脚线定额取定高度为 120mm。如设计高度与定额不同时，材料可以调整，其余不变。

16）弧形踢脚线及楼梯段踢脚线按相应定额子目的人工乘以系数 1.15。

17）楼梯面层定额子目内不包括楼梯底面抹灰及靠墙踢脚线，另按相应定额执行。楼梯及台阶块料面层侧面与牵边按相应零星定额子目执行。

18）弧形楼梯面层按相应定额子目的人工乘以系数 1.20。

19）楼梯地毯定额子目不包括踏步的压棍、压板。踏步的压棍、压板另套用相应定额子目。

20）楼梯水泥砂浆找平子目，仅适用于单独做找平层项目。

21）分格嵌条、防滑条的材质、规格与定额取定不同时，材料可以调整，其余不变。

22）零星项目适用于楼梯及台阶侧面与牵边、蹲台等以及面积在 0.5m² 以内且未列的子目。

（3）示例

【例 3.2-10】某工程如图 3.2-2（案例 3.2-4）一层建筑平面图所示，建筑物一层地面做法为 40mm 厚 C25 细石混凝土面层，表面随捣随光，地沟宽度 450mm。试列细石混凝土地面定额子目，并计算工程量。

解：细石混凝土地面工程量计算过程见表 3.2-25，细石混凝土地面定额子目套用见表 3.2-26。

楼地面工程量计算表　　表 3.2-25

序号	项目名称	计算部位	工程量计算稿	计量单位	工程量
1	细石混凝土面层	室内	（13.3×7.4−13.3×0.45［扣地沟］）	m²	92.44

解析：整体面层按设计图示尺寸以面积计算，不扣除 ≤ 0.3m² 柱。图中柱截面面积小于 0.3m² 不扣除，门洞开口部分不增加。

细石混凝土地面定额子目套用表　　表 3.2-26

序号	定额编码	项目名称	计量单位	工程量
1	01-11-1-7	预拌细石混凝土（泵送）楼地面 40mm 厚 C25	m²	92.44
2	01-11-1-9	混凝土面层加浆随捣随光	m²	92.44

12. 墙、柱面装饰与隔断、幕墙工程

（1）工程量计算规则

1）墙面抹灰

① 内墙抹灰面按设计图示主墙间净长乘以高度以面积计算，扣除墙裙、门窗洞口及单个 > 0.3m² 的孔洞所占面积，不扣除踢脚线、挂镜线及 ≤ 0.3m² 的孔洞和墙与构件交接处的面积。门窗洞口、孔洞的侧壁及顶面面积亦不增加，附墙柱、梁、垛的侧面并入相应墙面、墙裙抹灰工程量内计算。

a. 无墙裙者，高度按室内楼地面至天棚底面计算。

b. 有墙裙者，高度按墙裙顶至天棚底面计算。如墙裙与墙面抹灰种类相同者，工程量合并计算。

c. 有吊顶天棚者，高度算至天棚底面。

② 内墙裙抹灰面按内墙净长乘以高度计算，扣除门窗洞口及 > 0.3m² 的孔洞所占面积，门窗洞口及孔洞侧壁面积亦不增加。

③ 外墙抹灰面按垂直投影面积计算，扣除外墙裙、门窗洞口和单个 > 0.3m² 的孔洞所占面积，不扣除 ≤ 0.3m² 的孔洞所占面积，门窗洞口及孔洞侧壁面积亦不增加。附墙柱、梁、垛侧面抹灰面积并入相应墙面、墙裙工程量内计算。

④ 外墙裙抹灰按设计长度乘以高度计算，扣除门窗洞口及 > 0.3m² 的孔洞所占面积，门窗洞口及孔洞侧壁面积亦不增加。

⑤ 线条抹灰按设计图示尺寸以面积计算。

⑥ 墙面勾缝按设计图示尺寸以面积计算，扣除墙裙、门窗洞口及单个 > 0.3m² 的孔洞所占面积；门窗洞口及孔洞侧壁面积亦不增加。附墙柱、垛侧面勾缝面积并入墙面勾缝工程量内计算。

⑦ 界面砂浆、界面处理剂按实际涂、喷面积计算。

2）柱（梁）面抹灰

① 柱面抹灰按设计图示周长乘以高度以面积计算。带牛腿者，牛腿工程量并入相应柱工程量内。

② 梁面抹灰按设计图示梁断面周长乘以长度以面积计算。

3）零星抹灰

① 阳台、雨篷抹灰按设计图示尺寸以水平投影面积计算。

② 垂直遮阳板、栏板（包括立柱，扶手或压顶等）抹灰按设计图示尺寸以垂直投影面积乘以系数 2.2 计算。

③ 池槽抹灰及其他"零星项目"按设计图示尺寸以展开面积计算。

4）墙面块料面层

① 墙面镶贴块料面层，按设计图示饰面面积计算。

② 阴阳角条按设计图示长度计算，瓷砖倒角按设计要求的块料倒角长度计算。

5）柱（梁）面镶贴块料

① 柱镶贴块料面层按设计图示饰面外围尺寸乘以高度以面积计算。带牛腿者，牛腿工程量展开计算并入柱工程量内。

② 梁镶贴块料面层按设计图示饰面外围尺寸乘以长度以面积计算。

6）镶贴零星块料面层按设计图示饰面外围尺寸以展开面积计算。

7）墙饰面

① 墙饰面的龙骨、基层、面层均按设计图示饰面尺寸以面积计算，扣除门窗洞口及单个＞0.3m² 的孔洞所占面积，不扣除≤0.3m² 的孔洞所占面积，门窗洞口及孔洞侧壁面积亦不增加。

② 墙饰面外墙及内墙型钢骨架按设计图示尺寸以质量计算。

③ 装饰浮雕按设计图示尺寸以面积计算。

8）柱（梁）饰面

① 柱（梁）饰面的龙骨、基层、面层均按设计图示饰面外围尺寸以面积计算。

② 成品装饰柱按设计图示以长度计算。

9）幕墙

① 全玻幕墙按设计图示尺寸以面积计算，带肋全玻璃幕墙按展开面积计算。

② 带骨架玻璃幕墙、铝板幕墙按设计图示框外围尺寸以面积计算。与幕墙同种材质的窗并入相应幕墙面积内。

10）隔断

① 隔断按设计图示框外围尺寸以面积计算，扣除门窗洞及＞0.3m² 的孔洞所占面积。

② 全玻璃隔断如带肋者按其展开面积计算。

（2）定额说明

1）墙、柱、梁面抹灰及镶贴块料面层

① 抹灰子目中砂浆配合比与设计不同者，可以调整；如设计厚度与定额取定厚度不符时，按相应增减厚度子目调整。砂浆按中级标准，抹灰砂浆分层厚度详见表 3.2-27。

墙柱面一般抹灰（单位：mm）　　　　　　　　　表 3.2-27

项目		底层		面层		总厚度
		砂浆	厚度	砂浆	厚度	
一般抹灰	内墙	干混抹灰砂浆 DPM10.00	13	干混抹灰砂浆 DPM10.00	7	20
	外墙	干混抹灰砂浆 DPM10.00	13	干混抹灰砂浆 DPM10.00	7	20
	钢板墙	干混抹灰砂浆 DPM10.00	15	干混抹灰砂浆 DPM10.00	5	20
	柱面	干混抹灰砂浆 DPM15.00	10	干混抹灰砂浆 DPM15.00	7	17
单刷素水泥砂浆一度				素水泥砂浆	1	1

② 圆弧形等不规则墙面抹灰及镶贴块料面层按墙面相应定额子目的人工乘以系数 1.15。

③ 女儿墙（包括泛水、挑砖）内侧抹灰工程量按其投影面积计算（块料按展开面积计算）；女儿墙无泛水挑砖者，按墙面相应定额子目的人工乘以系数 1.10，女儿墙带泛水挑砖者，人工乘以系数 1.30，女儿墙外侧并入外墙计算。

④ 窗间墙的单独抹灰及镶贴块料面层按墙面相应定额子目的人工乘以系数 1.25。

⑤ 墙、柱、梁面及零星项目找平层定额仅适用于单独做找平层的项目。

⑥ 墙、柱、梁面抹灰及镶贴块料定额子目不包括刷素水泥浆、刷素水泥浆执行本章墙、柱面刷素水泥浆定额子目。

⑦ 阳台、雨篷抹灰定额中已综合了底面、上面、侧面及悬臂梁等的全部抹灰面积。

⑧ 抹灰及镶贴块料的"零星项目"适用于天沟、水平遮阳板、窗台板、压顶、池槽（镶贴块料）、花台、展开宽度＞300mm的门窗套、挑檐、竖横线条以及≤0.5m²的其他各种零星项目。

⑨ 装饰线条适用于凸出墙面且展开宽度≤300mm的门窗套、挑檐、竖横线条等抹灰。三道线以内为普通线条，三道线以外为复杂线条。

2）墙、柱、梁饰面及隔断

① 墙、柱、梁饰面及隔断定额子目中的龙骨间距、规格如与设计不同时，允许调整。

② 木龙骨基层定额按双向编制，如设计为单向时，人工、材料乘以系数0.55。

③ 柱饰面面层定额按矩形柱编制，如遇圆形者，按相应柱饰面面层子目人工乘以系数1.10。

④ 面层、隔墙（间壁）、隔断、护壁定额子目内，除注明者外均未包括压边、收边、装饰线（板），如设计要求时，按第三章第二节"十五、其他装饰工程"相应定额子目执行。

⑤ 如设计要求做防腐或防火处理者，按第三章第二节"十四、油漆、涂料、裱糊工程"相应定额子目执行。

3）幕墙

① 带骨架幕墙定额按幕墙骨架基层与幕墙面层分别编列子目。

② 玻璃幕墙中的玻璃按成品玻璃考虑；幕墙已包含封边、封顶、四周收口；曲面、异形幕墙按相应定额子目的人工乘以系数1.15。型材、挂件如设计用量与定额取定用量不同时，可以调整。

③ 幕墙饰面中的结构胶与耐候胶如设计用量与定额取定用量不同时，消耗量按设计计算用量加15%的施工损耗计算。

④ 玻璃幕墙设计带有平、推拉窗者，并入幕墙面积计算，窗的型材用量可以调整。

⑤ 玻璃幕墙型钢骨架，按墙饰面外墙型钢骨架子目执行。预埋铁件按第三章第二节"五、混凝土及钢筋混凝土工程"相应定额子目执行。

13．天棚工程

（1）工程量计算规则

1）天棚抹灰

① 天棚抹灰按设计图示尺寸以水平投影面积计算。不扣除间壁墙、垛、柱、检查口和管道所占的面积；带梁天棚的梁两侧抹灰面积及檐口天棚的抹灰面积并入天棚抹灰工程量内计算。

② 板式楼梯底面抹灰按斜面积计算；锯齿形楼梯底板抹灰按展开面积计算。

③ 界面砂浆涂刷按实际面积计算。

2）吊顶天棚

① 天棚龙骨按主墙间水平投影面积计算，不扣除间壁墙、垛、柱、检查口和管道所占的面积，扣除单个＞0.3m²的孔洞、独立柱及与天棚相连的窗帘盒所占面积。斜面龙骨按斜面计算。

② 天棚吊顶的基层与装饰面层按设计图示尺寸以展开面积计算，不扣除间壁墙、垛、

柱、检查口和管道所占面积，扣除单个＞0.3m² 的孔洞、独立柱及与天棚相连的窗帘盒所占的面积。

③ 格栅吊顶、藤条造型悬挂吊顶、织物软雕吊顶和装饰网架吊顶，按设计图示尺寸以水平投影面积计算。

④ 吊筒吊顶以设计图示最大外围水平投影尺寸，按外接矩形面积计算。

3）采光天棚按设计图示尺寸以框外围面积计算。

4）天棚其他装饰

① 灯带（槽）按设计图示尺寸以框外围面积计算。

② 送风口、回风口及灯光孔按设计图示数量以个计算。

③ 格栅灯带开孔按设计图示尺寸以长度计算。

（2）定额说明

1）天棚抹灰

① 天棚抹灰子目中的砂浆配合比与设计不同者，可以调整。砂浆按中级标准，抹灰砂浆分层厚度及砂浆种类详见表 3.2-28。

天棚抹灰分层厚度及砂浆种类表（单位：mm） 表 3.2-28

项目	底层		面层		总厚度
	砂浆	厚度	砂浆	厚度	
水泥砂浆一次抹面			干混砂浆 DPM10.0	7	7
钢板网	干混砂浆 DPM10.0	9	干混砂浆 DPM10.0	7	16
板条面	干混砂浆 DPM10.0	9	干混砂浆 DPM10.0	7	16

② 楼梯底面抹灰按本章天棚相应定额子目执行，其中锯齿形楼梯底面抹灰按相应定额子目的人工乘以系数 1.35。

2）吊顶天棚

① 天棚龙骨、基层、面层除定额注明合并编列子目外，其余天棚的龙骨、基层、面层均分别编列子目。

② 龙骨的种类、间距、规格和基层、面层材料的型号、规格是按常用材料和常用做法考虑的，如设计要求不同时，材料可以调整，人工、机械不变。

a. 木龙骨天棚定额的大龙骨规格为 50mm×70mm，中、小龙骨为 50mm×50mm，木吊筋为 50mm×50mm，定额以方木龙骨双层木楞为准。

b. 天棚面层在同一标高的平面上为平面天棚，天棚面层不在同一标高的平面上，且高差在 400mm 以下或三级以内为跌级天棚。

c. 艺术造型天棚轻钢龙骨定额适用于高差在 400mm 以上或三级以外及圆弧形、拱形等造型天棚。

d. 轻钢龙骨、铝合金龙骨定额子目为双层双向结构，即中、小龙骨紧贴大龙骨底面吊挂。如为单层结构时，即大、中龙骨底面在同一水平上者，人工乘以系数 0.85。

e. 定额中吊筋均以后期施工在混凝土板上钻洞、挂筋为准。

f. 阶梯形天棚轻钢龙骨安装如为弧线形者，按其直线形定额子目人工乘以系数 1.10，锯齿形天棚轻钢龙骨安装按阶梯形天棚定额执行。

③ 铝合金 T 形龙骨、铝合金方板龙骨、铝合金条板龙骨定额子目已包括全部龙骨和配件等的安装内容。

a．定额子目中的主材仅包括轻钢大龙骨和大龙骨垂直吊挂件的消耗量。

b．其他配套使用的中龙骨、小龙骨、边龙骨及接插件、吊挂件等配件的消耗量均计入相应面层定额内。

④ 天棚基层及面层如为拱形、圆弧形等曲面时，按相应天棚基层及面层定额的人工乘以系数 1.15，灯带（槽）制作安装另按本节相应定额子目执行。

⑤ 天棚检查孔的工料已包括在相应定额子目内，不另计算。

⑥ 吊筒吊顶定额已综合了龙骨、基层、面层的工作内容；铝合金圆筒型、方筒型天棚分别以 $\phi600mm$ 及 600mm×600mm 规格为准。

⑦ 藤条造型、织物软雕、装饰网架的定额按成品考虑编制。

⑧ 天棚压条、装饰线条按第三章第二节"十五、其他装饰工程"相应定额子目执行。

⑨ 龙骨、基层等涂刷防火涂料或防腐油按第三章第二节"十四、油漆、涂料、裱糊工程"相应定额子目执行。

3）采光天棚

① 采光天棚骨架及面层材料如设计与定额不同时可以换算，其他不变。

② 钢骨架油漆按"十四、油漆、涂料、裱糊工程"相应定额子目执行。

4）天棚其他装饰

① 开灯光孔、风口定额以方形为准，若为圆形者，则人工乘以系数 1.3。

② 送风口、回风口定额按方形风口 380mm×380mm 编制。

a．若方形风口尺寸在 380mm×380mm 以上时，人工乘以系数 1.25。

b．若矩形风口周长在 1600～2000mm 时，人工乘以系数 1.25。

c．若矩形风口周长在 2000mm 以上时，人工乘以系数 1.50。

d．若圆形风口者，人工乘以系数 1.3。

14．油漆、涂料、裱糊工程

（1）工程量计算规则

1）木门油漆

执行木门油漆的子目，其工程量计算规则及相应系数见表 3.2-29。

工程量计算规则和系数表（木门油漆）　　　　表 3.2-29

	项目	系数	工程量计算规则（设计图示尺寸）
1	单层木门	1	门洞口面积
2	单层半玻门	0.85	
3	单层全玻门	0.75	
4	半截百叶木门	1.5	
5	全百叶门	1.7	
6	厂库房大门	1.1	
7	纱门扇	0.8	
8	特种门(包括冷藏门)	1	

续表

项目		系数	工程量计算规则（设计图示尺寸）
9	装饰门扇	0.9	扇外围尺寸面积
10	间壁、隔断	1	单面外围面积
11	玻璃间壁露明墙筋	0.8	

注：多面涂刷按单面计算工程量。

2）木扶手及其他板条、线条油漆

①执行木扶手（不带托板）油漆的子目，其工程量计算规则及相应系数见表3.2-30。

工程量计算规则和系数表（木扶手及其他板条、线条油漆）　　　表 3.2-30

项目		系数	工程量计算规则（设计图示尺寸）
1	木扶手(不带托板)	1	延长米
2	木扶手(带托板)	2.5	
3	封檐板、博风板	1.7	
4	黑板框、生活园地框	0.5	

②木线条油漆按设计图示尺寸以长度计算。

3）其他木材面油漆

①执行其他木材面油漆的子目，其工程量计算规则及相应系数见表3.2-31。

工程量计算规则和系数表（其他木材面油漆）　　　表 3.2-31

项目		系数	工程量计算规则（设计图示尺寸）
1	木板、胶合板天棚	1	长×宽
2	屋面板带檩条	1.1	斜长×宽
3	清水板条檐口天棚	1.1	长×宽
4	吸声板(墙面或天棚)	0.87	
5	木护墙、木墙裙、木踢脚	0.83	
6	窗台板、窗帘盒	0.83	
7	出入口盖板、检查口	0.87	
8	壁橱	0.83	展开面积
9	木屋架	1.77	跨度(长)×中高×1/2
10	以上未包括的其余木材面油漆	0.83	展开面积

注：多面涂刷按单面计算工程量。

②木地板油漆按设计图示尺寸以面积计算，空洞、空圈、暖气包槽、壁龛的开口部分并入相应的工程量内。

③木龙骨刷防火、防腐涂料按设计图示尺寸以龙骨架投影面积计算。

④基层板刷防火、防腐涂料按实际涂刷面积计算。

4）金属面油漆

执行金属面油漆、涂料子目，其工程量按设计图示尺寸以展开面积计算。质量在

500kg 以内的单个金属构件，可参考表 3.2-32 中相应的系数，将质量（t）折算为面积。

质量折算面积参考系数表   表 3.2-32

	项目	系数
1	钢栅栏门、栏杆、窗栅	64.98
2	钢爬梯	44.84
3	踏步式钢扶梯	39.9
4	轻型屋架	53.2
5	零星铁件	58

5）抹灰面油漆、涂料工程

①抹灰面油漆、涂料按设计图示尺寸以面积计算。

②踢脚线刷耐磨漆按设计图示尺寸长度计算。

③有梁板底刷油漆、涂料按设计图示尺寸展开面积计算。

④混凝土花格窗、栏杆花饰刷（喷）油漆、涂料按设计图示尺寸洞口面积计算。

6）裱糊

墙面、天棚面裱糊按设计图示尺寸以面积计算。

（2）定额说明

1）本章油漆、涂料以手工操作，喷塑、喷涂以机械操作考虑编制。

2）定额取定的用料及刷、喷、涂遍数与设计或实际施工要求不同时，可以调整。

3）定额已综合考虑了刷浅、中、深等各种颜色油漆的因素。

4）定额综合考虑了在同一平面上的分色以及门内外分色等因素，未包括做美术图案。

5）定额内的聚酯清漆、聚酯色漆子目按刷底漆两遍编制，当设计与定额取定不同时，可按每增加聚酯清漆（或者聚酯色漆）一遍子目调整，其中聚酯清漆（或聚酯色漆）调整为聚酯底漆，消耗量不变。

6）附着在同材质装饰面上的木线条、石膏线条等刷油漆涂料与装饰面同色者，工程量并入装饰面计算；与装饰面分色者，单独计算。

7）附墙柱抹灰面刷油漆、涂料、裱糊按墙面相应定额子目执行，独立柱抹灰面刷油漆、涂料、裱糊按墙面相应定额子目的人工乘以系数 1.2。

8）纸面石膏板等装饰板材面刮腻子、刷油漆、涂料，按抹灰面刮腻子、刷油漆、涂料相应项目执行。

9）门窗套、窗台板、腰线、压顶等抹灰面刷油漆、涂料，与整体墙面同色者，并入墙面计算；与整体墙面分色者，单独计算，按相应墙面定额子目的人工乘以系数 1.43，其余不变。

10）定额内的刮腻子子目仅适用于单独刮腻子项目，当抹灰面油漆、喷刷涂料设计与定额取定的刮腻子遍数不同时，可按刮腻子每增减一遍子目调整。

11）金属面防火涂料定额子目取定的耐火时间、涂层厚度，与设计不同时，防火涂料消耗量可作调整。

12）金属面刷两遍防锈漆时，按金属面防锈漆一遍定额子目的人工乘以系数 1.74，材料均乘以系数 1.9。

13）一塑三油（喷塑）定额子目按以下规格划分：

① 大压花：喷点压平，点面积在 $1.2cm^2$ 以上。

② 中压花：喷点压平，点面积在 $1 \sim 1.2cm^2$。

③ 喷中点、幼点：喷点面积在 $1cm^2$ 以下。

14）墙面真石漆、氟碳漆定额子目不包括分隔嵌缝，当设计要求做分格嵌缝时，费用另行计算。

15）木龙骨刷防火涂料定额子目按四面涂刷考虑，木龙骨刷防腐油定额子目按一面（接触结构基层面）涂刷考虑。

15．其他装饰工程

（1）工程量计算规则

1）柜类、货架均按设计图示数量以个计算。

2）压条、装饰线

① 压条、装饰线条按设计图示线条中心线长度计算。

② 压条、装饰线条带 45° 割角者，按线条外边线长度计算。

3）扶手、栏杆、栏板、成品栏杆（带扶手）均按其中心线长度（包括弯头）计算。

4）暖气罩按设计图示数量以个计算。

5）浴厕配件

① 大理石洗漱台按设计图示尺寸以台面外接矩形面积计算，不扣除孔洞、挖弯、削角所占面积。挡板、吊沿板面积并入台面面积内。

② 盥洗室台镜按设计图示外围面积计算。

③ 盥洗室镜箱、毛巾杆（架）、毛巾环、浴帘杆、浴缸拉手、卫生间拉手、肥皂盒、卫生纸盒、晒衣架等均按设计图示数量以个计算。

6）雨篷、旗杆

① 雨篷按设计图示尺寸水平投影面积计算。

② 金属旗杆按设计图示数量以根计算。

③ 旗帜电动升降系统、旗帜风动系统均按设计图示数量以套计算。

7）招牌

① 一般招牌基层按设计图示尺寸以正立面边框外围面积计算。复杂招牌基层，按设计图示尺寸以展开面积计算。

② 招牌面层按设计图示尺寸以展开面积计算。喷绘、凸出面层的灯饰、店徽及其他艺术装饰另行计算。

8）美术字按字的最大外接矩形面积区分规格，以设计图示数量计算。

（2）定额说明

1）柜台、货架

① 柜、台、架等以工厂成品（加工散件）、现场拼装为准，按常用规格编制。当设计与定额不同时，可另行换算或补充。

② 柜、台、架等定额包括五金配件（设计有特殊要求者除外），未考虑饰面板上贴其他花饰、造型艺术品等装饰材料。

2）压条、装饰线

① 压条、装饰线均按成品安装考虑。

② 装饰线条按墙面直线形安装考虑。墙面安装圆弧形、天棚面安装直线形、圆弧形者，按相应定额子目乘以系数执行。

a. 墙面安装圆弧形装饰线条，人工乘以系数1.2、材料乘以系数1.1。

b. 天棚面安装直线形装饰线条，人工乘以系数1.34。

c. 天棚面安装圆弧形装饰线条，人工乘以系数1.6，材料乘以系数1.1。

d. 装饰线条直接安装在金属龙骨上，人工乘以系数1.68。

3）扶手、栏杆、栏板装饰

① 扶手、栏杆、栏板定额适用于楼梯、走廊、回廊及其他装饰性扶手、栏杆、栏板。

② 扶手、栏杆、栏板定额子目按工厂成品考虑，包括扶手弯头、连接件及其他配件。

③ 定额子目内栏杆、栏板的主材消耗量与设计要求不同时，其消耗量可作调整。

4）暖气罩

① 暖气罩定额子目按工厂成品考虑。

② 暖气罩未包括封边线、装饰线，如设计要求时，按本章相应装饰线条子目执行。

5）浴厕配件

① 浴厕配件定额子目按工厂成品考虑。

② 石材洗漱台定额子目按工厂成品考虑，石材开孔、磨边、倒角等考虑在成品内。

6）雨篷、旗杆

① 点支式、托架式雨篷型钢骨架、爪件的规格、数量是按常用做法考虑的，当设计要求与定额取定不同时，材料消耗量可以调整，人工、机械不变。雨篷斜拉杆另计。

② 雨篷吊挂铝塑板、金属板饰面子目按平面雨篷考虑，不包括吊挂侧面。

③ 旗杆按常用材料及常用做法考虑，定额内铁件与设计用量不同时，材料可调整，其余不变。

④ 旗杆定额子目内未包括旗杆基础、旗杆台座及其饰面。

7）招牌

① 招牌钢结构基层、面层，当设计与定额考虑的材料品种、规格不同时，材料可以换算，其余不变。

② 一般平面招牌是指正立面平整无凹凸面；复杂平面招牌是指正立面有凹凸面造型者。

③ 招牌基层以附墙方式考虑，当设计为独立式的，按相应定额子目人工乘以系数1.1。

④ 招牌定额子目不包括招牌所需喷绘、灯饰、灯光及配套机械。

8）美术字定额子目按工厂成品考虑。

9）本章如需做油漆、涂料、涂油者，按第三章第二节"十四、油漆、涂料、裱糊工程"相应定额子目执行。

16．附属工程

（1）工程量计算规则

1）道路

① 道路路基平整及基层按设计图示道路底基尺寸以面积计算，不扣除各种井位所占面积。

② 道路面层按设计图示尺寸以面积计算，不扣除各种井位所占面积。带平石的面层

应扣除平石所占面积。

③道路安装传力杆及边缘钢筋按设计图示钢筋长度乘以单位理论质量计算。

④道路路边侧石按设计图示中心线长度计算，扣除雨水进水口所占的长度。

⑤雨水进水口按设计图示数量以套计算。

⑥路面切缝按设计图示长度计算。

2）排水管

①下水道管按设计图示管道中心线长度计算，不扣除检查井、管件及附件所占的长度。

②下水道管径不同时，以检查井中心为界分别计算。

3）成品检查井及盖座

①成品检查井按设计图示数量以座计算。

②成品检查井盖座按设计图示数量以套计算。

（2）定额说明

1）附属工程除按市政规范与标准要求设计及验收者外，均按本章定额执行。

2）附属工程除定额注明者未包括挖土、垫层、回填土、抹灰等外，发生时按相关章节定额子目执行。

3）道路

①道路路基平整定额已综合考虑300mm厚度的挖、填、运土方含量，如设计与定额厚度不同时，可以调整。

②道路路边侧石定额已综合考虑基座含量。

③雨水进水口规格若设计与定额不同时，材料可以调整，其余不变。

4）排水管

①下水道定额按不坞帮铺设考虑。

②若需半坞帮者，人工乘以系数2.5，全坞帮者，人工乘以系数4.0；坞帮材料按第三章第二节"四、砌筑工程"及"五、混凝土及钢筋混凝土工程"相应垫层定额子目扣除人工计算。

5）成品检查井及盖座

①成品检查井定额按无防护盖座编制，防护盖座按相应定额子目执行。

②成品检查井及盖座，若设计与定额不同时，材料可以调整，其余不变。

6）附属工程如设计采用钢筋者，按第三章第二节"五、混凝土及钢筋混凝土工程"相应定额子目执行。

17．措施项目

（1）工程量计算规则

1）脚手架工程

①外脚手架按外墙外边线长度乘以外墙高度以面积计算。不扣除门、窗、洞口、空圈等所占面积。同一建筑物高度不同时，应按不同高度分别计算。

a．脚手架计算高度自设计室外地坪面至檐口屋面结构板面。有女儿墙时，高度算至女儿墙顶面。

b．斜屋面的山尖部分只计面积不计高度，并入相应墙体外脚手架工程量内。

c. 坡度大于45°铺瓦脚手架按屋脊高乘以周长以平方米计算，工程量并入相应墙体用外脚手架内。

d. 建筑物屋面以上的楼梯间、电梯间、水箱间等与外墙连成一片的墙体，其脚手架工程量并入主体建筑脚手架工程量内，按主体建筑物高度的脚手架定额子目计算。

e. 埋深3m以外的地下室外墙、设备基础脚手架，按基础垫层面至基础顶板面的垂直投影面积计算。

f. 独立柱脚手架，按设计图示结构外围周长另加3.6m乘以柱高以面积计算。

② 整体提升脚手架按外墙外边线长度乘以外墙高度以面积计算。不扣除门、窗、洞口、空圈等所占面积。

③ 里脚手架按设计图示墙面垂直投影面积计算。不扣除门、窗、洞口、空圈等所占面积。脚手架的高度按设计室内地坪面至楼板或屋面板底计算。

a. 围墙脚手架按设计图示尺寸以面积计算，高度按设计室外地坪面至围墙顶，长度按围墙中心线。不扣除围墙门所占面积。如需搭设双面脚手架时，另一面脚手架按抹灰用里脚手架定额子目执行，计算方法同砌筑里脚手架。

b. 满堂脚手架，按室内地面净面积计算，不扣除柱、垛所占的面积。满堂脚手架高度3.60~5.20m为基本层，每增高1.20m为一个增加层，以此累加（增高0.60m以内的不计）。

④ 其他脚手架

a. 电梯井脚手架按单孔（一座电梯）以座计算。高度自电梯井坑底板面至屋面电梯机房的板底。

b. 建筑物搭设钢管水平防护架，按立杆中心线的水平投影面积计算。

c. 搭设使用期超过基本使用期（6个月），可按每增加一个月子目累计计算。

d. 高压线防护架按搭设长度以米计算。

e. 搭设使用期超过基本使用期（5个月），可按每增加一个月子目累计计算。

f. 金属构件安全护栏，按金属构件安装的质量计算。

g. 外装饰吊篮按外墙垂直投影面积计算，不扣除门窗洞口所占面积。

2）混凝土模板及支架（撑）

① 除另有规定者外，均按模板与混凝土的接触面积（扣除后浇带所占面积）计算。

② 基础模板：

a. 带形基础不分有梁式与无梁式，均按带形基础子目计算。

b. 有梁式带形基础、带形桩承台基础、有梁式满堂基础，梁高（指基础扩大顶面至梁顶面的高）≤1.2m时，模板合并计算；梁高>1.2m时，扩大顶面以上部分模板按混凝土墙子目计算。

c. 基础内的集水井模板并入相应基础模板工程量计算。

d. 基坑支撑应扣除支撑交叉重叠开口部分的面积。

e. 杯形及高杯基础应计算杯芯模板，并入相应基础模板工程量内。有梁式带形基础、带形桩承台基础、有梁式满堂基础带杯芯者，杯芯按只计算，不再计算杯芯接触面积。

f. 设备基础除块体设备基础外，其他如框架设备基础应分别按基础、柱、梁及墙的相应子目计算；楼层面上的设备基础并入板子目计算，如在同一设备基础中部分为块体，部分为框架时，应分别计算。

③ 柱模板按柱周长乘以柱高计算，牛腿的模板面积并入柱模板工程量内。

a. 柱高从柱基或板上表面算至上一层楼板下表面，无梁板算至柱帽底部标高。

b. 构造柱应按图示外露部分计算模板面积。带马牙槎构造柱的宽度按马牙槎处的宽度计算。

④ 梁模板按与混凝土接触的展开面积计算，梁侧的出沿按展开面积并入梁模板工程量内，梁长的计算按以下规定：

a. 梁与柱连接时，梁长算至柱侧面。

b. 主梁与次梁连接时，次梁长算至主梁侧面。

c. 梁与墙连接时，梁长算至墙侧面。如墙为砌块（砖）墙时，伸入墙内的梁头和梁垫的模板，并入梁的工程量内。

d. 拱形梁、弧形梁不分曲率大小，截面不分形状，均按梁中心部分的弧长计算。

e. 圈梁与过梁连接时，过梁长度按门、窗洞口宽度两端共加 500mm 计算。

⑤ 墙、板单孔面积 ≤ 0.3m² 的孔洞不予扣除，侧洞壁模板亦不增加；单孔面积 > 0.3m² 时，应予扣除，洞侧壁模板面积并入墙、板模板工程量内。

a. 弧形墙、弧形板（不分有梁板、平板）不分曲率大小、均按圆弧部分的弓形面积计算。

b. 空心楼板内模按空心部分体积计算。

c. 无梁板柱帽模板并入板模板工程量内。

d. 不同类型的板连接时，以墙中心线为界。

⑥ 现浇混凝土框架分别按柱、梁、板有关规定计算，附墙柱、暗梁、暗柱并入墙工程量内。

⑦ 柱、梁、墙、板、栏板相互连接的重叠部分均不扣除模板面积。

⑧ 挑檐、天沟与板（包括屋面板、楼板）连接时，以外墙外边线为分界线；与梁（包括圈梁等）连接时，以梁外边线为分界线。外墙外边线以外或梁外边线以外为挑檐、天沟。

⑨ 悬挑板、雨篷、阳台按图示外挑部分尺寸的水平投影面积计算。挑出墙外的悬臂梁及板边不另计算。由柱支承的大雨篷，应按柱、板分别计算模板工程量。

⑩ 楼梯（包括休息平台、平台梁、斜梁和楼层板连接的梁）按水平投影面积计算。不扣除宽度 ≤ 500mm 楼梯井所占面积，楼梯的踏步、踏步板、平台梁等侧面模板不另行计算，伸入墙内部分亦不增加。当整体楼梯与现浇楼板无梯梁连接时，以楼梯的最后一个踏步边缘加 300mm 为界。

⑪ 凸出的线条模板增加费，以凸出棱线的道数分别按长度计算，两条及多条线条相互之间的净距小于 100mm 的，每两条按一条计算。

⑫ 台阶不包括梯带，按图示尺寸的水平投影面积计算，台阶与平台连接时，以最上层踏步外沿加 300mm 为界。台阶端头两侧不另计算模板面积；架空式台阶按现浇楼梯计算。

⑬ 后浇带按模板与后浇带的接触面积计算。

⑭ 零星构件、电缆沟、地沟、扶手压顶、检查井及散水按模板与混凝土的接触面积计算。

⑮ 现场预制零星构件按设计图示尺寸以混凝土构件体积计算。

3）垂直运输及超高施工增加

① 建筑物的垂直运输应区分不同建筑物高度按建筑面积计算。

② 建筑物有高低层时，应按不同高度的垂直分界面分别计算建筑面积。

③ 超出屋面的楼梯间、电梯机房、水箱间、塔楼等可计算建筑面积，但不计算高度。

④ 有地下室的建筑物（除大型连通地下室外），其地下室面积与地上面积合并计算。

⑤ 独立地下室及大型连通地下室单独计算建筑面积。大型连通地下室与地上建筑物的面积划分，按地下室与地上建筑物接触面的水平界面分别计算建筑面积。

⑥ 垂直运输按泵送混凝土考虑，如采用非泵送，除按相应定额子目执行外，可另增加垂直运输台班用量，增加的台班用量按相应定额子目消耗量乘以系数 6%，再乘以非泵送混凝土数量占全部混凝土数量的百分比计算。

⑦ 输送泵、输送泵车、输送泵管工程量按以下规定计算：

a. 垂直泵管安拆按设计室内地坪（±0.000）至屋面檐口板面加 500mm 以长度计算。

b. 水平泵管安拆按建筑物外墙周长的一半以长度计算。

c. 泵管使用按天·m 计算。使用天数按施工组织设计确定的天数计算。

d. 输送泵车及输送泵按泵送混凝土相应定额子目的混凝土消耗量以体积计算。

e. 施工组织设计采用二级及以上输送泵者，二级时按输送泵定额消耗量乘以 2，以此类推。

⑧ 建筑物超高施工增加的人工、机械按建筑物超高部分的建筑面积计算。

4）大型机械设备进出场及安拆按台次计算。

5）施工排水、降水

① 坑外井：

a. 基坑外观察、承压水井的安拆按座计算。

b. 承压水井的使用按座 × 天计算。

② 基坑明排水：

a. 集水井安拆按座计算。

b. 集水井抽水按座 × 天计算。

③ 真空深井降水：

a. 真空深井降水按座计算。

b. 真空深井使用按座 × 天计算。

④ 轻型井点、喷射井点：

a. 井管的安装、拆除以根计算。

b. 井管的使用以套 × 天计算。

（2）定额说明

1）脚手架工程

① 本章脚手架定额除高压线防护脚手架外，均按钢管式脚手架编制。

② 外脚手架：

a. 外脚手架定额高度自设计室内地坪至檐口屋面结构板面。多跨建筑物高度不同时，应分别按不同高度计算。

b. 外墙脚手架定额 12m 以内、20m 以内子目适用于檐高 20m 以内的建筑物。

c. 外墙脚手架定额 30m 以内至 120m 以内子目适用于檐高超过 20m 的建筑物。定额中已包括分段搭设的悬挑型钢、外挑式防坠安全网。

d. 外脚手架定额子目中已综合考虑脚手架基础加固、全封闭密目安全网、斜道、上料平台、简易爬梯及屋面顶部滚出物防患措施等。

e. 高度在 3.6m 以上的外墙面装饰，如不能利用原外脚手架时，可计算装饰脚手架。装饰脚手架执行相应外脚手架定额乘以系数 0.3。

f. 埋深 3m 以外的地下室外墙、设备基础必须搭设脚手架时，按外脚手架相应定额子目执行。

g. 高度在 3.6m 以下的外墙（独立柱）不计算外脚手架。

③ 整体提升脚手架：

a. 整体提升脚手架定额适用于高层建筑的外墙施工，定额中已包括全封闭密目安全网、全封闭防混凝土渣外泄钢丝网、外挑式防坠安全网、架体顶部及底部隔离。

b. 整体提升脚手架定额子目中的提升装置及架体为一个提升系统，包括提升用设备及其配套的竖向主框架、水平桁架、拉结装置、防倾覆装置及其附属构件。

④ 里脚手架：

a. 内墙及围墙砌筑高度 3.6m 以上者，可计算砌筑用里脚手架。

b. 室内净高 3.6m 以上，需做内墙抹灰者，可计算抹灰脚手架。

c. 室内净高 3.6m 以上，需做吊平顶或板底粉面者，可按满堂脚手架计算，但不再计算抹灰脚手架。

⑤ 高度在 3.6m 以下的内墙（独立柱）不计算脚手架。

⑥ 其他脚手架：

a. 钢管电梯井脚手架分别按结构及安装搭设编制。当结构搭设的脚手架延续至安装使用时，在套用安装用电梯井脚手架定额时，应扣除定额中的人工及机械。

b. 外装饰吊篮定额适用于外立面装饰用脚手架。

2）混凝土模板及支架（撑）

① 模板分为工具式钢模板与复合模板。圆柱直径≤500mm 考虑按木模板编制。

② 模板按企业自有（即按摊销量）编制。组合钢模板包括装箱及回库维修耗量。

③ 地下室底板模板按满堂基础相应定额子目执行。

④ 基础使用砖模时，砌体按第三章第二节"四、砌筑工程"砖基础相应定额子目，抹灰按第三章第二节"十二、墙、柱面装饰与隔断、幕墙工程"相应定额子目执行。

⑤ 圆弧形带形基础模板按相应定额子目乘以系数 1.15。

⑥ 有梁式带形基础、有梁式满堂基础定额均未包括杯芯，杯芯按相应定额子目执行。

⑦ 杯形基础杯口高度大于杯口大边长度的，套用高杯基础定额子目。

⑧ 设备基础不包括螺栓套、螺栓套另按复合模板零星构件定额子目执行。

⑨ 现浇钢筋混凝土基础支模深度按 3m 编制。支模深度为 3m 以上时，超过部分再按基础超深 3m 子目执行。

⑩ 现浇钢筋混凝土柱、梁、墙、板支模高度均按（板面至上层板底之间的高度）3.6m 编制。超过 3.6m 时，超过部分再按相应超高子目执行。

⑪ 现浇钢筋混凝土圆柱支模高度按（板面至上层板底之间的高度）6m 编制。超过 6m 时，超过部分再按相应超高子目执行。

⑫ 现浇钢筋混凝土板支模适用于板截面厚度≤250mm。如板支模须使用承重模板支撑系统，可按施工组织设计方案调整模板支撑系统（包括人工）消耗量。

⑬ 复合模板墙子目若采用一次性摊销螺杆方式支模时，应将相应定额子目内的对拉螺杆换成止水螺杆（含止水片），其消耗量按对拉螺杆定额含量乘以系数 5.5，并扣除定额内的塑料套管耗量，其余不变。

⑭ 型钢组合混凝土构件模板，按构件相应定额子目执行。

⑮ 屋面混凝土女儿墙高度＞1.2m 时按相应墙定额子目执行，≤1.2m 时按相应栏板定额子目执行。

⑯ 混凝土栏板高度（含压顶、扶手及翻沿），净高按 1.2m 以内考虑，超过 1.2m 时按相应墙定额子目执行。

⑰ 现浇混凝土阳台、雨篷图示外挑部分其中有一面是弧形且半径≤9m 时，按相应定额子目人工乘以系数 1.1。

⑱ 挑檐、天沟壁高度≤400mm，按相应挑檐定额子目执行，挑檐、天沟壁高度超过 400mm 时，按全高执行栏板定额子目。

⑲ 凸出混凝土柱、梁、墙面的线条，并入相应构件内计算，再按凸出的线条道数执行模板增加费项目；但单独窗台板、栏板扶手、墙上压顶的单阶挑沿不另行计算模板增加费；其他单阶线条凸出宽度大于 200mm 的执行挑檐子目。

⑳ 零星构件是指单体体积在 0.1m³ 以内的未列定额子目的小型构件。

3）垂直运输及超高施工增加

① 本章建筑物高度为设计室内地坪（±0.000）至檐口屋面结构板面。凸出主体建筑屋顶的电梯间、楼梯间、水箱间等不计入檐口高度之内。

② 同一建筑物多跨檐高不同时，分别计算建筑面积，按各自的建筑物高度执行相应定额子目。

③ 檐高 3.6m 以内的单层建筑，不计算垂直运输机械台班。

④ 定额内不同建筑物高度的垂直运输机械子目按层高 3.6m 考虑，超过 3.6m 者，应另计层高超高垂直运输增加费，每超过 1m，其超过部分按相应定额子目增加 10%，超过不足 1m，按 1m 计算。

⑤ 大型连通地下室的垂直运输机械，按独立地下室相应子目执行。

⑥ 垂直运输工作内容，包括单位工程在合理工期内完成全部工程项目所需要的垂直运输机械台班。不包括机械的场外往返运输，一次安拆及路基铺垫和轨道铺拆等的费用。

⑦ 建筑物超高增加人工、机械定额适用于檐高高度超过 20m（6 层）的建筑物。

4）大型机械设备进出场及安拆

① 大型机械设备进出场及安拆费是指机械整体或分体自停放场地运至施工现场或由一个施工地点运至另一个施工地点所发生的机械设备进出场运输和转移费用，以及机械设备在施工现场进行安装、拆卸所需的人工费、材料费、机械费、试运转费和安装所需的辅助设施的费用。

② 大型机械设备进出场费包括：

a. 进出场往返一次的费用。

b. 臂杆、铲斗及附件、道木、道轨等的运输费用。

c. 机械运输路途中的台班费，不另计取。

d. 垂直运输机械（塔式起重机）若在一个建设基地内的单位工程之间的转移，每转移一个单位工程按相应大型机械进出场及安拆费的 60% 计取。

③ 大型机械设备安拆费包括：

a. 机械设备安装、拆卸的一次性费用。

b. 机械设备安装完毕后的试运转费用。

④ 塔式起重机及施工电梯的基础按施工组织设计方案计算，执行相应章节定额子目。

5）施工排水、降水

① 承压井、观察井定额按井深 40m 编制。设计与定额不同时，每增减 1m 按真空深井降水相应定额子目执行。

② 轻型井点以 50 根为一套，喷射井点以 30 根为一套。使用时累计根数轻型井点少于 25 根，喷射井点少于 15 根，使用费按相应定额子目乘以系数 0.7。

③ 井管间距应根据地质条件和施工降水要求，按施工组织设计确定，施工组织设计无规定时，可按轻型井点管距 1.2m、喷射井点管距 2.5m 确定。

④ 井点、井管的使用应以每昼夜 24h 为一天，使用天数按施工组织设计确定的天数计算。

（3）示例

【例 3.2-11】某工程如图 3.2-5（案例 3.2.8）柱平面图所示，建筑物层高 5.6m，室内外高差 0.3m，屋面现浇板板厚 120mm。试列柱模板（复合木模）定额项目，并计算工程量。

解：柱模板工程量计算过程见表 3.2-33，柱模板定额子目套用见表 3.2-34。

解析：柱高从柱基或板上表面算至上一层楼板下表面；柱、梁、墙、板、栏板相互连接的重叠部分均不扣除模板面积。

柱模板工程量计算表　　　　　　表 3.2-33

序号	项目名称	计算部位	工程量计算稿	计量单位	工程量
1	矩形柱模板		KZ1+KZ2	m^2	99.07
1.1		KZ1	0.4×4×（1.4+5.6−0.12）×5	m^2	55.04
1.2		KZ2	0.4×4×（1.4+5.6−0.12）×4	m^2	44.03
2	柱模板超 3.6m		KZ1+KZ2	m^2	27.07
2.1		KZ1	0.4×4×（5.6−0.12−3.6）×5	m^2	15.04
2.2		KZ2	0.4×4×（5.6−0.12−3.6）×4	m^2	12.03

柱模板定额子目套用表　　　　　　表 3.2-34

序号	定额编码	项目名称	计量单位	工程量
1	01-17-2-53	复合木模 矩形柱	m^2	99.07
2	01-17-2-59	柱超 3.6m，每增 6m	m^2	27.07

第三节　建筑工程费用定额的使用范围及应用

一、建筑工程费用定额的适用范围

（一）建设工程施工费用计算规则的概念与适用范围

1. 建设工程施工费用计算规则的概念

建筑工程施工费用计算规则是规定各有关工程费用的取费标准（包括取费的基础和取费的费率）、取费顺序和取费内容。建筑工程施工费用计算规则与建筑工程预算定额配套使用。

2. 建筑工程施工费计算规则的适用范围

《上海市建设工程施工费用计算规则》SHT 0—33—2016 适用于本市行政区域范围内的建筑和装饰、安装、市政、城市轨道交通、园林、燃气、民防、水务、房屋修缮等建设工程预算定额计价方式。

（二）建设工程施工费用计算规则的适用范围应用

1. 建筑工程施工费用的组成

上海市施工费用要素内容由直接费要素（包括人工费、材料费、工程设备费和施工机具使用费）、企业管理费、利润、措施费、规费和增值税等诸要素内容组成。

2. 建筑工程施工费用的要素内容和计算方法

（1）直接费要素

直接费指施工过程中的耗费，构成工程实体和部分有助于工程形成的各项费用（包括人工费、材料费、工程设备费和施工机具使用费）。

1）人工费

① 人工单价指在单位工作日内，支付给直接从事建筑安装工程施工作业的生产工人和附属生产单位工人的各项费用。一般包括计时工资或计件工资、奖金、津贴补贴、社会保险费（个人缴纳部分）等。

② 人工费计算方法：由发承包双方按人工单价包括的内容为基础，根据建设工程具体特点及市场情况，采用工程造价管理机构发布的建设工程人工价格信息，或参照建筑劳务市场人工价格，约定人工单价，并乘以定额工日消耗量计算人工费。

③ 上海 2016 预算定额的人工单价可采用"上海市建设市场信息服务平台"发布的人工信息价，信息价的人工单价按工日工种区分，信息价为区间值形式，以 2023 年 3 月人工信息价为例，见表 3.3-1。

2023 年 3 月人工信息价（部分）　　　　　　　　　　表 3.3-1

序号	编码	名称	计量单位	除税价（元）
1	00030111	普工	工日	172.00～209.00
2	00030113	打桩工	工日	192.00～254.00
3	00030115	制浆工	工日	185.00～236.00
4	00030116	注浆工	工日	192.00～245.00
5	00030117	模板工	工日	200.00～281.00

续表

序号	编码	名称	计量单位	除税价（元）
6	00030119	钢筋工	工日	199.00～256.00
7	00030121	混凝土工	工日	181.00～231.00
8	00030123	架子工	工日	175.00～238.00

2）材料费

① 材料单价指单位材料价格和从供货单位运至工地耗费的所有费用之和。一般包括材料的原价（供应价）、市内运输费、运输损耗等，直接费中的材料单价不包含增值税可抵扣进项税额。

② 材料费计算方法：由发承包双方按材料单价包括的内容为基础，根据建设工程具体特点及市场情况，采用工程造价管理机构发布的建设工程材料价格信息，或参照建筑、建材市场材料价格，约定材料单价，并乘以定额材料耗量计算材料费。

③ 上海市建设市场信息服务平台按月发布工程人工、材料和机械价格信息。

④ 上海 2016 预算定额常用材料增值税税率见表 3.3-2。

常用材料增值税税率　　　　　　　　表 3.3-2

类别编码	类别名称	折算率	范围说明
101	钢筋	12.93%	包含钢筋、加工钢筋、成型钢筋、预应力钢筋、钢筋网片、热轧带肋钢筋、热轧光圆钢筋等
109	圆钢	12.93%	包含圆钢、镀锌圆钢、不锈钢圆钢、热轧圆方钢、不锈钢压棍等
119	槽钢	12.93%	包含热轧槽钢、冷弯卷边槽钢等
121	角钢	12.93%	包含等边角钢、等边镀锌角钢、不等边角钢、连接角钢等
401	水泥	12.70%	包含水泥、普通硅酸盐水泥、硅酸盐水泥、乳胶水泥、无收缩水泥、S 型瞬凝水泥、石棉水泥、双快水泥等
403	砂	3%	包含黄砂、绿豆砂、金刚砂、石英砂、重晶砂、刚玉砂、砾石砂、硼砂、山砂、充填砂等
405	石子	3%	包含石子、碎石、道碴、黄石、卵石、粗料石、片石、弹片石等
413	砌砖	12.47%	包含黏土烧结普通砖、蒸压灰砂砖、望板砖等
415	砌块	12.47%	包含蒸压砂加气混凝土砌块、混凝土模卡砌块、硅酸盐密实砌块、生态植被混凝土砌块等
505	胶合板	12.85%	包含胶合板、装饰夹板、装饰皮等
509	细木工板	12.85%	包含各类细木工板等
601	平板玻璃	12.58%	包含平板玻璃、磨砂玻璃等
605	钢化玻璃	12.58%	包含平板钢化玻璃、平板半钢化玻璃、平板均质钢化玻璃等
701	陶瓷内墙砖	12.05%	包含金属面砖、釉面砖压条、釉面砖腰线、釉面砖阴阳角线压头线等
801	大理石	12.62%	包含大理石板、碎拼大理石石料等
803	花岗石	12.81%	包含花岗石板、碎拼花岗石石料、花岗石、石板、石条等
1109	铝合金门窗	12.74%	包含铝合金推拉门、铝合金平开窗等
1301	通用涂料	12.62%	包含调和漆、复白油、醇酸清漆、酚醛磁漆、底漆、喷漆、清油、酚醛耐酸漆等

续表

类别编码	类别名称	折算率	范围说明
1303	建筑涂料	12.74%	包含乳液涂料、内外墙乳胶漆、自流平水泥粉料、地坪环氧树脂等
1333	防水卷材	12.62%	包含油毡纸、防水卷材、聚氯乙烯 - 橡胶共混卷材、热熔橡胶复合防水卷材、氯磺化聚乙烯卷材等
3201-3227	苗木	免税	包含落叶乔木、常绿乔木、地栽灌木、盆栽灌木、袋装灌木、沿立面生长的藤本植物、地栽棕榈、盆栽棕榈
3301	钢结构制作件	12.89%	包含钢柱、钢管柱套、钢梁、钢檩条、墙筋、钢支架、钢支撑、轻钢结构件、硬横梁、垂直压板、钢轨、固定槽钢等
8006	预拌砂浆	11.59%	包含干混砂浆（砌筑、抹灰、地面）、湿拌砂浆（砌筑、抹灰、地面）等
8021	普通混凝土	现拌混凝土：—	包含现拌现浇混凝土、预拌混凝土、防磨混凝土、喷射混凝土等
		预拌混凝土：3.00%	
8023	轻骨料混凝土	3.00%	包含陶粒混凝土、炉（煤）渣混凝土、轻质混凝土、矿渣混凝土等

3）施工机具使用费

①施工机具使用费由工程施工作业所发生的施工机械、仪器仪表使用费或其租赁费组成，直接费中的施工机具使用费单价不包含增值税可抵扣进项税额。

②施工机械使用费 =（施工机械台班消耗量 × 施工机械摊销台班单价），施工机械摊销台班单价包括折旧费、大修理费、经常修理费、安拆费及场外运费（大型机械除外）、机上和其他操作人员人工费、燃料动力费、车船使用税、保险费及年检费等。

③施工机械使用费计算方法：由发承包双方按施工机械摊销台班单价包括的内容为基础，根据建设工程具体特点及市场情况，采用工程造价管理机构发布的建设工程施工机械摊销台班价格信息，或依据《建设工程施工机械台班费用编制规则》规定测算，约定施工机械摊销台班单价，并乘以定额台班耗量计算施工机械使用费。

④大型机械安、拆，场外运输，路基轨道铺设等费用，由发承包双方按招标文件和批准的施工组织设计指定的大型机械，根据建设工程具体特点及市场情况，采用工程造价管理机构发布的价格信息，在合同中约定费用。

⑤仪器仪表使用费 =（仪器仪表台班消耗量 × 仪器仪表摊销台班单价），仪器仪表摊销台班单价包括工程使用的仪器仪表摊销费和维修费。

⑥仪器仪表使用费计算方法：由发承包双方按仪器仪表摊销台班单价包括的内容为基础，根据建设工程具体特点及市场情况，采用工程造价管理机构发布的建设工程仪器仪表摊销台班价格信息，或依据《建设工程施工仪器仪表台班费用编制规则（增值税版）》规定测算，约定仪器仪表摊销台班单价，并乘以定额台班消耗量计算仪器仪表使用费。

⑦施工机械租赁费 =（施工机械台班消耗量 × 施工机械租赁台班单价）。

⑧施工机械租赁费计算方法：由发承包双方按施工机械租赁台班单价包括的内容为基础，根据建设工程具体特点及市场情况，采用工程造价管理机构发布的建设工程施工机械租赁台班价格信息，或参照建设市场施工机械租赁台班价格信息确定。

4）示例

【例 3.3-1】已知某项目施工期为 2023 年 3 月，混凝土柱商品混凝土采用预拌混凝土

（泵送型）C30 粒径5 ～25mm，请根据当月上海市建设市场信息服务平台发布的市场信息价，计算每立方米现浇泵送混凝土矩形柱工料机价格［人工单价采用表 3.3-1 中相应工种的平均价，预拌混凝土（泵送型）C30 粒径5 ～25mm 除税价 654.37 元 /m³，水除税价 5.82 元 /m³，塑料薄膜除税价 1.19 元 /m²，混凝土振捣器除税价 10.19 元 / 台班，混凝土柱定额消耗量见表 3.3-3］。

混凝土柱定额消耗量　　　　　　　　　表 3.3-3

工作内容：混凝土浇捣、抹平、看护、浇水养护等全部操作过程。

定额编号			01-5-2-1
项目		单位	现浇泵送混凝土
			矩形柱
			m³
人工	混凝土工	工日	0.7593
	其他工	工日	0.1482
	人工工日	工日	0.9075
材料	现浇泵送混凝土	m³	1.0100
	塑料薄膜	m²	0.4009
	水	m³	0.6745
机械	混凝土振捣器 插入式	台班	0.1000

解：混凝土工平均价（181+231）/2=206.5 元 / 工日，其他工信息价平均价（172+209）/2=190.5 元 / 工日，每立方米混凝土矩形柱工料机单价计算见表 3.3-4。

混凝土矩形柱工料机单价　　　　　　　　表 3.3-4

项目		单位	单价（元）	现浇泵送混凝土	
				矩形柱	
				m³	
	名称			数量	合价（元）
人工	混凝土工	工日	206.5	0.7593	156.79
	其他工	工日	190.5	0.1482	28.24
	人工工日	工日		0.9075	
材料	现浇泵送混凝土	m³	654.37	1.0100	660.91
	塑料薄膜	m²	1.19	0.4009	0.48
	水	m³	5.82	0.6745	3.93
机械	混凝土振捣器 插入式	台班	10.19	0.1000	1.02
	合计				851.36

（2）企业管理费和利润的内容及计算方法

1）企业管理费

企业管理费指建筑安装企业组织施工生产和经营管理所需的费用。企业管理费包括管理人员工资、办公费、差旅交通费、固定资产使用费、工具用具使用费、劳动保险和职工福利费、劳动保护费、材料采购和保管费、检验试验费（内容包括《建筑工程检测试验技术管理规范》JGJ 190—2010 要求的检验、试验、复测、复验等费用；不包括新结构、新材料的试验费，以及对构件做破坏性试验及其他特殊要求检验试验的费用和建设单位委托检测机构进行检测的费用）、工会经费、职工教育经费、财产保险费、财务费、税金（房产税、车船使用税、城镇土地使用税、印花税）、其他（技术转让费、技术开发费、投标费、业务招待费、绿化费、广告费、公证费、法律顾问费、审计费、咨询费、保险费）。企业管理费不包含增值税可抵扣进项税额。

此外，城市维护建设税、教育附加费、地方教育附加费和河道管理费等附加税费计入企业管理费。

2）利润

利润指施工企业完成所承包工程获得的盈利。

3）企业管理费和利润的计算方法

企业管理费和利润以人工费为基数，由发承包双方按企业管理费和利润包括的内容为基础，根据建设工程具体特点及市场情况，参照工程造价管理机构发布的企业管理费和利润费率，约定企业管理费和利润的费率，并乘以人工费计算企业管理费和利润。

4）上海企业管理费和利润取费标准参照《关于实施建筑业营业税改增值税调整本市建设工程计价依据的通知》（沪建市管［2016］42 号），见表 3.3-5。

房屋建筑与装饰工程企业管理费和利润费率表　　　　　　表 3.3-5

工程专业	计算基数	费率(%)
房屋建筑与装饰工程	分部分项工程、单项措施和专业暂估价的人工费	20.78～30.98

（3）措施费

1）安全防护、文明施工措施费内容及计算方法

① 安全防护、文明施工措施费指按照国家现行的建筑施工安全、施工现场环境与卫生标准和有关规定，用于购置和更新施工安全防护用具及设施、改善安全生产条件和作业环境所需要的费用，不包含增值税可抵扣进项税额。

② 安全防护、文明施工措施费计算方法：以直接费与企业管理费和利润之和为基数，由发承包双方按安全防护、文明施工措施费的内容为基础，根据建设工程具体特点及市场情况，参照工程造价管理机构发布的费率，约定安全防护、文明施工措施费费率，并乘以直接费要素价格与企业管理费和利润之和计算安全防护、文明施工措施费。

③ 取费标准详见表 3.3-6。

房屋建筑工程安全防护、文明施工措施费　　　　　　表 3.3-6

项目类别			费率(%)
工业建筑	厂房	单层	2.8～3.2
		多层	3.2～3.6
	仓库	单层	2.0～2.3
		多层	3.0～3.4

续表

项目类别			费率（%）
民用建筑	居住建筑	低层	3.0～3.4
		多层	3.3～3.8
		中高层及高层	3.0～3.4
	公共建筑及综合性建筑		3.3～3.8
独立装饰装修工程			2.0～2.3

2）施工措施费内容及计算方法

① 施工措施费指施工企业为完成建筑产品时，为承担社会义务、施工准备、施工方案发生的所有措施费用（不包括已列定额子目和企业管理费所包括的费用），不包含增值税可抵扣进项税额。

② 施工措施费一般包括：夜间施工，非夜间施工照明，二次搬运，冬雨期施工，地上、地下设施、建筑物的临时保护设施（施工场地内）、已完工程及设备保护、树木、道路、桥梁、管道、电力、通信等改道、迁移等措施费，施工干扰费，工程监测费，工程新材料、新工艺、新技术的研究、检验、试验、技术专利费，创部、市优质工程施工措施费，特殊条件下施工措施费，特殊要求的保险费，港监及交通秩序维持费等。

③ 施工措施费的计算：由发承包双方遵照政府颁布的有关法律、法令、规章及各主管部门的有关规定，招标文件和批准的施工组织设计指定的施工方案等发生的措施费用，根据建设工程具体特点及市场情况，参照工程造价管理机构发布的市场信息价格，以报价的方法在合同中约定价格。

（4）人工、材料、设备、施工机具价差

人工、材料、设备、施工机具价差＝结算期信息价 －［中标期信息价 ×（1+ 风险系数）］。

1）结算期信息价：指工程施工期（结算期）工程造价信息平台发布的市场信息价的平均价（算术平均或加权平均价）。

2）中标期信息价：指工程中标期对应工程造价信息平台发布的市场信息价。

3）风险系数：

① 人工单价发生变化且符合省级或行业建设主管部门发布的人工费调整规定，合同当事人应按省级或行业建设主管部门或其授权的工程造价管理机构发布的人工费等文件调整合同价格，但承包人对人工费或人工单价的报价高于发布价格的除外。

② 承包人在已标价结算书中载明人工、材料及施工机械单价高于或低于基准价格的：

a. 合同对风险范围和幅度有约定的，按合同约定执行。

b. 合同对风险范围和幅度没有约定或约定不明的，由发承包双方协商合理分担风险，参考《关于进一步加强建设工程人材机市场价格波动风险防控的指导意见》（沪建市管［2021］36 号），基准价格和风险幅度可依据基准期本市造价管理机构或双方共同认可的第三方机构发布的工程造价信息价及波动幅度确定，风险幅度可参考以下风险幅度：人工价格的变化幅度原则上超出 ±3%（不含 3%，下同），主要材料价格的变化幅度原则上超出 ±5%，除上述以外涉及的其他主要材料、施工机械价格的变化原则上超

出 ±8%。

（5）规费内容及计算方法

规费是指政府和有关权力部门规定必须缴纳的费用。规费主要包括社会保险费、住房公积金。

1）社会保险费

① 社会保险费：指企业按规定标准为职工缴纳的各项社会保险费，一般包括养老保险费、失业保险费、医疗保险费、生育保险费、工伤保险费。

② 社会保险费的计算，以人工费为基数，由发承包双方根据国家规定的计算方法计算费用。

③ 社会保险费取费标准参考《关于调整本市建设工程造价中社会保险费率的通知》（沪建市管［2019］24号），见表3.3-7。

社会保险费费率表

表3.3-7

工程类别		计算基数	计算费率		
			管理人员	生产工人	合计
房屋建筑与装饰工程		人工费	4.56%	28.04%	32.60%
市政工程	土建			30.05%	34.61%
园林绿化工程	种植			28.88%	33.44%
仿古建筑工程（含小品）				28.04%	32.60%
房屋修缮工程				28.04%	32.60%
民防工程				28.04%	32.60%

2）住房公积金

① 住房公积金指企业按规定标准为职工缴纳的住房公积金。

② 住房公积金的计算，以人工费为基数，由发承包双方根据国家规定的计算方法计算费用。

③ 住房公积金取费标准参考《关于调整本市建设工程造价中社会保险费率的通知》（沪建市管［2019］24号），见表3.3-8。

住房公积金费率表

表3.3-8

工程专业	计算基数	费率(%)
房屋建筑与装饰工程	人工费	1.96

3）根据上海市住房和城乡建设管理委员会、上海市发展和改革委员会、上海市财政局共同发布的《关于调整本市建设工程规费项目设置等相关事项的通知》（沪建标定联［2023］120号），本市建设工程费用组成中取消规费项目单列。具体内容详见第三章第三节第二小节。

（6）增值税的内容及计算方法

增值税即为当期销项税额，应按国家规定的计算方法计算，列入工程造价。

简易计税方式按照财政部、国家税务总局的规定执行。

二、建筑工程费用计算规则的应用

（一）建设工程施工费用计算规则的应用计算

1. 建设工程施工费用应用的管理办法

（1）上海市住房和城乡建设管理委员会发布的《上海市建设工程施工费用计算规则》SHT 0—33—2016。

（2）安全防护、文明施工措施费按规定计取。

（3）社会保险费执行《关于调整本市建设工程造价中社会保险费率的通知》（沪建市管〔2019〕24号）。

（4）企业管理费和利润执行《关于实施建筑业营业税改增值税调整本市建设工程计价依据的通知》（沪建市管〔2016〕42号）。

2. 建设工程施工费用计算表

上海市建设工程施工费用计算顺序见表3.3-9。

房屋建筑和装饰工程施工费用计算程序表　　　　　　　　　　表 3.3-9

序号	项目		计算式	备注
1	直接费要素	人工、材料、设备、施工机具使用费	按预算定额子目规定计算	人工、材料、施工机具使用费中不含增值税
2		其中：人工费		
3	企业管理费和利润		（2）×合同约定费率	
4	安全防护、文明施工措施费		［（1）+（3）］×相应费率	按照文件规定的相应费率
5	施工措施费		按规定计算	由双方合同约定
6	小计		（1）+（3）+（4）+（5）	
7	人工、材料、设备、施工机具价差		结算期信息价－［中标期信息价×（1+风险系数）］	由双方合同约定，材料、设备、施工机具使用费中不含增值税
8	规费	社会保险费	（2）×费率	按照（沪建市管〔2019〕24号）文件相应费率
9		住房公积金	（2）×费率	
10	增值税		［（6）+（7）+（8）+（9）］×增值税税率	增值税税率：9%
11	费用合计		（6）+（7）+（8）+（9）+（10）	

（二）规费改革

根据上海市住房和城乡建设管理委员会、上海市发展和改革委员会、上海市财政局共同发布的《关于调整本市建设工程规费项目设置等相关事项的通知》（沪建标定联〔2023〕120号），建设工程项目的规费、施工费用计算表及人工信息价做相应调整。

通知自2023年10月1日起施行。2023年10月1日起发布招标公告的建设工程应执行本通知规定。2023年10月1日前已发布招标公告或签订合同的项目仍按原招标文件或合同条款执行。

上海市建设工程费用组成中取消规费项目单列。将施工现场作业人员养老保险、医疗保险（含生育保险）、失业保险、工伤保险和住房公积金列入人工单价，管理人员养老保险、医疗保险（含生育保险）、失业保险、工伤保险和住房公积金列入企业管理费。

1．施工费用计算表调整

施工费用计算顺序表做相应调整，安全文明施工费、施工措施费计算基数调整为直接费中的人工费、材料费、机械费（概算包括零星工程费）之和，调整后的施工费用计算表见表3.3-10。

上海市建设工程施工费用计算顺序表

表 3.3-10

序号	项目		计算式	备注
一	直接费		按定额子目规定计算	
其中		人工费	按定额工日消耗量 × 约定单价	
		材料费	按定额材料消耗量 × 约定单价	不包含增值税可抵扣进项税额
		施工机具使用费	按定额台班消耗量 × 约定单价	同上
二	企业管理费和利润		Σ人工费 × 约定费率	同上
三	措施费	安全文明施工费	直接费 × 约定费率	同上
		施工措施费	报价方式计取	由双方合同约定,不包含增值税可抵扣进项税额
四	人工、材料、施工机具差价		按合同约定	由双方合同约定,材料、施工机具使用费中不含增值税可抵扣进项税额
五	小计		（一）+（二）+（三）+（四）	
六	增值税		（五）× 增值税税率	按国家规定计取
七	合计		（五）+（六）	

注：施工措施费是指夜间施工、非夜间施工照明、二次搬运、冬雨期施工、地上、地下设施、建筑物的临时保护设施、已完工程及设备保护等其他措施项目费用。

2．人工信息价

上海市造价管理部门将及时调整人工信息价，每月在上海市住房和城乡建设管理委员会网站的上海市建设市场信息服务平台同步发布包含规费和不包含规费的人工价格。

第四节　土建工程最高投标限价的编制

一、最高投标限价编制依据

《中华人民共和国招标投标法实施条例》第二十七条：招标人设有最高投标限价的，应当在招标文件中明确最高投标限价或者最高投标限价的计算方法。招标人不得规定最低投标限价。

（一）最高投标限价的概念

最高投标限价，又称招标控制价。是招标人根据国家或省级、行业建设主管部门颁发的有关计价依据和办法，依据拟订的招标文件和招标工程量清单，结合工程具体情况发布的对投标人的报价进行控制的最高价格。

国有资金投资的建筑工程招标的，招标人必须编制最高投标限价；非国有资金投资的建筑工程招标的，可以设有最高投标限价。

（二）最高投标限价的编制

1. 最高投标限价编制依据

《建设工程工程量清单计价规范》GB 50500—2013 规定，最高投标限价应根据下列依据编制：

（1）《建设工程工程量清单计价规范》GB 50500—2013 与专业工程量计算规范。

（2）国家或省级、行业建设主管部门颁发的计价定额和计价办法。

（3）建设工程设计文件及相关资料。

（4）拟定的招标文件及招标工程量清单。

（5）与建设项目相关的标准、规范、技术资料。

（6）施工现场情况、工程特点及常规施工方案。

（7）工程造价管理机构发布的工程造价信息，当工程造价信息没有发布时，参照市场价。

（8）其他相关资料。

2. 编制最高投标限价的规定

根据《建设工程工程量清单计价规范》GB 50500—2013，编制最高投标限价一般规定如下：

（1）国有资金投资的建设工程招标，招标人必须编制最高投标限价。

（2）最高投标限价应由具有编制能力的招标人或受其委托具有相应能力的工程造价咨询人编制和复核。

（3）工程造价咨询人接受招标人委托编制最高投标限价，不得再就同一工程接受投标人委托编制投标报价。

（4）最高投标限价应按照编制依据的规定编制，不应上调或下浮。

（5）当最高投标限价超过批准的概算时，招标人应将其报原概算审批部门审核。

（6）招标人应在发布招标文件时公布最高投标限价，同时应将最高投标限价及有关资料报送工程所在地或有该工程管辖权的行业管理部门工程造价管理机构备查。

二、最高投标限价编制内容

最高投标限价编制内容包括分部分项工程费、措施项目费、其他项目费和税金。

（一）分部分项工程费用的编制

分部分项工程费应根据拟定的招标文件中的分部分项工程量清单及有关要求，按《建设工程工程量清单计价规范》GB 50500—2013 有关规定确定综合单价。综合单价是完成一个规定清单项目所需的人工费、材料和工程设备费、施工机具使用费和企业管理费、利润。综合单价还应包括招标文件中划分的应由投标人承担的风险范围及其费用。招标文件中没有明确的，如是工程造价咨询人编制，应提请招标人明确；如是招标人编制，应予明确。

分部分项工程的单价项目，应根据拟定的招标文件和招标工程量清单项目中的特征描述及有关要求确定综合单价计算。

根据上海市住房和城乡建设管理委员会办公室发布的《关于调整本市建设工程规费项目设置等相关事项的通知》（沪建标定联〔2023〕120 号）文：上海市建设工程费用组成中取消规费项目单列。将施工现场作业人员养老保险、医疗保险（含生育保险）、失业保险、工伤保险和住房公积金列入人工单价，管理人员养老保险、医疗保险（含生育保险）、失业保险、工伤保险和住房公积金列入企业管理费。

1. 综合单价的组价

（1）综合单价的组价，应依据工程量清单和施工图纸，按照《建设工程工程量清单计价规范》GB 50500—2013、《上海市建筑和装饰预算定额》SH 01—31—2016 的有关规定，确定所组价的定额项目名称，并计算相应的定额项目工程量。对于技术难度较大、施工工艺复杂和管理复杂的项目，可考虑一定的风险费用，或适当调高风险预期和费用，并纳入综合单价中。

（2）依据工程造价政策规定或上海市工程造价信息，确定其人工、材料、机械台班单价；同时，在确定管理费率和利润率的基础上，按规定程序计算定额项目的合价，公式为：

定额项目合价 = 定额项目工程量 × [∑（定额人工消耗量 × 人工单价）+ ∑（定额材料消耗量 × 材料单价）+ ∑（定额机械台班消耗量 × 机械台班单价）+ 管理费和利润]

（3）将若干项定额项目合价相加除以工程量清单项目工程量，便得到工程量清单项目综合单价（如果有未计价材料，主要是主材，也要计入综合单价），公式为：

工程量清单综合单价 = （∑定额项目合价 + 未计价材料）/ 工程量清单项目工程量

2. 综合单价中的风险因素

最高投标限价的综合单价中应包括招标文件中要求投标人所承担的风险内容及其范围（幅度）产生的风险费用。

（1）对于技术难度较大和管理复杂的项目，可考虑一定的风险费用，并计入综合单价中。

（2）对于工程设备、材料价格的市场风险，应依据招标文件的规定、工程所在地或行业工程造价管理机构的有关规定，以及市场价格趋势考虑一定的风险费用，计入综合单价中。

（3）法律、法规、规章和政策变化的风险和人工单价调整等风险，超出一定幅度范围时，应据实调整。

【例 3.4-1】以"土方开挖"为例，说明综合单价的计算过程，详见表 3.4-1 ~ 表 3.4-3。

分部分项工程量清单综合单价分析表　　　　　　　表 3.4-1

工程名称：上海 ×× 地块垃圾房 / 单项工程 / 土石方工程　　　　　　标段：C01　　　第 1 页共 1 页

项目编码	010101002002	项目名称		挖一般土方［3.0m 以内］		工程数量	268.8	计量单位	m³

<table>
<tr><td colspan="10" align="center">清单综合单价组成明细</td></tr>
<tr><td rowspan="2">定额编号</td><td rowspan="2">定额名称</td><td rowspan="2">定额单位</td><td rowspan="2">数量</td><td colspan="4" align="center">单价（元）</td><td colspan="4" align="center">合价（元）</td></tr>
</table>

定额编号	定额名称	定额单位	数量	人工费	材料费	机械费	管理费和利润	人工费	材料费	机械费	管理费和利润
01-1-1-9	机械挖土方埋深 3.5m 以内	m³	1	2.95		2.72	0.91	2.95		2.72	0.91
01-1-2-6	汽车装车、运土运距 1km 内	m³	1	0.76		13.54	0.24	0.76		13.54	0.24
人工单价		小计						3.71		16.26	1.15
190.26 元 / 工日		未计价材料费									
清单项目综合单价								21.12			

机械挖土方定额工料机分析表　　表 3.4-2

序号	名称	单位	消耗量	单价（元）	合价（元）
1	普工	工日	0.0155	190.5	2.95
2	履带式单斗液压挖掘机 1m³	台班	0.0017	1601.96	2.72
	企业管理费和利润		（1）× 费率	30.98%	0.91
	综合单价				6.58

机械装车、运土定额工料机分析表　　表 3.4-3

序号	名称	单位	消耗量	单价（元）	合价（元）
1	普工	工日	0.004	190.5	0.76
2	履带式单斗液压挖掘机 1m³	台班	0.0026	1601.96	4.17
3	自卸汽车 12t	台班	0.0074	1267.18	9.38
	企业管理费和利润		（1）× 费率	30.98%	0.24
	综合单价				14.54

定额项目合价 = 定额项目工程量 ×［Σ（定额人工消耗量 × 人工单价）+ Σ（定额材料消耗量 × 材料单价）+ Σ（定额机械台班消耗量 × 机械台班单价）+ 管理费和利润］=（1×2.95+1×0.76+1×2.72+1×13.54+1×0.91+1×0.24）×268.8=5677.06 元。

工程量清单综合单价 =（Σ 定额项目合价 + 未计材料）/ 清单工程量 =5677.06/268.8=21.12 元 /m³

【例 3.4-2】以"平整场地"为例，说明综合单价的计算过程，详见表 3.4-4 ～表 3.4-7。

分部分项工程量清单综合单价分析表　　表 3.4-4

工程名称：上海 ×× 地块垃圾房 \ 单项工程 \ 土石方工程　　　标段：C01　　第 1 页共 1 页

项目编码	010101001002	项目名称	平整场地			工程数量	116.16	计量单位	m²

清单综合单价组成明细

定额编号	定额名称	定额单位	单价（元）				合价（元）			
			数量	人工费	材料费	机械费	管理费和利润	人工费	材料费	机械费	管理费和利润

定额编号	定额名称	定额单位	数量	人工费	材料费	机械费	管理费和利润	人工费	材料费	机械费	管理费和利润
01-1-1-1	平整场地 ±300mm 以内	m²	1	3.24			1	3.24			1
01-1-1-3	推土机推土推距 50.0m 以内	m³	0.3	1.52		5.76	0.47	0.46		1.73	0.14
01-1-2-4	手推车运土运距 50m 以内	m³	0.3	24.65			7.64	7.4			2.29
人工单价		小计						11.1		1.73	3.43
190.5 元 / 工日		未计价材料费									
清单项目综合单价								16.25			

平整场地定额工料机分析表　　　表 3.4-5

序号	名称	单位	消耗量	单价（元）	合价（元）
1	普工	工日	0.017	190.5	3.24
企业管理费和利润			（1）× 费率	30.98%	1.00
综合单价					4.24

推土机平整场地定额工料机分析表　　　表 3.4-6

序号	名称	单位	消耗量	单价（元）	合价（元）
1	普工	工日	0.008	190.5	1.52
2	履带式推土机 90kW	台班	0.004	1438.797	5.76
企业管理费和利润			（1）× 费率	30.98%	0.47
综合单价					7.75

手推车运土定额工料机分析表　　　表 3.4-7

序号	名称	单位	消耗量	单价（元）	合价（元）
1	普工	工日	0.1294	190.5	24.65
企业管理费和利润			（1）× 费率	30.98%	7.64
综合单价					32.29

定额项目合价 = 定额项目工程量 × [∑（定额人工消耗量 × 人工单价）+ ∑（定额材料消耗量 × 材料单价）+ ∑（定额机械台班消耗量 × 机械台班单价）+ 管理费和利润] = （1×3.24+0.3×1.52+0.3×24.65+0.3×5.76+1×1+0.3×0.47+0.3×7.64）×116.16=1887.83 元。

工程量清单综合单价 = （∑ 定额项目合价 + 未计材料）/ 清单工程量 =1887.83/116.16=16.25 元 /m²

【例 3.4-3】以"平整场地"为例，根据上海市住房和城乡建设管理委员会办公室发布的《关于调整本市建设工程规费项目设置等相关事项的通知》（沪建标定联［2023］120 号），上海市建设工程费用组成中取消规费项目单列，说明综合单价的计算过程，详见表 3.4-8。

分部分项工程量清单综合单价分析表　　　表 3.4-8

工程名称：上海 ×× 地块垃圾房　　　　　　　　　　标段：C01　　　第 1 页共 1 页

项目编码	010101001002	项目名称	平整场地		工程数量	116.16	计量单位	m²

| | | | | 清单综合单价组成明细 | | | | | | | |

定额编号	定额名称	定额单位	数量	单价（元）				合价（元）			
				人工费	材料费	机械费	管理费和利润	人工费	材料费	机械费	管理费和利润
01-1-1-1	平整场地 ±300mm 以内	m²	1	3.45			4.15	3.45			4.15

续表

定额编号	定额名称	定额单位	数量	单价（元）				合价（元）			
				人工费	材料费	机械费	管理费和利润	人工费	材料费	机械费	管理费和利润
01-1-1-3	推土机推土距50.0m以内	m³	0.3	1.62		5.76	1.95	0.49		1.73	0.59
01-1-2-4	手推车运土运距50m以内	m³	0.3	26.26			31.56	7.88			9.47
人工单价		小计						11.82		1.73	14.21
190.5元/工日		未计价材料费									
清单项目综合单价								27.76			

（二）措施费的编制

（1）措施项目费中包含总价措施费及单价措施费，其中总价措施费也称组织措施费，包括安全防护、文明施工费与其他措施项目费；单价措施费也称技术措施费，包括脚手架、模板、垂直运输费等。

（2）措施项目中的单价项目，应根据拟定的招标文件和招标工程量清单项目中的特征描述及有关要求确定综合单价计算。

（3）措施项目中的总价项目应根据拟定的招标文件和常规施工方案按规定计价：

1）工程量清单应采用综合单价计价。

2）措施项目中的安全文明施工费必须按国家或省级、行业建设主管部门的规定计价，不得作为竞争性费用。

（4）房屋建筑与装饰、设备安装、市政、城市轨道交通、民防工程的安全防护、文明施工费，按照相关规定施行。市政管网工程参照排水管道工程；房屋修缮工程参照民用建筑（居住建筑多层）；园林绿化工程参照民防工程（15000m² 以上）；仿古建筑工程参照民用建筑（居住建筑多层）。

（5）其他措施项目费以分部分项工程费为基数，乘以相应费率［详见《关于实施建筑业营业税改增值税调整本市建设工程计价依据的通知》（沪建市管［2016］42号）］。主要包括：夜间施工，非夜间施工照明，二次搬运，冬雨期施工，地上、地下设施、建筑物的临时保护设施（施工场地内）和已完工程及设备保护等内容。其他措施项目费中不包含增值税可抵扣进项税额。

（6）措施项目应按照招标文件中提供的措施项目清单确定，措施项目分为以"量"计算和以"项"计算两种。对于可计量的措施项目，以"量"计算，按其工程量采用与分部分项工程项目清单单价相同的方式确定综合单价；对于不可计量的措施项目，以"项"为单位，采用费率法，按有关规定综合取定。采用费率法时需确定某项费用的计费基数及其费率，结果应包括除税金以外的全部费用，计算公式为：

以"项"计算的措施项目清单费＝措施项目计算基数 × 费率

【例 3.4-4】以"基础模板"为例，说明单价措施（可计量的措施项目）的计算过程，详见表 3.4-9。

单价措施项目清单与计价表　　　　　　　　　　表 3.4-9

工程名称：上海××地块垃圾房　　　　　　　　　标段：C01　　第 1 页共 1 页

序号	项目编码	项目名称	项目特征描述	工程内容	计量单位	工程量	综合单价	合价	备注
3	011702001001	基础模板	1.基础类型：条形基础 2.模板类型：木模	1.模板制作 2.模板安装、拆除、整理堆放及场内外运输 3.清理模板粘结物及模内杂物、刷隔离剂等	m²	84.48	80.76	6822.6	
				本页小计				6822.6	

【例 3.4-5】结合【例 3.4-1】，以"土方开挖"为例，说明总价措施的计算过程，详见表 3.4-10。

总价措施项目清单与计价表　　　　　　　　　　表 3.4-10

工程名称：上海××地块垃圾房　　　　　　　　　标段：C01　　第 1 页共 1 页

序号	项目编码	项目名称	计算基础	费率（%）	金额（元）	备注
1	011707001	安全文明施工费	分部分项工程费	3.8%	215.82	按照高限计取
2	011707002	夜间施工	分部分项工程费	0.5%	28.39	参考沪建市管〔2016〕42 号文件相应费率
3	011707003	非夜间施工照明	分部分项工程费	0.5%	26.84	参考沪建市管〔2016〕42 号文件相应费率
4	011707004	二次搬运	分部分项工程费	0.5%	26.84	参考沪建市管〔2016〕42 号文件相应费率
5	011707004	冬雨期施工	分部分项工程费	0.5%	26.84	参考沪建市管〔2016〕42 号文件相应费率
6	011707005	大型机械设备进出场及安拆	分部分项工程费	0.37%	21.01	参考沪建市管〔2016〕42 号文件相应费率
		……				
		合计			350.39	

（三）其他项目费的编制

1. 暂列金额

招标人在工程量清单中暂定并包括在合同价款中的一笔款项。用于工程合同签订时尚未确定或者不可预见的所需材料、工程设备、服务的采购，施工中可能发生的工程变更、合同约定调整因素出现时的合同价款调整以及发生的索赔、现场签证确认等的费用。暂列金额应按照招标工程量清单中列出的金额填写。暂列金额可根据工程复杂性、设计深度、工程环境条件（包括地质、水文、气候条件等）进行估算。

2. 暂估价

招标人在工程量清单中提供的用于支付必然发生但暂时不能确定价格的材料、工程设备的单价以及专业工程的金额。暂估价中的材料、工程设备单价应按照招标工程量清单中列出的单价计入综合单价；暂估价中的专业工程金额应按招标工程量清单中列出的金额填写。

3．计日工

在施工过程中，承包人完成发包人提出的工程合同范围以外的零星项目或工作，按合同中约定的单价计价的一种方式。计日工应按照招标工程量清单中列出的项目，根据工程特点和有关计价依据确定综合单价计算。在编制最高投标限价时，对计日工中的人工单价和施工机械台班单价应按省级、行业建设主管部门或其授权的工程造价管理机构公布的单价计算；材料应按工程造价管理机构发布的工程造价信息中的材料单价计算，工程造价信息未发布单价的材料，其价格应按市场调查确定单价计算。

4．总承包服务费

总承包人为配合协调发包人进行的专业工程发包，对发包人自行采购的材料、工程设备等进行保管以及施工现场管理、竣工资料汇总整理等服务所需的费用。总承包服务费应根据招标工程量清单列出的内容和要求估算。

（1）当招标人仅要求总承包人对其发包的专业工程进行施工现场协调和统一管理、对竣工资料进行统一汇总整理等服务时，总承包服务费按发包的专业工程估算造价的 1.5% 左右计算。

（2）当招标人要求总承包人对其发包的专业工程既进行总承包管理和协调，又要求提供相应配合服务时，总承包服务费根据招标文件列出的配合服务内容，按发包的专业工程估算造价的 3%～5% 计算。

（3）招标人自行供应材料、设备的，按招标人供应材料、设备价值的 1% 计算。

（四）税金的编制

税金是指增值税。税金必须按国家或省级、行业建设主管部门的规定计算，不得作为竞争性费用。建筑业增值税税率为 9%。计算公式为：

$$增值税 = 税前造价 \times 9\%$$

$$税前造价 = 分部分项工程费 + 措施项目费 + 其他项目费$$

三、最高投标限价的计价程序

建设工程最高投标限价反映的是单位工程费用，各单位工程费用是由分部分项工程费、措施项目费、其他项目费和增值税组成。单位工程最高投标限价计价程序表见表 3.4-11。

单位工程最高投标限价计价程序表 表 3.4-11

序号	汇总内容	计算方法	金额（元）
1	分部分项工程	按计价规定	
1.1			
1.2			
2	措施项目	按计价规定	
2.1	其中:安全防护、文明施工费	按规定标准	
3	其他项目		
3.1	其中：暂列金额	按计价规定	

续表

序号	汇总内容	计算方法	金额（元）
3.2	其中：专业工程暂估价	按计价规定	
3.3	其中：计日工	按计价规定	
3.4	其中：总承包服务费	按计价规定	
4	增值税	（1+2+3）×增值税税率	
	最高投标限价 合计 =1+2+3+4		

注：本表适用于单位工程最高投标限价计算或投标报价计算，如无单位工程划分，单项工程也使用本表。

（一）专业暂估价中人工费计算

根据上海市建筑建材业市场管理总站发布的《关于实施建筑业营业税改增值税调整本市建设工程计价依据的通知》（沪建市管〔2016〕42号），专业工程暂估价应在表内填写项目名称、拟发包（采购）方式、发包（采购）人、金额，计入投标总价中，专业工程暂估价项目应分不同专业，按有关计价规定估算，列出明细表，暂估价按上海市建设行政管理部门的规定执行，专业工程暂估价应包含与其对应的管理费、利润，专业工程暂估价中人工费占20%，但不含规费、税金。

（二）相关费率取费标准、费用计算规则

相关费率取费标准、费用计算规则详见表3.4-12、表3.4-13。

其他措施项目费费率表　　　　　　　　　　表 3.4-12

工程专业	计算基数	费率（%）
房屋建筑与装饰工程	分部分项工程费	1.50～2.37

注：本表按现行上海市建筑建材业市场管理总站《关于实施建筑业营业税改增值税调整本市建设工程计价依据的通知》（沪建市管〔2016〕42号）考虑。

企业管理费和利润费率表　　　　　　　　　表 3.4-13

工程专业	计算基数	费率（%）
房屋建筑与装饰工程	分部分项工程、单项措施和专业暂估价的人工费	20.78～30.98

（三）规费改革

相关规定详见第三章中规费改革内容。

第五节　土建工程投标报价的编制

一、投标报价的概念

根据《建设工程工程量清单计价规范》GB 50500—2013中第2.0.46条规定：投标报价是投标人投标时响应招标文件要求所报出的，对已标价工程量清单汇总后标明的总价。根据《中华人民共和国招标投标法》第二十七条规定：投标人应当按照招标文件的要求编制投标文件。投标文件应当对招标文件提出的实质性要求和条件作出响应。

（一）投标报价前期工作

1. 研究招标文件

投标人取得招标文件后，为保证工程量清单报价的合理性，应对投标人须知、合同条件、技术规范、图纸和工程量清单等重点内容进行分析，深刻而正确地理解招标文件的要求和招标人的意图。

（1）投标人须知

投标人须知反映了招标人对投标的要求，特别要注意项目的资金来源、投标书的编制和递交、投标保证金、是否允许递交备选方案、评标方法等，重点在于防止投标被否决。

（2）合同分析

1）合同背景分析。投标人有必要了解与拟承包工程有关的合同背景，了解监理方式，了解合同的法律依据，为报价和合同实施及索赔提供依据。

2）合同形式分析，主要分析承包方式（如分项承包、施工承包、设计与施工总承包和管理承包等）；发包方式（如单价合同、总价合同、成本加酬金合同等）。

3）合同条款分析，主要包括：

① 承包人的任务、工作范围和责任。

② 工程变更及相应的合同价款调整。

③ 付款方式、时间。应注意合同条款中关于工程预付款、材料预付款的规定。根据这些规定和预计的施工进度计划，计算占用资金的数额和时间，从而计算出需要支付的利息数额并计入投标报价。

④ 施工工期。合同条款中关于合同工期、开竣工日期、部分工程分期交付工期等规定，这是投标人制定施工进度计划的依据，也是报价的重要依据。要注意合同条款中有无工期奖罚的规定，尽可能做到在工期符合要求的前提下报价有竞争力，或在报价合理的前提下工期有竞争力。

⑤ 业主责任。投标人制定的施工进度计划和做出的报价，都是以业主履行责任为前提的。所以应注意合同条款中关于业主责任措辞的严密性，以及关于索赔的有关规定。

（3）工程技术标准和要求分析

工程技术标准是按工程类型来描述工程技术和工艺内容特点，对设备、材料、施工和安装方法等所规定的技术要求，有的是对工程质量进行检验、试验和验收所规定的方法和要求。它们与工程量清单中各子项工作密不可分，投标报价编制人员应在准确理解招标人要求的基础上对有关工程内容进行报价。任何忽视技术标准的报价都是不完整、不可靠的，有时可能导致工程承包重大失误和亏损。

（4）图纸分析

图纸是确定工程范围、内容和技术要求的重要文件，也是投标人确定施工方法等施工计划的主要依据。图纸的详细程度取决于招标人提供的施工图设计所达到的深度和所采用的合同形式。详细的设计图可使投标人比较准确地估价，而不够详细的图纸则需要估价人员采用综合估价方法，其结果一般不太精确。

2. 调查工程现场

招标人在招标文件中一般会明确工程现场踏勘时间和地点。投标人调查工程现场应重点注意以下几个方面：

1）自然条件调查

自然条件调查主要包括对气象资料、水文资料、地震、洪水及其他自然灾害情况、地质情况等的调查。

2）施工条件调查

施工条件调查的内容主要包括：工程现场的用地范围、地形、地貌、地物、高程、地上或地下障碍物，现场的三通一平情况；工程现场周围的道路、进出场条件、有无特殊交通限制；工程现场施工临时设施、大型施工机具、材料堆放场地安排的可能性，是否需要二次搬运；工程现场邻近建筑物与招标工程的间距、结构形式、基础埋深、新旧程度、高度；市政给水及污水、雨水排放管线位置、高程、管径、压力、废水污水处理方式，市政、消防供水管道管压力位置等；当地供电方式，方位、距离、电压等，当地煤气供应能力，管线位置、高程等；工程现场通信线路的连接和铺设；当地政府有关部门对施工现场管理的一般要求、特殊要求及规定，是否允许节假日和夜间施工等。

3）其他条件调查

其他条件的调查主要包括各种构件、半成品及商品混凝土的供应能力和价格，以及现场附近的生活设施、治安环境等情况的调查。

（二）询价与工程量复核——询价

询价是投标报价中的一个重要环节。工程投标活动中，投标人不仅要考虑投标报价能否中标，还应考虑中标后所承担的风险。因此，在报价前必须通过各种渠道，采用各种方式对所需人工、材料、施工机具等要素进行系统的调查，掌握各要素的价格、质量、供应时间、供应数量等数据，这个过程称为询价。询价除需要了解生产要素价格外，还应了解影响价格的各种因素，这样才能够为报价提供可靠的依据。询价时要特别注意两个问题：一是产品质量必须可靠，并满足招标文件的有关规定；二是供货方式、时间、地点，有无附加条件和费用。

（三）询价与工程量复核——复核工程量

工程量清单作为招标文件的组成部分，是由招标人提供的。工程量的大小是投标报价最直接的依据。复核工程量的准确程度，将影响承包人的经营行为：一是根据复核后的工程量与招标文件提供的工程量之间的差距，从而考虑相应的投标策略，决定报价方案；二是根据工程量的大小采取合适的施工方法，选择适用、经济的施工机具设备、投入使用相应的劳动力数量等。

根据《建设工程工程量清单计价规范》GB 50500—2013 中"工程量清单缺项"作为 14 个影响合同价款调整的因素之一，是发包人的风险。可以利用工程量错误或项目漏项、图纸中的错误和施工过程中可能发生的工程变更引起的工程量增减等采取必要的报价策略。

二、投标报价编制的原则与依据

（一）投标报价编制的一般规定

（1）投标价应由投标人或受其委托的工程造价咨询人编制。

（2）投标人应依据编制依据的规定自主确定投标报价。

（3）投标报价不得低于工程成本，不得高于最高投标限价。投标报价应当依据工程量清单、工程计价有关规定、企业定额和市场价格信息等编制。

（4）投标人必须按照招标清单填报价格。项目编码、项目名称、项目特征、计量单位、工程量必须与招标工程量清单一致。

（5）投标人的投标报价高于最高投标限价的应予废标。

（二）投标报价编制依据

《建设工程工程量清单计价规范》GB 50500—2013 规定，投标报价应根据下列依据编制与复核：

（1）《建设工程工程量清单计价规范》GB 50500—2013 与专业工程量计算规范。

（2）国家或省级、行业建设主管部门颁发的计价办法。

（3）企业定额，国家或省级、行业建设主管部门颁发的计价依据、标准和办法。

（4）招标文件、工程量清单及其补充通知、答疑纪要。

（5）建设工程设计文件及相关资料。

（6）施工现场情况、工程特点及投标时拟定的施工组织设计或施工方案。

（7）与建设项目相关的标准、规范等技术资料。

（8）市场价格信息或工程造价管理机构发布的工程造价信息。

（9）其他相关资料。

三、投标报价编制方法

（一）分部分项工程清单与计价

确定综合单价：

分部分项工程和措施项目中的单价项目，应根据招标文件和招标工程量清单项目中的特征描述确定综合单价计算。分部分项工程量清单综合单价包括人工、材料、机械、管理费、利润，综合单价还应考虑招标文件中要求投标人承担的风险费用。招标文件中提供了暂估单价的材料，按暂估的单价计入综合单价。

1. 确定综合单价时的注意事项

（1）以项目特征描述为依据。

（2）材料、工程设备暂估价的处理。

（3）考虑合理的风险。综合单价中应包括招标文件中划分的应由投标人承担的风险范围及其费用，招标文件中没有明确的，应提请招标人明确。

2. 综合单价确定的步骤和方法

（1）确定计算基础。计算时采用企业定额，没有企业定额时，可参照与本企业实际水平相近的（国家、地区等）定额，并通过合理的调整来确定清单项目的人材机消耗用量。

（2）根据招标文件提供的工程时清单中的特征描述，结合施工现场情况和拟定的施工方案确定完成各项清单项目应发生的工程内容。

（3）计算工程内容的工程数量与清单单位的含量。

（4）分部分项工程人工、材料、机械费用的计算。

（5）计算综合单价：包括管理费和利润的计算；合理计算相关的风险费用；计算综合单价；编制工程量清单综合单价分析表。

（二）措施项目费清单与计价

（1）措施项目中的单价项目，应根据招标文件和招标工程量清单项目中的特征描述确定综合单价计算。

（2）措施项目中的总价项目金额应根据招标文件及投标时拟定的施工组织设计或施工方案，工程量清单采用综合单价计价自主确定。其中安全文明施工费必须按国家或省级、行业建设主管部门的规定计算，不得作为竞争性费用。

（三）其他项目清单与计价

其他项目费主要由暂列金额、暂估价、计日工以及总承包服务费组成，并应按下列规定报价：

（1）暂列金额应按招标工程量清单中列出的金额填写。

（2）材料、工程设备暂估价应按招标工程量清单中列出的单价计入综合单价。

（3）专业工程暂估价应按招标工程量清单中列出的金额填写。

（4）计日工应按招标工程量清单中列出的项目和数量，自主确定综合单价并计算计日工金额。

（5）总承包服务费应根据招标工程量清单中列出的专业工程暂估价内容和供应材料、设备情况，按照招标人提出协调、配合与服务要求和施工现场管理需要自主确定。

（四）税金项目清单与计价

税金必须按国家或者省级、行业建设主管部门的规定计算，不得作为竞争性费用。

（五）投标报价汇总计算

招标工程量清单与计价表中列明的所有需要填写的单价和合价的项目，投标人均应填写且只允许有一个报价。未填写单价和合价的项目，视为此项费用已包含在已标价工程量清单中其他项目的单价和合价之中。当竣工结算时，此项目不得重新组价予以调整。

投标人的投标总价应当与组成工程量清单的分部分项工程费、措施项目费、其他项目费和税金的合计金额相一致，即投标人在进行工程量清单招标的投标报价时，不能进行投标总价优惠（或降价、让利），投标人对投标报价的任何优惠（或降价、让利）均反映在相应清单项目的综合单价中。

第六节　土建工程合同价款的调整和价款结算

一、合同价款的调整

根据《建设工程工程量清单计价规范》GB 50500—2013 第 2.0.47 条规定：签约合同价（合同价款）是指发承包双方在工程合同中约定的工程造价，即包括分部分项工程费、措施项目费、其他项目费和税金的合同总金额。

对于规定使用工程量清单的工程建设项目，合同的签订要通过招标文件的发放、投标文件的送达、评标确定中标人这几个过程，最终发包人和承包人签订合同。因此签约合同价的形成就要经历招标文件明确最高投标限价、投标人在投标文件中给出投标报价、通过评标确定中标价的过程。发包人和中标人依据中标价确定的合同价款，即形成签约合同价格。

根据《建设工程工程量清单计价规范》GB 50500—2013 第 2.0.50 条规定：合同价款调整是在合同价款调整因素出现后，发承包双方根据合同约定，对合同价款进行变动的提出、计算和确认。

（一）合同价款调整的概念

合同价款往往不是发承包双方的最终价款，在施工阶段由于项目实际情况与招标投标时相比经常发生变化，所以发承包双方在施工合同中应约定合同价款的调整事件、调整方法及调整程序。经发承包双方确认调整的合同价款，作为追加（减）合同价款，应与工程进度款或结算款同期支付。一般来说，下列事项（但不限于）发生，发承包双方应当按照合同约定调整合同价款：

（1）法规变化类，主要包括法律法规变化事件。

（2）工程变更类，主要包括工程变更、项目特征不符、工程量清单缺项、工程量偏差、计日工等事件。

（3）物价变化类，主要包括物价波动、暂估价等事件。

（4）工程索赔类，主要包括不可抗力、提前竣工（赶工补偿）、误期赔偿、索赔等事件。

（5）其他类，主要包括现场签证、暂列金额以及发承包双方约定的其他调整事项，现场签证根据签证内容，有的可归于工程变更类，有的可归于索赔类，有的可能不涉及合同价款调整。

（二）法律法规变化类合同价款调整事项

因国家法律、法规、规章和政策发生变化影响合同价款的风险，发承包双方可以在合同中约定由发包人承担，由于法律法规正常变化导致价格调整的，需要明确基准日期的价格或相关造价指数、结算期的价格或价格指数，以便调整价差。

1. 法律法规政策变化风险的主体根据清单计价规范，法律法规政策类风险影响合同价款调整的，应由发包人承担。

这些风险主要包括：

（1）国家法律、法规、规章和政策发生变化。

（2）省级或行业建设主管部门发布的人工费调整，但承包人对人工费或人工单价的报价高于发布的除外。

（3）由政府定价或政府指导价管理的原材料等价格进行了调整。

2. 基准日期的确定及调整方法

（1）基准日的确定：

为了合理划分发承包双方的合同风险，施工合同中应当约定一个基准日，对于基准日之后发生的，作为一个有经验的承包人在招标投标阶段不可能合理预见的风险，应当由发包人承担。招标工程以投标截止日前 28 天、非招标工程以合同签订前 28 天为基准日，其后因国家的法律、法规、规章和政策发生变化引起工程造价增减变化的，发承包双方应按照省级或行业建设行政管理部门或其授权的工程造价管理机构据此发布的规定调整合同价款。

因承包人原因导致工期延误的，按上述规定的调整时间，在合同工程原定竣工时间之后，合同价款增调的不予调整，合同价款调减的予以调整。

基准日期除了确定调整价格的日期界限外，也是确定基期价格（基准价）和基期价格指数的参照，基准日期和基期价格共同构成调价的基础。

（2）调整方法：

施工合同履行期间，国家颁布的法律、法规、规章和有关政策在合同工程基准日之后发生变化，且因执行相应的法律、法规、规章和政策引起工程造价发生增减变化的，合同双方当事人应当依据法律、法规、规章和有关政策的规定调整合同价款。

但是，也要注意如果由于承包人的原因导致的工期延误，在工程延误期间国家法律、行政法规和相关政策发生变化引起工程造价变化，造成合同价款增加的，合同价款不予调整；造成合同价款减少的，合同价款予以调整。

（三）工程变更类合同价款调整事项

1. 工程变更

（1）因工程变更引起已标价工程量清单项目或其工程数量发生变化时，应按照下列规定调整：

1）已标价工程量清单中有适用于变更工程项目的，应采用该项目的单价；但当工程变更导致项目的工程数量发生变化，且工程量偏差超过15%时，该项目单价应按照工程量偏差的规定调整。

2）已标价工程量清单中没有适用但有类似于变更工程项目的，可在合理范围内参照类似项目的单价。

3）已标价工程量清单中没有适用也没有类似于变更工程项目的，应由承包人根据变更工程资料、计量规则和计价办法、工程造价管理机构发布的信息价格和承包人报价浮动率提出变更工程项目的单价，并应报发包人确认后调整。承包人报价浮动率可按以下公式计算：

招标工程：承包人报价浮动率 $L=（1-$ 中标价／最高投标限价）$\times 100\%$

非招标工程：承包人报价浮动率 $L=（1-$ 报价／施工图预算）$\times 100\%$

4）已标价工程量清单中没有适用也没有类似于变更工程项目，且工程造价管理机构发布的信息价格缺价的，应由承包人根据变更工程资料、计量规则、计价办法和通过市场调查等取得有合法依据的市场价格提出变更工程项目的单价，并应报发包人确认后调整。

（2）工程变更引起施工方案改变并使措施项目发生变化时，承包人提出调整措施项目费的，应事先将拟实施的方案提交发包人确认，并应详细说明与原方案措施项目相比的变化情况。拟实施的方案经发承包双方确认后执行，并应按照下列规定调整措施项目费：

1）安全文明施工费应按照实际发生变化的措施项目调整，不得浮动。

2）采用单价计算的措施项目费，应按照实际发生变化的措施项目，按工程变更的规定确定单价。

3）按总价（或系数）计算的措施项目费，按照实际发生变化的措施项目调整，但应考虑承包人报价浮动因素，即调整金额按照实际调整金额乘以工程变更规定的承包人报价浮动率计算。

如果承包人未事先将拟实施的方案提交给发包人确认，则应视为工程变更不引起措施项目费的调整或承包人放弃调整措施项目费的权利。

（3）当发包人提出的工程变更因非承包人原因删减了合同中的某项原定工作或工程，

致使承包人发生的费用或（和）得到的收益不能被包括在其他已支付或应支付的项目中，也未被包含在任何替代的工作或工程中时，承包人有权提出并应得到合理的费用及利润补偿。

2. 项目特征不符

（1）发包人在招标工程量清单中对项目特征的描述，应被认为是准确的和全面的，并且与实际施工要求相符合。承包人应按照发包人提供的招标工程量清单，根据项目特征描述的内容及有关要求实施合同工程，直到项目被改变为止。

（2）承包人应按照发包人提供的设计图纸实施合同工程，若在合同履行期间出现设计图纸（含设计变更）与招标工程量清单任一项目的特征描述不符，且该变化引起该项目工程造价增减变化的，应按照实际施工的项目特征，重新确定相应工程量清单项目的综合单价，并调整合同价款。

3. 工程量清单缺项

（1）合同履行期间，由于招标工程量清单中缺项，新增分部分项工程清单项目的，应按照工程变更事件中关于分部分项工程费的调整方法，调整合同价款。

（2）新增分部分项工程清单项目后，引起措施项目发生变化的，应按照工程变更事件中关于措施费的调整方法，在承包人提交的实施方案被发包人批准后调整合同价款。

（3）由于招标工程量清单中措施项目缺项，承包人应将新增措施项目实施方案提交发包人批准后，按照工程变更事件中的规定调整合同价款。

4. 工程量偏差

（1）合同履行期间，当应予计算的实际工程量与招标工程量清单出现偏差，且符合下面（2）（3）两条规定时，发承包双方应调整合同价款：

（2）对于任一招标工程量清单项目，当因本节规定的工程量偏差和规定的工程变更等原因导致工程量偏差超过15%时，可进行调整。当工程量增加15%以上时，增加部分的工程量的综合单价应予调低；当工程量减少15%以上时，减少后剩余部分的工程量的综合单价应予调高。

具体的调整方法，可参见以下公式：

1）当 $Q_1 > 1.15Q_0$ 时：

$$S=1.15Q_0 \times P_0 + (Q_1-1.15Q_0) \times P_1$$

2）当 $Q_1 < 0.85Q_0$ 时：

$$S=Q_1 \times P_1$$

式中 S——调整后的某一分部分项工程费结算价；

Q_1——最终完成的工程量；

Q_0——招标工程量清单中列出的工程量；

P_1——按照最终完成工程量重新调整后的综合单价；

P_0——承包人在工程量清单中填报的综合单价。

新综合单价 P_1 的确定方法。新综合单价 P_1 的确定，一是发承包双方协商确定，二是与最高投标限价相联系。当工程量偏差项目出现承包人在工程量清单中填报的综合单价与发包人最高投标限价相应清单项目的综合单价偏差超过15%时，工程量偏差项目综合单价的调整可参考以下公式：

① 当 $P_0 < P_2 \times (1-L) \times (1-15\%)$ 时，该类项目的综合单价：

P_1 按照 $P_2 \times (1-L) \times (1-15\%)$ 调整。

② 当 $P_0 > P_1 \times (1+15\%)$ 时，该类项目的综合单价：

P_1 按照 $P_2 \times (1+15\%)$ 调整。

③ $P_0 > P_2 \times (1-L) \times (1-15\%)$ 且 $P_0 < P_2 \times (1+15\%)$ 时，可不调整。

式中　P_0——承包人在工程量清单中填报的综合单价；

　　　　P_2——发包人最高投标限价相应项目的综合单价；

　　　　L——承包人报价浮动率。

【例 3.6-1】某土方工程招标，招标文件中工程量清单数量为 200000m³，施工中由于设计变更，土方工程量调增为 250000m³，该项目最高投标限价综合单价为 15 元 /m³，合同中约定为 18 元 /m³，则土方工程结算款为多少万元？

解：250000/200000=125%，工程量增加超过 15%，需对单价做调整。

$P_2 \times (1+15\%) = 15 \times (1+15\%) = 17.25$ 元 /m³ < 18 元 /m³。

该项目综合单价按照 $P_2 \times (1+15\%)$ 调整，即该项目变更后的综合单价应调整为 17.25 元 /m³。

该项目的结算价格为：

$$S = 200000 \times (1+15\%) \times 18 + (250000 - 200000 \times 1.15) \times 17.25$$
$$= 448.5（万元）。$$

（3）当工程量出现上述 2）中的变化，且该变化引起相关措施项目相应发生变化时，按系数或单一总价方式计价的，工程量增加的措施项目费调增，工程量减少的措施项目费调减。如未引起相关措施项目发生变化，则不予调整措施项目费。

5. 计日工

（1）发包人通知承包人以计日工方式实施的零星工作，承包人应予执行。

（2）采用计日工的任何一项工作，在该项变更的实施过程中，承包人应按合同约定提交下列报表和有关凭证送发包人复核：

1）工作名称、内容和数量；

2）工作所有人员的姓名、工种、级别和耗用工时；

3）投入该工作的材料名称、类别和数量；

4）投入该工作的施工设备型号、台数和耗用台时；

5）发包人要求提交的其他资料和凭证。

（3）任一计日工项目持续进行时，承包人应在该项工作实施结束后的 24 小时内向发包人提交有计日工记录汇总的现场签证报告一式三份。发包人在收到承包人提交现场签证报告后的 2 天内予以确认并将其中一份返还给承包人，作为计日工计价和支付的依据。发包人逾期未确认也未提出修改意见的，应视为承包人提交的现场签证报告已被发包人认可。

（4）任一计日工项目实施结束后，承包人应按照确认的计日工现场签证报告核实该类项目的工程数量，并应根据核实的工程数量和承包人已标价工程量清单中的计日工单价计算，提出应付价款；已标价工程量清单中没有该类计日工单价的，由发承包双方按工程变更时间中的规定商定计日工单价计算。

（5）每个支付期末，承包人应与进度款同期向发包人提交本期间所有计日工记录的签证汇总表，并应说明本期间自己认为有权得到的计日工金额，调整合同价款，列入进度款支付。

（四）物价变化类合同价款调整事项

1. 物价波动

人工、材料、施工机械价款调整的工程使用数量原则上按工程项目的施工进度，以承包人完成合同工程应予计量的工程量，并按中标价格组成明细中人工、材料、施工机械的单位、数量汇总后报发包人审核。合同履行期间，因人工、材料、工程设备、机械台班价格波动影响合同价款时，应根据合同约定，调整合同价款。合同没有约定或约定不明确的，可结合工程实际情况，协商订立补充合同；或以投标价或合同约定的价格月份对应造价管理机构发布的价格为基准进行调整。

（1）按照《建设工程工程量清单计价规范》GB 50500—2013采用价格指数调整价格差额。

1）价格调整公式。因人工、材料和工程设备、施工机械台班等价格波动影响合同价格时，根据投标函附录中的价格指数和权重表约定的数据，并由投标人在投标函附录中的价格指数和权重表约定的数据，应按以下公式计算差额并调整合同价款：

$$\Delta P = P_0 \left[A + \left(B_1 \times \frac{F_{t1}}{F_{01}} + B_2 \times \frac{F_{t2}}{F_{02}} + B_3 \times \frac{F_{t3}}{F_{03}} + \cdots + B_n \times \frac{F_{tn}}{F_{0n}} - 1 \right) \right]$$

式中　　　　　　　ΔP——需调整的价格差额；

P_0——约定的付款证书中承包人应得到的已完成工程量金额，此项金额应不包括价格调整、不计质量保证金的扣留和支付、预付款的支付和扣回；约定的变更及其他金额已按现行价格计价的，也不计在内；

A——定值权重（即不调部分的权重）；

B_1、B_2、B_3、$\cdots$、B_n——各可调因子的变值权重（即可调部分的权重），为各可调因子在投标函投标总报价中所占的比例；

F_{t1}、F_{t2}、F_{t3}、$\cdots$、F_{tn}——各可调因子的现行价格指数，指约定的付款证书相关周期最后一天的前42天的各可调因子的价格指数；

F_{01}、F_{02}、F_{03}、$\cdots$、F_{0n}——各可调因子的基本价格指数，指基准日期的各可调因子的价格指数。

以上价格调整公式中的各可调因子、定值和变值权重，以及基本价格指数及其来源在投标函附录价格指数和权重表中约定。价格指数应首先采用工程造价管理机构提供的价格指数，缺乏上述价格指数时，可采用工程造价管理机构提供的价格代替。

2）暂时确定调整差额。在计算调整差额时得不到现行价格指数的，可暂用上一次价格指数计算，并在以后的付款中再按实际价格指数进行调整。

3）权重的调整。约定的变更导致原定合同中的权重不合理时，由承包人和发包人协商后进行调整。

4）发生合同工程工期延误的，应按照下列规定确定合同履行期的价格调整：

①因非承包人原因导致工期延误的，计划进度日期后续工程的价格，应采用计划进度日期与实际进度日期两者的较高者。

②因承包人原因导致工期延误的，计划进度日期后续工程的价格，应采用计划进度日期与实际进度日期两者的较低者。

【例 3.6-2】上海市城区道路扩建项目进行施工招标，投标截止日期为 2020 年 8 月 1 日。通过评标确定中标人后，签订的施工合同总价为 80000 万元，工程于 2020 年 9 月 20 日开工。施工合同中约定：①预付款为合同总价的 5%，分 10 次按相同比例从每月应支付的工程进度款中扣还。②工程进度款按月支付，进度款金额包括：当月完成的清单子目的合同价款；当月确认的变更、索赔金额；当月价格调整金额；扣除合同约定应当抵扣的预付款和扣留的质量保证金。③质量保证金从月进度付款进度款中按 3% 扣留，最高扣至合同总价的 3%。④工程价款结算时人工单价、钢材、水泥、沥青、砂石料以及机具使用费采用价格指数法给承包人以调价补偿，各项权重系数及价格指数如表 3.6-1 所列。根据表 3.6-2 所列工程前 4 个月的完成情况，计算 11 月份应当实际支付给承包人的工程款数额。

工程调价因子权重系数及造价指数 表 3.6-1

	人工	钢材	水泥	沥青	砂石料	机具使用费	定值部分
权重系数	0.12	0.10	0.08	0.15	0.12	0.10	0.33
2020 年 7 月指数	91.7 元 / 日	78.95	106.97	99.92	114.57	115.18	—
2020 年 8 月指数	91.7 元 / 日	82.44	106.80	99.13	114.26	115.39	—
2020 年 9 月指数	91.7 元 / 日	86.53	108.11	99.09	114.03	115.41	—
2020 年 10 月指数	95.96 元 / 日	85.84	106.88	99.38	113.01	114.94	—
2020 年 11 月指数	95.96 元 / 日	86.75	107.27	99.66	116.08	114.91	—
2020 年 12 月指数	101.47 元 / 日	87.80	128.37	99.85	126.26	116.41	—

2020 年 9～12 月工程完成情况（单位：万元） 表 3.6-2

	9 月份	10 月份	11 月份	12 月份
截至当月完成的清单子目价款	1200	3510	6950	9840
当月确认的变更金额（调价前）	0	60	−110	100
当月确认的索赔金额（调价前）	0	10	30	50

解：（1）计算 11 月份完成的清单子目的合同价款：6950−3510=3440（万元）。

（2）计算 11 月份的价格调整金额：

说明：①由于当月的变更和索赔金额不是按照现行价格计算的，所以应当计算在调价基数内。②投标截止日期 2020 年 8 月 1 日，所以应当选取 7 月份的价格指数作为各可调因子的基本价格指数。③人工费缺少价格指数，可以用相应的人工单价代替。

$$价格调整金额 = (3440-110+30)\times\left[\left(0.33+0.12\times\frac{95.96}{91.7}+0.10\times\frac{86.75}{78.95}+0.08\times\frac{107.27}{106.97}+\right.\right.$$

$$\left.\left.0.15\times\frac{99.66}{99.92}+0.12\times\frac{116.08}{114.57}+0.10\times\frac{114.91}{115.18}\right)-1\right]=3360\times[(0.33+0.1256+0.1099+0.0802+$$

$$0.1496+0.1216+0.0998)-1]=3360\times0.0167=56.11（万元）。$$

（3）计算 11 月份应当实际支付的金额：

1）11 月份应扣预付款：80000×5%÷10=400（万元）。

2）11 月份应扣质量保证金：（3440−110+30+56.11）×3%=102.48（万元）。

3）11月份应当实际支付的进度款金额 = （3440-110+30+56.11-400-102.48）=2913.63（万元）。

（2）按照《建设工程工程量清单计价规范》GB 50500—2013 采用造价信息调整价格差额。

1）施工期内，因人工、材料和工程设备、施工机械台班价格波动影响合同价格时，人工、机械使用费按照国家或省、自治区、直辖市建设行政管理部门、行业建设管理部门或其授权的工程造价管理机构发布的人工成本信息、机械台班单价或机械使用费系数进行调整；需要进行价格调整的材料，其单价和采购数应由发包人复核，发包人确认需调整的材料单价及数量，作为调整合同价款差额的依据。

2）人工单价发生变化，发承包双方应按省级或行业建设主管部门或其授权的工程造价管理机构发布的人工成本文件调整合同价款。

3）材料、工程设备价格变化按照承包人提供主要材料和工程设备一览表，由发承包双方约定的风险范围按下列规定调整合同价款：

① 承包人投标报价中材料单价低于基准单价：施工期间材料单价涨幅以基准单价为基础超过合同约定的风险幅度值，或材料单价跌幅以投标报价为基础超过合同约定的风险幅度值时，其超过部分按实调整。

② 承包人投标报价中材料单价高于基准单价：施工期间材料单价跌幅以基准单价为基础超过合同约定的风险幅度值，或材料单价涨幅以投标报价为基础超过合同约定的风险幅度值时，其超过部分按实调整。

③ 承包人投标报价中材料单价等于基准单价：施工期间材料单价涨、跌幅以基准单价为基础超过合同约定的风险幅度值时，其超过部分按实调整。

④ 承包人应在采购材料前将采购数量和新的材料单价报送发包人核对，确认用于本合同工程发包人应确认采购材料的数量和单价。发包人在收到承包人报送的确认资料后3个工作日不予答复视为已经认可，作为调整合同价款的依据。如果承包人未报经发包人核对即自行采购材料，再报发包人确认调整合同价款的，如发包人不同意，则不作调整。

4）施工机械台班单价或施工机械使用费发生变化超过省级或行业建设主管部门或其授权的工造价管理机构规定的范围时，按其规定调整合同价款。

【例 3.6-3】施工合同中约定，承包人承担的钢筋价格风险幅度为 ±5%，超出部分依据《建设工程工程量清单计价规范》GB 50500—2013 造价信息法调差。已知投标人投标价格、基准期发布价格分别为 5600 元 /t、5410 元 /t，2021 年 10 月、2022 年 7 月的造价信息发布价分别为 6300 元 /t、4590 元 /t。则这两个月钢筋的实际结算价格分别应为多少？

解：投标人投标价格、基准期发布价格分别为 5600 元 /t、5410 元 /t，故承包人投标报价中的材料单价低于基准单价。

（1）2021 年 10 月信息价上涨，应以较高的投标价格为基础计算合同约定的风险幅度值。

5600×（1+5%）=5880（元 /t）。

因此钢筋每吨应上涨价格 =6300-5880=420（元 /t）。

2021 年 10 月实际结算价格 =5600+420=6020（元 /t）。

（2）2022 年 7 月信息价下降，应以较低的基准价为基础计算合同约定的风险幅度值。

5410×（1–5%）=5139.5（元 /t）。

因此钢筋每吨应下浮价格 =5139.5–4590=549.5（元 /t）。

2022 年 7 月实际结算价格 =5600–549.5=5050.5（元 /t）。

（3）按照上海市建筑建材业市场管理总站《关于进一步加强建设工程人材机市场价格波动风险防控的指导意见》（沪建市管［2021］36 号）（2021 年 11 月 1 日起执行）调整合同价款：

发承包双方可约定采用市场信息调整价格差额法或价格指数调整价格差额法进行价差调整。

采用市场信息调整价格差额法的，招标人应当在招标文件中明确投标报价的基准期。发承包双方应在施工合同中明确约定基准价格和风险幅度。基准价格和风险幅度可依据基准期上海市造价管理部门或双方共同认可的第三方机构发布的工程造价信息价及波动幅度确定。上海市造价管理部门未发布的，以发承包双方共同确认的市场价格为依据确定。价差调整可采用以下公式：

当 $|F_{st}/F_{so}-11>|A_s|$ 时，

$$F_{sa}=F_{sb}×[(F_{st}-F_{so})/F_{so}-A_s]$$

式中　F_{st}——人工、材料、施工机械在约定的"施工期"（或"计量周期"）内，市场信息价的算术平均值或加权平均值（合同中约定）；

F_{so}——人工、材料、施工机械在合同中约定的基准价格；As 为人工、材料、施工机械的约定风险幅度；

F_{sa}——人工、材料、施工机械在约定的"施工期"（或"计量周期"）结算价差；

F_{sb}——人工、材料、施工机械在投标后的中标价格。

采用价格指数调整价格差额法的，按照《建设工程工程量清单计价规范》GB 50500—2013 附录 A.1 的方法实施。

发承包双方在合同工程实施过程中已经确认的工程计量的结果和合同价款调整在竣工结算办理中应进入结算。

人工、材料、施工机械价格调整后的差额只计取税金。

已签订工程施工合同但尚未结算的工程项目，参照以下指导意见，双方协商签订补充协议。

1）合同对风险范围和幅度有约定的，按合同约定执行。市场价格出现异常波动情形由双方协商签订补充协议，并填写《主要人工、材料、施工机械调价一览表》，按补充协议执行。

2）合同对风险范围和幅度没有约定或约定不明的，由发承包双方协商合理分担风险，并签订补充协议。基准价格和风险幅度可依据基准期上海市造价管理部门或双方共同认可的第三方机构发布的工程造价信息价及波动幅度确定。风险幅度可参考以下风险幅度：人工价格的变化幅度原则上超出 ±3%（不含 3%，下同），主要材料价格的变化幅度原则上超出 ±5%，除上述以外所涉及的其他主要材料、施工机械价格的变化原则上超出 ±8%。

3）合同约定采用固定价格包干，对市场价格波动不作调整的，当人工、材料、施工机械等要素价格变化构成《中华人民共和国民法典》第五百三十三条规定的情势变更时，双方根据相关规定和实际情况本着诚信、公平的原则，协商签订补充协议，合理分担风险。

4）发承包双方可就需要调价的人工、材料、施工机械进行协商，并填写《主要人工、材料、施工机械调价一览表》。主要材料可参考以下内容，并根据项目实际情况增减：钢材（包括钢筋、钢板、型钢、镀锌钢板、镀锌钢管、焊接钢管、无缝钢管等）、水泥及预拌混凝土、混凝土预制构件、沥青混凝土、电缆、铜材、铝材、幕墙玻璃等价格占施工合同比例较大的材料。施工机械可参考住房和城乡建设部《建设工程施工机械台班费用编制规则》划分的大型施工机械，并根据项目实际情况增减。

2．暂估价

（1）发包人在招标工程量清单中给定暂估价的材料、工程设备属于依法必须招标的，应由发承包双方以招标的方式选择供应商，确定价格，并应以此为依据取代暂估价，调整合同价款。

（2）发包人在招标工程量清单中给定暂估价的材料、工程设备不属于依法必须招标的，应由承包人按照合同约定采购，经发包人确认单价后取代暂估价，调整合同价款。

（3）发包人在工程量清单中给定暂估价的专业工程不属于依法必须招标的，应按照相应条款的规定确定专业工程价款，并应以此为依据取代专业工程暂估价，调整合同价款。

（4）发包人在招标工程量清单中给定暂估价的专业工程，依法必须招标的，应当由发承包双方法组织招标选择专业分包人，并接受有管辖权的建设工程招标投标管理机构的监督，还应符合下要求：

1）除合同另有约定外，承包人不参加投标的专业工程发包招标，应由承包人作为招标人，但拟定的招标文件、评标工作、评标结果应报送发包人批准。与组织招标工作有关的费用应当被认为已经包括在承包人的签约合同价（投标总报价）中。

2）承包人参加投标的专业工程发包招标，应由发包人作为招标人，与组织招标工作有关的费用由发包人承担。同等条件下，应优先选择承包人中标。

3）应以专业工程发包中标价为依据取代专业工程暂估价，调整合同价款。

（五）工程索赔类合同价款调整事项

1．不可抗力

（1）因不可抗力事件导致的人员伤亡、财产损失及其费用增加，发承包双方应按下列原则分别承担并调整合同价款和工期：

1）合同工程本身的损害、因工程损害导致第三方人员伤亡和财产损失以及运至施工场地用于施工的材料和待安装的设备的损害，应由发包人承担；

2）发包人、承包人人员伤亡应由其所在单位负责，并应承担相应费用；

3）承包人的施工机械设备损坏及停工损失，应由承包人承担；

4）停工期间，承包人应发包人要求留在施工场地的必要的管理人员及保卫人员的费用应由发包人承担；

5）工程所需清理、修复费用，应由发包人承担。

（2）不可抗力解除后复工的，若不能按期竣工，应合理延长工期。发包人要求赶工的，赶工费用应由发包人承担。

（3）因不可抗力解除合同的，应按以下规定办理：

由于不可抗力致使合同无法履行解除合同的，发包人应向承包人支付合同解除之日前已完成工程但尚未支付的合同价款，此外，还应支付下列金额：

1）招标人应依据相关工程的工期定额合理计算工期，压缩的工期天数不得超过定额工期的20%，超过者，应在招标文件中明示增加赶工费用。

2）已实施或部分实施的措施项目应付价款。

3）承包人为合同工程合理订购且已交付的材料和工程设备货款。

4）承包人撤离现场所需的合理费用，包括员工遣送费和临时工程拆除、施工设备运离现场的费用。

5）承包人为完成合同工程而预期开支的任何合理费用，且该项费用未包括在本款其他各项支付之内。

发承包双方办理结算合同价款时，应扣除合同解除之日前发包人应向承包人收回的价款。当发包人应扣除的金额超过应支付的金额，承包人应在合同解除后的56天内将其差额退还给发包人。

2．提前竣工（赶工补偿）

（1）招标人应依据相关工程的工期定额合理计算工期，压缩的工期天数不得超过定额工期的20%，超过者，应在招标文件中明示增加赶工费用。

（2）发包人要求合同工程提前竣工的，应征得承包人同意后与承包人商定采取加快工程进度的措施，并应修订合同工程进度计划。发包人应承担承包人由此增加的提前竣工（赶工补偿）费用。

（3）发承包双方应在合同中约定提前竣工每日历天应补偿额度，此项费用应作为增加合同价款列入竣工结算文件中，应与结算款一并支付。

3．误期赔偿

（1）承包人未按照合同约定施工，导致实际进度迟于计划进度的，承包人应加快进度，实现合同工期。合同工程发生误期，承包人应赔偿发包人由此造成的损失，并按照合同约定向发包人支付误期赔偿费。即使承包人支付误期赔偿费，也不能免除承包人按照合同约定应承担的任何责任和应履行的任何义务。

（2）发承包双方应在合同中约定误期赔偿费，并应明确每日历天应赔额度。误期赔偿费应列入竣工结算文件中，并应在结算款中扣除。

（3）在工程竣工之前，合同工程内的某单项（位）工程已通过竣工验收，且该单项（位）工程接收证书中表明的竣工日期并未延误，而是合同工程的其他部分产生了工期延误时，误期赔偿费应按照已颁工程接收证书的单项（位）工程造价占合同价款的比例幅度予以扣减。

4．索赔

（1）签证与索赔的关系：签证是确认施工现场发生的事实，作为固定证据，为索赔成功奠定基础；签证是主张权利的证据，索赔是主张权利的行为。若与发包人达成一致，签证成功，则可不进入索赔程序，若双方无法达成一致，有效的签证单可以成为索赔证据的一部分。

（2）当合同一方向另一方提出索赔时，应有正当的索赔理由和有效证据，并应符合合同的相关约定。

（3）根据合同约定，承包人认为非承包人原因发生的事件造成了承包人的损失，应按下列程序向发包人提出索赔：

1）承包人应在知道或应当知道索赔事件发生后 28 天内，向发包人提交索赔意向通知书，说明发生索赔事件的事由。承包人逾期未发出索赔意向通知书的，丧失索赔的权利。

2）承包人应在发出索赔意向通知书后 28 天内，向发包人正式提交索赔通知书。索赔通知书应详细说明索赔理由和要求，并应附必要的记录和证明材料。

3）索赔事件具有连续影响的，承包人应继续提交延续索赔通知，说明连续影响的实际情况和记录。

4）在索赔事件影响结束后的 28 天内，承包人应向发包人提交最终索赔通知书，说明最终索赔要求，并应附必要的记录和证明材料。

（4）承包人索赔应按下列程序处理：

1）发包人收到承包人的索赔通知书后，应及时查验承包人的记录和证明材料。

2）发包人应在收到索赔通知书或有关索赔的进一步证明材料后的 28 天内，将索赔处理结果答复承包人，如果发包人逾期未作出答复，视为承包人索赔要求已被发包人认可。

3）承包人接受索赔处理结果的，索赔款项应作为增加合同价款，在当期进度款中进行支付；承包人不接受索赔处理结果的，应按合同约定的争议解决方式办理。

（5）承包人要求赔偿时，可以选择下列一项或几项方式获得赔偿：

1）延长工期。

2）要求发包人支付实际发生的额外费用。

3）要求发包人支付合理的预期利润。

4）要求发包人按合同的约定支付违约金。

（6）当承包人的费用索赔与工期索赔要求相关联时，发包人在作出费用索赔的批准决定时，应结合工程延期，综合作出费用赔偿和工程延期的决定。

（7）发承包双方在按合同约定办理竣工结算后，应被认为承包人已无权再提出竣工结算前所发生的任何索赔。承包人在提交的最终结清申请中，只限于提出竣工结算后的索赔，提出索赔的期限自发承包双方最终结清时终止。

（8）根据合同约定，发包人认为由于承包人的原因造成发包人的损失，应参照承包人索赔的程序进行索赔。

（9）发包人要求赔偿时，可以选择以下一项或几项方式获得赔偿：

1）延长质量缺陷修复期限。

2）要求承包人支付实际发生的额外费用。

3）要求承包人按合同的约定支付违约金。

（10）承包人应付给发包人的索赔金额可从拟支付给承包人的合同价款中扣除，或由承包人以其他方式支付给发包人。

5．现场签证

（1）承包人应发包人要求完成合同以外的零星项目、承包人责任等工作的，发包人应及时以书面形式向承包人发出指令，并应提供所需的相关资料；承包人在收到指令后，应及时向发包人提出现场签证要求。

（2）承包人应在收到发包人指令后的 7 天内向发包人提交现场签证报告，发包人应在收到现场签证报告后的 48 小时内对报告内容进行核实，予以确认或提出修改意见。发包人在收到承包人现场签证报告后的 48 小时内未确认也未提出修改意见的，应视为承包人提交的现场签证报告已被发包人认可。

（3）现场签证的工作如有相应的计日工单价，现场签证中应列明完成该类项目所需的人工、材料、工程设备和施工机械台班的数量。如现场签证的工作没有相应的计日工单价，应在现场签证报告中列明完成该签证工作所需的人工、材料设备和施工机械台班的数量及单价。

（4）合同工程发生现场签证事项，未经发包人签证确认，承包人便擅自施工的，除非征得发包人的同意，否则发生的费用应由承包人承担。

（5）现场签证工作完成后的 7 天内，承包人应按照现场签证内容计算价款，报送发包人确认后，作为增加合同价款，与进度款同期支付。

（6）在施工过程中，当发现合同工程内容因场地条件、地质水文条件、发包人要求等不一致时，承包人应提供所需的相关资料，并提交发包人签证认可，作为合同价款调整的依据。

6. 暂列金额

（1）已签约合同价中的暂列金额应由发包人掌握使用。

（2）发包人按照规定支付后，暂列金额余额应归发包人所有。

（六）索赔费用的计算

索赔的费用计算应以赔偿实际损失为原则，包括直接损失和间接损失。索赔费用的计算方法最容易被发承包双方接受的是实际费用法。

实际费用法又称分项法，即根据索赔事件造成的损失或成本增加，按费用项目逐项进行分析，按合同约定的计价原则计算索赔金额的方法。这种方法比较复杂，但能客观地反映施工单位的实际损失，比较合理，易被当事人接受，在国际工程中被广泛采用。

由于索赔费用组成的多样化、不同原因引起的索赔，承包人可索赔的具体费用内容有所不同，必须具体问题具体分析，由于实际费用依据的是实际发生的成本记录或单据，因此在施工过程中，系统而准确地积累记录资料是非常重要的。

针对市场价格波动引起的费用索赔，常见的有两种计算方式：

第 1 种方式：采用价格指数进行计算。

第 2 种方式：采用造价信息进行价格调整。

【例 3.6-4】某施工合同约定，施工现场主导施工机械一台，由施工企业租赁，台班单价为 300 元/台班，租赁费为 100 元/台班，人工工资为 50 元/工日，窝工补贴为 10 元/工日，以人工费为基数的综合费费率为 35%。在施工过程中，发生了如下事件：①出现异常恶劣天气导致工程停工 2 天，人员窝工 30 个工日；②因恶劣天气导致场外道路中断，抢修道路用工 20 个工日；③场外大面积停电，停工 3 天，人员窝工 10 个工日。因此，施工企业可向业主索赔多少费用？

解：各事件处理结果如下。

（1）异常恶劣天气导致停工通常不能进行费用索赔。

（2）抢修道路用工的索赔额 =20×50×（1+35%）=1350（元）。

（3）停电导致的索赔额 =3×100+10×10=400（元）。

（4）总索赔费用 =1350+400=1750（元）。

【例 3.6-5】背景：某建设项目，业主将其中一个单项工程按照国家标准清单计价方式招标确定了中标单位，双方签订了施工合同，工期为 6 个月，每个月分部分项工程项目和单价措施项目费用详见表 3.6-3。

分部分项项目和单价措施项目费用表   表 3.6-3

费用名称	月份						合计
	1	2	3	4	5	6	
分部分项工程项目费用（万元）	30	30	30	50	36	40	200
单价措施项目费用（万元）	1	0	2	3	1	1	8

总价措施项目费用为 12 万元（其中安全文明施工费用 6.6 万元），其他项目费用包括暂列金额 10 万元，业主拟分包的专业工程暂估价为 28 万元，总承包服务费按 5% 计算；增值税率为 9%。

施工合同中有关工程款结算与支付的约定如下：

（1）开工前，业主向承包商支付预付款，包括扣除暂列金额和安全文明施工费用后的签约合同价的 20% 以及安全文明施工费用的 60%，预付款在合同期的后 3 个月从应付工程款中平均扣回。

（2）开工后，安全文明施工费用的 40% 随工程进度款在第 1 个月支付，其余总价措施费用在开工后的前 4 个月随工程进度款平均支付。

（3）工程进度款按月结算，业主按承包商应得工程进度款的 90% 支付。

（4）其他项目费用按实际发生额与当月发生的其他工程款同期结算支付。

（5）当分部分项工程工程量增加（或减少）幅度超过 15% 时，应调整相应的综合单价，调价系数为 0.9（或 1.1）。

（6）施工期间材料价格上涨幅度在超过基期价格 5% 及以内的费用由承包商承担，超过 5% 以上的部分由业主承担。

（7）工程竣工结算时扣留 3% 的工程质量保证金，其余工程款一次性结清。

施工期间，经监理人核实及业主确认的有关事项如下：

（1）第 3 个月发生合同外零星工作，现场签证费用 4 万元（含管理费和利润），某分项工程因设计变更增加工程量 20%（原清单工程量 400m²，综合单价 180 元 /m²），增加相应的单价措施费用 1 万元，对工期无影响。

（2）第 4 个月业主的专业分包工程完成，实际费用 22 万元，另有某分项工程的某种材料价格比基期价格上涨 12%（原清单中，该材料数量 300m²，材料价格 200 元 /m²）。

问题：

（1）该单项工程签约合同价为多少万元？业主在开工前应支付给承包商的预付款为多少万元？开工后第 1 个月应支付的安全文明施工费工程款为多少万元？

（2）第 3 个月承包商应得工程款为多少万元？业主应支付给承包商的工程款为多少万元？

（3）第 4 个月承包商应得工程款为多少万元？业主应支付给承包商的工程款为多少万元？

（4）假设该单项工程实际总造价比签约合同价增加 10 万元，在竣工结算时业主应支付承包商的工程结算款应为多少万元？

（计算结果有小数的保留 3 位小数）

参考答案：

答案 1：

（1）签约合同价 =［200+12+8+10+28（1+5%）］×（1+9%）=282.746（万元）；

（2）材料预付款 =［282.746-（10+6.6）×（1+9%）]× 20%=52.930（万元）；

安全文明施工费预付款 =6.6 ×（1+9%）×60%=4.316（万元）；

预付款合计 =52.930+4.316=57.246（万元）。

（3）第 1 个月支付的安全文明施工费 =6.6 ×（1+9%）×40%× 90%=2.590（万元）。

答案 2：

（1）分部分项工程费用 =30 万元；

措施项目费用 = 单价措施 + 其他总价措施 =2+（12-6.6）/4=3.35（万元）；

现场签证 =4 万元；

设计变更增加费 =［400×15%×180+400×（20%-15%）×180×0.9］/10000+1= 2.404（万元）；

第 3 个月承包商应得工程款 =［30+3.35+4+2.404］×（1+9%）=43.332（万元）。

（2）第 3 个月业主应支付的工程款 =43.332×90%=38.999（万元）。

答案 3：

（1）分部分项工程费用 =50 万元；

措施项目费用 =3+（12-6.6）/4=4.35（万元）；

专业分包费 =22 万元；

总承包服务费 =22×5%=1.1（万元）；

材料调值 =300×200×（12%-5%）/10000=0.42（万元）；

第 4 个月承包商应得工程款 =（50+4.35+22+1.1+0.42）×（1+9%）=84.878（万元）；

（2）业主应支付的工程款 =84.878×90%-52.930/3=58.747（万元）。

答案 4：

实际造价 =282.746+10=292.746（万元）；

应支付给承包商的工程结算款 =292.746×（1-90%）-315.340×3%=20.492（万元）。

二、合同价款的预付款

（一）预付款支付

（1）承包人应将预付款专用于合同工程。

（2）包工包料工程的预付款的支付比例不得低于签约合同价（扣除暂列金额）的 10%，不宜高于签约合同价（扣除暂列金额）的 30%。

（3）承包人应在签订合同或向发包人提供与预付款等额的预付款保函后向发包人提交预付款支付申请。

（4）发包人应在收到支付申请的 7 天内进行核实，向承包人发出预付款支付证书，并在签发支付证书后的 7 天内向承包人支付预付款。

（5）发包人没有按合同约定按时支付预付款的，承包人可催告发包人支付；发包人在预付款期满后的 7 天内仍未支付的，承包人可在付款期满后的第 8 天起暂停施工。发包人应承担由此增加的费用和延误的工期，并应向承包人支付合理利润。

（6）预付款应从每一个支付期应支付给承包人的工程进度款中扣回，直到扣回的金额达到合同约定的预付款金额为止。

（7）承包人的预付款保函的担保金额根据预付款扣回的数额相应递减，但在预付款全部扣回之前一直保持有效。发包人应在预付款扣完后的 14 天内将预付款保函退还给承包人。

（二）预付款扣回

发包人支付给承包人的工程预付款项属于预支性质，随着工程逐步实施后，原已支付的预付款应以充抵工程价款的方式陆续扣回，抵扣方式应当由双方当事人在合同中明确约定。扣款的方法主要有以下两种：

1. 按合同约定扣款

预付款的扣款方式由发包人和承包人通过洽商后在合同中予以确定，一般是在承包人完成金额累计达到合同总价的一定比例后，由承包人开始向发包人还款，发包方从每次应付给承包人的金额中扣回工程预付款，发包人至少在合同规定的完工期前将工程预付款的总金额逐次扣回。国际工程中的扣款方法一般为：当工程进度款累计金额超过合同价格的 10%～20% 时开始起扣，每月从进度款中按一定比例扣回。

2. 起扣点计算法

起扣点计算法是指从未施工工程尚需的主要材料及构件的价值相当于工程预付款数额时起扣，此后每次结算工程价款时，按材料所占比重扣减工程价款，至工程竣工前全部扣清。起扣点计算公式：

$$T=P-M/N$$

式中　T——起扣点，即工程预付款开始扣回的累计已完成工程价值；

P——承包工程合同总额；

M——工程预付款数额；

N——主要材料及构件所占比重。

该方法对承包人比较有利，最大限度地占用了发包人的流动资金，但是显然不利于发包人的资金使用。

【例 3.6-6】某土建工程合同价款为 5600 万元，主要材料和设备费用为合同价款的 65%。合同规定预付款为合同价款的 20%。请计算预付款及起扣点。各月的结算额如表 3.6-4 所示。

各月的结算额　　　　　　　　　表 3.6-4

月份	1 月	2 月	3 月	4 月	5 月	6 月
结算额（万元）	800	1000	1100	1000	1000	700
累计结算额（万元）	800	1800	2900	3900	4900	5600

解：预付款 =5600×20%=1120（万元）。

起扣点 =5600-1120÷65%=3876.92（万元）。

即当累计结算工程价款为 3876.92 万元时，应开始抵扣备料款。此时，未完工程价值为 1723.08 万元。

当累计到第 4 个月时，累计结算额为 3900 万元 > 3876.92 万元，所以，第 4 个月开始扣还预付款。

第 4 个月扣还预付款数额：=（3900−3876.92）×65%=15（万元）。

第 5 个月扣还预付款数额：=1000×65%=650（万元）。

第 6 个月扣还预付款数额：=700×65%=455（万元）。

总计扣还预付款数额：15+650+455=1120（万元）。

（三）预付款担保

预付款担保是指承包人与发包人签订合同后领取预付款前，承包人正确、合理使用发包人支付的预付款而提供的担保。

预付款担保的主要形式为银行保函。预付款担保的担保金额通常与发包人的预付款是等值的。预付款一般逐月从工程预付款中扣除，预付款担保的担保金额也相应逐月减少。承包人的预付款保函的担保金额根据预付款扣回的数额相应扣减，但在预付款全部扣回之前一直保持一致。

三、安全文明施工费

（1）安全文明施工费包括的内容和使用范围，应符合国家有关文件和计量规范的规定。

（2）发包人应在工程开工后的 28 天内预付不低于当年施工进度款计划的安全文明施工费总额的 60%，其余部分应按照提前安排的原则进行分解，并应与进度款同期支付。

（3）发包人没有按时支付安全文明施工费的，承包人可催告发包人支付；发包人在付款期满后的 7 天内仍未支付的，若发生安全事故，发包人应承担相应责任。

（4）承包人对安全文明施工费应专款专用，在财务账目中应单独列项备查，不得挪作他用，否则发包人有权要求其限期改正；逾期未改正的，造成的损失和延误的工期应由承包人承担。

四、合同价款的期中支付

（一）合同价款的期中支付的基本概念

合同价款的期中支付，是指发包人在合同工程施工过程中，按照合同约定对付款周期内承包人完成的合同价款给予支付的款项，也就是工程进度款的结算支付。发承包双方应按照合同约定的时间、程序和方法，根据工程量计量结果，办理期中价款结算（或施工过程结算），支付进度款。进度款支付周期应与合同约定的工程计量周期一致。

（二）合同价款的期中支付的计算

1. 已完工程的结算价款

对于已标价工程量清单中的单价项目，承包人应按工程计量确认的工程量与综合单价计算。如综合单价发生调整的，以发承包双方确认调整的综合单价计算。

对于已标价工程量清单中的总价项目，承包人应按合同中约定的进度款支付分解，分别列入进度款支付申请中的安全文明施工费和本周期应支付的总价项目的金额中。

2. 结算价款的调整

承包人现场签证和得到发包人确认的索赔金额列入本周期应增加的金额中。由发包人提供的材料、工程设备金额应按照发包人签约提供的单价和数量从进度款支付中扣出，列入本周期应扣减的金额中。

3. 进度款支付的比例

进度款的支付比例按照合同约定，按期中结算价款总额计，不低于60%，不高于90%。承包人对于合同约定的进度款付款比例较低的工程应充分考虑项目建设的资金与融资成本。

（三）合同价款的期中支付的程序

1. 进度款支付申请

（1）累计已完成的合同价款。

（2）累计以实际支付的合同价款。

（3）本周期合计完成的合同价款，其中包括：①本周期已完成单价项目的金额；②本周期应支付的总价项目金额；③本周期已完成的计日工价款；④本周期应支付的安全文明施工费；⑤本周期应增加的金额。

（4）本周期合计应扣减的金额：扣回的预付款、扣减金额。

（5）本周期实际支付的合同价款。

2. 进度款支付证书

发包人应在收到承包人进度款支付申请后，根据计量结果和合同约定对申请内容予以核实，确认后向承包人出具进度款支付证书。若发承包双方对有的清单项目的计量结果出现争议，发包人应对无争议部分的工程计量结果向承包人出具进度款支付证书。

五、竣工结算

竣工结算价是指发承包双方依据国家有关法律、法规和标准规定，按照合同约定确定的，包括在履行合同过程中按合同约定进行的合同价款调整，是承包人按合同约定完成全部承包工作后，发包人应付给承包人的合同总金额。

（一）竣工结算的编制

工程完工后，发承包双方必须在合同约定时间内办理工程竣工结算。工程竣工结算由承包人或受其委托的工程造价咨询人编制，由发包人或受其委托的工程造价咨询人核对。当发承包双方或一方对工程造价咨询人出具的竣工结算文件有异议时，可向工程造价管理机构投诉，申请对其进行执业质量鉴定。竣工结算办理完毕，发包人应将竣工结算文件报送工程所在地或有该工程管辖权的行业管理部门的工程造价管理机构备案，竣工结算文件应作为工程竣工验收备案、交付使用的必备文件。工程竣工结算编制的主要依据有：

（1）《建设工程工程量清单计价规范》GB 50500—2013与各专业工程量计算规范。

（2）工程合同。

（3）发承包双方实施过程中已确认的工程量及其结算的合同价款。

（4）发承包双方实施过程中已确认调整后追加（减）的合同工价款。

（5）建设工程设计文件及相关资料。

（6）投标文件。

（7）其他依据。

（二）竣工结算的计价原则

在采用工程量清单计价的方式下，工程竣工结算的编制应当遵循合同规定的计价原则：

（1）分部分项工程和措施项目中的单价项目应依据双方确认的工程量与已标价工程量清单的综合单价计算；如发生调整的，以发承包双方确认调整的综合单价计算。

（2）措施项目中的总价项目应依据合同约定的项目和金额计算；如发生调整的，以发承包双方确认调整的金额计算，其中安全文明施工费必须按照国家或省级、行业建设主管部门的规定计算。

（3）其他项目应按下列规定计价：

1）计日工应按发包人实际签证确认的事项计算。

2）暂估价应由发承包双方按照《建设工程工程量清单计价规范》GB 50500—2013 的相关规定计算。

3）总承包服务费应依据合同约定金额计算，如发生调整的，以发承包双方确认调整的金额计算。

4）施工索赔费用应依据发承包双方确认的索赔事项和金额计算。

5）现场签证费用应依据发承包双方签证资料确认的金额计算。

6）暂列金额应减去工程价款调整（包括索赔、现场签证）金额计算，如有余额归发包人。

（4）税金应按照国家或省级、行业建设主管部门的规定计算。

（5）其他原则。采用总价合同的，应在合同总价基础上，对合同约定能调整的内容及超过合同约定范围的风险因素进行调整；采用单价合同的，在合同约定风险范围内的综合单价应固定不变，并应按合同约定进行计量，且应按实际完成的工程量进行计量。此外，发承包双方在合同工程实施过程中已经确认的工程计量结果和合同价款，在竣工结算办理中应直接进入结算。

（三）竣工结算的争议问题

根据《建设工程工程量计价规范》GB 50500—2013 规定，发包人对工程质量有异议，拒绝办理工程竣工结算的，按以下情形分别处理：

（1）已经竣工验收或已竣工未验收但实际投入使用的工程，其质量争议按该工程保修合同执行，竣工结算按合同约定办理。

（2）已竣工未验收且未实际投入使用的工程以及停工、停建工程的质量争议，双方应就有争议的部分委托相关检测鉴定机构进行检测，根据检测结果确定解决方案，或按工程质量监督机构的处理决定执行后办理竣工结算，无争议部分的竣工结算按合同约定办理。

当发承包双方或一方对工程造价咨询人出具的竣工结算文件有异议时，可向工程造价管理机构投诉，申请对其进行执业质量鉴定。

根据最高人民法院发布的《最高人民法院关于审理建设工程施工合同纠纷案件适用法律问题的解释（一）》（法释〔2020〕25 号）规定：

（1）当事人对建设工程的计价标准或者计价方法有约定的，按照约定结算工程价款。

因设计变更导致建设工程的工程量或者质量标准发生变化，当事人对该部分工程价款不能协商一致的，可以参照签订建设工程施工合同时当地建设行政主管部门发布的计价方法或者计价标准结算工程价款。

建设工程施工合同有效，但建设工程经竣工验收不合格的，依照《中华人民共和国民法典》第五百七十七条规定处理。

（2）当事人对工程量有争议的，按照施工过程中形成的签证等书面文件确认。承包人能够证明发包人同意其施工，但未能提供签证文件证明工程量发生的，可以按照当事人提供的其他证据确认实际发生的工程量。

（3）当事人约定，发包人收到竣工结算文件后，在约定期限内不予答复，视为认可竣工结算文件的，按照约定处理。承包人请求按照竣工结算文件结算工程价款的，人民法院应予支持。

（4）当事人签订的建设工程施工合同与招标文件、投标文件、中标通知书载明的工程范围、建设工期、工程质量、工程价款不一致，一方当事人请求将招标文件、投标文件、中标通知书作为结算工程价款依据的，人民法院应予支持。

（5）当事人就同一建设工程订立的数份建设工程施工合同均无效，但建设工程质量合格，一方当事人请求参照实际履行的合同关于工程价款的约定折价补偿承包人的，人民法院应予支持。

实际履行的合同难以确定，当事人请求参照最后签订的合同关于工程价款的约定折价补偿承包人的，人民法院应予支持。

（四）竣工结算文件审核

（1）合同工程完工后，承包人应在经发承包双方确认的合同工程期中价款结算的基础上汇总编制完成竣工结算文件，并应在提交竣工验收申请的同时向发包人提交竣工结算文件。承包人未在合同约定的时间内提交竣工结算文件，经发包人催告后 14 天内仍未提交或没有明确答复的，发包人有权根据已有资料编制竣工结算文件，作为办理竣工结算和支付结算款的依据，承包人应予以认可。

（2）发包人应在收到承包人提交的竣工结算文件后的 28 天内核对。发包人经核实，认为承包人应进一步补充资料和修改结算文件，应在上述时限内向承包人提出核实意见，承包人在收到核实意见后的 28 天内应按照发包人提出的合理要求补充资料，修改竣工结算文件，并应再次提交给发包人复核后批准。

（3）发包人应在收到承包人再次提交的竣工结算文件后的 28 天内予以复核，将复核结果通知承包人并应遵守下列规定：

1）发包人、承包人对复核结果无异议的，应在 7 天内在竣工结算文件上签字确认，竣工结算办理完毕。

2）发包人或承包人对复核结果认为有误的，无异议部分按照本条第 1 款规定办理不完全竣工结算；有异议部分由发承包双方协商解决；协商不成立的，应按照合同约定争议解决方式处理。

（4）发包人在收到承包人竣工结算文件后的 28 天内，不核对竣工结算或未提出核对意见的，应视为承包人提交的竣工结算文件已被发包人认可，竣工结算办理完毕。

（5）承包人在收到发包人提出的核实意见后的 28 天内，不确认也未提出异议的，应视为发包人提出的核实意见已被承包人认可，竣工结算办理完毕。

（6）发包人委托工程造价咨询人核对竣工结算的，工程造价咨询人应在 28 天内核对完毕，核对结论与承包人竣工结算文件不一致的，应提交给承包人复核；承包人应在 14 天内将同意核对结论或不同意见的说明提交工程造价咨询人，工程造价咨询人收到承包人提出的异议后，应再次复核，复核无异议应按第 3 条第（1）款的规定办理，复核后仍有异议的，按第 3 条第（2）款的规定办理。

承包人逾期未提出书面异议的，应视为工程造价咨询人核对的竣工结算文件已经承包人认可。

（7）对发包人或发包人委托的工程造价咨询人指派的专业人员与承包人指派的专业人员经核对后无异议并签名确认的竣工结算文件，除非发承包人能提出具体、详细的不同意见，发承包人都应在竣工结算文件上签名确认，如其中一方拒不签认的，按下列规定办理：

1）若发包人拒不签认的，承包人可不提供竣工验收备案资料，并有权拒绝与发包人或其上级部门委托的工程造价咨询人重新核对竣工结算文件。

2）若承包人拒不签认的，发包人要求办理竣工验收备案的，承包人不得拒绝提供竣工验收资料，否则由此造成的损失，承包人承担相应责任。

（8）合同工程竣工结算核对完成，发承包双方签字确认后，发包人不得要求承包人与另一个或多个工程造价咨询人重复核对竣工结算。

（9）发包人对工程质量有异议，拒绝办理工程竣工结算的，已竣工验收或已竣工未验收但实际投入使用的工程，其质量争议应按该工程保修合同执行，竣工结算应按合同约定办理；已竣工未验收且未实际投入使用的工程以及停工、停建工程的质量争议，双方应就有争议的部分委托相关检测鉴定机构进行检测，并应根据检测结果确定解决方案，或按工程质量监督机构的处理决定执行后办理竣工结算，无争议部分的竣工结算应按合同约定办理。

（五）结算款支付

（1）承包人应根据办理的竣工结算文件向发包人提交竣工结算款支付申请。申请应包括下列内容：

1）竣工结算合同价款总额。

2）累计已实际支付的合同价款。

3）应预留的质量保证金。

4）实际应支付的竣工结算款金额。

（2）发包人应在收到承包人提交竣工结算款支付申请后 7 天内予以核实，向承包人签发竣工结算支付证书。

（3）发包人签发竣工结算支付证书后的 14 天内，应按照竣工结算支付证书列明的金额向承包人支付结算款。

（4）发包人在收到承包人提交的竣工结算款支付申请后 7 天内不予核实，不向承包人签发竣工结算支付证书的，视为承包人的竣工结算款支付申请已被发包人认可；发包人应在收到承包人提交的竣工结算款支付申请 7 天后的 14 天内，按照承包人提交的竣工结算款支付申请列明的金额向承包人支付结算款。

（5）发包人未按照上述第（3）（4）条规定支付竣工结算款的，承包人可催告发包人支付，并有权获得延迟支付的利息。发包人在竣工结算支付证书签发后或者在收到承包人提交的竣工结算款申请支付 7 天后的 56 天内仍未支付的，除法律另有规定外，承包人可与发包人协商将该工程折价，也可直接向人民法院申请将该工程依法拍卖。承包人应该就该工程折价或拍卖的价款有限受偿。

（六）工程款结算和支付工作的规范化

根据上海市住房和城乡建设管理委员会发布的《关于进一步规范本市工程建设项目工程款结算和支付工作的通知》（沪建建管联〔2022〕616 号），为有效整治行业乱象，促进建筑市场公平公正有序，加强上海市工程建设项目拖欠工程款和农民工工资问题的源头治理，切实维护建筑企业的合法权益和社会稳定，现将进一步规范上海市工程建设项目工程款结算和支付工作：

（1）落实建设单位首要责任。

（2）实施工程款支付担保制度。

（3）推行施工过程结算。

（4）加强施工过程结算审核。

（5）强化施工过程结算信息报送。

（6）规范办理竣工结算。

（7）依法办理工程款支付。

（8）完善工程款支付方式。

（9）健全信用评价体系与结果应用。

（10）实行违规信用信息的记录与公示。

六、质量保证金的处理

（一）缺陷责任期的期限

从工程通过竣工验收之日起计，缺陷责任期一般为 1 年，最长不超过 2 年，由发承包双方在合同中约定。由于承包人原因导致工程无法按规定期限进行竣工验收的，缺陷责任期从实际通过竣工验收之日起计。由于发包人原因导致工程无法按规定期限进行竣工验收的，在承包人提交竣工验收报告 90 天后，工程自动进入缺陷责任期。

（二）质量保证金的预留

发包人应按照合同约定方式预留质量保证金，质量保证金总预留比例不得高于工程价款结算总额的 3%。合同约定由承包人以银行保函替代预留质量保证金的，保函金额不得高于工程价款结算总额的 3%。在工程项目竣工前，已经缴纳履约保证金的，发包人不得同时预留工程质量保证金。采用工程质量保证担保、工程质量保险等其他方式的，发包人不得预留质量保证金。

（三）质量保证金的使用

（1）质量保证金的管理。缺陷责任期内，实行国库集中支付的政府投资项目，质量保证金的管理应按国库集中支付的有关规定执行。其他政府投资项目，质量保证金可以预留在财政部门或发包方。缺陷责任期内，如发包人被撤销，质量保证金随交付使用资产一并移交使用单位，由使用单位代行发包人职责。社会投资项目采用预留质量保证金方式的，发承包双方可以约定将质量保证金交由金融机构托管。

（2）质量保证金的使用。缺陷责任期内，由承包人原因造成的缺陷，承包人应负责维修，并承担鉴定及维修费用。如承包人不维修也不承担费用，发包人可按合同约定从质量保证金或银行保函中扣除，费用超出质量保证金额的，发包人可按合同约定向承包人进行索赔。承包人维修并承担相应费用后，不免除对工程的损失赔偿责任。由他人及不可抗力原因造成的缺陷，发包人负责组织维修，承包人不承担费用，且发包人不得从质量保证金中扣除费用。

（四）质量保证金的返还

缺陷责任期内，承包人认真履行合同约定的责任，到期后，承包人向发包人申请返还质量保证金。

发包人在接到承包人返还质量保证金申请后，应于 14 天内会同承包人按照合同约定的内容进行核实。如无异议，发包人应当按照约定将质量保证金返还给承包人。对返还期限没有约定或者约定不明确的，发包人应当在核实后 14 天内将质量保证金返还承包人，逾期未返还的，依法承担违约责任。发包人在接到承包人返还质量保证金申请后 14 天内不予答复，经催告 14 天内仍不予答复，视同认可承包人的返还保证金申请。

根据最高人民法院发布的《最高人民法院关于审理建设工程施工合同纠纷案件适用法律问题的解释（一）》（法释〔2020〕25 号）第十七条，有下列情形之一，承包人请求发包人返还工程质量保证金的，人民法院应予支持：

（1）当事人约定的工程质量保证金返还期限届满。

（2）当事人未约定工程质量保证金返还期限的，自建设工程通过竣工验收之日起满二年。

（3）因发包人原因建设工程未按约定期限进行竣工验收的，自承包人提交工程竣工验收报告九十日后当事人约定的工程质量保证金返还期限届满；当事人未约定工程质量保证金返还期限的，自承包人提交工程竣工验收报告九十日后起满二年。

发包人返还工程质量保证金后，不影响承包人根据合同约定或者法律规定履行工程保修义务。

七、最终结清

最终结清申请注意事项：

（1）缺陷责任期终止后，承包人应按照合同约定向发包人提交最终结清支付申请。发包人对最终结清支付申请有异议的，有权要求承包人进行修正和提供补充资料。承包人修正后，应再次向发包人提交修正后的最终结清支付申请。

（2）发包人应在收到最终结清支付申请后的 14 天内予以核实，并应向承包人签发最终结清支付证书。

（3）发包人应在签发最终结清支付证书后的 14 天内，按照最终结清支付证书列明的金额向承包人支付最终结清款。

（4）发包人未在约定的时间内核实，又未提出具体意见的，应视为承包人提交的最终结清支付申请已被发包人认可。

（5）发包人未按期最终结清支付的，承包人可催告发包人支付，并有权获得延迟支付的利息。

（6）最终结清时，承包人被预留的质量保证金不足以抵减发包人工程缺陷修复费用的，承包人应承担不足部分的补偿责任。

（7）承包人对发包人支付的最终结清款有异议的，应按照合同约定的争议解决方式处理。

第七节　土建工程竣工决算

一、竣工决算的内容

（一）竣工决算的概念

项目竣工决算是指所有项目竣工后，项目建设单位按照国家有关规定在项目竣工验收阶段编制的竣工决算报告。

项目竣工财务决算的内容主要包括项目竣工财务决算说明书、竣工财务决算报表、竣工财务决（结）算审核情况及相关资料。

（二）竣工财务决算说明书

竣工财务决算说明书主要反映竣工工程建设成果和经验，是对竣工决算报表进行分析和补充说明的文件，是全面考核分析工程投资与造价的书面总结，是竣工决算的重要组成部分，其内容主要包括：

（1）项目概况。

（2）会计账务的处理、财产物资清理及债权债务的清偿情况。

（3）项目建设资金计划及到位情况，财政资金支出预算、投资计划及到位情况。

（4）项目建设资金使用、项目结余资金等分配情况。

（5）项目概（预）算执行情况及分析，竣工实际完成投资与概算差异及原因分析。

（6）尾工工程情况。

（7）历次审计、检查、审核、稽查意见及整改落实情况。

（8）主要技术经济指标的分析、计算情况。

（9）项目管理经验、主要问题和建议。

（10）预备费动用情况。

（11）项目建设管理制度执行情况、政府采购情况、合同履行情况。

（12）征地拆迁补偿情况、移民安置情况。

（13）需说明的其他事项。

（三）竣工财务决算报表

建设项目竣工决算报表包括：

（1）项目概况表。

（2）项目竣工财务决算表。

（3）资金情况明细表。

（4）交付使用资产总表。

（5）交付使用资产明细表。

（6）待摊投资明细表。

（7）待核销基建支出明细表。

（8）转出投资明细表。

（四）竣工财务决（结）算审核表

（1）项目竣工财务决算审核汇总表。

（2）资金情况审核明细表。

（3）待摊投资审核明细表。

（4）交付使用资产审核明细表。

（5）转出投资审核明细表。

（6）待销核基建支出审核明细表。

二、竣工决算的编制

（一）竣工决算的编制条件

编制项目竣工决算应具备下列条件：

（1）经批准的初步设计所确定的工程内容已完成。

（2）单项工程或建设项目竣工结算已完成。

（3）收尾工程投资和预留费用不超过规定的比例。

（4）涉及法律诉讼、工程质量纠纷的事项已处理完毕。

（5）其他影响工程竣工决算编制的重大问题已解决。

（二）竣工决算的编制依据

建设项目竣工决算应依据下列资料编制：

（1）《基本建设项目竣工财务决算管理暂行办法》（财建〔2016〕503号）等法律、法规和规范性文件。

（2）项目计划任务书立项批复文件。

（3）项目总概算书、单项工程概算书文件及概算调整文件。

（4）经批准的可行性研究报告、设计文件及设计交底、图纸会审资料。

（5）招标文件、最高投标限价及招标投标书。

（6）施工、代建、勘察设计、监理及设备采购合同，政府采购审批文件、采购合同。

（7）工程结算资料。

（8）工程签证、工程索赔等合同价款调整文件。

（9）设备、材料调价文件记录。

（10）有关的会计及财务管理资料。

（11）历年下达的项目年度财政资金投资计划、预算。

（12）其他有关资料。

（三）竣工决算的编制要求

为了严格执行建设项目竣工验收制度，正确核定新增固定资产价值，考核分析投资效果，建立健全经济责任制，所有新建、扩建和改建等建设项目竣工后，都应及时、完整、正确地编制竣工决算。建设单位要做好以下工作：

（1）按照规定组织竣工验收，保证竣工决算的及时性。对建设工程的全面考核，所有建设项目（或单项工程）按照批准的设计文件规定的内容建成后，具备投产和使用条件的，都要及时组织验收。对于竣工验收中发现的问题，应及时查明原因，采取措施加以解决，以保证建设项目按时交付使用和及时编制竣工决算。

（2）积累、整理竣工项目资料，保证竣工决算的完整性。积累、整理竣工项目资料是编制竣工决算的基础工作，它关系到竣工决算的完整性和质量的好坏。因此在建设过程中，建设单位必须随时收集项目建设的各种资料，并在竣工验收前，对各种资料进行系统整理，分类立卷，为编制竣工决算提供完整的数据资料，为投产后加强固定资产管理提供依据。在工程竣工时，建设单位应将各种基础资料与竣工决算一起移交给生产单位或使用单位。

（3）清理、核对各项账目，保证竣工决算的正确性。工程竣工后，建设单位要认真核实各项交付使用资产的建设成本；做好各项账务、物资以及债权的清理结余工作，应偿还的及时偿还，该收回的应及时收回，对各种结余的材料、设备、施工机械工具等，要逐项清点核实，妥善保管，按照国家有关规定进行处理，不得任意侵占；对竣工后的结余资金，要按规定上交财政部门或上级主管部门。在完成上述工作，核实各项数字的基础上，正确编制从年初起到竣工月份止的竣工年度财务决算，以便根据历年的财务决算和竣工年度财务决算进行整理汇总，编制建设项目竣工决算。

（四）竣工决算的编制程序

竣工决算的编制程序分为前期准备、实施、完成和资料归档四阶段。

1. 前期准备工作阶段的主要工作内容

（1）了解编制工程竣工决算建设项目的基本情况，收集和整理、分析基本的编制资料。在编制竣工决算文件之前，应系统地整理所有技术资料、工料结算的经济文件、施工图纸和各种变更与签证资料，并分析它们的准确性。完整、齐全的资料是准确而迅速编制竣工决算的必要条件。

（2）确定项目负责人，配置相应的编制人员。

（3）制定切实可行、符合建设项目情况的编制计划。

（4）由项目负责人对成员进行培训。

2. 实施阶段主要工作内容

（1）收集完整的编制程序依据资料。在收集、整理和分析有关资料中，要特别注意建设工程从筹建到竣工投产或使用的全部费用的各项账务、债权和债务的清理，做到工程完毕账目清晰，既要核对账目，又要查点库存实物数量，做到账与物相等、账与账相符，对结余的各种材料、工器具和设备，要逐项清点核实，妥善管理，并按规定及时处理，收回资金。对各种往来款项要及时进行全面清理，为编制竣工决算提供准确的数据和结果。

（2）协助建设单位做好各项清理工作。

（3）编制完成规范的工作底稿。

（4）对过程中发现的问题应与建设单位进行充分沟通，达成一致意见。

（5）与建设单位相关部门一起做好实际支出与批复概算的对比分析工作。重新核实各单位工程、单项工程造价，将竣工资料与原设计图纸进行查对、核实，必要时可实地测量，确认实际变更情况；根据经审定的承包人竣工结算等原始资料，按照有关规定对原概、预算进行增减调整，重新核定工程造价。

3. 完成阶段主要工作内容

（1）完成工程竣工决算编制咨询报告、基本建设项目竣工决算报表及附表、竣工决算说明书、相关附件等。清理、装订好竣工图。做好工程造价对比分析。

（2）与建设单位沟通工程竣工决算的所有事项。

（3）经工程造价咨询企业内部复核后，出具正式工程竣工决算编制成果文件。

4. 资料归档阶段主要工作内容

（1）工程竣工决算编制过程中工作底稿应进行分类整理，与工程竣工决算编制成果文件一并形成归档纸质资料。

（2）对工作底稿、编制数据、工程竣工决算报告进行电子化处理，形成电子档案。

将上述编写的文字说明和填写的表格经核对无误，装订成册，即建设工程竣工决算文件。将其上报主管部门审查，并把其中财务成本部分送交开户银行签证。竣工决算在上报主管部门的同时，抄送有关设计单位。

第四章　综合案例

第一节　工程量清单

一、案例资料

【例 4.1-1】依据上海市某某地块垃圾房建筑和结构施工图纸，其中图 4.1-1～图 4.1-13 为建筑施工图，图 4.1-14～图 4.1-27 为结构施工图，按现行国家标准《建设工程工程量清单计价规范》GB 50500—2013、《房屋建筑与装饰工程工程量计算规范》GB 50854—2013 及上海市住房和城乡建设管理委员会发布的《关于印发〈上海市建设工程工程量清单计价应用规则〉的通知》，编制该垃圾房的招标工程量清单。

（一）工程概况

1. 建设地址

项目建设地点位于上海市××区××路东侧、××路南侧、××路西侧、××路北侧。

2. 工程特征

本垃圾房工程地上一层，层高 5.6m，基础形式采用独立基础，建筑结构形式为框架结构。本工程建筑用地面积为 ××m²，建筑面积为 ××m²。

3. 工程质量

质量标准：一次性验收合格。

关于质量要求的详细说明见招标文件"技术标准和要求"。

4. 工期

计划开竣工日期：2023 年 ×× 月 ×× 日——2023 年 ×× 月 ×× 日，计划施工工期 ×× 日历天。

（二）部分计算依据

原地坪标高同室外地坪标高，即 −0.300m，钢筋工程量按 150kg/m³ 估算。

（三）报价原则

1. 本工程采用工程量清单计价，工程合同形式采用固定综合单价，投标报价应在充分了解招标文件、设计图纸、本工程量清单、现场条件等基础上，结合市场因素、施工要求及施工验收规范全面考虑后填报综合单价和总价，一旦中标，除合同约定外一律不予调整。

2. 本工程量清单包含分部分项工程量清单、措施项目清单、其他项目清单、税金清单，工程量清单中的每一个子目须填入报价，且只允许一个报价。未填入报价的子目，其费用视为已分摊在工程量清单其他已标价子目的报价中。

3. 投标总价应当与分部分项工程费、措施项目费、其他项目费和税金的合计金额一致。

4. 分部分项工程量清单报价要求：

分部分项工程量清单项目报价应根据招标文件及本工程量清单项目特征描述、工作内容，并考虑招标文件中要求投标人承担的风险费用，自主确定综合单价。

5. 措施项目清单报价要求：

（1）措施项目清单报价应根据投标人编制的施工组织设计进行报价。

（2）措施项目清单分为总价措施项目、单价措施项目两类。以"项"为计量单位的总价措施项目，按项报价，闭口包干，结算时不作调整；单价措施项目按分部分项清单方式填报综合单价，结算时数量按实调整。

（3）措施项目清单中所列的清单项目仅指一般的通用项目，投标人应充分理解招标文件的相关内容和约定、翔实了解工程场地及周边环境、结合工程情况及拟定的施工组织设计等因素后，自行增加或减少措施项目并报价。

（4）安全文明施工措施费为不可竞争性费用，其报价应按相关规定执行，且报价费率不得低于规定费率下限值的90%。

6. 垃圾房处理设备计入专业工程暂估价，金额为人民币200000元整；并列入总承包管理服务范围。

7. 税金为不可竞争性费用，应按本工程量清单给定的费率报价。

（四）工程图纸及说明

1. 建筑图纸及说明（图4.1-1～图4.1-13）

建筑设计施工做法及说明

一、墙体砌筑要求

1. 外墙除钢筋混凝土墙外，其他均为200mm厚蒸压加气混凝土砌块，砌块强度等级≥A5.0，干密度级别为B06，采用专用粘结剂砌筑。

2. 钢筋混凝土柱与砖墙应拉结，于柱中每隔500mm高度预埋2ϕ6，此筋埋入柱中300mm，沿墙全长拉通。

3. 当砖填充墙高度超过4m时，宜在墙高的中部设置与框架柱连接的通长钢筋混凝土水平圈梁，截面宽同墙厚，高为200mm，纵筋4ϕ12，箍筋ϕ6@200。

4. 墙身门窗洞边应设置构造柱：截面200mm×200mm，纵筋4ϕ12，箍筋ϕ6@200，纵筋上下锚入楼层梁或基础梁，马牙槎每一进退的水平尺寸为60mm，沿高度方向的尺寸不超过300mm。

5. 所有门窗洞口顶部不紧贴梁者，均放置钢筋混凝土过梁。具体见过梁表。

图4.1-1　建筑设计施工做法及说明1

过梁规格　门洞宽度	$L=1000\sim1500$	$L=1500\sim1800$	$L=2000\sim3600$
过梁截面：墙厚×h	墙厚×180	墙厚×250	墙厚×350
过梁长度	$L+500$	$L+500$	$L+500$
架立筋② 主筋①	2Φ10 3Φ12	2Φ12 3Φ14	2Φ12 3Φ16
箍筋③	Φ6@200	Φ6@200	Φ8@200
截面示意		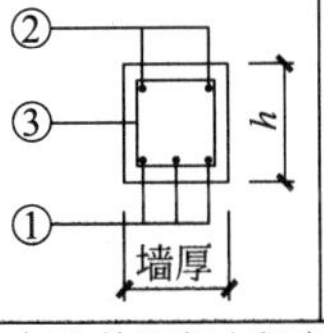	

说明：圈梁、过梁和构造柱及其他未标注的混凝土强度等级均为C25。

图4.1-2　建筑设计施工做法及说明2

二、室内地沟做法：　　　　300mm宽200mm深，做法参见　　　02 J331　(18/76)

地沟盖板做法：　　　　铸铁盖板。

图 4.1-3　建筑设计施工做法及说明 3

用料及分层做法
1. 平屋面(Ⅰ级防水)(倒置式)
(1)40mm厚C20细石混凝土内配成品φ4@200的单层双向钢筋网片，分块积向4000mm，通深缝宽20mm，缝内用密封膏填实。
(2)3mm厚弹性体SBS改性沥青防水卷材(聚酯胎Ⅰ型)，遇竖向面上翻至完成面以上300mm高。
(3)3mm厚弹性体SBS改性沥青防水卷材(聚酯胎Ⅰ型)，遇竖向面上翻至完成面以上300mm高。
(4)增加C20细石混凝土找坡层，坡度2%，最薄处30mm厚。
(5)混凝土结构板。
2. 外墙面真石漆(包括雨篷底面及侧面)
(1)真石漆系统(颜色、效果见立面图和立面材料图例)。
(2) 10mm厚DP20聚合物水泥防水砂浆找平层兼防水层。
(3)基层处理。
(4)墙体(砌筑墙体或预制墙体)。
3. 内墙面
(1)l0mm厚瓷砖。
(2)5mm厚DP20水泥砂浆粘结层(内掺专用胶)。
(3)1.2mm厚聚合物水泥防水涂料(Ⅱ型)防水层，防水层高度：1200mm。
(4)基层处理。
(5)基层墙体。
4. 顶棚
(l)内墙涂料。
(2)腻子批平。
(3)钢筋混凝土楼板，基层处理。

图 4.1-4　建筑设计施工做法及说明 4

5. 地面
(1)10mm厚防滑地砖(背胶处理)，干水泥擦缝(规格600mm×600mm)。
(2)1.5mm厚聚氨酯防水层(两道)。
(3)40mm厚C25细石混凝土找平。
(4)80mm厚C20混凝土垫层。
(5)100mm厚碎石夯入土中。
6. 坡道
(1)8～10mm厚防滑地砖(带防滑槽)。
(2)30mm厚DS15干硬性水泥砂浆结合层，表面撒水泥粉。
(3)100mm厚C15混凝土垫层。
(4)200mm厚级配砂石碾实。
7. 散水
(1)60mm厚C20混凝土面层，随捣随抹。
(2)150m厚5～32碎石灌DM5砂浆，宽出面层100mm。
(3)素土夯实。
8. 台阶及室外地坪
(1)10mm厚防滑地砖(背胶处理)，干水泥擦缝(规格600mm×600mm)。
(2)60mm厚C15混凝土，台阶面向外坡1%。
(3)300mm厚粒径5～32碎石灌M2.5混合砂浆，宽出面层100。
(4)素土夯实，压实系数≥0.94。
9. 雨篷顶面
(1)3mm厚弹性体SBS改性沥青防水卷材(聚酯胎Ⅰ型)，外墙侧上翻300mm高，另三侧上翻至外檐口。
(2)20mm厚DP20聚合物水泥防水砂浆找平层。

图 4.1-5　建筑设计施工做法及说明 5

门窗表				
类型	门窗编号	洞口尺寸(宽×高)	1F	备注
门	LM1529	1500×2950	2	钢质防火门
	JM3640	3600×4050	1	钢质防火卷帘门
窗	LC1223	1200×2300	4	铝合金平开窗

图 4.1-6 门窗表

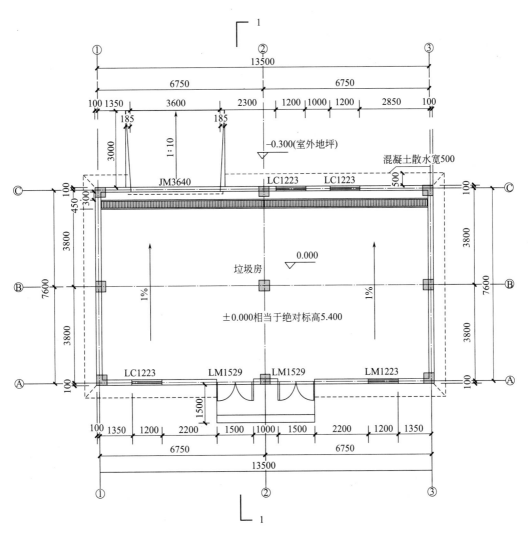

图 4.1-7 一层平面图

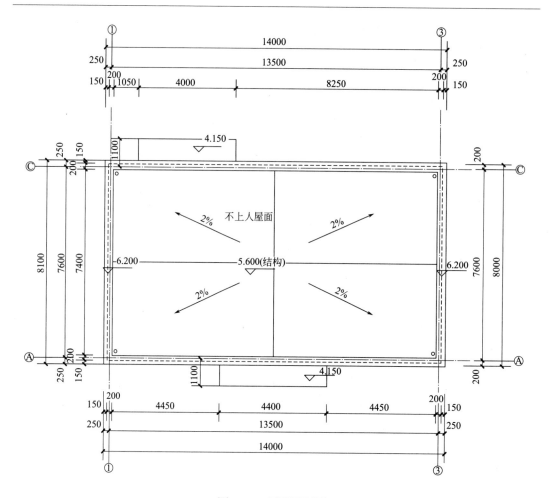

图 4.1-8　屋顶平面图

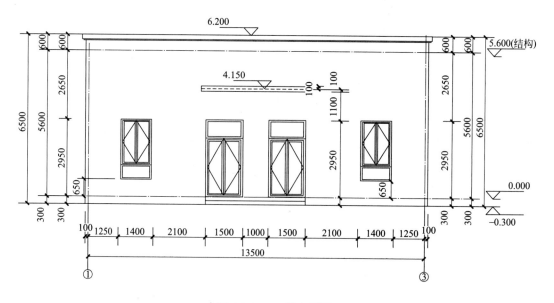

图 4.1-9　1-3轴立面图

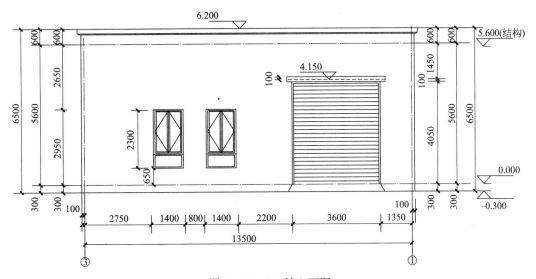

图 4.1-10　3-1 轴立面图

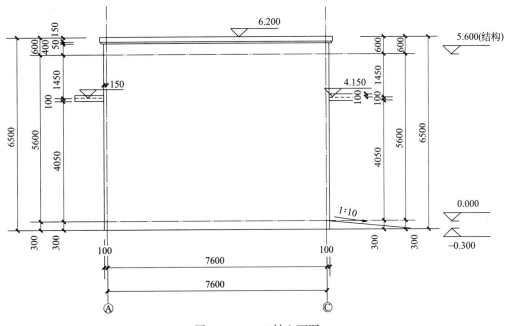

图 4.1-11　A-C 轴立面图

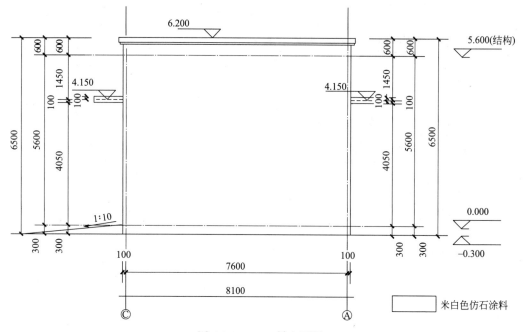

图 4.1-12 C-A 轴立面图

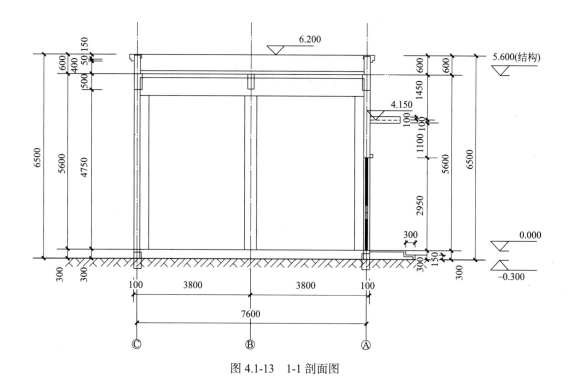

图 4.1-13 1-1 剖面图

2. 结构图纸及说明（图 4.1-14～图 4.1-27）

基础施工说明：

1. 本工程±0.000相当于绝对标高为5.400(吴淞高程)，本图所注除注明外均为相对标高。

2. 基础混凝土采用混凝土强度等级为C35，受力钢筋保护层厚度为40mm。

3. 未注明基础定位均为轴线居中。

4. 本工程采用天然地基，持力层需挖至老土层；天然地基承载力设计值需满足80kPa。

5. 天然基础底面进入持力层深度应≥300mm，开挖至设计标高后，若未至持力层或进入持力层深度不够，须继续挖深，直到进入该土层≥300mm。如遇持力层扰动或基底存在杂填土、淤泥质土等，需挖至老土，然后用级配砂石或中粗砂分层夯实回填至设计标高，压实系数不小于0.97。

6. 由于场地起伏较大，相邻基础基底存在较大高差时，应先施工较深基础，并在施工后及时回土后再行施工较浅基础。

7. 钢筋混凝土柱纵向受力钢筋在基础内应满足锚固长度。

8. 基础图施工前需与建筑及总图轴线复核，确认定位无误。

9. 基础下设C15素混凝土垫层厚度为100mm。

10. 当建设场地内有暗坑、暗塘时，需挖至持力层，然后用级配砂石或中粗砂分层夯实回填至设计标高，压实系数不小于0.97。

11. 基槽开挖后，需经勘察、设计、监理三方验槽确认后，才可进行下一步施工。

图 4.1-14　结构图基础施工说明

梁说明：

1. 本图材料。混凝土强度等级：柱、梁、板均为C30，钢筋：ΦＨ——HRB400钢筋。

2. 本图主钢筋保护层厚度：板为20mm，梁为25mm，柱为25mm。

3. 图中次梁与主梁相交处，在主梁相应位置每侧附加箍筋3Φd@50(d为主梁箍筋直径)，肢数同主梁箍筋(未画出)。

4. 次梁支座钢筋锚固按铰接取用，详见图集《混凝土结构施工图平面整体表示方法制图规则和构造详图(现浇混凝土框架、剪力墙、梁、板)》《22G101-1》施工。

5. 除注明外，梁以轴线居中布置或与柱边平。

图 4.1-15　结构图梁说明

板说明：

1. 未标注梁定位均为轴线居中，未注明梁顶标高均同板顶结构标高。

2. 未注明洞口边板底附加钢筋均为2Φ12。

3. 本图需配合图集《混凝土结构施工图平面整体表示方法制图规则和构造详图(现浇混凝土框架、剪力墙、梁、板)》(22G101-1)共同使用。

4. 未尽之处见结构设计总说明及通用图。

图 4.1-16　结构图板说明

屋面				C30
1	5.600	5.900	C30	
	−0.300			
层号	标高(m)	层高(m)	墙、连梁柱等级	梁、板等级

44#结构层楼面标高　　H_S
结构层高

上部结构嵌固部位：基础顶
抗震等级为：框架柱三级

图 4.1-17　结构层楼面标高

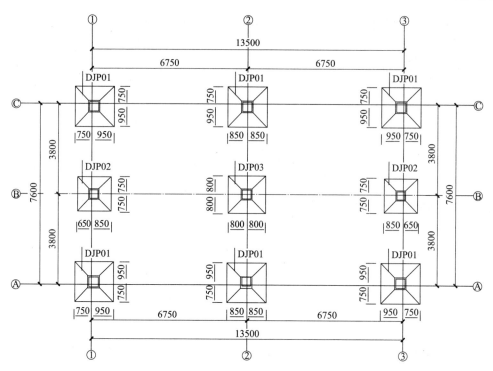

图 4.1-18　基础平面布置图

独立基础配筋表

基础编号	基底标高(m)	A(X边)	B(Y边)	H1	H2	X向钢筋	Y向钢筋
DJP01	−2.000	1700	1700	500	100	Φ16@200	Φ16@200
DJP02	−2.000	1500	1500	500	100	Φ16@200	Φ16@200
DJP03	−2.000	1600	1600	500	100	Φ16@200	Φ16@200

图 4.1-19　独立基础配筋

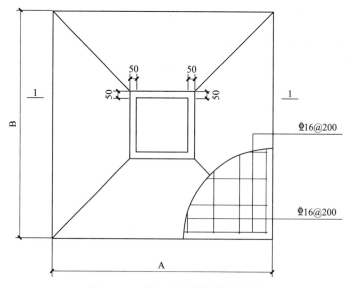

图 4.1-20　独立基础钢筋排布构造

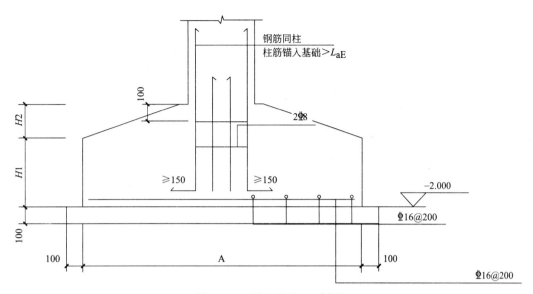

图 4.1-21　独立基础 1-1 剖面

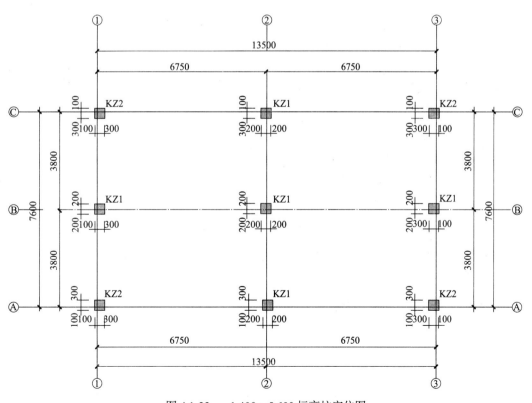

图 4.1-22　−1.400～5.600 标高柱定位图

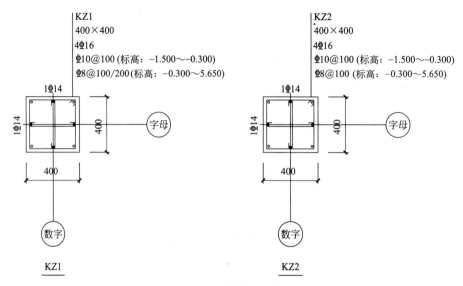

图 4.1-23 框架柱大样图

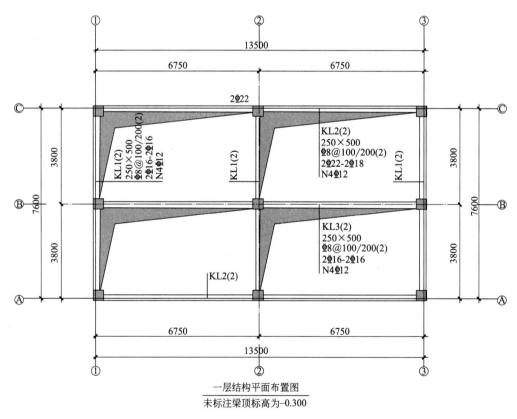

一层结构平面布置图
未标注梁顶标高为-0.300

图 4.1-24 一层结构平面布置图

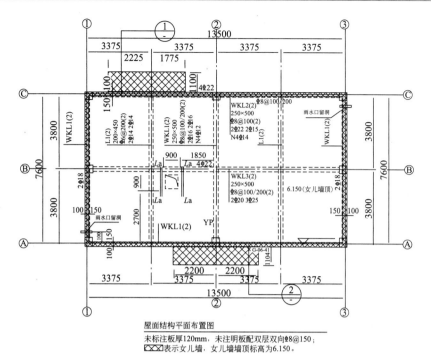

屋面结构平面布置图

未标注板厚120mm，未注明板配双层双向⚡8@150；
▨表示女儿墙，女儿墙墙顶标高为6.150。

图 4.1-25　屋面结构平面布置图

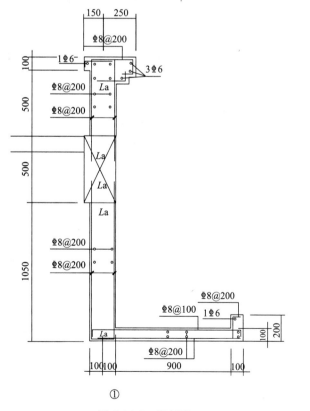

①

图 4.1-26　节点图 1

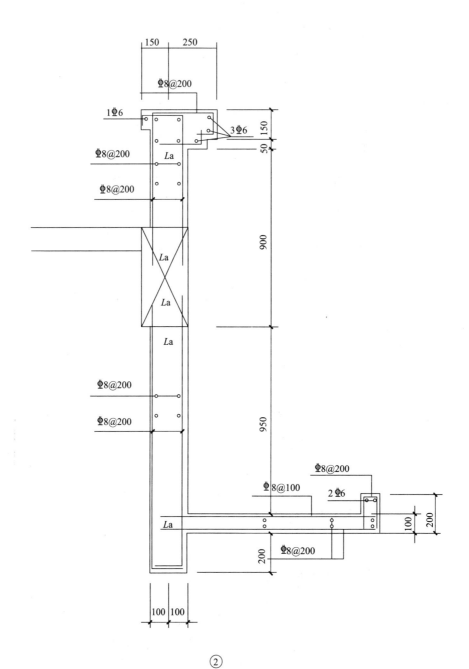

②

图 4.1-27 节点图 2

二、工程量清单示例

（一）工程量清单封面

上海市某某地块垃圾房

招标工程量清单

××房地产开发有限公司

××造价咨询有限公司

2023-××-××

工程报建号：

上海市某某地块垃圾房工程

工 程 量 清 单

招 标 人：　　×× 房地产开发有限公司

（单位盖章）

工程造价咨询人
招标代理机构：　　×× 造价咨询有限公司

（单位盖章）

法定代表人
或其授权人：　　张 ××

（签字或盖章）

法定代表人
或其授权人：　　王 ××

（签字或盖章）

编 制 人：　　李 ××

（造价人员签字盖专用章）

复 核 人：　　赵 ××

（造价工程师签字盖专用章）

编 制 时 间：　　2023- × × - × ×

复 核 时 间：　　2023- × × - × ×

（二）总说明

总　说　明

工程名称：上海市某某地块垃圾房工程

一、工程概况

1．建设地址

项目建设地点位于上海市××区××路东侧、××路南侧、××路西侧、××路北侧。

2．工程特征

本垃圾房工程地上一层，层高5.6m，基础形式采用独立基础，建筑结构形式为框架结构。本工程建筑用地面积为××m²，建筑面积为××m²。

3．工程质量

质量标准：一次性验收合格。

关于质量要求的详细说明见招标文件"技术标准和要求"。

4．工期

计划开竣工日期：2023年××月××日——2023年××月××日，计划施工工期××日历天。

二、编制依据

1．《建设工程工程量清单计价规范》GB 50500—2013、《房屋建筑与装饰工程工程量计算规范》GB 50854—2013及其相关文件。

2．上海市住房和城乡建设管理委员会发布的《关于印发〈上海市建设工程工程量清单计价应用规则〉的通知》。

3．上海市建设工程有关文件的规定。

4．招标文件。

5．设计文件、设计图纸及相关资料。

6．施工现场情况、常规施工方案。

7．其他相关资料。

三、编制范围

包括本工程施工图范围内的房屋建筑与装饰工程等施工以及项目的总承包服务等工作内容，具体详见招标文件、工程量清单及设计图纸。

四、主要内容

包括垃圾房的土石方工程、砌筑工程、混凝土及钢筋混凝土工程、门窗工程、屋面及防水工程、楼地面装饰工程、墙、柱面装饰与隔断、幕墙工程、油漆、涂料、裱糊工程以及措施项目；垃圾房处理设备计入专业工程暂估价，并列入总承包管理服务范围。

五、报价依据

1．《建设工程工程量清单计价规范》GB 50500—2013、《房屋建筑与装饰工程工程量计算规范》GB 50854—2013。

2．上海市住房和城乡建设管理委员会发布的《关于印发〈上海市建设工程工程量清单计价应用规则〉的通知》。

3．招标文件、招标工程量清单和上海市建设工程有关文件及政策规定。

4．建设工程设计文件、设计图纸及相关资料。

5．施工现场情况、工程特点及投标时拟定的施工组织设计或施工方案。

6．与建设项目相关的标准、规范、技术资料。

7．其他相关资料。

六、报价原则

1．本工程采用工程量清单计价，工程合同形式采用固定综合单价，投标报价应在充分了解招标文件、设计图纸、本工程量清单、现场条件等基础上，结合市场因素、施工要求及施工验收规范全面考虑后填报综合单价和总价，一旦中标，除合同约定外一律不予调整。

2．本工程量清单包含分部分项工程量清单、措施项目清单、其他项目清单、税金清单，工程量清单中的每一个子目须填入报价，且只允许一个报价。未填入报价的子目，其费用视为已分摊在工程量清单其他已标价子目的报价中。

3．投标总价应当与分部分项工程费、措施项目费、其他项目费和税金的合计金额一致。

4．分部分项工程量清单报价要求

分部分项工程量清单项目报价应根据招标文件及本工程量清单项目特征描述、工作内容，并考虑招标文件中要求投标人承担的风险费用，自主确定综合单价。

5．措施项目清单报价要求

5.1 措施项目清单报价应根据投标人编制的施工组织设计进行报价。

5.2 措施项目清单分为总价措施项目、单价措施项目两类。以"项"为计量单位的总价措施项目，按项报价，闭口包干，结算时不作调整；单价措施项目按分部分项清单方式填报综合单价，结算时数量按实调整。

5.3 措施项目清单中所列的清单项目仅指一般的通用项目，投标人应充分理解招标文件的相关内容和约定、翔实了解工程场地及周边环境、结合工程情况及拟定的施工组织设计等因素后，自行增加或减少措施项目并报价。

5.4 安全文明施工措施费为不可竞争性费用，其报价应按相关规定执行，且报价费率不得低于规定费率下限值的90%。

6．垃圾房处理设备计入专业工程暂估价，金额为人民币200000元整；并列入总承包管理服务范围。

7．税金为不可竞争性费用，应按本工程量清单给定的费率报价。

七、其他

1．本工程所用的混凝土、砂浆均为预拌混凝土（商品混凝土）、预拌砂浆（商品砂浆）。

2．本工程量清单中未明示，但设计图纸中已表明的内容或按工程施工验收规范所必须发生的工作内容，投标人应将该工作内容的报价包含在相关清单项目的综合单价中。

3．其他未尽报价原则详见招标文件、《建设工程工程量清单计价规范》GB 50500—2013、上海市住房和城乡建设管理委员会发布的《关于印发〈上海市建设工程工程量清单计价应用规则〉的通知》及其他现行相关文件。

（三）分部分项工程量清单（表4.1-1）

工程名称：上海市某某地块垃圾房/单项工程/建筑装饰工程　　　　　　标段：C01

分部分项工程项目清单与计价表

表 4.1-1

序号	项目编码	项目名称	项目特征描述	工程内容	计量单位	工程量	金额（元）				备注
							综合单价	合价	其中		
									人工费	材料及工程设备暂估价	
			土石方工程								
1	010101001001	平整场地	1. 土壤类别：一、二类土 2. 取土、弃土运距：1km以内 3. 说明：±30cm范围内挖填整平	1. 土方挖填 2. 场地找平 3. 场内运输	m²	106.86					
2	010101004001	挖基坑土方【3.0m以内】	1. 挖土深度：3.0m以内 2. 土壤类别：一、二类土 3. 弃土运距：1km以内	1. 土方开挖 2. 基底钎探 3. 场内运输	m³	55.22					
3	010101003001	挖沟槽土方【3.0m以内】	1. 挖土深度：3.0m以内 2. 土壤类别：一、二类土 3. 弃土运距：1km以内	1. 土方开挖 2. 基底钎探 3. 场内运输	m³	10.83					
4	010103001001	回填方	1. 密实度要求：压实系数≥0.94 2. 填方材料品种：黏土 3. 填方来源、运距：自行考虑	1. 场内外运输 2. 回填 3. 压实	m³	44.91					
5	010103002001	余方弃置	1. 运距：投标人根据施工现场实际情况自行考虑 2. 废弃料品种：一般土壤和碎（砾）石	1. 土方装卸、运输至弃置点。	m³	21.14					
			砌筑工程								
6	010402001001	200厚蒸压砂加气混凝土砌块—外墙	1. 砌块品种、规格、强度等级：200厚蒸压砂加气混凝土砌块、砌块强度大于A5.0、干密度级别B06 2. 砂浆强度等级：专用胶粘剂 3. 墙体类型：外墙	1. 砂浆制作、运输 2. 砌砖、砌块 3. 勾缝 4. 材料运输	m³	27.93					

续表

序号	项目编码	项目名称	项目特征描述	工程内容	计量单位	工程量	金额（元）				备注
							综合单价	合价	其中		
									人工费	材料及工程设备暂估价	
7	010404001001	台阶及室外地坪碎石垫层	1. 垫层材料种类、配合比、厚度：300厚5~32碎石灌M2.5混合砂浆	1. 垫层材料的拌制 2. 垫层铺设 3. 材料运输	m³	2.02					
		混凝土及钢筋混凝土工程									
8	010501001001	C15垫层	1. 混凝土种类：泵送商品混凝土 2. 混凝土强度等级：C15	1. 混凝土制作、运输、浇筑、振捣、养护	m³	5.65					
9	010501003001	C35独立基础	1. 混凝土种类：泵送商品混凝土 5~25 石子 2. 混凝土强度等级：C35 坍落度 12cm±3（不含泵送费）	1. 混凝土制作、运输、浇筑、振捣、养护	m³	13.34					
10	010503001001	C35基础梁	1. 混凝土种类：泵送商品混凝土 5~25 石子 2. 混凝土强度等级：C35 坍落度 12cm±3（不含泵送费）	1. 混凝土制作、运输、浇筑、振捣、养护	m³	7.16					
11	010502001001	C30矩形柱［C30］	1. 混凝土强度等级：C30 坍落度 12cm±3（不含泵送费） 2. 混凝土种类：泵送商品混凝土 5~25 石子	1. 混凝土制作、运输、浇筑、振捣、养护	m³	10.08					
12	010505001001	C30有梁板［C30］	1. 混凝土强度等级：C30 坍落度 12cm±3（不含泵送费） 2. 混凝土种类：泵送商品混凝土 5~25 石子	1. 混凝土制作、运输、浇筑、振捣、养护	m³	19.1					
13	010504001001	C30直形墙［C30］	1. 混凝土强度等级：C30 坍落度 12cm±3（不含泵送费） 2. 混凝土种类：泵送商品混凝土 5~25 石子	1. 混凝土制作、运输、浇筑、振捣、养护	m³	1.84					
14	010504001002	C30女儿墙［C30］	1. 混凝土强度等级：C30 坍落度 12cm±3（不含泵送费） 2. 混凝土种类：泵送商品混凝土 5~25 石子 3. 说明：包含凸出墙面的内外侧线条	1. 混凝土制作、运输、浇筑、振捣、养护	m³	6.45					

续表

序号	项目编码	项目名称	项目特征描述	工程内容	计量单位	工程量	综合单价	合价	人工费	材料及工程设备暂估价	备注
15	010505008001	C30雨篷	1.混凝土种类：泵送商品混凝土 5~25 石子 2.混凝土强度等级：C30 坍落度 12cm±3（不含泵送费）	1.混凝土制作、运输、浇筑、振捣、养护	m³	0.96					
16	010502002001	C25构造柱	1.混凝土种类：非泵送商品混凝土 2.混凝土强度等级：C25	1.混凝土制作、运输、浇筑、振捣、养护	m³	3.21					
17	010503004001	C25圈梁	1.混凝土种类：非泵送商品混凝土 2.混凝土强度等级：C25	1.混凝土制作、运输、浇筑、振捣、养护	m³	0.94					
18	010503005001	C25过梁	1.混凝土种类：非泵送商品混凝土 2.混凝土强度等级：C25	1.混凝土制作、运输、浇筑、振捣、养护	m³	0.44					
19	010515001001	现浇构件钢筋	1.钢筋种类、规格：热轧带肋钢筋 HRB400，规格综合考虑	1.钢筋制作、运输 2.钢筋安装 3.焊接（绑扎）	t	9.528					
20	010507001001	C20混凝土散水	1.垫层材料种类、厚度：150mm厚 5~32 碎石 灌 DM5.0 砂浆，宽出面层 100 2.面层厚度：60mm厚 3.混凝土种类：细石混凝土 4.混凝土强度等级：C20 5.变形缝填塞材料种类：密封膏填塞	1.地基夯实 2.铺设垫层 3.混凝土制作、运输、浇筑、振捣、养护 4.变形缝填塞	m²	18.52					
21	010507001002	C15混凝土坡道	1.垫层材料种类、厚度：200mm 厚级配砂石 2.面层厚度：100mm 厚 3.混凝土种类：非泵送商品混凝土 4.混凝土强度等级：C15	1.地基夯实 2.铺设垫层 3.混凝土制作、运输、浇筑、振捣、养护 4.变形缝填塞	m²	11.91					
22	010507004001	C15混凝土台阶	1.踏步高、宽：150mm 高，300mm 宽 2.混凝土种类：非泵送商品混凝土 3.混凝土强度等级：C15	1.混凝土制作、运输、浇筑、振捣、养护	m²	2.4					

续表

序号	项目编码	项目名称	项目特征描述	工程内容	计量单位	工程量	综合单价	合价	人工费	材料及工程设备暂估价	备注
23	010507002001	C15混凝土室外地坪	1. 地坪厚度：60mm厚 2. 混凝土强度等级：C15	1. 地基夯实 2. 铺设垫层 3. 混凝土制作、运输、浇筑、振捣、养护 4. 变形缝填塞	m²	3.6					
			门窗工程								
24	010802003001	钢质防火门—LM1529	1. 门代号及洞口尺寸：LM1529 2. 门框或扇外围尺寸：1500mm×2950mm 3. 门材质：钢质防火门 4. 五金：包含铰链、执手锁等大小五金件	1. 门安装 2. 五金安装 3. 玻璃安装	樘	2					
25	010807001001	断热铝合金平开窗—LC1223	1. 窗代号及洞口尺寸：LC1223平开窗 2. 框或扇外围尺寸：1200mm×2300mm 3. 框、扇材质：断热铝合金 4. 玻璃品种、厚度：5Low-e+12Ar+5（中透光） 5. 五金：包含铰链、滑撑、锁具等大小五金件	1. 窗安装 2. 五金、玻璃安装	樘	4					
26	010803002001	钢质防火卷帘门—JM3640	1. 门代号及洞口尺寸：JM3640，3600mm×4050mm 2. 门材质：钢质防火卷帘门 3. 启动装置品种、规格：电动装置	1. 门运输、安装 2. 启动装置、活动小门、五金安装	樘	1					
			屋面及防水工程								
27	011101003001	屋面C20细石混凝土找坡层	1. 找坡层厚度，混凝土强度等级：C20细石混凝土找坡层，坡度2%，最薄处30mm厚	1. 基层清理 2. 抹找平层 3. 面层铺设 4. 材料运输	m²	98.42					

续表

序号	项目编码	项目名称	项目特征描述	工程内容	计量单位	工程量	金额（元）			备注
							综合单价	合价	其中	
									人工费	材料及工程设备暂估价	
28	010902001001	屋面 3mm 厚 SBS 改性沥青防水卷材	1. 卷材品种、规格、厚度：3mm 厚弹性体 SBS 改性沥青防水卷材（聚酯胎 I 型） 2. 防水层数：2 层 3. 防水层做法：冷铺	1. 基层处理 2. 刷底油 3. 铺油毡卷材、接缝	m²	112.5					
29	010902003001	屋面 40mm 厚 C20 细石混凝土内配成品 φ4@200 的单层双向钢筋网片	1. 刚性层厚度：40mm 厚 2. 混凝土种类：C20 细石混凝土 3. 混凝土强度等级：C20 4. 嵌缝材料种类：密封膏填实 5. 钢筋规格、型号：φ4@200 的单层双向钢筋网片	1. 基层处理 2. 混凝土制作、运输、铺筑、养护 3. 钢筋制安	m²	98.42					
30	011101006001	雨篷顶面砂浆找平层	1. 找平层厚度、砂浆配合比：20mm 厚 DP20 聚合物水泥防水砂浆	1. 基层清理 2. 抹找平层 3. 材料运输	m²	9.56					
31	010902001002	雨篷顶面 3mm 厚 SBS 改性沥青防水卷材	1. 卷材品种、规格、厚度：3mm 厚弹性体 SBS 改性沥青防水卷材（聚酯胎 I 型） 2. 防水层数：1 层 3. 防水层做法：冷铺	1. 基层处理 2. 刷底油 3. 铺油毡卷材、接缝	m²	11.96					
32	010903002001	内墙面 1.2mm 厚聚合物水泥防水涂料	1. 防水膜品种：聚合物防水涂料（Ⅱ型） 2. 涂膜厚度、遍数：1.2mm 厚	1. 基层处理 2. 刷基层处理剂 3. 铺布、喷涂防水层	m²	44.11					
33	010904002001	地面聚氨酯涂膜防水（含地沟）	1. 防水膜品种：聚氨酯 2. 涂膜厚度、遍数：1.5mm 厚，2 道	1. 基层处理 2. 刷基层处理剂 3. 铺布、喷涂防水层	m²	103.74					

续表

序号	项目编码	项目名称	项目特征描述	工程内容	计量单位	工程量	综合单价	合价	人工费	材料及工程设备暂估价	备注
		楼地面装饰工程									
34	011102003001	10mm厚防滑地砖地面	1. 基层处理：100mm厚碎石夯入土中 2. 垫层：80mm厚 C20 细石混凝土 3. 找平层：40mm厚 C25 细石混凝土 4. 面层材料品种、规格、颜色：10mm厚防滑地砖（背胶处理），规格 600×600 5. 嵌缝材料种类：干水泥搽缝	1. 铺筑碎石、夯实 2. 抹找平层 3. 浇筑垫层 4. 面层铺设、磨边 5. 嵌缝 6. 刷防护材料 7. 酸洗、打蜡 8. 材料运输	m²	93.12					
35	011107002001	10mm厚防滑地砖台阶面	1. 面层材料品种、规格、颜色：10mm厚防滑地砖（背胶处理），规格 600×600 2. 勾缝材料种类：干水泥搽缝	1. 基层清理 2. 面层铺贴 3. 贴嵌防滑条 4. 勾缝 5. 刷防护材料 6. 材料运输	m²	2.4					
36	011102003002	10mm厚防滑地砖室外地坪及地沟	1. 面层材料品种、规格、颜色：10mm厚防滑地砖（背胶处理），规格 600×600 2. 嵌缝材料种类：干水泥搽缝	1. 基层清理 2. 抹找平层 3. 面层铺设、磨边 4. 嵌缝 5. 刷防护材料 6. 酸洗、打蜡 7. 材料运输	m²	12.91					

续表

序号	项目编码	项目名称	项目特征描述	工程内容	计量单位	工程量	金额（元）				备注
							综合单价	合价	其中		
									人工费	材料及工程设备暂估价	
37	011102003003	8～10mm厚防滑地砖坡道地面	1.结合层厚度、砂浆配合比：30mm厚DS15干硬性水泥砂浆，表面撒水泥粉 2.面层材料品种、规格、颜色：8～10mm厚防滑地砖（带防滑槽）	1.基层清理 2.抹找平层 3.面层铺设、磨边 4.嵌缝 5.刷防护材料 6.酸洗、打蜡 7.材料运输	m²	11.91					
38	010507003001	地沟	1.土壤类别：一、二类土 2.沟截面净空尺寸：宽300mm，深200mm 3.做法：参见图集02J331，18/76 4.混凝土强度等级：C25 5.盖板材料种类：铸铁 6.说明：包含沟体及盖板	1.挖填、运土石方 2.铺设垫层 3.模板及支撑制作、安装、拆除、堆放、运输及清理模内杂物、刷隔离剂等 4.混凝土制作、运输、浇筑、振捣、养护 5.刷防护材料 6.铺设盖板 7.完成地沟所需的其他所有内容	m	13.3					
		墙、柱面装饰与隔断、幕墙工程									
39	011201001001	外墙面一般抹灰（含雨篷外侧面及底面）	1.墙体类型：加气砌块外墙 2.基层处理：专用界面剂一道 3.底层厚度、砂浆配合比：10mm厚DP20聚合物水泥砂浆找平层兼防水层	1.基层清理 2.砂浆制作、运输 3.底层抹灰 4.抹面层 5.抹装饰面 6.勾分格缝	m²	306.65					

续表

序号	项目编码	项目名称	项目特征描述	工程内容	计量单位	工程量	综合单价	合价	人工费	材料及工程设备暂估价	备注
								金额（元）		其中	
40	011204003001	内墙10mm厚瓷砖墙面	1. 墙体类型：加气砌块内墙 2. 安装方式：粘贴，5mm厚 DP20 水泥砂浆粘结层（内掺专用胶） 3. 面层材料品种、规格、颜色：10mm厚瓷砖	1. 基层清理 2. 砂浆制作、运输 3. 粘结层铺贴 4. 面层安装 5. 嵌缝 6. 刷防护材料 7. 磨光、酸洗、打蜡	m²	198.44					
		油漆、涂料、裱糊工程									
41	011407001001	外墙面喷刷真石漆（含雨篷外侧面及底面）	1. 基层类型：抹灰面 2. 喷刷涂料部位：外墙 3. 涂料品种、喷刷遍数：真石漆系统（颜色、效果见立面图和面材料图例）	1. 基层清理 2. 刮腻子 3. 刷、喷涂料	m²	311.01					
42	011407002001	天棚刷喷涂料	1. 基层类型：钢筋混凝土楼板 2. 喷刷涂料部位：天棚 3. 腻子种类：耐水腻子 4. 刮腻子要求：满批腻子 5. 涂料品种、喷涂遍数：内墙涂料	1. 基层清理 2. 刮腻子 3. 刷、喷涂料	m²	136.96					

（四）单价措施项目清单（表 4.1-2）

工程名称：上海市某某地块垃圾房/单项工程/建筑装饰工程　　标段：C01

单价措施项目清单与计价表

表 4.1-2

序号	项目编码	项目名称	项目特征描述	工程内容	计量单位	工程量	金额（元）			备注
							综合单价	合价	其中 人工费	
1	011701001001	综合脚手架	1. 建筑结构形式：框架结构 2. 檐口高度：5.9m	1. 场内、场外材料搬运 2. 搭、拆脚手架、斜道、上料平台 3. 安全网的铺设 4. 选择附墙点与主体连接 5. 测试电动装置、安全锁等 6. 拆除脚手架后材料的堆放	m²	106.86				
2	011702001001	垫层基础模板	1. 基础类型：独立基础	1. 模板制作 2. 模板安装、拆除、整理堆放及场内外运输 3. 清理模板粘结物及模板内杂物、刷隔离剂等	m²	10.1				
3	011702001002	独立基础模板	1. 基础类型：独立基础	1. 模板制作 2. 模板安装、拆除、整理堆放及场内外运输 3. 清理模板粘结物及模板内杂物、刷隔离剂等	m²	29.6				
4	011702005001	基础梁模板	1. 梁截面形状：250mm×500mm	1. 模板制作 2. 模板安装、拆除、整理堆放及场内外运输 3. 清理模板粘结物及模板内杂物、刷隔离剂等	m²	57.3				
5	011702002001	矩形柱模板	1. 其他：矩形柱模板 2. 支撑高度：3.6m 及以下	1. 模板制作 2. 模板安装、拆除、整理堆放及场内外运输 3. 清理模板粘结物及模板内杂物、刷隔离剂等	m²	94.85				
6	011702002002	矩形柱模板—超3.6m 以上	1. 其他：矩形柱模板 2. 支撑高度：5.2m 及以下、3.6m 以上	1. 模板制作 2. 模板安装、拆除、整理堆放及场内外运输 3. 清理模板粘结物及模板内杂物、刷隔离剂等	m²	25.25				

续表

序号	项目编码	项目名称	项目特征描述	工程内容	计量单位	工程量	综合单价	合价	其中 人工费	备注
7	011702014001	有梁板模板	1.层高：5.6m	1. 模板制作 2. 模板安装、拆除、整理堆放及场内外运输 3. 清理模板粘结物及模内杂物、刷隔离剂等	m²	164.5				
8	011702011001	直形墙模板	1.其他：直形墙模板	1. 模板制作 2. 模板安装、拆除、整理堆放及场内外运输 3. 清理模板粘结物及模内杂物、刷隔离剂等	m²	18.52				
9	011702011001	女儿墙及线条模板	1.其他：女儿墙及线条模板	1. 模板制作 2. 模板安装、拆除、整理堆放及场内外运输 3. 清理模板粘结物及模内杂物、刷隔离剂等	m²	59.16				
10	011702023001	雨篷模板	1.构件类型：雨篷 2.板厚度：10cm	1. 模板制作 2. 模板安装、拆除、整理堆放及场内外运输 3. 清理模板粘结物及模内杂物、刷隔离剂等	m²	8.4				
11	011702003001	构造柱模板	1.其他：构造柱模板	1. 模板制作 2. 模板安装、拆除、整理堆放及场内外运输 3. 清理模板粘结物及模内杂物、刷隔离剂等	m²	32.05				
12	011702008001	圈梁模板	1.其他：圈梁模板	1. 模板制作 2. 模板安装、拆除、整理堆放及场内外运输 3. 清理模板粘结物及模内杂物、刷隔离剂等	m²	9.43				
13	011702009001	过梁模板	1.其他：过梁模板	1. 模板制作 2. 模板安装、拆除、整理堆放及场内外运输 3. 清理模板粘结物及模内杂物、刷隔离剂等	m²	6.01				
14	011702029001	散水模板	1.其他：散水模板	1. 模板制作 2. 模板安装、拆除、整理堆放及场内外运输 3. 清理模板粘结物及模内杂物、刷隔离剂等	m²	2.34				

续表

序号	项目编码	项目名称	项目特征描述	工程内容	计量单位	工程量	综合单价	合价	其中 人工费	备注
15	011702029002	坡道模板	1. 其他: 坡道模板	1. 模板制作 2. 模板安装、拆除、整理堆放及模内杂物、刷隔离剂等 3. 清理模板粘结物及模内杂物, 刷隔离剂等	m²	1				
16	011702027001	台阶模板	1. 台阶踏步宽: 300mm 宽	1. 模板制作 2. 模板安装、拆除、整理堆放及模内杂物、刷隔离剂等 3. 清理模板粘结物及模内杂物, 刷隔离剂等	m²	2.4				
17	011702025001	室外地坪模板	1. 构件类型: 室外地坪模板	1. 模板制作 2. 模板安装、拆除、整理堆放及模内杂物、刷隔离剂等 3. 清理模板粘结物及模内杂物, 刷隔离剂等	m²	0.11				
18	011703001001	垂直运输	1. 建筑物檐口高度: 5.9m 2. 建筑物建筑类型及结构形式: 框架结构 3. 层数: 1 层	1. 垂直运输机械的固定装置、基础制作、安装 2. 行走式垂直运输机械轨道的铺设、拆除、摊销	m²	106.86				
19	沪 011703002001	基础垂运输	1. 基础种类: 钢筋混凝土基础	1. 垂直运输机械的固定基础制作、安装、拆除 2. 建筑物单位工程合理工期内完成全部工程项目所需的全部垂直运输	m³	20.5				

（五）安全文明措施项目清单（表4.1-3）

安全防护、文明施工清单与计价明细表

表 4.1-3

工程名称：上海市某某地块垃圾房　　　　　　　　　　　　　标段：C01

序号	项目编码	名称	计量单位	项目名称	工程内容及包含范围	金额（元）
1.1.1	011707001001	环境保护	项	粉尘控制		
1.1.2	011707001002			噪声控制		
1.1.3	011707001003			有毒有害气味控制		
1.1.4	011707001004	文明施工	项	安全警示标志牌		
1.1.5	011707001005			现场围挡		
1.1.6	011707001006			各类图板		
1.1.7	011707001007			企业标志		
1.1.8	011707001008			场容场貌		
1.1.9	011707001009			材料堆放		
1.1.10	011707001010			现场防火		
1.1.11	011707001011			垃圾清运		
1.1.12	011707001012	临时设施	项	现场办公设施		
1.1.13	011707001013			现场宿舍设施		
1.1.14	011707001014			现场食堂生活设施		
1.1.15	011707001015			现场厕所、浴室、开水房等设施		
1.1.16	011707001016			水泥仓库		
1.1.17	011707001017			木工棚、钢筋棚		
1.1.18	011707001018			其他库房		
1.1.19	011707001019			配电线路		
1.1.20	011707001020			配电箱及开关箱		
1.1.21	011707001021			接地保护装置		
1.1.22	011707001022			供水管线		
1.1.23	011707001023			排水管线		
1.1.24	011707001024			沉淀池		
1.1.25	011707001025			临时道路		
1.1.26	011707001026			硬地坪		
1.1.27	011707001027	安全施工	项	楼板、屋面、阳台等临时防护		
1.1.28	011707001028			通道口防护		
1.1.29	011707001029			预留洞口防护		
1.1.30	011707001030			电梯井口防护		
1.1.31	011707001031			楼梯边防护		
1.1.32	011707001032			垂直方向交叉作业防护		
1.1.33	011707001033			高空作业防护		
1.1.34	011707001034			操作平台交叉作业		
1.1.35	011707001035			作业人员具备必要的安全帽、安全带等安全防护用品		

（六）其他项目清单汇总表（表4.1-4）

其他项目清单汇总表　　　　　　　　　　　　　　　　　　　　　　　　　　　**表 4.1-4**

工程名称：上海市某某地块垃圾房　　　　　　　　　　　标段：C01

序号	项目名称	金额（元）	备注
1	暂列金额		填写合计数 （详见暂列金额明细表）
2	暂估价	200000	
2.1	材料及工程设备暂估价	—	详见材料及设备暂估价表
2.2	专业工程暂估价	200000	填写合计数 （详见专业工程暂估价表）
3	计日工	—	详见计日工表
4	总承包服务费		填写合计数 （详见总承包服务费计价表）
	合计		

（七）专业工程暂估价表（表4.1-5）

专业工程暂估价表

表 4.1-5

工程名称：上海市某某地块垃圾房　　　　　　　　　　标段：C01

序号	项目名称	拟发包（采购）方式	发包（采购）人	金额（元）
1	垃圾房处理设备	公开招标	甲乙双方	200000
	合计			200000

（八）其他措施项目清单（表4.1-6）

其他措施项目清单与计价表 表 4.1-6

工程名称：上海市某某地块垃圾房　　　　　　　标段：C01

序号	项目编码	项目名称	工作内容、说明及包含范围	金额（元）
1	011707002	夜间施工		
2	011707003	非夜间施工照明		
3	011707004	二次搬运		
4	011707005	冬雨期施工		
5	011707006	大型机械设备进出场及安拆		
6	011707007	施工排水		
7	011707008	施工降水		
8	011707009	地上、地下设施、建筑物的临时保护设施		
9	011707010	已完工程及设备保护		
		合计		

（九）规费、税金项目清单（表4.1-7）

规费、税金项目清单计价表　　　　　　　　　　　　表 4.1-7

工程名称：上海市某某地块垃圾房　　　　　　　　标段：C01

序号	项目名称	计算基础	费率（%）	金额（元）
1	规费	社会保险费＋住房公积金		
1.1	社会保险费	管理人员部分＋施工现场作业人员		
1.1.1	管理人员部分	单价措施人工费_建筑与装饰＋专业工程暂估价人工费_建筑与装饰	4.56	
1.1.2	施工现场作业人员	单价措施人工费_建筑与装饰＋专业工程暂估价人工费_建筑与装饰	28.04	
1.2	住房公积金	单价措施人工费_建筑与装饰＋专业工程暂估价人工费_建筑与装饰	1.96	
2	增值税	措施项目清单费用＋其他项目合计＋规费	9	
	合计			

三、工程量计算表

工程量计算表如表 4-1-8 所示。

工程量计算表 表 4.1-8

工程名称：上海市某某地块垃圾房 / 单项工程 / 建筑装饰工程

序号	项目编号	项目名称	计量单位	工程量表达式	工程量
一		土石方工程			
1	010101001001	平整场地	m²	13.7×7.8	106.86
2	010101004001	挖基坑土方【3.0m以内】	m³	DJP1：（1.7+0.2）×（1.7+0.2）×（2+0.1−0.3）×6 DJP2：（1.5+0.2）×（1.5+0.2）×（2+0.1−0.3）×2 DJP3：（1.6+0.2）×（1.6+0.2）×（2+0.1−0.3）×1	55.22
3	010101003001	挖沟槽土方【3.0m以内】	m³	A 轴：0.45×0.6×（6.75−1.05−0.95）×2 B 轴：0.45×0.6×（6.75−0.95−0.9）×2 C 轴：0.45×0.6×（6.75−1.05−0.95）×2 1 轴：0.45×0.6×（3.8−1.05−0.85）×2 2 轴：0.45×0.6×（3.8−1.05−0.9）×2 3 轴：0.45×0.6×（3.8−1.05−0.85）×2	10.83
4	010103001001	回填方	m³	挖土方：55.22+10.83 垫层：−5.65 独立基础：−13.34 基础梁：−7.16 −0.300 以下矩形柱： −0.4×0.4×1.1×9=−1.584 室内回填：13.3×7.4×（0.3−0.1−0.08−0.04−0.003−0.01）=6.5941 回填：66.05−5.65−13.34−7.16−1.584+6.5941	44.91
5	010103002001	余方弃置	m³	挖土方：55.22+10.83 回填方：−44.91 余方弃置：55.22+10.83−44.91	21.14
二		砌筑工程			
6	010402001001	200mm 厚蒸压砂加气混凝土砌块—外墙	m³	砖墙体积：［（13.5+7.6）×2×（5.6−0.5+0.3）−（0.3×8+0.4×4）×（5.6−0.5+0.3）］×0.2 扣门窗：（−3.6×4.05−1.2×2.3×4−1.5×2.95×2）×0.2 扣构造柱：−3.21 扣圈梁：−0.94 扣过梁：−0.44 雨篷−1 处墙体：−4×1.05×0.2 雨篷−2 处墙体：−（4.4−0.4）×1.25×0.2	27.93
7	010404001001	台阶及室外地坪碎石垫层	m³	4.2×1.6×0.3	2.02
三		混凝土及钢筋混凝土工程			

续表

序号	项目编号	项目名称	计量单位	工程量表达式	工程量
8	010501001001	C15 垫层	m³	DJP01：1.9×1.9×0.1×6 DPJ02：1.7×1.7×0.1×2 DPJ03：1.8×1.8×0.1×1 A 轴：0.45×0.1×（6.75-0.2-0.3）×2 B 轴：0.45×0.1×（6.75-0.2-0.3）×2 C 轴：0.45×0.1×（6.75-0.2-0.3）×2 1 轴：0.45×0.1×（3.8-0.2-0.3）×2 2 轴：0.45×0.1×（3.8-0.2-0.3）×2 3 轴：0.45×0.1×（3.8-0.2-0.3）×2	5.65
9	010501003001	C35 独立基础	m³	DJP01 基础：｛1.7×1.7×0.5+［1.7×1.7+0.5×0.5+sqrt（1.7×1.7×0.5×0.5）］/3×0.1｝×6 DJP02 基础：｛1.5×1.5×0.5+［1.5×1.5+0.5×0.5+sqrt（1.5×1.5×0.5×0.5）］/3×0.1｝×2 DJP03 基础：｛1.6×1.6×0.5+［1.6×1.6+0.5×0.5+sqrt（1.6×1.6×0.5×0.5）］/3×0.1｝×1	13.34
10	010503001001	C35 基础梁	m³	A 轴：0.25×0.5×（6.75-0.2-0.3）×2 B 轴：0.25×0.5×（6.75-0.2-0.3）×2 C 轴：0.25×0.5×（6.75-0.2-0.3）×2 1 轴：0.25×0.5×（3.8-0.2-0.3）×2 2 轴：0.25×0.5×（3.8-0.2-0.3）×2 3 轴：0.25×0.5×（3.8-0.2-0.3）×2	7.16
11	010502001001	C30 矩形柱【C30】	m³	K1：0.4×0.4×（5.6+1.4）×5 K2：0.4×0.4×（5.6+1.4）×4	10.08
12	010505001001	C30 有梁板【C30】	m³	13.7×7.8×0.12 WKL1：0.25×（0.5-0.12）×（7.6-0.3×2-0.4）×3 WKL2：0.25×（0.5-0.12）×（13.5-0.3×2-0.4）×2 WKL3：0.25×（0.5-0.12）×（13.5-0.3×2-0.4） L1：0.2×（0.45-0.12）×（7.6-0.15×2-0.25）×2 扣板洞：-0.9×0.9×0.12	19.1
13	010504001001	C30 直形墙【C35】	m³	雨篷-1 处墙体：4×1.05×0.2 雨篷-2 处墙体：（4.4-0.4）×1.25×0.2	1.84
14	010504001002	C30 女儿墙【C30】	m³	女儿墙： （7.6+13.5）×2×（0.6×0.2） 内侧线条： （7.6-0.2+13.5-0.2）×2×0.05×0.1 外侧线条： （7.6+0.2+13.5+0.2）×2×（0.15×0.2-0.05×0.05）	6.45
15	010505008001	C30 雨篷	m³	雨篷-1：4×1×0.1+（0.95×2+3.9）×0.1×0.1 雨篷-2：4.4×1×0.1+（0.95×2+4.3）×0.1×0.1	0.96
16	010502002001	C25 构造柱	m³	LC1223：［0.2×（0.2+0.03×2）×（5.6+0.3-0.5-0.18）×2-2.3×0.03×0.2×2］×4 LM1529：［0.2×（0.2+0.03×2）×（5.6+0.3-0.5-0.25-1.25）×2-2.95×0.03×0.2×2］×2 JM3640：0.2×（0.2+0.03×2）×（5.6+0.3-0.5-1.05）×2-4.05×0.03×0.2×2	3.21

续表

序号	项目编号	项目名称	计量单位	工程量表达式	工程量
17	010503004001	C25 圈梁	m³	$[(7.6+13.5)\times2-3.6-1.2\times4-1.5\times2-(0.3\times2+0.4)\times4-(0.2+0.03)\times2\times7]\times0.2\times0.2$	0.94
18	010503005001	C25 过梁	m³	LM1529：$(1.5+0.5)\times0.25\times0.2\times2$ LM1223：$(1.2+0.5)\times0.18\times0.2\times4$	0.44
19	010515001001	现浇构件钢筋	t	$(13.34+7.16+10.08+19.1+1.84+6.45+0.96+3.21+0.94+0.44)\times0.15$	9.528
20	010507001001	C20 混凝土散水	m²	$[(7.8+13.7)\times2+0.5\times4-4-3.97]\times0.5$	18.52
21	010507001002	C15 混凝土坡道	m²	3.97×3	11.91
22	010507004001	C15 混凝土台阶	m²	4×0.6	2.4
23	010507002001	C15 混凝土室外地坪	m²	4×0.9	3.6
四		门窗工程			
24	010802003001	钢质防火门—LM1529	樘	2	2
25	010807001001	断热铝合金平开窗—LC1223	樘	4	4
26	010803002001	钢质防火卷帘门—JM3640	樘	1	1
五		屋面及防水工程			
27	011101003001	屋面 C20 细石混凝土找坡层	m²	13.3×7.4	98.42
28	010902001001	屋面 3mm 厚 SBS 改性沥青防水卷材	m²	$13.3\times7.4+(13.3+7.4)\times2\times0.34$	112.5
29	010902003001	屋面 40mm 厚 C20 细石混凝土内配成品 φ4@200 的单层双向钢筋网片	m²	13.3×7.4	98.42
30	011101006001	雨篷顶面砂浆找平层	m²	雨篷-1：$4\times1+(0.9\times2+3.8)\times0.1$ 雨篷-2：$4.4\times1+(0.9\times2+4.2)\times0.1$	9.56
31	010902001002	雨篷顶面 3mm 厚 SBS 改性沥青防水卷材	m²	雨篷-1： $4\times1+(0.9\times2+3.8)\times0.1+3.8\times0.3$ 雨篷-2： $4.4\times1+(0.9\times2+4.2)\times0.1+4.2\times0.3$	11.96
32	010903002001	内墙面 1.2mm 厚聚合物水泥防水涂料	m²	$[(13.3+7.4)\times2+0.2\times4\times2]\times1.2-(1.2-0.65)\times1.2\times4-3.6\times1.2-1.5\times1.2\times2$ 柱：$+(0.4+0.4)\times2\times1.2$ 门窗侧边：$+\{[1.2+(1.2-0.65)\times2]\times4+1.2\times2+1.2\times2\times2\}\times0.07$	44.11
33	010904002001	地面聚氨酯涂膜防水（含地沟）	m²	$13.3\times7.4+13.3\times0.2\times2$	103.74

序号	项目编号	项目名称	计量单位	工程量表达式	工程量
六		楼地面装饰工程			
34	011102003001	10mm 厚防滑地砖地面	m²	13.3×7.4 扣地沟：−0.45×13.3 加门洞口：1.5×0.2×2+3.6×0.2 扣柱：−0.4×0.4×4	93.12
35	011107002001	10mm 厚防滑地砖台阶面	m²	4×0.6	2.4
36	011102003002	10mm 厚防滑地砖室外地坪及地沟	m²	室外地坪：4×0.9 地沟：（0.3+0.2×2）×13.3	12.91
37	011102003003	8~10mm 厚防滑地砖坡道地面	m²	3.97×3	11.91
38	010507003001	地沟	m	13.5−0.2	13.3
七		墙、柱面装饰与隔断、幕墙工程			
39	011201001001	外墙面一般抹灰（含雨篷外侧面及底面）	m²	［（13.7+7.8）×2］×（0.3+6.2−0.2+0.2） 扣门窗：−（1.5×2.95×2+3.6×4.05+1.2×2.3×4） 女儿墙内侧：（13.3+7.4）×2×（0.6−0.1） 外侧线条：（13.7+7.8+0.15×2）×2×（0.15×2+0.2） 内侧线条：（13.3+7.4−0.05×2）×2×（0.05×2+0.1） 雨篷外侧面及底面：（1×2+4.4）×0.2+4.4×1+（1×2+4）×0.2+4×1	306.65
40	011204003001	内墙 10mm 厚瓷砖墙面	m²	［（13.3+7.4）×2+0.2×4×2］×5.1−3.6×4.05−1.2×2.3×4−1.5×2.95×2 柱：+（0.4+0.4）×2×5.1 门窗侧边：+［（2.95×2+1.5）×2+（1.2+2.3）×2×4+（4.05×2+3.6）］×0.1	198.44
八		油漆、涂料、裱糊工程			
41	011407001001	外墙面喷刷真石漆（含雨篷外侧面及底面）	m²	外墙抹灰：306.65 门窗侧边：［（2.95×2+1.5）×2+（1.2+2.3）×2×4+（4.05×2+3.6）］×0.08	311.01
42	011407002001	天棚刷喷涂料	m²	天棚面：13.3×7.4 扣柱：−0.4×0.4×4 梁侧边 A−C 轴：（13.5−0.3×2−0.4）×（0.5−0.12）×2×2−0.2×（0.45−0.12）×8 梁侧边 1−3 轴：（7.6−0.3×2−0.4）×（0.5−0.12）×2×2 梁 L1 侧边：（7.6−0.15×2−0.25）×（0.45−0.12）×2×2 柱侧边：（0.15×4+0.15×3×4+0.15×2×4）×（0.5−0.12）	136.96

续表

序号	项目编号	项目名称	计量单位	工程量表达式	工程量
九		单价措施项目			
43	011702001001	综合脚手架	m²	13.7×7.8	106.86
44	011702001004	垫层基础模板	m²	DPJ1：1.9×4×0.1×6 DPJ2：1.7×4×0.1×2 DPJ3：1.8×4×0.1×1 A轴：0.1×（6.75-0.2-0.3）×2×2 B轴：0.1×（6.75-0.2-0.3）×2×2 C轴：0.1×（6.75-0.2-0.3）×2×2 1轴：0.1×（3.8-0.2-0.3）×2×2 2轴：0.1×（3.8-0.2-0.3）×2×2 3轴：0.1×（3.8-0.2-0.3）×2×2	18.1
45	011702001003	独立基础模板	m²	DPJ1：1.7×0.5×4×6 DPJ2：1.5×0.5×4×2 DPJ3：1.6×0.5×4×1	29.6
46	011702001005	基础梁模板	m²	A轴：0.5×（6.75-0.2-0.3）×2×2 B轴：0.5×（6.75-0.2-0.3）×2×2 C轴：0.5×（6.75-0.2-0.3）×2×2 1轴：0.5×（3.8-0.2-0.3）×2×2 2轴：0.5×（3.8-0.2-0.3）×2×2 3轴：0.5×（3.8-0.2-0.3）×2×2	57.3
47	011702002003	矩形柱模板	m²	K1：0.4×4×（1.4+5.6-0.12）×5 K2：0.4×4×（1.4+5.6-0.12）×4 扣基础梁头：-0.2×0.5×24 扣梁头：-0.2×（0.5-0.12）×24	94.85
48	011702002004	矩形柱模板—超3.6m以上	m²	K1：0.4×4×（5.6-0.12-3.6）×5 K2：0.4×4×（5.6-0.12-3.6）×4 扣梁头：-0.2×（0.5-0.12）×24	25.25
49	011702014004	有梁板模板	m²	13.7×7.8-0.9×0.9+（13.7+7.8+0.9×2）×2×0.12 WKL1：2×（0.5-0.12）×（7.6-0.3×2-0.4）×3 WKL2：2×（0.5-0.12）×（13.5-0.3×2-0.4）×2 WKL3：2×（0.5-0.12）×（13.5-0.3×2-0.4） L1：2×（0.45-0.12）×（7.6-0.15×2-0.25）×2	164.50
50	011702011001	直形墙模板	m²	雨篷1处墙体：4×（1.05×2-0.1）+1.05×0.2×2 雨篷1处墙体：（4.4-0.4）×（1.25×2-0.1）+1.25×0.2×2	18.52
51	011702011002	女儿墙及线条模板	m²	（7.6+13.5）×2×0.6×2 内侧线条： （7.6-0.2+13.5-0.2）×2×0.05 外侧线条：（7.6+0.2+13.5+0.2）×2×0.15	59.16
52	011702023001	雨篷模板	m²	雨篷-1：4×1 雨篷-2：4.4×1	8.4

续表

序号	项目编号	项目名称	计量单位	工程量表达式	工程量
53	011702003004	构造柱模板	m²	LC1223: [2×（0.2+0.03×2）×（5.6+0.3-0.5-0.18）×2-2.3×0.03×2×2]×4 LM1529: [2×（0.2+0.03×2）×（5.6+0.3-0.5-0.25-1.25）×2-2.95×0.03×2×2]×2 JM3640: 2×（0.2+0.03×2）×（5.6+0.3-0.5-1.05）×2-4.05×0.03×2×2	32.05
54	011702008001	圈梁模板	m²	[（7.6+13.5）×2-3.6-1.2×4-1.5×2-（0.3×2+0.4）×4-（0.2+0.03）×2×7]×0.2×2	9.43
55	011702009001	过梁模板	m²	LC1223: [（1.2+0.5）×0.18×2+1.2×0.2]×4 LM1529: [（1.5+0.5）×0.25×2+1.5×0.2]×2	6.01
56	011702029001	散水模板	m²	[（7.8+1+13.7+1）×2-4-3.97]×0.06	2.34
57	011702029003	坡道模板	m²	（3×2+3.97）×0.1	1
58	011702027001	台阶模板	m²	4×0.6	2.4
59	011702025001	室外地坪模板	m²	0.9×2×0.06	0.11
60	011703001001	垂直运输	m²	13.7×7.8	106.86
61	沪011703002001	基础垂直运输	m³	13.34+7.16	20.5

第二节 最高投标限价案例

一、最终投标限价单封面

上海市某某地块垃圾房

最高投标限价

××造价咨询有限公司

2023-05-10

工程报建号：

上海市某某地块垃圾房工程

最高投标限价

最高投标限价
（小写）：　　　776609.59
（大写）：　　　柒拾柒万陆仟陆佰零玖元伍角玖分

招 标 人：	×× 房地产开发有限 公司	工程造价咨询人 招标代理机构：	×× 造价咨询有限 公司
	（单位盖章）		（单位盖章）

法定代表人 或其授权人：	张 ××	法定代表人 或其授权人：	王 ××
	（签字或盖章）		（签字或盖章）

编 制 人：	李 ××	复 核 人：	赵 ××
	（造价人员签字盖专用章）		（造价工程师签字盖专用章）

编制时间：	2023-×× -××	复核时间：	2023-×× -××

二、编制说明

一、工程概况

1. 项目名称

上海市某某地块垃圾房工程

2. 建设地址

项目建设地点位于上海市××区××路东侧、××路南侧、××路西侧、××路北侧。

3. 工程特征

本垃圾房工程地上一层，层高5.6m，基础形式采用独立基础，建筑结构形式为框架结构。本工程建筑用地面积为××m²，建筑面积为××m²。

4. 工程质量

详见招标文件。

5. 工期

计划开竣工日期：2023年××月××日——2023年××月××日，

计划施工工期××日历天。

二、招标范围

本次招标范围：包括本工程施工图范围内的建筑工程等施工以及项目的总承包服务等工作内容，具体详见招标文件、工程量清单及施工图纸。垃圾房处理设备计入专业工程暂估价；并列入总承包管理服务范围。

三、最高投标限价编制依据

（1）《建设工程工程量清单计价规范》GB 50500—2013与专业工程量计算规范。

（2）上海市住房和城乡建设管理委员会《上海市建筑和装饰工程预算定额》SH 01-31-2016。

（3）建设工程设计文件、施工图纸、做法及相关资料。

（4）拟定的招标文件及招标工程量清单。

（5）与建设项目相关的标准、规范、技术资料。

（6）施工现场情况、工程特点及常规施工方案。

（7）工程造价管理机构发布的工程造价信息（××年第××期）。

（8）其他相关资料。

四、取费及材料价格说明

（1）取费：本工程的建筑装饰工程取费：企业管理费及利润费率为30.98%；安全防护、文明施工费费率为3.8%；其他措施项目费率为2.37%；社会保险费为32.6%；住房公积金为1.96%；税金按9%计取。

（2）材料价格：根据招标文件及招标人确定的《主要材料（设备）品牌要求选择 一览表》，材料价格按上海市《造价信息》（2023年第3期）及市场价格计取。

（3）人工单价：按上海市2023年3月建筑工程信息价。

（4）风险费用：考虑在报价中。

（5）暂列金额：无。

（6）暂估价：垃圾房处理设备 200000 元。

（7）计日工：无。

（8）总承包服务费：垃圾房处理设备 3000 元。

五、最高投标限价相关事项说明

（略）

六、最高投标限价总造价

本工程最高投标限价为 776609.59 元（大写：柒拾柒万陆仟陆佰零玖元伍角玖分）。

三、最高投标限价汇总表（表 4.2-1）

最高投标限价汇总表

表 4.2-1

工程名称：上海市某某地块垃圾房　　　　　　　　　　　　　　　　　　　　　　　标段：C01

序号	汇总内容	金额（元）	其中：材料暂估价（元）
1	单体工程分部分项工程费汇总	344564.08	
1.1	单项工程	344564.08	
1.1.1	建筑装饰工程	3444564.08	
2	措施项目费	103510.45	
2.1	总价措施项目费	21259.49	
2.1.1	安全文明施工费	13093.31	
2.1.2	其他措施项目费	8166.18	
2.2	单价措施项目费	82250.96	
3	其他项目费	203000	
4	规费	61411.33	
5	增值税	64123.73	
	合计 =1+2+3+4+5	776609.59	

增值税

四、分部分项工程（表 4.2-2、表 4.2-3）

分部分项工程费汇总表

表 4.2-2

工程名称：上海市某某地块垃圾房 / 单项工程 / 建筑装饰工程

序号	分部工程名称	金额（元）	其中：材料及工程设备暂估价（元）
1	土石方工程	11607.52	
2	砌筑工程	25307.04	
3	混凝土及钢筋混凝土工程	117379.84	
4	门窗工程	20699.76	
5	屋面及防水工程	34615.4	
6	楼地面装饰工程	27127.74	
7	墙、柱面装饰与隔断、幕墙工程	60020.58	
8	油漆、涂料、裱糊工程	47806.2	
	合计	344564.08	

注：群体工程应以单体工程为单位，分别汇总，并填写单体工程名称。

增值税

分部分项工程量清单与计价表

工程名称：上海市某某地块垃圾房/单项工程/建筑装饰工程

表 4.2-3

标段：C01

序号	项目编码	项目名称	项目特征描述	工程内容	计量单位	工程量	综合单价	金额（元）合价	其中 人工费	其中 材料及工程设备暂估价	备注
			土石方工程								
1	010101001001	平整场地	1. 土壤类别：一、二类土 2. 取土、弃土运距：1km 以内 3. 说明：±30cm 范围内挖填整平	1. 土方挖填 2. 场地找平 3. 场内运输	m²	106.86	5.43	580.25	1.45		
2	010101004001	挖基坑土方【3.0m 以内】	1. 挖土深度：3.0m 以内 2. 土壤类别：一、二类土 3. 弃土运距：1km 以内	1. 土方开挖 2. 基底钎探 3. 场内运输	m³	55.22	74.96	4139.29	16.31		
3	010101003001	挖沟槽土方【3.0m 以内】	1. 挖土深度：3.0m 以内 2. 土壤类别：一、二类土 3. 弃土运距：1km 以内	1. 土方开挖 2. 基底钎探 3. 场内运输	m³	10.83	22.33	241.83	5.35		
4	010103001001	回填方	1. 密实度要求：0.97 上 2. 填方材料品种：黏土 3. 填方来源、运距：自行考虑	1. 场内外运输 2. 回填 3. 压实	m³	44.91	88.88	3991.6	62.16		
5	010103002001	余方弃置	1. 运距：投标人根据施工现场实际情况自行考虑。废弃料品种：一般土壤和碎（砾）石	1. 土方装卸、运输至弃置点	m³	21.14	125.57	2654.55	0.71		
		分部小计						11607.52			
			砌筑工程								
6	010402001001	200mm 厚蒸压砂加气混凝土砌块-外墙	1. 砌块品种、规格、强度等级：200mm 厚蒸压砂加气混凝土砌块，砌块强度大于 A5.0，干密度级别 B06 2. 砂浆强度等级：专用粘结剂 3. 墙体类型：外墙	1. 砂浆制作、运输 2. 砌砖、砌块 3. 勾缝 4. 材料运输	m³	27.93	861.58	24063.93	276.26		

续表

序号	项目编码	项目名称	项目特征描述	工程内容	计量单位	工程量	综合单价	合价	人工费	材料及工程设备暂估价	备注
								金额（元）		其中	
7	010404001001	台阶及室外地坪碎石垫层	1. 垫层材料种类、配合比、厚度：300mm 厚 5～32 碎石灌 M2.5 混合砂浆	1. 垫层材料的拌制 2. 垫层铺设 3. 材料运输	m³	2.02	615.4	1243.11	156.46		
		分部小计						25307.04			
				混凝土及钢筋混凝土工程							
8	010501001001	C15 垫层	1. 混凝土种类：泵送商品混凝土 5～25 石子 2. 混凝土强度等级：C15	1. 混凝土制作、运输、浇筑、振捣、养护	m³	5.65	783.52	4426.89	96.61		
9	010501003001	C35 独立基础	1. 混凝土种类：泵送商品混凝土 5～25 石子 2. 混凝土强度等级：C35 坍落度 12cm±3（不含泵送费）	1. 混凝土制作、运输、浇筑、振捣、养护	m³	13.34	772.88	10310.22	51.49		
10	010503001001	C35 基础梁	1. 混凝土种类：泵送商品混凝土 5～25 石子 2. 混凝土强度等级：C35 坍落度 12cm±3（不含泵送费）	1. 混凝土制作、运输、浇筑、振捣、养护	m³	7.16	760.18	5442.89	40.08		
11	010502001001	C30 矩形柱 [C30]	1. 混凝土强度等级：C30 坍落度 12cm±3（不含泵送费） 2. 混凝土种类：泵送商品混凝土 5～25 石子	1. 混凝土制作、运输、浇筑、振捣、养护	m³	10.08	931.16	9386.09	184.63		
12	010505001001	C30 有梁板 [C30]	1. 混凝土强度等级：C30 坍落度 12cm±3（不含泵送费） 2. 混凝土种类：泵送商品混凝土 5～25 石子	1. 混凝土制作、运输、浇筑、振捣、养护	m³	19.1	756.58	14450.68	45.72		

续表

序号	项目编码	项目名称	项目特征描述	工程内容	计量单位	工程量	金额（元）				备注
							综合单价	合价	其中		
									人工费	材料及工程设备暂估价	
13	010504001002	C30直形墙【C30】	1.混凝土强度等级：C30坍落度12cm±3（不含泵送费）2.混凝土种类：泵送商品混凝土5~25石子	1.混凝土制作、运输、浇筑、振捣、养护	m³	1.84	843.61	1552.24	117.47		
14	010504001001	C30女儿墙【C30】	1.混凝土强度等级：C30坍落度12cm±3（不含泵送费）2.混凝土种类：泵送商品混凝土5~25石子 3.说明：包含凸出墙面的内外侧线条	1.混凝土制作、运输、浇筑、振捣、养护	m³	6.45	843.61	5441.28	117.47		
15	010505008001	C30雨篷	1.混凝土种类：泵送商品混凝土5~25石子 2.混凝土强度等级：C30坍落度12cm±3（不含泵送费）	1.混凝土制作、运输、浇筑、振捣、养护	m³	0.96	1015.26	974.65	240.13		
16	010502002001	C25构造柱	1.混凝土种类：非泵送商品混凝土 2.混凝土强度等级：C25	1.混凝土制作、运输、浇筑、振捣、养护	m³	3.21	1035.38	3323.57	277.83		
17	010503004001	C25圈梁	1.混凝土种类：非泵送商品混凝土 2.混凝土强度等级：C25	1.混凝土制作、运输、浇筑、振捣、养护	m³	0.94	917.31	862.27	184.66		
18	010503005001	C25过梁	1.混凝土种类：非泵送商品混凝土 2.混凝土强度等级：C25	1.混凝土制作、运输、浇筑、振捣、养护	m³	0.44	840.39	369.77	125.86		
19	010515001001	现浇构件钢筋	1.钢筋种类、规格：热轧带肋钢筋HRB400，规格综合考虑	1.钢筋制作、运输 2.钢筋安装 3.焊接（绑扎）	t	9.528	5913.47	56343.54	1202.84		

续表

序号	项目编码	项目名称	项目特征描述	工程内容	计量单位	工程量	金额（元）				备注
							综合单价	合价	其中		
									人工费	材料及工程设备暂估价	
20	010507001001	C20混凝土散水	1. 垫层材料种类、厚度：150mm厚5～32碎石灌DM5.0砂浆，宽出面层100mm 2. 面层厚度：60mm厚 3. 混凝土种类：细石混凝土 4. 混凝土强度等级：C20 5. 变形缝填塞材料种类：密封膏填实	1. 地基夯实 2. 铺设垫层 3. 混凝土制作、运输、浇筑、振捣、养护 4. 变形缝填塞	m²	18.52	140.72	2606.13	29.33		
21	010507001002	C15混凝土坡道	1. 垫层材料种类、厚度：200mm厚级配砂石 2. 面层厚度：100mm厚 3. 混凝土种类：非泵送商品混凝土 4. 混凝土强度等级：C15	1. 地基夯实 2. 铺设垫层 3. 混凝土制作、运输、浇筑、振捣、养护 4. 变形缝填塞	m²	11.91	118.31	1409.07	25.29		
22	010507004001	C15混凝土台阶	1. 面层厚度：60mm厚 2. 混凝土种类：非泵送商品混凝土 3. 混凝土强度等级：C15	1. 混凝土制作、运输、浇筑、振捣、养护	m²	2.4	132.88	318.91	17.65		
23	010507002002	C15混凝土室外地坪	1. 地坪厚度：60mm厚 2. 混凝土强度等级：C15	1. 地基夯实 2. 铺设垫层 3. 混凝土制作、运输、浇筑、振捣、养护 4. 变形缝填塞	m²	3.6	44.9	161.64	3.49		
		分部小计						117379.84			

续表

序号	项目编码	项目名称	项目特征描述	工程内容	计量单位	工程量	综合单价	合价	人工费	材料及工程设备暂估价	备注
				门窗工程							
24	010802003001	钢质防火门—LM1529	1.门代号及洞口尺寸：LM1529 2.门框或扇外围尺寸：1500mm×2950mm 3.门框、扇材质：钢质防火门 4.五金件：包含铰链、执手锁等大小五金件	1.门安装 2.五金安装 3.玻璃安装	樘	2	3803.05	7606.1	340.89		
25	010807001001	断热铝合金平开窗—LC1223	1.窗代号及洞口尺寸：LC1223平开窗 2.框或扇外围尺寸：1200mm×2300mm 3.框、扇材质：断热铝合金 4.玻璃品种、厚度：5Low-e+12Ar+5（中透光） 5.五金件：包含铰链、滑撑、锁具等大小五金件	1.窗安装 2.五金、玻璃安装	樘	4	1477.81	5911.24	137.97		
26	010803002001	钢质防火卷帘门—JM3640	1.门代号及洞口尺寸：JM3640，3600mm×4050mm 2.门材质：钢质防火卷帘门 3.启动装置品种、规格：电动装置	1.门运输、安装 2.启动装置、活动小门、五金安装	樘	1	7182.42	7182.42	1956.44		
		分部小计						20699.76			
				屋面及防水工程							
27	011101003001	屋层面C20细石混凝土找坡层	1.找坡层厚度、混凝土强度等级：C20细石混凝土找坡层，坡度2%，最薄处30mm厚	1.基层清理 2.抹找平层 3.面层铺设 4.材料运输	m²	98.42	59.47	5853.04	11.12		

续表

序号	项目编码	项目名称	项目特征描述	工程内容	计量单位	工程量	综合单价	金额（元）			备注
								合价	其中		
									人工费	材料及工程设备暂估价	
28	010902001001	屋面3mm厚SBS改性沥青防水卷材	1.卷材品种、规格、厚度：3mm厚弹性体SBS改性沥青防水卷材（聚酯胎I型）2.防水层数：2层 3.防水层做法：冷铺	1.基层处理 2.刷底油 3.铺油毡卷材、接缝	m²	112.5	111.19	12508.88	11.76		
29	010902003001	屋面40mm厚C20细石混凝土内配成品φ4@200的单层双向钢筋网片	1.刚性层厚度：40mm厚 2.混凝土种类：C20细石混凝土 3.混凝土强度等级：C20 4.嵌缝材料种类：密封膏填实 5.钢筋规格、型号：φ4@200的单层双向钢筋网片	1.基层处理 2.混凝土制作、运输、铺筑、养护 3.钢筋制安	m²	98.42	60.22	5926.85	21.06		
30	011101006001	雨篷顶面砂浆找平层	1.找平层厚度、砂浆配合比：20mm厚DP20聚合物水泥防水砂浆	1.基层清理 2.抹找平层 3.材料运输	m²	9.56	29.68	283.74	11.55		
31	010902001002	雨篷顶面3mm厚SBS改性沥青防水卷材	1.卷材品种、规格、厚度：3mm厚弹性体SBS改性沥青防水卷材（聚酯胎I型）2.防水层数：1层 3.防水层做法：冷铺	1.基层处理 2.刷底油 3.铺油毡卷材、接缝	m²	11.96	60.76	726.69	7.41		
32	010903002001	内墙面1.2mm厚聚合物水泥防水涂料	1.防水膜品种：聚合物防水涂料（II型）2.涂膜厚度、遍数：1.2mm厚	1.基层处理 2.刷基层处理剂 3.铺布、喷涂防水层	m²	44.11	50.69	2235.94	9.36		
33	010904002001	地面聚氨酯涂膜防水	1.防水膜品种：聚氨酯 2.涂膜厚度、遍数：1.5mm厚，2道	1.基层处理 2.刷基层处理剂 3.铺布、喷涂防水层	m²	103.74	68.25	7080.26	10.66		

续表

序号	项目编码	项目名称	项目特征描述	工程内容	计量单位	工程量	金额（元）				备注
							综合单价	合价	其中		
									人工费	材料及工程设备暂估价	
		分部小计						34615.4			
				楼地面装饰工程							
34	01110200300 1	10mm厚防滑地砖地面	1. 基层处理：100mm厚碎石夯入土中 2. 垫层：80mm厚C20细石混凝土 3. 找平层：40mm厚C25细石混凝土 4. 面层材料品种、规格、颜色：10mm厚防滑地砖（背胶处理），规格600×600 5. 嵌缝材料种类：干水泥擦缝	1. 铺筑碎石、夯实 2. 抹找平层 3. 浇筑垫层 4. 面层铺设、磨边 5. 嵌缝 6. 刷防护材料 7. 酸洗、打蜡 8. 材料运输	m²	93.12	238.32	22192.36	59.35		
35	01110700200 1	10mm厚防滑地砖台阶面	1. 面层材料品种、规格、颜色：10mm厚防滑地砖（背胶处理），规格600×600 2. 勾缝材料种类：干水泥擦缝	1. 基层清理 2. 面层铺贴 3. 贴防滑条 4. 勾缝 5. 刷防护材料 6. 材料运输	m²	2.4	207.84	498.82	85.43		
36	01110200300 5	10mm厚防滑地砖室外地坪及地沟	1. 面层材料品种、规格、颜色：10mm厚防滑地砖（背胶处理），规格600×600 2. 嵌缝材料种类：干水泥擦缝	1. 基层清理 2. 抹找平层 3. 面层铺设、磨边 4. 嵌缝 5. 刷防护材料 6. 酸洗、打蜡 7. 材料运输	m²	12.91	99.94	1290.23	32.45		

续表

序号	项目编码	项目名称	项目特征描述	工程内容	计量单位	工程量	综合单价	合价	人工费	材料及工程设备暂估价	备注
								金额（元）		其中	
37	011102003004	8～10mm厚防滑地砖坡道地面	1. 结合层厚度、砂浆配合比：30mm厚DS15干硬性水泥砂浆，表面撒水泥粉 2. 面层材料品种、规格、颜色：8～10mm厚防滑地砖（带防滑槽）	1. 基层清理 2. 抹找平层 3. 面层铺设、磨边 4. 嵌缝 5. 刷防护材料 6. 酸洗、打蜡 7. 材料运输	m²	11.91	94.09	1120.61	31.82		
38	010507003002	地沟	1. 土壤类别：一、二类土 2. 沟截面净空尺寸：宽300mm，深200mm 3. 做法：参见图集02J331，18/76 4. 混凝土强度等级：C25 5. 盖板材料种类：铸铁 6. 说明：包含沟体及盖板	1. 挖填、运土石方 2. 铺设垫层 3. 模板及支撑制作、安装、拆除、堆放、运输及清理模内杂物、刷隔离剂等 4. 混凝土制作、运输、浇筑、振捣、养护 5. 刷防护材料 6. 铺设盖板 7. 完成地沟所需的其他所有内容	m	13.3	152.31	2025.72	18.88		
		分部小计						27127.74			
				墙、柱面装饰与隔断、幕墙工程							
39	011201001001	外墙面一般抹灰	1. 墙体类型：加气砌块外墙 2. 基层处理：专用界面剂一道 3. 底层厚度、砂浆配合比：10mm厚DP20聚合物水泥防水砂浆找平层兼防水层	1. 基层清理 2. 砂浆制作、运输 3. 底层抹灰 4. 抹面层 5. 抹装饰面 6. 勾分格缝	m²	306.65	70.46	21606.56	42.21		

序号	项目编码	项目名称	项目特征描述	工程内容	计量单位	工程量	金额（元）				备注
							综合单价	合价	其中		
									人工费	材料及工程设备暂估价	
40	011204003001	内墙10mm厚瓷砖墙面	1. 墙体类型：加气砌块内墙 2. 安装方式：粘贴，5mm厚DP20水泥砂浆粘结层（内掺专用胶）3. 面层材料品种、规格、颜色：10mm厚厚瓷砖	1. 基层清理 2. 砂浆制作、运输 3. 粘结层铺贴 4. 面层安装 5. 嵌缝 6. 刷防护材料 7. 磨光、酸洗、打蜡	m²	198.44	193.58	38414.02	92.06		
		分部小计						60020.58			
				油漆、涂料、裱糊工程							
41	011407001001	外墙面喷刷真石漆（含雨篷外侧面及底面）	1. 基层类型：抹灰面 2. 喷刷涂料部位：外墙 3. 涂料品种、喷刷遍数：真石漆系统（颜色、效果见立面图和立面材料图例）	1. 基层清理 2. 刮腻子 3. 刷、喷涂料	m²	311.01	128.18	39865.26	62.85		
42	011407002001	天棚刷喷涂料	1. 基层类型：钢筋混凝土楼板 2. 喷刷涂料部位：天棚 3. 腻子种类：耐水腻子 4. 刮腻子要求：满批腻子 5. 涂料品种、喷刷遍数：内墙涂料	1. 基层清理 2. 刮腻子 3. 刷、喷涂料	m²	136.96	57.98	7940.94	24.19		
		分部小计						47806.2			
		合计						344564.08			增值税

注：按照规费计算要求，须在表中填写人工费；招标人需以书面形式打印综合单价分析表的，请在备注栏内打√。

五、措施项目清单汇总（表 4.2-4～表 4.2-6）

措施项目清单汇总表
表 4.2-4

工程名称：上海市某某地块垃圾房 / 单项工程 / 建筑装饰工程

标段：C01

序号	项目名称	金额（元）
1	整体措施项目（总价措施费）	21259.49
1.1	安全防护、文明施工费	13093.31
1.2	其他措施项目费	8166.18
2	单项措施费（单价措施费）	82250.96
	合计	103510.45

增值税

总价措施清单计价表
表 4.2-5

工程名称：上海市某某地块垃圾房 / 单项工程 / 建筑装饰工程

标段：C01

序号	编码	名称	计量单位	项目名称	工程内容及包含范围	计算基础	费率（%）	金额(元)
1				安全文明施工				
	011707001001			粉尘控制				
	011707001002	环境保护	项	噪声控制		344564.08	3.8	13093.31
	011707001003			有毒有害气味控制				

序号	编码	名称	计量单位	项目名称	工程内容及包含范围	计算基础	费率（%）	金额(元)
	011707001004	文明施工		安全警示标志牌				
	011707001005			现场围挡				
	011707001006			各类图板				
	011707001007			企业标志				
	011707001008			场容场貌				
	011707001009			材料堆放				
	011707001010			现场防火				
	011707001011			垃圾清运				
	011707001012	临时设施		现场办公设施				
	011707001013			现场宿舍设施				
	011707001014			现场食堂生活设施				
	011707001015		项	现场厕所、浴室、开水房等设施		344564.08	3.8	13093.31
	011707001016			水泥仓库				
	011707001017			木工棚、钢筋棚				
	011707001018			其他库房				
	011707001019			配电线路				
	011707001020			配电箱开关箱				
	011707001021			接地保护装置				
	011707001022			供水管线				
	011707001023			排水管线				
	011707001024			沉淀池				
	011707001025			临时道路				
	011707001026			硬地坪				

续表

序号	编码	名称	计量单位	项目名称	工程内容及包含范围	计算基础	费率（%）	金额（元）
	011707001027			楼板、屋面、阳台等临时防护				
	011707001028			通道口防护				
	011707001029			预留洞口防护				
	011707001030			电梯井口防护				
	011707001031	安全施工	项	楼梯边防护		344564.08	3.8	13093.31
	011707001032			垂直方向交叉作业防护				
	011707001033			高空作业防护				
	011707001034			操作平台交叉作业				
	011707001035			作业人员具备必要的安全帽、安全带等安全防护用品				
2				其他措施项目				
	011707002	夜间施工						
	011707003	非夜间施工照明						
	011707004	二次搬运						
	011707005	冬雨期施工						
	011707006	大型机械设备进出场及安拆	项			344564.08	2.37	8166.18
	011707007	施工排水						
	011707008	施工降水						
	011707009	地上、地下设施、建筑物的临时保护设施						
	011707010	已完工程及设备保护						
		合计						21250.85

增值税

表 **4.2-6**

标段：C01

单价措施项目清单与计价表

工程名称：上海市某某地块垃圾房/单项工程/建筑装饰工程

序号	项目编码	项目名称	项目特征描述	工程内容	计量单位	工程量	金额（元）		备注
							综合单价	合价	
1	011701001001	综合脚手架	1. 建筑结构形式：框架结构 2. 檐口高度：5.9m	1. 场内、场外材料搬运 2. 搭、拆脚手架　斜道、上料平台 3. 安全网的铺设 4. 选择附墙点与主体连接 5. 测试电动装置、安全锁等 6. 拆除脚手架后材料的堆放	m²	106.86	83.62	8935.63	
2	011702001003	垫层基础模板	基础类型：独立基础	1. 模板制作 2. 模板安装、拆除、整理堆放及场内外运输 3. 清理模板粘结物及模内杂物，刷隔离剂等	m²	18.1	106.86	1934.17	
3	011702001002	独立基础模板	基础类型：独立基础	1. 模板制作 2. 模板安装、拆除、整理堆放及场内外运输 3. 清理模板粘结物及模内杂物，刷隔离剂等	m²	29.6	133.57	3953.67	
4	011702005001	基础梁模板	梁截面形状：250mm×500mm	1. 模板制作 2. 模板安装、拆除、整理堆放及场内外运输 3. 清理模板粘结物及模内杂物，刷隔离剂等	m²	57.3	116.39	6669.15	
5	011702002001	矩形柱模板	1. 其他：矩形柱模板 2. 支撑高度：3.6m 及以下	1. 模板制作 2. 模板安装、拆除、整理堆放及场内外运输 3. 清理模板粘结物及模内杂物，刷隔离剂等	m²	94.85	159.31	15110.55	
6	011702002002	矩形柱模板—超 3.6m 以上	1. 其他：矩形柱模板 2. 支撑高度：5.2m 及以上 3.6m 以上	1. 模板制作 2. 模板安装、拆除、整理堆放及场内外运输 3. 清理模板粘结物及模内杂物，刷隔离剂等	m²	25.25	20.77	524.44	
7	011702014001	有梁板模板	层高：5.6m	1. 模板制作 2. 模板安装、拆除、整理堆放及场内外运输 3. 清理模板粘结物及模内杂物，刷隔离剂等	m²	164.5	145.86	23993.97	

续表

序号	项目编码	项目名称	项目特征描述	工程内容	计量单位	工程量	金额（元）		备注
							综合单价	合价	
8	011702011002	直形墙模板	其他：直形墙模板	1. 模板制作 2. 模板安装、拆除、整理堆放及场内外运输 3. 清理模板粘结物及模内杂物、刷隔离剂等	m²	18.52	82.77	1532.9	
9	011702011001	女儿墙及线条模板	其他：女儿墙及线条模板	1. 模板制作 2. 模板安装、拆除、整理堆放及场内外运输 3. 清理模板粘结物及模内杂物、刷隔离剂等	m²	59.16	84.08	4974.17	
10	011702023001	雨篷模板	1. 构件类型：雨篷 2. 板厚度：10cm	1. 模板制作 2. 模板安装、拆除、整理堆放及场内外运输 3. 清理模板粘结物及模内杂物、刷隔离剂等	m²	8.4	226.3	1900.92	
11	011702003001	构造柱模板	其他：构造柱模板	1. 模板制作 2. 模板安装、拆除、整理堆放及场内外运输 3. 清理模板粘结物及模内杂物、刷隔离剂等	m²	32.05	102.98	3300.51	
12	011702008001	圈梁模板	其他：圈梁模板	1. 模板制作 2. 模板安装、拆除、整理堆放及场内外运输 3. 清理模板粘结物及模内杂物、刷隔离剂等	m²	9.43	126.19	1189.97	
13	011702009001	过梁模板	其他：过梁模板	1. 模板制作 2. 模板安装、拆除、整理堆放及场内外运输 3. 清理模板粘结物及模内杂物、刷隔离剂等	m²	6.01	175.33	1053.73	
14	011702029001	散水模板	其他：散水模板	1. 模板制作 2. 模板安装、拆除、整理堆放及场内外运输 3. 清理模板粘结物及模内杂物、刷隔离剂等	m²	2.34	187.04	437.67	
15	011702029002	坡道模板	其他：坡道模板	1. 模板制作 2. 模板安装、拆除、整理堆放及场内外运输 3. 清理模板粘结物及模内杂物、刷隔离剂等	m²	1	187.04	187.04	

续表

序号	项目编码	项目名称	项目特征描述	工程内容	计量单位	工程量	金额（元）		备注
							综合单价	合价	
16	011702027001	台阶模板	台阶踏步宽：300mm宽	1. 模板制作 2. 模板安装、拆除、整理堆放及场内外运输 3. 清理模板结构物及模内杂物、刷隔离剂等	m²	2.4	81.51	195.62	
17	011702025003	室外地坪模板	构件类型：室外地坪模板	1. 模板制作 2. 模板安装、拆除、整理堆放及场内外运输 3. 清理模板结构物及模内杂物、刷隔离剂等	m²	0.11	192.43	21.17	
18	011703001001	垂直运输	1. 建筑物檐口高度：5.9m 2. 建筑物建筑类型及结构形式：框架结构 3. 层数：1层	1. 垂直运输机械的固定装置、基础制作、安装 2. 行走式垂直运输机械轨道的铺设、拆除、摊销	m²	106.86	24.11	2576.39	
19	沪011703002001	基础垂直运输	基础种类：钢筋混凝土基础	1. 垂直运输机械的固定基础制作、安装、拆除 2. 建筑物单位工程合理工期内完成全部工程项目所需的全部垂直运输	m³	20.5	183.38	3759.29	
				合计				82250.96	增值税

注：1. 按照规费计算要求，须在表中填写人工费；招标人需以书面形式打印综合单价分析表的，请在备注栏内打√。
2. 单价措施项目费用应考虑企业管理费、利润和规费等因素。

六、其他项目清单汇总表（表 4.2-7）

其他项目清单汇总表　　　　　　　　　　　　　　　　　　　　　**表 4.2-7**

工程名称：上海市某某地块垃圾房 / 单项工程 / 建筑装饰工程　　　　　　　　　　　标段：C01

序号	项目名称	金额（元）	备注
1	暂列金额		填写合计数 （详见暂列金额明细表）
2	暂估价	200000	
2.1	材料及工程设备暂估价	—	详见材料及设备暂估价表
2.2	专业工程暂估价	200000	填写合计数 （详见专业工程暂估价表）
3	计日工	—	详见计日工表
4	总承包服务费	3000	填写合计数 （详见总承包服务费计价表）
	合计	203000	

注：材料及工程设备暂估价此处不汇总，材料及工程设备暂估价进入清单项目综合单价。　　　　　增值税

七、主要人工、材料、机械及工程设备数量与计价一览表（表4.2-8）

主要人工、材料、机械及工程设备数量与计价一览表　　　　　表4.2-8

工程名称：上海市某某地块垃圾房

序号	项目编码	人工材料机械工程设备名称	规格型号	单位	数量	金额（元）	
						单价	合价
1	00030123	架子工		工日	11.2524	206.5	2323.62
2	04151414	蒸压砂加气混凝土砌块600×300×200（A5.0B07）		m³	28.564	462.666	13215.59
3	80210514	预拌混凝土（泵送型）C20粒径5~25坍落度12cm±3（不含泵送费）		m³	1.1223	634.951	712.61
4	00030127	一般抹灰工		工日	58.5632	233.5	13674.51
5	80210414	预拌混凝土（泵送型）C20粒径5~25坍落度12cm±3（不含泵送费）		m³	3.9762	634.951	2524.69
6	00030129	装饰抹灰工（镶贴）		工日	60.565	264	15989.16
7	00030117	模板工		工日	97.0785	240.5	23347.38
8	99090760	自升式塔式起重机	6000kN·m	台班	0.7373	2437.775	1797.37
9	00030119	钢筋工	建筑装饰	工日	46.065	227.5	10479.79
10	00030121	混凝土工	建筑装饰	工日	28.8495	206	5943
11	00030125	砌筑工	建筑装饰	工日	26.338	249	6558.16
12	00030131	装饰木工	建筑装饰	工日	4.9712	243.5	1210.49
13	00030133	防水工	建筑装饰	工日	11.3593	204	2317.3
14	00030139	油漆工	建筑装饰	工日	90.708	213.5	19366.16
15	01010120	成型钢筋		t	9.6233	4272.558	41116.11
16	11031201	钢质防火门		m²	8.6951	737.423	6411.97
17	35010801	复合模板		m²	124.1945	33.741	4190.45
18	80210411	预拌混凝土（泵送型）	C15粒径5~25	m³	3.1007	625.243	1938.69
19	80210415	预拌混凝土（泵送型）	C20粒径5~25	m³	10.4596	634.951	6641.33
20	80210419	预拌混凝土（泵送型）	C25粒径5~25	m³	3.7527	644.66	2419.22
21	80210423	预拌混凝土（泵送型）	C30粒径5~25	m³	46.0459	654.369	30131.01
22	80210427	预拌混凝土（泵送型）	C35粒径5~25	m³	13.4734	673.786	9078.19
23	80210511	预拌混凝土（非泵送型）	C15粒径5~25	m³	1.3385	650.485	870.67
24	80210517	预拌混凝土（非泵送型）	C25粒径5~20	m³	5.4419	660.194	3592.71

续表

序号	项目编码	人工材料机械工程设备名称	规格型号	单位	数量	金额（元）	
						单价	合价
25	80060113	干混砌筑砂浆	DM M10.0	m³	0.2653	645.219	171.18
26	80060213	干混抹灰砂浆	DP M15.0	m³	6.4058	685.545	4391.46
27	80060214	干混抹灰砂浆	DP M20.0	m³	5.2761	707.949	3735.21
28	99050920	混凝土振捣器		台班	9.3791	10.19	95.57
29	99070050	履带式推土机	90kW	台班	0.1175	1438.797	169.06
30	99070680	自卸汽车	12t	台班	0.583	1267.118	738.73
31	99070530	载重汽车 4t		台班	3.5741	604.562	2160.77

增值税

第三节 投标报价

一、投标报价单封面

上海某某地块垃圾房

施工投标报价

2023-××-××

投 标 总 价

招 标 人： ×× 房地产开发有限公司

工 程 名 称： 上海某某地块垃圾房

投标总价（小写）： 656820.75

（大写）： 陆拾伍万陆仟捌佰贰拾元柒角伍分

投 标 人： ×× 有限公司

（单位盖章）

法定代表人

或其授权人： 孙 ××

（签字或盖章）

编 制 人： 李 ××

（造价人员签字盖专用章）

编 制 时 间： 2023-× ×-× ×

二、投标报价编制说明

一、工程概况

1. 项目名称

上海市某某地块垃圾房工程

2. 建设地址

项目建设地点位于上海市××区××路东侧、××路南侧、××路西侧、××路北侧。

3. 工程特征

本垃圾房工程地上一层，层高5.6m，基础形式采用独立基础，建筑结构形式为框架结构。本工程建筑用地面积为××m²，建筑面积为××m²。

二、招标范围

本次招标范围：包括本工程施工图范围内的房屋建筑与装饰工程等施工以及项目的总承包服务等工作内容，具体详见工程量清单、界面划分及施工图纸。

三、投标报价编制依据

（1）《建设工程工程量清单计价规范》GB 50500—2013与《房屋建筑与装饰工程工程量计算规范》GB 50854—2013。

（2）上海市住房和城乡建设管理委员会《上海市建筑和装饰工程预算定额》SH 01—31—2016；

（3）招标文件、招标工程量清单及其补充通知、答疑纪要。

（4）建设工程设计文件及相关资料。

（5）施工现场情况、工程特点及投标时拟定的施工组织设计或施工方案。

（6）与建设项目相关的标准、规范、技术资料。

（7）工程造价管理机构发布的工程造价信息（2023年03月）。

（8）其他相关资料。

四、工程质量、工期、材料施工等的要求

（1）工程质量、工期要求详见投标文件。

（2）建筑与装饰工程材料使用品牌，详见招标文件《主要材料（设备）品牌要求选择一览表》。

五、取费及材料价格说明

（1）本工程的建筑装饰工程取费：企业管理费及利润为25.88%；安全防护、文明施工基本费率为3.55%，其他措施项目费率为1.935%；社会保险费为32.6%；住房公积金为1.96%；税金按9%计取。

（2）材料价格：根据招标文件及招标人确定的《主要材料（设备）品牌要求选择一览表》，材料价格实际选取上海市2023年03月信息价下浮20%，无信息价参考的按照市场价格计取。

（3）人工单价：实际选取上海市2023年3月建筑工程信息价下浮20%。

（4）风险费用：风险费用已考虑在报价中。

六、其他项目费

1. 暂列金额

无

2. 暂估价

垃圾房处理设备 200000 元。

3. 计日工

无

4. 总承包服务费

垃圾房处理设备 3000 元。

三、投标报价汇总表（表 4.3-1）

投标报价汇总表

表 4.3-1

工程名称：上海某某地块垃圾房

标段：C01

序号	汇总内容	金额（元）	其中：材料暂估价（元）
1	单体工程分部分项工程费汇总	268432.6	
1.1	单项工程	268432.6	
1.1.1	建筑装饰工程	268432.6	
2	措施项目费	79544.21	
2.1	总价措施项目费	14723.47	
2.1.1	安全文明施工费	9529.27	
2.1.2	其他措施项目费	5194.2	
2.2	单价措施项目费	64820.74	
3	其他项目费	203000	
4	规费	51611.03	
5	增值税	54232.91	
	合计 =1+2+3+4+5	656820.75	

增值税

四、分部分项工程（表 4.3-2、表 4.3-3）

分部分项工程费汇总表

表 4.3-2

工程名称：上海某某地块垃圾房 / 单项工程 / 建筑装饰工程

标段：C01

序号	分部工程名称	金额（元）	其中：材料及工程设备暂估价（元）
1	土石方工程	9124.28	
2	砌筑工程	20138.79	
3	混凝土及钢筋混凝土工程	91538.89	
4	门窗工程	12778.53	
5	屋面及防水工程	27637.02	
6	楼地面装饰工程	23160.7	
7	墙、柱面装饰与隔断、幕墙工程	46741.63	
8	油漆、涂料、裱糊工程	37312.76	
	合计	268432.6	

表 4.3-3

标段：C01

分部分项工程量清单与计价表

工程名称：上海某某地块垃圾房 / 单项工程 / 建筑装饰工程

序号	项目编码	项目名称	项目特征描述	工程内容	计量单位	工程量	综合单价	金额（元）合价	人工费	材料及工程设备暂估价	备注
				土石方工程							
1	010101001001	平整场地	1. 土壤类别：一、二类土 2. 取土、弃土运距：1km 以内 3. 说明：±30cm 范围内挖填整平	1. 土方挖填 2. 场地找平 3. 场内运输	m²	106.86	4.28	457.36	1.15		
2	010101004001	挖基坑土方【3.0m 以内】	1. 挖土深度：3.0m 以内 2. 土壤类别：一、二类土 3. 弃土运距：1km 以内	1. 土方开挖 2. 基底钎探 3. 场内运输	m³	55.22	59.31	3275.1	13.05		
3	010101003001	挖沟槽土方【3.0m 以内】	1. 挖土深度：3.0m 以内 2. 土壤类别：一、二类土 3. 弃土运距：1km 以内	1. 土方开挖 2. 基底钎探 3. 场内运输	m³	10.83	17.66	191.26	4.28		
4	010103001001	回填方	1. 密实度要求：0.97 上 2. 填方材料种：黏土 3. 填方来源、运距：自行考虑	1. 场内外运输 2. 回填 3. 压实	m³	44.91	68.53	3077.68	49.72		
5	010103002001	余方弃置	1. 运距：投标人根据施工现场实际情况自行考虑 2. 废弃料品种：一般土壤和碎（砾）石	1. 土方装卸、运输至弃置点	m³	21.14	100.42	2122.88	0.57		
		分部小计						9124.28			

续表

序号	项目编码	项目名称	项目特征描述	工程内容	计量单位	工程量	金额（元）				备注
							综合单价	合价	人工费	材料及工程设备暂估价	
										其中	
				砌筑工程							
6	010402001002	200mm厚蒸压砂加气混凝土砌块—外墙	1. 砌块品种、规格、强度等级：200mm厚蒸压砂加气混凝土砌块、砌块强度大于A5.0、干密度级别B06 2. 砂浆强度等级：专用粘结剂 3. 墙体类型：外墙	1. 砂浆制作、运输 2. 砌砖、砌块 3. 勾缝 4. 材料运输	m³	27.93	685.9	19157.19	224.01		
7	010404001001	台阶及室外地坪碎石垫层	1. 垫层材料种类、配合比、厚度：300mm厚5~32碎石灌M2.5混合砂浆	1. 垫层材料的拌制 2. 垫层铺设 3. 材料运输	m³	2.02	485.94	981.6	125.17		
		分部小计						20138.79			
				混凝土及钢筋混凝土工程							
8	010501001001	C15垫层	1. 混凝土种类：泵送商品混凝土 5~25 石子 2. 混凝土强度等级：C15	1. 混凝土制作、运输、浇筑、振捣、养护	m³	3.07	622.87	1912.21	77.28		
9	010501003001	C35独立基础	1. 混凝土种类：泵送商品混凝土 5~25 石子 2. 混凝土强度等级：C35	1. 混凝土制作、运输、浇筑、振捣、养护	m³	13.34	616.21	8220.24	41.19		
10	010503001001	C35基础梁	1. 混凝土种类：泵送商品混凝土 5~25 石子 2. 混凝土强度等级：C35 坍落度 12cm±3（不含泵送费）	1. 混凝土制作、运输、浇筑、振捣、养护	m³	7.16	606.51	4342.61	32.06		

续表

序号	项目编码	项目名称	项目特征描述	工程内容	计量单位	工程量	综合单价	合价	人工费	材料及工程设备暂估价	备注
								金额(元)		其中	
11	010502001001	C30矩形柱【C30】	1. 混凝土强度等级:C30 坍落度 12cm±3(不含泵送费) 2. 混凝土种类:泵送商品混凝土 5～25 石子	1. 混凝土制作、运输、浇筑、振捣、养护	m³	10.08	737.39	7432.89	147.7		
12	010505001001	C30有梁板【C30】	1. 混凝土强度等级:C30 坍落度 12cm±3(不含泵送费) 2. 混凝土种类:泵送商品混凝土 5～25 石子	1. 混凝土制作、运输、浇筑、振捣、养护	m³	19.1	603.42	11525.32	36.58		
13	010504001002	C30直形墙【C30】	1. 混凝土强度等级:C30 坍落度 12cm±3(不含泵送费) 2. 混凝土种类:泵送商品混凝土 5～25 石子	1. 混凝土制作、运输、浇筑、振捣、养护	m³	1.84	677.63	1246.84	99.02		
14	010504001001	C30女儿墙【C30】	1. 混凝土强度等级:C30 坍落度 12cm±3(不含泵送费) 2. 混凝土种类:泵送商品混凝土 5～25 石子 3. 说明:包含凸出墙面的内外侧线条	1. 混凝土制作、运输、浇筑、振捣、养护	m³	6.45	670.11	4322.21	93.97		
15	010505008001	C30雨篷	1. 混凝土种类:泵送商品混凝土 5～25 石子 2. 混凝土强度等级:C30 坍落度 12cm±3(不含泵送费)	1. 混凝土制作、运输、浇筑、振捣、养护	m³	0.96	802.42	770.32	192.1		
16	010502002001	C25 构造柱	1. 混凝土种类:非泵送商品混凝土 2. 混凝土强度等级:C25	1. 混凝土制作、运输、浇筑、振捣、养护	m³	3.21	816.97	2622.47	222.26		

续表

序号	项目编码	项目名称	项目特征描述	工程内容	计量单位	工程量	综合单价	合价	人工费	材料及工程设备暂估价	备注
17	010503004001	C25圈梁	1. 混凝土种类：非泵送商品混凝土 2. 混凝土强度等级：C25	1. 混凝土制作、运输、浇筑、振捣、养护	m³	0.94	726.31	682.73	147.73		
18	010503005001	C25过梁	1. 混凝土种类：非泵送商品混凝土 2. 混凝土强度等级：C25	1. 混凝土制作、运输、浇筑、振捣、养护	m³	0.44	667.19	293.56	100.68		
19	010515001001	现浇构件钢筋	钢筋种类、规格：热轧带肋钢筋 HRB400，规格综合考虑	1. 钢筋制作、运输 2. 钢筋安装 3. 焊接（绑扎）	t	9.528	4681.7	44607.24	962.27		
20	010507001001	C20混凝土散水	1. 垫层材料种类、厚度：150mm厚5～32碎石灌 DM5.0 砂浆，宽出面层100mm 2. 面层厚度：60mm厚 3. 混凝土种类：细石混凝土 4. 混凝土强度等级：C20 5. 变形缝填塞材料种类：密封膏填实	1. 地基夯实 2. 铺设垫层 3. 混凝土制作、运输、浇筑、振捣、养护 4. 变形缝填塞	m²	18.52	111.39	2062.94	23.46		
21	010507001002	C15混凝土坡道	1. 垫层材料种类、厚度：200mm厚级配砂石 2. 面层厚度：100mm厚 3. 混凝土种类：非泵送商品混凝土 4. 混凝土强度等级：C15	1. 地基夯实 2. 铺设垫层 3. 混凝土制作、运输、浇筑、振捣、养护 4. 变形缝填塞	m²	11.91	93.63	1115.13	20.24		

序号	项目编码	项目名称	项目特征描述	工程内容	计量单位	工程量	金额（元）				备注
							综合单价	合价	其中		
									人工费	材料及工程设备暂估价	
22	010507004001	C15混凝土台阶	1. 面层厚度：60mm厚 2. 混凝土种类：非泵送商品混凝土 3. 混凝土强度等级：C15	1. 混凝土制作、运输、浇筑、振捣、养护	m²	2.4	105.57	253.37	14.12		
23	010507002002	C15混凝土室外地坪	1. 地坪厚度：60mm厚 2. 混凝土强度等级：C15	1. 地基夯实 2. 铺设垫层 3. 混凝土制作、运输、浇筑、振捣、养护 4. 变形缝填塞	m²	3.6	35.78	128.81	2.79		
		分部小计						91538.89			
				门窗工程							
24	010802003001	钢质防火门—LM1529	1. 门代号及洞口尺寸：LM1529 2. 门框或扇外围尺寸：1500mm×2950mm 3. 门框、扇材质：钢质防火门 4. 五金：包含铰链、执手小五金件	1. 门安装 2. 五金安装 3. 玻璃安装	樘	2	3049.76	6099.52	272.68		
25	010807001001	断热铝合金平开窗—LC1223	1. 窗代号及洞口尺寸：LC1223平开窗 2. 框或扇外围尺寸：1200mm×2300mm 3. 框、扇材质：断热铝合金 4. 玻璃品种，厚度：5Low-e+12Ar+5（中透光） 5. 五金：包含铰链、滑撑、锁具等大小五金件	1. 窗安装 2. 五金、玻璃安装	樘	4	1176.62	4706.48	110.37		

续表

序号	项目编码	项目名称	项目特征描述	工程内容	计量单位	工程量	综合单价	合价	人工费	材料及工程设备暂估价	备注
26	010803002001	钢质防火卷帘门—JM3640	1.门代号及洞口尺寸：JM3640，3600mm×4050mm 2.门材质：钢质防火卷帘门 3.启动装置品种、规格：电动装置	1.门运输、安装 2.启动装置、活动小门、五金安装	樘	1	1972.53	1972.53	400.16		
		分部小计						12778.53			
				屋面及防水工程							
27	011101003002	屋面 C20 细石混凝土找坡层	1.找坡层厚度，混凝土强度等级：C20 细石混凝土找坡层，坡度 2%，最薄处 30mm 厚	1.基层清理 2.抹找平层 3.面层铺设 4.材料运输	m²	98.42	47.28	4653.3	8.99		
28	010902001001	屋面 3mm 厚 SBS 改性沥青防水卷材	1.卷材品种、规格、厚度：3mm 厚弹性体 SBS 改性沥青防水卷材（聚酯胎 I 型） 2.防水层数：2 层 3.防水层做法：冷铺	1.基层处理 2.刷底油 3.铺油毡卷材、接缝	m²	112.5	88.46	9951.75	9.41		
29	010902003002	屋面 40mm 厚 C20 细石混凝土内配成品 φ4@200 的单层双向钢筋网片	1.刚性层厚度：40mm 厚 2.混凝土种类：C20 细石混凝土 3.混凝土强度等级：C20 4.嵌缝材料种类：密封膏填实 5.钢筋规格、型号：φ4@200 的单层双向钢筋网片	1.基层处理 2.混凝土制作、运输、铺筑、养护 3.钢筋制安	m²	98.42	49.17	4839.31	17.55		

续表

序号	项目编码	项目名称	项目特征描述	工程内容	计量单位	工程量	综合单价	合价	人工费	材料及工程设备暂估价	备注
30	011101006001	雨篷顶面砂浆找平层	1. 找平层厚度、砂浆配合比：20mm厚DP20聚合物水泥防水砂浆	1. 基层清理 2. 抹找平层 3. 材料运输	m²	9.56	23.27	222.46	9.24		
31	010902001002	雨篷顶面3mm厚SBS改性沥青防水卷材	1. 卷材品种、规格、厚度：3mm厚弹性体SBS改性沥青防水卷材（聚酯胎I型） 2. 防水层数：1层 3. 防水层做法：冷铺	1. 基层处理 2. 刷底油 3. 铺油毡卷材、接缝	m²	11.96	48.3	577.67	5.93		
32	010903002001	内墙面1.2mm厚聚合物水泥防水涂料	1. 防水膜品种：聚合物防水涂料（II型） 2. 涂膜厚度：1.2mm厚	1. 基层处理 2. 刷基层处理剂 3. 铺布、喷涂防水层	m²	44.11	40.17	1771.9	7.49		
33	010904002001	地面聚氨酯涂膜防水	1. 防水膜品种：聚氨酯 2. 涂膜厚度：1.5mm厚，遍数：2道	1. 基层处理 2. 刷基层处理剂 3. 铺布、喷涂防水层	m²	103.74	54.18	5620.63	8.53		
		分部小计						27637.02			
				楼地面装饰工程							
34	011102003006	10mm厚防滑地砖地面	1. 基层处理：100mm厚碎石夯实人土中 2. 垫层：80mm厚C20细石混凝土 3. 找平层：40mm厚C25细石混凝土 4. 面层材料品种、规格、颜色：10mm厚防滑地砖（背胶处理），规格600×600 5. 嵌缝材料种类：干水泥擦缝	1. 铺筑碎石、夯实 2. 抹找平层 3. 浇筑垫层 4. 面层铺设、磨边 5. 嵌缝 6. 刷防护材料 7. 酸洗、打蜡 8. 材料运输	m²	93.12	206.25	19206	49.14		

续表

序号	项目编码	项目名称	项目特征描述	工程内容	计量单位	工程量	金额（元）				备注
							综合单价	合价	人工费	其中 材料及工程设备暂估价	
35	011107002001	10mm厚防滑地砖台阶面	1. 面层材料品种、规格、颜色：10mm厚防滑地砖（背胶处理），规格600×600 2. 勾缝材料种类：干水泥擦缝	1. 基层清理 2. 面层铺贴 3. 贴嵌防滑条 4. 勾缝 5. 刷防护材料 6. 材料运输	m²	2.4	162.78	390.67	68.34		
36	011102003005	10mm厚防滑地砖室外地坪及地沟	1. 面层材料品种、规格、颜色：10mm厚防滑地砖（背胶处理），规格600×600 2. 嵌缝材料种类：干水泥擦缝	1. 基层清理 2. 抹找平层 3. 面层铺设、磨边 4. 嵌缝 5. 刷防护材料 6. 酸洗、打蜡 7. 材料运输	m²	12.91	78.63	1015.11	25.96		
37	011102003004	8～10mm厚防滑地砖坡道地面	1. 结合层厚度，砂浆配合比：30mm厚DS15干硬性水泥砂浆，表面撒水泥粉 2. 面层材料品种、规格、颜色：8～10mm厚防滑地砖（带防滑槽）	1. 基层清理 2. 抹找平层 3. 面层铺设、磨边 4. 嵌缝 5. 刷防护材料 6. 酸洗、打蜡 7. 材料运输	m²	11.91	73.98	881.1	25.46		

续表

序号	项目编码	项目名称	项目特征描述	工程内容	计量单位	工程量	金额（元）				备注
							综合单价	合价	其中		
									人工费	材料及工程设备暂估价	
38	010507003002	地沟	1. 土壤类别：一、二类土 2. 沟截面净空尺寸：宽300mm，深200mm 3. 做法：参见图集02J331，18/76 4. 混凝土强度等级：C25 5. 盖板材料种类：铸铁 6. 说明：包含沟体盖板及盖板	1. 挖填、运土石方 2. 铺设垫层 3. 模板及支撑制作、安装、拆除、堆放、运输及清理模内杂物、刷隔离剂等 4. 混凝土制作、运输、浇筑、振捣、养护 5. 刷防护材料 6. 铺设盖板 7. 完成地沟所需的其他所有内容	m	13.3	125.4	1667.82	16.36		
		分部小计						23160.7			
			墙、柱面装饰与隔断、幕墙工程								
39	011201001001	外墙面一般抹灰	1. 墙体类型：加气砌块外墙 2. 基层处理：专用界面剂一道 3. 底层厚度，砂浆配合比：10mm厚DP20聚合物水泥防水砂浆找平层兼防水层	1. 基层清理 2. 砂浆制作、运输 3. 底层抹灰 4. 抹面层 5. 抹装饰面 6. 勾分格缝	m²	306.65	54.64	16755.36	33.76		
40	011204003001	内墙10mm厚瓷砖墙面	1. 墙体类型：加气砌块内墙 2. 安装方式：粘贴，5mm厚DP20水泥砂浆粘结层（内掺专用胶） 3. 面层材料品种、规格、颜色：10mm厚瓷砖	1. 基层清理 2. 砂浆制作、运输 3. 粘结层铺贴 4. 面层安装 5. 嵌缝 6. 刷防护材料 7. 磨光、酸洗、打蜡	m²	198.44	151.11	29986.27	73.65		

续表

序号	项目编码	项目名称	项目特征描述	工程内容	计量单位	工程量	金额（元）				备注
							综合单价	合价	人工费	材料及工程设备暂估价	
										其中	
		分部小计						4741.63			
			油漆、涂料、裱糊工程								
41	011407001001	外墙面喷刷真石漆（含雨蓬外侧面及底面）	1. 基层类型：抹灰面 2. 喷刷涂料部位：外墙 3. 涂料品种、喷刷遍数：真石漆系统（颜色、效果见立面图和立面材料图例）	1. 基层清理 2. 刮腻子 3. 刷、喷涂料	m²	311.01	99.98	31094.78	50.28		
42	011407002001	天棚刷喷涂料	1. 基层类型：钢筋混凝土楼板 2. 喷刷涂料部位：天棚 3. 腻子种类：耐水腻子 4. 刮腻子要求：满批腻子 5. 涂料品种、喷刷遍数：内墙涂料	1. 基层清理 2. 刮腻子 3. 刷、喷涂料	m²	136.96	45.4	6217.98	19.35		
		分部小计						37312.76			
		合计						268432.6			增值税

注：按照规费计算要求，须在表中填写人工费；招标人需以书面形式打印综合单价分析表的，请在备注栏内打√。

五、单价措施项目清单与计价表（表 4.3-4）

工程名称：上海某某地块垃圾房/单项工程/建筑装饰工程

单价措施项目清单与计价表

表 4.3-4

标段：C01

序号	项目编码	项目名称	项目特征描述	工程内容	计量单位	工程量	金额（元）		备注
							综合单价	合价	
1	011701001001	综合脚手架	1. 建筑结构形式：框架结构 2. 檐口高度：5.9m	1. 场内、场外材料搬运 2. 搭、拆脚手架、斜道、上料平台 3. 安全网的铺设 4. 选择附墙点与主体连接 5. 测试电动装置、安全锁等 6. 拆除脚手架后材料的堆放	m^2	106.86	65.02	6948.04	
2	011702001001	垫层基础模板	基础类型：独立基础	1. 模板制作 2. 模板安装、拆除、整理堆放及场内杂物、刷隔离剂等 3. 清理模板粘结构物及模内杂物、刷隔离剂等	m^2	18.1	104.33	1888.37	
3	011702001002	独立基础模板	基础类型：独立基础	1. 模板制作 2. 模板安装、拆除、整理堆放及场内杂物、刷隔离剂等 3. 清理模板粘结构物及模内杂物、刷隔离剂等	m^2	29.6	104.33	3088.17	
4	011702005001	基础梁模板	梁截面形状：250mm×500mm	1. 模板制作 2. 模板安装、拆除、整理堆放及场内杂物、刷隔离剂等 3. 清理模板粘结构物及模内杂物、刷隔离剂等	m^2	57.3	91.02	5215.45	
5	011702002001	矩形柱模板	1. 其他：矩形柱模板 2. 支撑高度：3.6m 及以下	1. 模板制作 2. 模板安装、拆除、整理堆放及场内杂物、刷隔离剂等 3. 清理模板粘结构物及模内杂物、刷隔离剂等	m^2	94.85	124.52	11810.72	
6	011702002002	矩形柱模板—超 3.6m 以上	1. 其他：矩形柱模板 2. 支撑高度：5.2m 及以下，3.6m 以上	1. 模板制作 2. 模板安装、拆除、整理堆放及场内杂物、刷隔离剂等 3. 清理模板粘结构物及模内杂物、刷隔离剂等	m^2	25.25	16.02	404.51	

续表

序号	项目编码	项目名称	项目特征描述	工程内容	计量单位	工程量	金额（元）		备注
							综合单价	合价	
7	011702014001	有梁板模板	1. 层高：5.6m	1. 模板制作 2. 模板安装、拆除、整理堆放及场内外运输 3. 清理模板粘结物及模内杂物，刷隔离剂等	m²	164.5	113.61	18688.85	
8	011702011002	直形墙模板	1. 其他：直形墙模板	1. 模板制作 2. 模板安装、拆除、整理堆放及场内外运输 3. 清理模板粘结物及模内杂物，刷隔离剂等	m²	18.52	71.89	1331.4	
9	011702011001	女儿墙及线条模板	1. 其他：女儿墙及线条模板模板	1. 模板制作 2. 模板安装、拆除、整理堆放及场内外运输 3. 清理模板粘结物及模内杂物，刷隔离剂等	m²	59.16	65.6	3880.9	
10	011702023001	雨篷模板	1. 构件类型：雨篷 2. 板厚度：10cm	1. 模板制作 2. 模板安装、拆除、整理堆放及场内外运输 3. 清理模板粘结物及模内杂物，刷隔离剂等	m²	8.4	175.96	1478.06	
11	011702003001	构造柱模板	1. 其他：构造柱模板	1. 模板制作 2. 模板安装、拆除、整理堆放及场内外运输 3. 清理模板粘结物及模内杂物，刷隔离剂等	m²	32.05	81.49	2611.75	
12	011702008001	圈梁模板	1. 其他：圈梁模板	1. 模板制作 2. 模板安装、拆除、整理堆放及场内外运输 3. 清理模板粘结物及模内杂物，刷隔离剂等	m²	9.43	98.62	929.99	
13	011702009001	过梁模板	1. 其他：过梁模板	1. 模板制作 2. 模板安装、拆除、整理堆放及场内外运输 3. 清理模板粘结物及模内杂物，刷隔离剂等	m²	6.01	136.68	821.45	
14	011702029001	散水模板	1. 其他：散水模板	1. 模板制作 2. 模板安装、拆除、整理堆放及场内外运输 3. 清理模板粘结物及模内杂物，刷隔离剂等	m²	2.34	145.43	340.31	

续表

| 序号 | 项目编码 | 项目名称 | 项目特征描述 | 工程内容 | 计量单位 | 工程量 | 金额（元） | | 备注 |
							综合单价	合价	
15	011702029002	坡道模板	1. 其他：坡道模板	1. 模板制作 2. 模板安装、拆除、整理堆放及场内外运输 3. 清理模板粘结物及模内杂物、刷隔离剂等	m²	1	145.43	145.43	
16	011702027001	台阶模板	1. 台阶踏步宽：300mm 宽	1. 模板制作 2. 模板安装、拆除、整理堆放及场内外运输 3. 清理模板粘结物及模内杂物、刷隔离剂等	m²	2.4	63.54	152.5	
17	011702025003	室外地坪模板	1. 构件类型：室外地坪模板	1. 模板制作 2. 模板安装、拆除、整理堆放及场内外运输 3. 清理模板粘结物及模内杂物、刷隔离剂等	m²	0.11	150.63	16.57	
18	011703001001	垂直运输	1. 建筑物檐口高度：5.9m 2. 建筑物建筑类型及结构形式：框架结构 3. 层数：1层	1. 垂直运输机械的固定装置、基础制作、安装、拆除 2. 行走式垂直运输机械轨道的铺设、拆除、摊销	m²	106.86	19.29	2061.33	
19	沪 011703002001	基础垂直运输	1. 基础种类：钢筋混凝土基础	1. 垂直运输机械的固定基础制作、安装、拆除 2. 建筑物单位工程合理工期内完成全部工程项目所需的全部垂直运输	m³	20.5	146.68	3006.94	
			合计					64820.74	增值税

注：1. 招标人需以书面形式打印综合单价分析表的，请在备注栏内打√。
2. 单价措施项目费用应考虑企业管理费、利润和规费等因素。

六、安全防护、文明施工清单与计价表（表 4.3-5）

安全防护、文明施工清单与计价明细表　　　　表 4.3-5

工程名称：上海某某地块垃圾房 / 单项工程 / 建筑装饰工程　　　　标段：C01

序号	项目编码	名称	计量单位	项目名称	工程内容及包含范围	金额（元）
1.1.1	011707001001	环境保护		粉尘控制		
1.1.2	011707001002			噪声控制		939.51
1.1.3	011707001003			有毒有害气味控制		
1.1.4	011707001004	文明施工		安全警示标志牌		
1.1.5	011707001005			现场围挡		
1.1.6	011707001006			各类图板		
1.1.7	011707001007			企业标志		2147.44
1.1.8	011707001008			场容场貌		
1.1.9	011707001009			材料堆放		
1.1.10	011707001010			现场防火		
1.1.11	011707001011			垃圾清运		
1.1.12	011707001012	临时设施	项	现场办公设施		
1.1.13	011707001013			现场宿舍设施		
1.1.14	011707001014			现场食堂生活设施		
1.1.15	011707001015			现场厕所、浴室、开水房等设施		
1.1.16	011707001016			水泥仓库		
1.1.17	011707001017			木工棚、钢筋棚		
1.1.18	011707001018			其他库房		
1.1.19	011707001019			配电线路		4026.45
1.1.20	011707001020			配电箱及开关箱		
1.1.21	011707001021			接地保护装置		
1.1.22	011707001022			供水管线		
1.1.23	011707001023			排水管线		
1.1.24	011707001024			沉淀池		
1.1.25	011707001025			临时道路		
1.1.26	011707001026			硬地坪		
1.1.27	011707001027	安全施工		楼板、屋面、阳台等临时防护		
1.1.28	011707001028			通道口防护		
1.1.29	011707001029			预留洞口防护		
1.1.30	011707001030			电梯井口防护		
1.1.31	011707001031			楼梯边防护		2415.87
1.1.32	011707001032			垂直方向交叉作业防护		
1.1.33	011707001033			高空作业防护		
1.1.34	011707001034			操作平台交叉作业		
1.1.35	011707001035			作业人员具备必要的安全帽、安全带等安全防护用品		
合计						9529.27

增值税

七、其他措施项目清单与计价表（表 4.3-6）

其他措施项目清单与计价表   表 4.3-6

工程名称：上海某某地块垃圾房 / 单项工程 / 建筑装饰工程   标段：C01

序号	项目编码	项目名称	工作内容、说明及包含范围	金额（元）
1	011707002	夜间施工		805.3
2	011707003	非夜间施工照明		805.3
3	011707004	二次搬运		536.87
4	011707005	冬雨期施工		536.87
5	011707006	大型机械设备进出场及安拆		536.87
6	011707007	施工排水		536.87
7	011707008	施工降水		536.87
8	011707009	地上、地下设施、建筑物的临时保护设施		536.87
9	011707010	已完工程及设备保护		362.38
		合计		5194.2

增值税

注：1. 招标控制价根据工程造价管理部门的有关规定编制。

2. 投标报价根据拟建工程实际情况报价。

3. 措施项目费用应考虑企业管理费、利润和规费因素。

八、其他项目清单汇总表（表 4.3-7）

其他项目清单汇总表

工程名称：上海某某地块垃圾房

表 4.3-7

标段：C01

序号	项目名称	金额（元）	备注
1	暂列金额		填写合计数 （详见暂列金额明细表）
2	暂估价	200000	
2.1	材料及工程设备暂估价	—	详见材料及设备暂估价表
2.2	专业工程暂估价	200000	填写合计数 （详见专业工程暂估价表）
3	计日工	—	详见计日工表
4	总承包服务费	3000	填写合计数 （详见总承包服务费计价表）
	合计	203000	

注：材料及工程设备暂估价此处不汇总，材料及工程设备暂估价进入清单项目综合单价。

增值税

九、主要人工、材料、机械及工程设备数量与计价一览表（表4.3-8）

主要人工、材料、机械及工程设备数量与计价一览表

表4.3-8

工程名称：上海某某地块垃圾房

序号	项目编码	人工材料机械工程设备名称	规格型号	单位	数量	金额（元）	
						单价	合价
1	00030123	架子工		工日	11.2524	165.2	1858.9
2	04151414	蒸压砂加气混凝土砌块600×300×200（A5.0B07）		m³	28.564	370.132	10572.45
3	80210514	预拌混凝土（泵送型）C20粒径5～25坍落度12cm±3（不含泵送费）		m³	1.1223	507.961	570.08
4	00030127	一般抹灰工		工日	58.5632	186.8	10939.61
5	80210414	预拌混凝土（泵送型）C20粒径5～25坍落度12cm±3（不含泵送费）		m³	3.9762	507.961	2019.75
6	00030129	装饰抹灰工（镶贴）		工日	60.565	211.2	12791.33
7	00030117	模板工		工日	97.0785	192.4	18677.9
8	99090760	自升式塔式起重机	6000kN·m	台班	0.7373	1950.22	1437.9
9	00030119	钢筋工	建筑装饰	工日	46.065	182	8383.83
10	00030121	混凝土工	建筑装饰	工日	27.5079	164.8	4533.3
11	00030125	砌筑工	建筑装饰	工日	26.338	199.2	5246.53
12	00030131	装饰木工	建筑装饰	工日	4.9712	194.8	968.39
13	00030133	防水工	建筑装饰	工日	11.3593	163.2	1853.84
14	00030139	油漆工	建筑装饰	工日	90.708	170.8	15492.93
15	01010120	成型钢筋		t	9.6233	3418.047	32892.89
16	11031201	钢质防火门		m²	8.6951	589.939	5129.58
17	35010801	复合模板		m²	119.6256	26.993	3229.05
18	80210411	预拌混凝土（泵送型）	C15 粒径5～25	m³	3.1007	500.194	1550.95
19	80210415	预拌混凝土（泵送型）	C20 粒径5～25	m³	10.4596	507.961	5313.07
20	80210419	预拌混凝土（泵送型）	C25 粒径5～25	m³	3.7527	515.728	1935.37

续表

序号	项目编码	人工材料机械工程设备名称	规格型号	单位	数量	金额（元）	
						单价	合价
21	80210423	预拌混凝土（泵送型）	C30 粒径 5～25	m³	44.1875	523.495	23131.94
22	80210427	预拌混凝土（泵送型）	C35 粒径 5～25	m³	13.4734	539.029	7262.55
23	80210511	预拌混凝土（非泵送型）	C15 粒径 5～25	m³	1.3385	520.388	696.54
24	80210517	预拌混凝土（非泵送型）	C25 粒径 5～20	m³	4.6359	528.155	2448.47
25	80060113	干混砌筑砂浆	DM M10.0	m³	0.2653	516.175	136.94
26	80060213	干混抹灰砂浆	DP M15.0	m³	6.4058	548.436	3513.17
27	80060214	干混抹灰砂浆	DP M20.0	m³	5.2761	566.359	2988.17
28	99050920	混凝土振捣器		台班	9.0674	8.152	73.92
29	99070050	履带式推土机	90kW	台班	0.1175	1151.038	135.25
30	99070680	自卸汽车	12t	台班	0.583	1013.694	590.98
31	99070530	载重汽车 4t		台班	3.5741	483.649	1728.61
32	00030121	混凝土工	建筑装饰	工日	1.3416	206	276.37
33	80210423	预拌混凝土（泵送型）	C30 粒径 5～25	m³	1.8584	654.369	1216.08
34	99050920	混凝土振捣器		台班	0.3117	10.19	3.18
35	35010801	复合模板		m²	4.5689	33.741	154.16
36	80210517	预拌混凝土（非泵送型）	C25 粒径 5～20	m³	0.806	660.194	532.12

增值税

第四节　施工图预算

一、施工图预算示例

根据上海市某某地块垃圾房建筑和结构施工图纸（详见第 4.1 节）、《上海市建筑和装饰工程预算定额》SH 01—31—2016 及上海市建设市场信息服务平台发布的 2023 年 3 月信息价编制该项目施工图预算，详见表 4.4-1～表 4.4-5。

（一）预算书封面、签署页及工程概况

1. 施工图预算封面

×××× 工程名称

施 工 图 预 算

档案号：

共 ×× 册　第 ×× 册

编制单位：××××

2023 年 × 月 ×× 日

2. 施工图预算封面签署页

××××工程名称

施 工 图 预 算

档案号：

共××册　第××册

工程造价咨询企业盖章：

企业法定代表人或其授权人：

编制人：　　　　　　　　　　审核人：
（造价人员签字盖专用章）　　（造价人员签字盖专用章）

编制时间：××××　　　　　审核时间：××××

3. 工程概况

工　程　概　况

项目名称：　　　　垃圾房工程

工程地点：　　　　上海市×××

建设单位：　　　　×××

施工单位：　　　　×××

设计单位：　　　　×××

监理单位：　　　　×××

编制单位：　　　　××××有限公司

结构类型：　　　　框架

建筑面积（m²）：　106.86

框架面积（m²）：　106.86

地下面积（m²）：　0.00

编制人：　　　　　×××

上岗证号：

校对人：　　　　　×××

上岗证号：

审核人：　　　　　×××

上岗证号：

编制日期：　　　　2023-××-××

工程造价：　　　　760308.68

造价指标：　　　　7115.00

总造价（大写）：　柒拾陆万零叁佰零捌元陆角捌分

（二）编制说明

1. 工程概况

本项目为××垃圾房，框架结构，地上1层，建筑面积106.86m²。

2. 主要技术经济指标

本项目建筑装饰工程建筑面积单方指标7115.00元/m²。

3. 编制范围

本次预算编制的范围为施工图范围内的土方、砌筑、结构、防水、门窗及粗装饰工程，垃圾处理设备为暂估价工程。

4. 编制依据

（1）采用的图纸及编号：详见第4章第1节。

（2）采用的预算定额：《上海市建筑和装饰工程预算定额》SH 01—31—2016。

（3）采用的费用定额：《上海市建设工程施工费用计算规则》SHT 0—33—2016。

（4）上海市建设市场信息服务平台发布的2023年3月信息价。

5. 建筑装饰工程取费说明

（1）措施费取费如下：

1）安全文明防护措施费按3%计取。

2）脚手架、模板及支撑、施工排水与降水等按施工组织设计进行计算。

3）其他措施费按合同约定。

（2）规费按《关于调整本市建设工程造价中社会保险费率的通知》（沪建市管〔2019〕24号）规定，社会保险费按人工费32.6%计入，其他管理人员4.56%，生产工人28.04%；住房公积金按人工费1.96%

（3）企业管理费和利润取费标准参照《关于实施建筑业营业税改增值税调整本市建设工程计价依据的通知》（沪建市管〔2016〕42号）按人工费25.88%计取。

（4）增值税税金按9%计取。

（5）材料及机械价格选用上海市建设市场信息服务平台发布的2023年3月信息价，信息价内没有的价格按市场价计入。

（6）总承包服务费费率按1.5%计取。

6. 其他说明

（1）本工程所用的混凝土、砂浆均为预拌混凝土（商品混凝土）、预拌砂浆（商品砂浆）。

（2）按合同约定，本项目人工、钢筋和混凝土可计取材料调差，风险系数人工3%，钢材5%，混凝土8%，假设本项目结算期人工和材料均上涨10%，请计取人工和材料的价差。

（三）建设工程费用表（表4.4-1）

费用表 表4.4-1

序号	名称	基数说明	费率(%)	金额
1	直接费	其中人工费+其中材料费+施工机具使用费+其中主材费+其中设备费		387470.94
1.1	其中人工费	人工费		144636.02

续表

序号	名称	基数说明	费率（%）	金额
1.2	其中材料费	材料费		226707.95
1.3	施工机具使用费	机械费		16126.97
1.4	其中主材费	主材费		
1.5	其中设备费	设备费		
2	企业管理费和利润	其中人工费	25.88	37431.8
3	安全防护、文明施工措施费	直接费＋企业管理费和利润	3	12747.08
4	施工措施费	措施项目合计	100	
5	其他项目费	其他项目费		203000
6	小计	直接费＋企业管理费和利润＋安全防护、文明施工措施费＋施工措施费＋其他项目费		640649.82
7	人工、材料、设备、施工机具价差	结算期信息价－［中标期信息价×（1+风险系数）］		13490.27
8	规费合计	社会保险费＋住房公积金		43390.81
8.1	社会保险费	其中人工费	28.04	40555.94
8.2	住房公积金	其中人工费	1.96	2834.87
9	税前补差	税前补差		
10	增值税	小计＋规费合计＋税前补差	9	62777.8
11	税后补差	税后补差		
12	甲供材料	甲供费		
13	工程造价	小计＋价差＋规费合计＋税前补差＋增值税＋税后补差－甲供材料		760308.68

（四）单位工程预算书（表4.4-2）

预算书   表 4.4-2

序号	类	编号	名称	单位	工程量	单价（元）	合价（元）
			土石方工程				7196.99
1	土	01-1-1-1	平整场地 ±300mm 以内	m²	208.86	3.21	670.44
2	土	01-1-1-9	机械挖土方 埋深 3.5m 以内	m³	181.95	5.65	1028.02
3	土	01-1-1-8	机械挖土方 埋深 1.5m 以内	m³	10.21	6.97	71.16
4	土	01-1-2-3	机械回填土 夯填〔基础回填〕	m³	165.83	18.88	3130.87
5	土	01-1-2-3	机械回填土 夯填〔房心回填〕	m³	6.59	18.88	124.42
6	土	01-1-2-7	土方外运	m³	19.73	110.09	2172.08
			小 计	元			7196.99
			砌筑工程				21677.84

续表

序号	类	编号	名称	单位	工程量	单价（元）	合价（元）
7	土	01-4-2-4	砂加气混凝土砌块 200mm厚 砂加气砌块粘结砂浆	m³	17.42	748.13	13032.42
8	土	01-4-2-4系	砂加气混凝土砌块 200mm厚 砂加气砌块粘结砂浆	m³	10.51	822.59	8645.42
			小 计	元			21677.84
			混凝土及钢筋混凝土工程				110429.21
9	土	01-5-1-1换	预拌混凝土（泵送）垫层 预拌混凝土（泵送型）C15 粒径5～25	m³	5.65	730.41	4126.82
10	土	01-5-1-3换	预拌混凝土（泵送）独立基础、杯形基础 预拌混凝土（泵送型）C35 粒径5～25	m³	13.34	733.9	9790.23
11	土	01-5-3-1换	预拌混凝土（泵送）基础梁 预拌混凝土（泵送型）C35 粒径5～25	m³	7.16	724.73	5189.07
12	土	01-5-2-1换	预拌混凝土（泵送）矩形柱 预拌混凝土（泵送型）C30 粒径5～25	m³	10.08	850.75	8575.56
13	土	01-5-2-2换	预拌混凝土（泵送）构造柱 预拌混凝土（泵送型）C25 粒径5～25	m³	3.21	890.75	2859.31
14	土	01-5-5-1换	预拌混凝土（泵送）有梁板 预拌混凝土（泵送型）C30 粒径5～25	m³	19.1	719.39	13740.35
15	土	01-5-5-8换	预拌混凝土（泵送）雨篷 预拌混凝土（泵送型）C30 粒径5～25	m³	0.96	917.77	881.06
16	土	01-5-4-1换	预拌混凝土（泵送）直形墙、电梯井壁 预拌混凝土（泵送型）C30 粒径5～25	m³	6.9	784.03	5409.81
17	土	01-5-7-8换	预拌混凝土（非泵送）扶手、压顶 预拌混凝土（泵送型）C30 粒径5～25	m³	1.39	870.23	1209.62
18	土	01-5-3-4换	预拌混凝土（泵送）圈梁 预拌混凝土（泵送型）C25 粒径5～25	m³	0.94	815.91	766.96
19	土	01-5-3-5换	预拌混凝土（泵送）过梁 预拌混凝土（泵送型）C25 粒径5～25	m³	0.44	766.04	337.06
20	土	01-17-3-37	输送泵车	m³	69.18	22.99	1590.45
21	土	01-5-7-4换	预拌混凝土（非泵送）地沟 底 预拌混凝土（非泵送型）C25 粒径5～40	m³	0.73	741.91	541.59
22	土	01-5-7-5换	预拌混凝土（非泵送）地沟 壁 预拌混凝土（非泵送型）C25 粒径5～40	m³	0.53	828.03	438.86
23	土	01-5-11-2	钢筋 独立基础、杯形基础	t	1.3	5268.65	6849.25
24	土	01-5-11-7	钢筋 矩形柱、构造柱	t	1.46	5540.02	8088.43
25	土	01-5-11-10	钢筋 基础梁	t	0.95	5236.38	4974.56
26	土	01-5-11-15	钢筋 直形墙、电梯井壁	t	0.65	5576	3624.4

序号	类	编号	名称	单位	工程量	单价（元）	合价（元）
27	土	01-5-11-33	钢筋 扶手、压顶	t	0.15	7362	1104.3
28	土	01-5-11-18	钢筋 有梁板	t	4.93	5377.74	26512.26
29	土	01-5-11-26	钢筋 雨篷、悬挑板	t	0.13	8491.73	1103.92
30	土	01-5-11-36	钢筋 地沟底、壁、顶板	t	0.07	5701.95	399.14
31	土	01-5-11-35	钢筋 楼、地、屋面混凝土	t	0.05	5825.34	291.27
32	房	房20-12-3-7	地沟盖板 铸铁盖板	m	13.3	152.25	2024.93
			小　计	元			110429.21
			门窗工程				19877.93
33	土	01-8-2-9	钢质防火门 干混抹灰砂浆 DP M15.0	m²	8.85	804.2	7117.17
34	土	01-8-10-1	执手锁	个	2	112.73	225.46
35	土	01-8-10-12	闭门器 明装	个	2	138.7	277.4
36	土	01-8-6-1系	铝合金窗安装 平开	m²	11.04	513.87	5673.12
37	土	01-8-3-1	金属卷帘（闸）门 镀锌钢板	m²	14.58	291.46	4249.49
38	土	01-8-3-4	金属卷帘（闸）门 电动装置	套	1	2335.29	2335.29
			小　计	元			19877.93
			屋面及防水工程				31031.39
39	土	01-11-1-17换	预拌细石混凝土（泵送）找平层 30mm厚 厚度（mm）：68 预拌混凝土（泵送型）C30 粒径5～40	m²	98.42	28.3	2785.29
40	土	01-11-1-18	预拌细石混凝土（泵送）找平层 每增减5mm 预拌混凝土（泵送型）C30 粒径5～40	m²	98.42	27.55	2711.47
41	土	01-9-2-10	屋面刚性防水 预拌细石混凝土（泵送）40mm厚 预拌混凝土（泵送型）C30 粒径5～40	m²	98.42	40.41	3977.15
42	土	01-5-11-35	钢筋 楼、地、屋面混凝土	t	0.1	5825.34	582.53
43	土	01-9-2-11	屋面刚性防水 防水砂浆 干混防水砂浆	m²	9.56	28.61	273.51
44	土	01-9-2-23	屋面变形缝 建筑油膏	m	69.5	11.47	797.17
45	土	01-9-2-2	屋面防水 改性沥青卷材 热熔	m²	236.95	43.93	10409.21
46	土	01-9-3-4	墙面防水、防潮 聚氨酯防水涂膜 2.0mm厚	m²	207.48	50.78	10535.83
47	土	01-9-3-5	墙面防水、防潮 聚氨酯防水涂膜 每增0.5mm	m²	−207.48	13.18	−2734.59
48	土	01-9-3-6换	墙面防水、防潮 聚合物水泥防水涂料 1.0mm厚 厚度（mm）：1.2	m²	44.11	32.85	1449.01
49	土	01-9-3-7	墙面防水、防潮 聚合物水泥防水涂料 每增0.5mm	m²	44.11	5.55	244.81

续表

序号	类	编号	名称	单位	工程量	单价（元）	合价（元）
			小　计	元			31031.39
			楼地面装饰工程				28917.31
50	土	01-4-4-5	碎石垫层 干铺无砂	m³	11.62	309.1	3591.74
51	土	01-4-4-6	碎石垫层 灌浆 干混地面砂浆 DS M20.0	m³	5.39	560.76	3022.5
52	土	01-5-1-1	预拌混凝土（泵送）垫层 预拌混凝土（泵送型）C20 粒径 5~40	m³	7.39	735.32	5434.01
53	土	01-5-1-1 换	预拌混凝土（泵送）垫层 预拌混凝土（泵送型）C15 粒径 5~40	m³	1.41	725.51	1022.97
54	土	01-11-1-17 换	预拌细石混凝土（泵送）找平层 30mm 厚 厚度（mm）：40 预拌混凝土（泵送型）C25 粒径 5~25	m²	92.44	28.15	2602.19
55	土	01-11-1-18 换	预拌细石混凝土（泵送）找平层 每增减 5mm 预拌混凝土（泵送型）C25 粒径 5~25	m²	92.44	7.2	665.57
56	土	01-11-2-18	地砖楼地面粘合剂粘贴 每块面积 0.36m² 以内	m²	102.43	90.06	9224.85
57	土	01-5-7-1	预拌混凝土（非泵送）散水、坡道 预拌混凝土（非泵送型）C30 粒径 5~40	m²	18.52	44.7	827.84
58	土	01-5-7-7	预拌混凝土（非泵送）台阶 预拌混凝土（非泵送型）C30 粒径 5~40	m²	2.4	127.24	305.38
59	土	01-11-7-3	地砖台阶面 干混砂浆铺贴 干混地面砂浆 DS M20.0	m²	2.4	181.85	436.44
60	土	01-11-2-14	地砖楼地面干混砂浆铺贴 每块面积 0.36m² 以内 干混地面砂浆 DS M20.0	m²	3.6	84.41	303.88
61	土	01-11-2-14	地砖楼地面干混砂浆铺贴 每块面积 0.36m² 以内 干混地面砂浆 DS M20.0	m²	11.91	91.21	1086.31
62	土	01-9-4-12	楼（地）面变形缝 建筑油膏	m	37.03	10.63	393.63
			小　计	元			28917.31
			墙、柱面装饰与隔断、幕墙工程				81426.41
63	土	01-12-4-23	瓷砖墙面干混砂浆铺贴 每块面积 0.025m² 以内 干混抹灰砂浆 DP M20.0	m²	198.44	165.56	32853.73
64	土	01-12-1-11	墙柱面界面处理剂 喷涂	m²	306.65	7.64	2342.81
65	土	01-12-1-1 换	一般抹灰 外墙 厚度（mm）：10	m²	276.61	52.01	14386.49
66	土	01-12-1-3	一般抹灰 每增减 5mm	m²	276.61	−18.77	−5191.97
67	土	01-12-1-14 换	装饰线条抹灰 普通线条	m²	30.04	108.2	3250.33
68	土	01-14-5-3	真石漆 墙面	m²	311.01	108.63	33785.02
			小　计	元			81426.41

续表

序号	类	编号	名称	单位	工程量	单价（元）	合价（元）
			天棚工程				4185.5
69	土	01-14-5-8	乳胶漆 室内天棚面 两遍	m²	136.96	30.56	4185.5
			小　计	元			4185.5
			措施项目				82728.37
70	土	01-17-1-1	钢管双排外脚手架 高 12m 以内	m²	279.5	48.32	13505.44
71	土	01-17-1-12	钢管满堂脚手架 基本层高 3.6～5.2m	m²	98.42	16.92	1665.27
72	土	01-17-2-39	复合模板 垫层	m²	18.1	67.55	1222.66
73	土	01-17-2-42	复合模板 独立基础	m²	29.6	113.99	3374.1
74	土	01-17-2-55	复合模板 构造柱	m²	32.05	129.13	4138.62
75	土	01-17-2-53	复合模板 矩形柱	m²	99.07	130.24	12902.88
76	土	01-17-2-59	复合模板 柱超3.6m 每增3m	m²	27.07	15.04	407.13
77	土	01-17-2-60	复合模板 基础梁	m²	57.3	100.04	5732.29
78	土	01-17-2-64	复合模板 圈梁	m²	9.43	108	1018.44
79	土	01-17-2-65	复合模板 过梁	m²	6.01	147.01	883.53
80	土	01-17-2-69	复合模板 直形墙、电梯井壁	m²	20.92	70.43	1473.4
81	土	01-17-2-73	复合模板 墙超3.6m 每增3m	m²	20.92	8.58	179.49
82	土	01-17-2-74换	复合模板 有梁板 实际高度（m）：5.6	m²	164.5	99.57	16379.27
83	土	01-17-2-85	复合模板 板超3.6m 每增3m	m²	164.5	21.58	3549.91
84	土	01-17-2-86	复合模板 栏板（含线条）	m²	59.16	100.6	5951.5
85	土	01-17-2-88	复合模板 雨篷、悬挑板	m²	8.4	185.99	1562.32
86	土	01-17-2-96	复合模板 混凝土地沟 沟底	m²	2.66	189.82	504.92
87	土	01-17-2-97	复合模板 混凝土地沟 沟壁	m²	10.64	79.16	842.26
88	土	01-17-2-99	复合模板 台阶	m²	2.4	68.58	164.59
89	土	01-17-2-101	复合模板 散水	m²	3.45	154.71	533.75
90	土	01-17-2-109	装饰线条增加费 三道线以内	m	43	10.54	453.22
91	土	01-17-3-1	垂直运输机械及相应设备 卷扬机施工 建筑物高度 20m 以内	m²	106.86	36.65	3916.42
92	土	01-17-3-1系	垂直运输机械及相应设备 卷扬机施工 建筑物高度 20m 以内 超3.6m 增加部分	m²	106.86	7.32	782.22
93	土	01-17-5-3	履带式液压挖掘机进出场费 1m³ 以内	台次	1	1584.74	1584.74
			小　计	元			82728.37
			合　计	元			387470.95

（五）工料机汇总表（表4.4-3）

工料机汇总表

表 4.4-3

序号	编码	名称	单位	数量	单价（元）	合价（元）
1	00030117	模板工 建筑装饰	工日	120.34	240.5	28942.78
2	00030119	钢筋工 建筑装饰	工日	44.2	227.5	10056.14
3	00030121@1	混凝土工 建筑装饰	工日	39.09	206	8053.03
4	00030123	架子工 建筑装饰	工日	36.26	206.5	7488.04
5	00030125	砌筑工 建筑装饰	工日	29.31	249	7298.51
6	00030127	一般抹灰工 建筑装饰	工日	59.62	237	14130.39
7	00030129	装饰抹灰工（镶贴）建筑装饰	工日	73.08	266	19439.63
8	00030131	装饰木工 建筑装饰	工日	9.8	243.5	2387.4
9	00030133	防水工 建筑装饰	工日	15.31	204	3122.79
10	00030139	油漆工 建筑装饰	工日	90.17	213.5	19251.64
11	00030153	其他工 建筑装饰	工日	129.12	189	24403.19
12	00130143	沟路工 房屋修缮	工日	0.28	219.5	61.31
13	01010120@1	成型钢筋	t	9.89	4272.56	42246.63
14	02090101	塑料薄膜	m²	277.37	1.19	330.07
15	03018172	膨胀螺栓（钢制）M8	套	220.09	0.67	147.46
16	03018174	膨胀螺栓（钢制）M12	套	77.27	1.16	89.64
17	03018903	塑料胀管带螺钉	套	79.67	0.09	7.17
18	03019315	镀锌六角螺母 M14	个	1081.97	0.23	248.85
19	03030501	执手门锁	把	2.02	71.98	145.39
20	03035915	连接件（门窗专用）	个	78.89	1.07	84.41
21	03036002	闭门器	只	2.02	105.29	212.68
22	03130115	电焊条 J422 φ4.0	kg	3.94	5.67	22.36
23	03150101	圆钉	kg	45.29	2.82	127.71
24	03152501	镀锌铁丝	kg	51.31	4.74	243.2
25	03152507	镀锌铁丝 8#～10#	kg	14.25	5	71.27
26	03152516	镀锌铁丝 18#～22#	kg	11	4.79	52.71
27	03154813	铁件	kg	4.2	9.21	38.66
28	03154822	其他铁件	kg	9.48	9.04	85.65
29	03210801	石料切割锯片	片	2.27	44.32	100.51
30	04010114	水泥 32.5 级	kg	5.41	0.3	1.62
31	04010115	水泥 42.5 级	kg	225.2	0.48	107.87
32	04030104	黄砂 细砂	kg	225.2	0.19	42.79
33	04050218	碎石 5～70	kg	37423.5	0.14	5089.6

序号	编码	名称	单位	数量	单价（元）	合价（元）
34	04151414	蒸压砂加气混凝土砌块 600×250×200	m³	28.56	462.67	13215.59
35	05030102	一般木成材	m³	0.31	1960.28	602.78
36	05030107	中方材 55～100cm²	m³	6.18	1833.9	11339.34
37	05030109	小方材 ≤ 54cm²	m³	0.05	1823.75	94.11
38	05330111	竹笆 1000×2000	m²	38.51	7.23	278.43
39	07011531	瓷砖 150×150	m²	204.39	52.22	10673
40	07050213	地砖 600×600	m²	109.21	46.97	5129.64
41	07050213@1	防滑地砖—带防滑槽 600×600	m²	12.27	53.55	656.89
42	07050401	彩釉地砖	m²	3.77	47.49	178.81
43	11031201	钢质防火门	m²	8.7	737.42	6411.97
44	11092011	铝合金平开窗（含玻璃）	m²	10.44	413.36	4316.57
45	11251301	镀锌钢板卷帘门	m²	14.58	182.52	2661.1
46	11370101	卷帘门电动装置	套	1	1808.69	1808.69
47	13010211	醇酸清漆	kg	86.06	19.38	1667.77
48	13012201	真石漆	kg	1293.8	7.44	9625.88
49	13012211	真石面漆	kg	97.04	7.44	721.94
50	13030431	内墙乳胶漆	kg	38.09	10.53	401.07
51	13056101	红丹防锈漆	kg	14.95	12.97	193.96
52	13058601	聚合物水泥防水涂料 JS	kg	122.71	11.54	1416.12
53	13170211	成品腻子粉	kg	914.4	2.27	2075.68
54	13330611	SBS 改性沥青防水卷材	m²	293.15	27.97	8199.53
55	13350401	建筑油膏	kg	93.5	3.34	312.29
56	13350831	改性沥青嵌缝油膏	kg	14.17	10.74	152.18
57	13350851	SBS 弹性沥青防水胶	kg	73.31	7.94	582.1
58	13352211	聚氨酯防水涂料（甲乙料）	kg	459.28	13.52	6209.43
59	14050121	油漆溶剂油	kg	1.67	6	10.03
60	14330801	二甲苯	kg	16.08	10.13	162.89
61	14354501	醇酸漆稀释剂	kg	9.7	8.28	80.34
62	14372501	聚氨酯发泡密封胶 750ml	支	16.71	21.47	358.77
63	14390202	液化石油气	kg	68.43	5.12	350.37
64	14412529	硅酮耐候密封胶	kg	11.29	36.42	411.08
65	14413101	801 建筑胶水	kg	248.66	3.37	837.97
66	14415001	砂加气粘结剂	kg	552.71	0.41	226.61
67	14415505	液体界面剂	kg	113.71	3.94	448
68	14417301	陶瓷砖粘合剂	kg	472.46	1.82	858.93

续表

序号	编码	名称	单位	数量	单价（元）	合价（元）
69	14417401	陶瓷砖填缝剂	kg	42.16	1.55	65.43
70	17252681	塑料套管 $\phi18$	m	21.7	1.51	32.77
71	33330713	L 形铁件 L150×80×1.5	块	108.97	1.83	199.41
72	34110101	水	m³	48.1	5.82	279.92
73	35010801	复合模板	m²	137.72	33.74	4646.97
74	35020101	钢支撑	kg	156.8	7.32	1147.77
75	35020531	铁板卡	kg	204.72	5.09	1042
76	35020601	模板对拉螺栓	kg	150.55	5.09	766.28
77	35020721	模板钢连杆	kg	79.78	7.17	572.07
78	35020902	扣件	只	175.95	4.38	770.65
79	35030343	钢管 $\phi48.3×3.6$	kg	300.77	3.63	1091.78
80	35030612	钢管底座 $\phi48$	只	0.2	8.62	1.7
81	35031212	对接扣件 $\phi48$	只	17.59	6.03	106.06
82	35031213	回转扣件 $\phi48$	只	4.18	6.18	25.84
83	35031214	直角扣件 $\phi48$	只	41.02	6.01	246.54
84	35050127	安全网（密目式立网）	m²	66.1	17.59	1162.73
85	36014311	铸铁盖板 300×500×30	块	26.87	73.09	1963.66
86	80060113	干混砌筑砂浆 DM M10.0	m³	0.27	645.22	171.18
87	80060213	干混抹灰砂浆 DP M15.0	m³	0.12	685.55	81.92
88	80060213@2	聚合物水泥防水砂浆 DP M20.0	m³	2.46	685.55	1687.67
89	80060214	干混抹灰砂浆 DP M20.0	m³	5.08	707.95	3596.45
90	80060214@1	聚合物水泥防水砂浆 DP M20.0	m³	0.39	707.95	274.33
91	80060312	干混地面砂浆 DS M20.0	m³	1.71	663.86	1134.73
92	80060331	干混防水砂浆	m³	0.2	672.1	131.73
93	80210411	预拌混凝土（泵送型）C15 粒径 5～25	m³	5.71	625.24	3567.95
94	80210412	预拌混凝土（泵送型）C15 粒径 5～40	m³	1.42	620.39	883.49
95	80210416@1	预拌混凝土（泵送型）C20 粒径 5～40	m³	7.46	630.1	4702.98
96	80210419	预拌混凝土（泵送型）C25 粒径 5～25	m³	8.36	644.66	5390.13
97	80210423	预拌混凝土（泵送型）C30 粒径 5～25	m³	38.81	654.37	25398.87
98	80210424	预拌混凝土（泵送型）C30 粒径 5～40	m³	10.7	649.52	6948.71
99	80210427	预拌混凝土（泵送型）C35 粒径 5～25	m³	20.7	673.79	13950.74
100	80210518	预拌混凝土（非泵送型）C25 粒径 5～40	m³	1.27	665.05	846.34
101	80210521	预拌混凝土（非泵送型）C30 粒径 5～40	m³	1.52	649.52	987.85
102	X0045	其他材料费	元	665.49	1	665.49
103	99010060	履带式单斗液压挖掘机 1m³	台班	0.33	1601.96	529.77

续表

序号	编码	名称	单位	数量	单价（元）	合价（元）
104	99050540	混凝土输送泵车 75m³/h	台班	0.75	2075.18	1550.37
105	99050920@1	混凝土振捣器	台班	9.4	10.19	95.77
106	99070530	载重汽车 5t	台班	4.84	490.27	2373.81
107	99090360	汽车式起重机 8t	台班	2.02	1166.61	2352.11
108	99091450	电动卷扬机 单筒慢速 10kN	台班	13.15	357.24	4699.24
109	99130340	电动夯实机 250N·m	台班	17.57	29.42	516.93
110	99210010@1	木工圆锯机 ϕ500	台班	2.76	30.6	84.49
111	99250010	交流弧焊机 21kVA	台班	0.16	70.6	11.34
112	99430200	电动空气压缩机 0.6m³/min	台班	3.68	42.69	157.09
113	99510010	土方外运	m³	19.73	110.09	2172.12
114	99910310	履带式单斗液压挖掘机进出场费 ≤ 1m³	台次	1	1584.74	1584.74
合 计						387470.88

（六）人工、材料、设备、施工机具价差表（表 4.4-4）

人工、材料、设备、施工机具价差表 表 4.4-4

序号	编码	名 称	单位	结算数量	中标单价	结算单价（元）	风险系数	可调整价差（元）
1	00030117	模板工 建筑装饰	工日	120.34	240.5	264.55	3.0%	2025.92
2	00030119	钢筋工 建筑装饰	工日	44.2	227.5	250.25	3.0%	703.88
3	00030121@1	混凝土工 建筑装饰	工日	39.09	206	226.60	3.0%	563.68
4	00030123	架子工 建筑装饰	工日	36.26	206.5	227.15	3.0%	524.14
5	00030125	砌筑工 建筑装饰	工日	29.31	249	273.90	3.0%	510.87
6	00030127	一般抹灰工 建筑装饰	工日	59.62	237	260.70	3.0%	989.10
7	00030129	装饰抹灰工（镶贴）建筑装饰	工日	73.08	266	292.60	3.0%	1360.75
8	00030131	装饰木工 建筑装饰	工日	9.8	243.5	267.85	3.0%	167.04
9	00030133	防水工 建筑装饰	工日	15.31	204	224.40	3.0%	218.63
10	00030139	油漆工 建筑装饰	工日	90.17	213.5	234.85	3.0%	1347.59
11	00030153	其他工 建筑装饰	工日	129.12	189	207.90	3.0%	1708.26
12	00130143	沟路工 房屋修缮	工日	0.28	219.5	241.45	3.0%	4.30
13	01010120@1	成型钢筋	t	9.89	4272.56	4699.82	5.0%	2112.78

续表

序号	编码	名称	单位	结算数量	中标单价	结算单价（元）	风险系数	可调整价差（元）
14	80210411	预拌混凝土（泵送型）C15 粒径 5～25	m³	5.71	625.24	687.76	8.0%	71.40
15	80210412	预拌混凝土（泵送型）C15 粒径 5～40	m³	1.42	620.39	682.43	8.0%	17.62
16	80210416@1	预拌混凝土（泵送型）C20 粒径 5～40	m³	7.46	630.1	693.11	8.0%	94.01
17	80210419	预拌混凝土（泵送型）C25 粒径 5～25	m³	8.36	644.66	709.13	8.0%	107.79
18	80210423	预拌混凝土（泵送型）C30 粒径 5～25	m³	38.81	654.37	719.81	8.0%	507.92
19	80210424	预拌混凝土（泵送型）C30 粒径 5～40	m³	10.7	649.52	714.47	8.0%	139.00
20	80210427	预拌混凝土（泵送型）C35 粒径 5～25	m³	20.7	673.79	741.17	8.0%	278.95
21	80210518	预拌混凝土（非泵送型）C25 粒径 5～40	m³	1.27	665.05	731.56	8.0%	16.89
22	80210521	预拌混凝土（非泵送型）C30 粒径 5～40	m³	1.52	649.52	714.47	8.0%	19.75
合　计								13490.27

（七）其他项目（表4.4-5）

其他项目表

表 4.4-5

序号	项目名称	服务内容	项目价值	费率（%）	金额（元）
1	总承包服务费		3000		3000
1.1	垃圾房处理设备总承包服务费		200000	1.50	3000
2	其他		200000		200000
2.1	垃圾房处理设备				200000

二、工程量计算表

本项目按《上海市建筑和装饰工程预算定额》SH 01—31—2016 计算规则所列工程量计算表，见表 4.4-6。

工程量计算表　　　　　　　　　　　　　　　　　　　　　　表 4.4-6

序号	项目名称	计算部位	工程量计算稿	计量单位	工程量
一	场地平整				
1	场地平整	一层	（13.5+0.1×2+2×2）×（7.6+0.1×2+2×2）	m²	208.86
二	土方工程				
1	挖土			m³	181.95
1.1		DJP01-1	｛1.8/3×［6.25+18.49+sqrt（6.25×18.49）］－0.24｝	m³	21.05
1.2		DJP01-2	｛1.8/3×［6.25+18.48+sqrt（6.25×18.49）］－0.3｝	m³	20.99
		挖土总体积	21.05×4+20.99×2	m³	126.18
		下口面积	（1.7+0.1×2+0.3×2）×（1.7+0.1×2+0.3×2）	m²	6.25
		上口面积	（1.7+0.1×2+0.3×2+0.9×2）×（1.7+0.1×2+0.3×2+0.9×2）	m²	18.49
		重叠部分-1	（0.9-0.65）×（0.9-0.65）/0.5×0.5×（1.5+0.1×2+0.3×2+0.9×2-0.25）	m³	0.24
		重叠部分-2	（0.9-0.625）×（0.9-0.625）/0.5×0.5×（1.6+0.1×2+0.3×2+0.9×2-0.275）	m³	0.30
1.3		DJP02	｛1.8/3×［5.29+16.81+sqrt（5.29×16.81）］－0.24×2｝	m³	18.44
		挖土总体积	18.44×2	m³	36.88
		下口面积	（1.5+0.1×2+0.3×2）×（1.5+0.1×2+0.3×2）	m²	5.29
		上口面积	（1.5+0.1×2+0.3×2+0.9×2）×（1.5+0.1×2+0.3×2+0.9×2）	m²	16.81
		重叠部分-1	（0.9-0.65）×（0.9-0.65）/0.5×0.5×（1.5+0.1×2+0.3×2+0.9×2-0.25）	m³	0.24
1.4		DJP03	｛1.8/3×［5.52+17.22+sqrt（5.52×17.22）］－0.3×2｝	m³	18.89
		挖土总体积	18.89×1	m³	18.89
		下口面积	（1.6+0.1×2+0.3×2）×（1.5+0.1×2+0.3×2）	m²	5.52
		上口面积	（1.6+0.1×2+0.3×2+0.9×2）×（1.5+0.1×2+0.3×2+0.9×2）	m²	17.22
		重叠部分-2	（0.9-0.625）×（0.9-0.625）/0.5×0.5×（1.6+0.1×2+0.3×2+0.9×2-0.275）	m³	0.30
2	挖沟槽土方			m³	10.21
2.1		KL2	［（0.45+0.3×2）×0.6×（6.75-0.85-0.95-0.2-0.3×2-0.9×2）+1.05×0.3×0.6×0.5×2］×4	m³	6.68
2.2		KL3	［（0.45+0.3×2）×0.6×（6.75-0.85-0.8-0.2-0.3×2-0.9×2）+1.05×0.3×0.6×0.5×2］×2	m³	3.53
3	基础回填			m³	165.83

续表

序号	项目名称	计算部位	工程量计算稿	计量单位	工程量
3.1		挖土体积	181.95+10.21	m³	192.16
3.2		扣：垫层	5.65	m³	5.65
		独立基础	13.34	m³	13.34
		基础梁	7.163	m³	7.16
		地下柱	0.4×0.4×（1.4-0.3）	m³	0.18
4	房心回填			m³	6.59
4.1		回填	（13.5-0.1×2）×（7.6-0.1×2）×（0.3-0.233）	m³	6.59
5	土方外运			m³	19.73
5.1		土方外运	挖土—回填土—房心回填	m³	19.73
三	砌筑工程				
		外墙中心线	（13.5+7.6）×2	m	42.20
		净长	42.2-0.6×4-0.4×4	m	38.20
1	砂加气混凝土砌块，200mm 厚			m³	27.93
		砖墙体积	38.2×（5.6-0.5+0.3）×0.2	m³	41.26
		扣：门窗	（1.5×2.95×2+1.2×2.3×4+3.6×4.05）×0.2	m³	6.89
		扣：过梁	0.44	m³	0.44
		圈梁	0.94	m³	0.94
		构造柱	3.21	m³	3.21
		下挂梁	0.84+1	m³	1.84
2	其中，3.6m 以上			m³	10.51
	墙体体积	砖墙体积	38.2×（5.6-0.5-3.3）×0.2	m³	13.75
		扣：门窗	（4.05-3.3）×3.6×0.2	m³	0.54
		构造柱 LM1529	0.2×（0.2+0.03×2）×（5.6-0.5-3.3-1.25）×2×2	m³	0.11
		构造柱 LM1223	0.2×（0.2+0.03×2）×（5.6-0.5-3.3）×2×4	m³	0.75
		JM3640	0.2×（0.2+0.03）×（5.6-0.5-1.05-3.3）×2	m³	0.07
		下挂梁	0.84+1	m³	1.84
四	结构工程				
1	垫层 C15			m³	5.65
1.1		独立基础 DJP01-1	1.9×1.9×0.1×6	m³	2.17
1.2		DJP01-2	1.7×1.7×0.1×2	m³	0.58
1.3		DJP01-3	1.8×1.8×0.1×1	m³	0.32
1.4	基础梁	KL1	（0.25+0.1×2）×0.1×（7.6-0.3×2-0.4）×3	m³	0.89
1.5		KL2	（0.25+0.1×2）×0.1×（13.5-0.3×2-0.4）×2	m³	1.13

序号	项目名称	计算部位	工程量计算稿	计量单位	工程量
1.6		KL3	（0.25+0.1×2）×0.1×（13.5−0.3×2−0.4）	m³	0.56
2	独立基础			m³	13.34
2.1		DJP01-1	1.58×6	m³	9.48
		单个体积	｛0.1/3×［0.25+2.89+sqrt（0.25×2.89）］｝+1.7×1.7×0.5	m³	1.58
		下口面积	0.5×0.5	m²	0.25
		上口面积	1.7×1.7	m²	2.89
2.2		DJP01-2	1.23×2	m³	2.46
		单个体积	｛0.1/3×［0.25+2.25+sqrt（0.25×2.25）］｝+1.5×1.5×0.5	m³	1.23
		下口面积	0.5×0.5	m²	0.25
		上口面积	1.5×1.5	m²	2.25
2.3		DJP01-3	1.4	m³	1.40
		单个体积	｛0.1/3×［0.25+2.56+sqrt（0.25×2.56）］｝+1.6×1.6×0.5	m³	1.40
		下口面积	0.5×0.5	m²	0.25
		上口面积	1.6×1.6	m²	2.56
3	矩形柱			m³	10.08
3.1		KZ1	0.4×0.4×（1.4+5.6）×5	m³	5.60
3.2		KZ2	0.4×0.4×（1.4+5.6）×4	m³	4.48
4	基础梁			m³	7.16
4.1		KL1	0.25×0.5×（7.6−0.3×2−0.4）×3	m³	2.48
4.2		KL2	0.25×0.5×（13.5−0.3×2−0.4）×2	m³	3.13
4.3		KL3	0.25×0.5×（13.5−0.3×2−0.4）	m³	1.56
5	有梁板			m³	19.10
5.1		现浇板	（13.7×7.8−0.9×0.9）×0.12	m³	12.73
5.2		WKL1	0.25×（0.5−0.12）×（7.6−0.3×2−0.4）×3	m³	1.88
5.3		WKL2	0.25×（0.5−0.12）×（13.5−0.3×2−0.4）×2	m³	2.38
5.4		WKL3	0.25×（0.5−0.12）×（13.5−0.3×2−0.4）	m³	1.19
5.5		L1	0.20×（0.45−0.12）×（7.6−0.15×2−0.25）×2	m³	0.93
6	混凝土雨篷			m³	0.96
6.1		雨篷-1	4.4×1×0.1+（0.95×2+4.3）×0.1×0.1	m³	0.50
6.2		雨篷-2	4.×1×0.1+（0.95×2+3.9）×0.1×0.1	m³	0.46
6	混凝土墙			m³	6.90
6.1	混凝土墙-女儿墙	女儿墙	（7.6+13.5）×2×0.6×0.2	m³	5.06

序号	项目名称	计算部位	工程量计算稿	计量单位	工程量
6.2	混凝土墙-下挂	下挂梁-1	4×1.05×0.2	m³	0.84
6.3		下挂梁-2	（4.4-0.4）×1.25×0.2	m³	1.00
7	外墙线条			m³	1.39
7.1		女儿墙-内侧	（7.6-0.2+13.5-0.2）×2×0.05×0.1	m³	0.21
7.2		女儿墙-外侧	（7.6+0.2+13.5+0.2）×2×（0.15×0.2-0.05×0.05）	m³	1.18
8	圈梁			m³	0.94
8.1		说明	［（7.6+13.5）×2-1.5×2-1.2×4-3.6-（0.4×4+0.6×4）-0.23×2×7］×0.2×0.2	m³	0.94
9	过梁			m³	0.44
9.1		LM1529	（1.5+0.5）×0.25×0.2×2	m³	0.20
9.2		LM1223	（1.2+0.5）×0.18×0.2×4	m³	0.24
10	构造柱			m³	3.21
10.1		LM1529	［0.2×（0.2+0.03×2）×（5.6+0.3-0.5-0.2-1.25）×2-2.9×0.03×0.2×2］×2	m³	0.75
10.2		LM1223	［0.2×（0.2+0.03×2）×（5.6+0.3-0.5-0.18）×2-2.3×0.03×0.2×2］×4	m³	2.06
10.3		JM3640	0.2×（0.2+0.03）×（5.6+0.3-0.5-1.05）×2	m³	0.40
11	地沟			m³	1.26
11.1		底	13.3×0.1×0.55	m³	0.73
11.2		壁	13.3×0.2×0.1×2	m³	0.53
五	门窗工程				
1	钢质防火门		1.5×2.95×2	m²	8.85
2	执手锁		2	个	2.00
3	闭门器		2	个	2.00
4	铝合金推拉窗		1.2×2.3×4	m²	11.04
5	防火卷帘门		3.6×4.05	m²	14.58
6	电动装置		1	个	1.00
六	屋面及防水工程				
1	细石混凝土找平层	屋面	（13.5-0.2）×（7.6-0.2）	m²	98.42
2	细石混凝土刚性防水层	屋面	（13.5-0.2）×（7.6-0.2）	m²	98.42
3	钢筋网片	屋面	98.42×0.1×10/1000	t	0.10
4	建筑油膏	屋面	（13.3+7.4）×2+（13.3+7.4×2）	m	69.50
5	改性沥青卷材			m²	236.95
5.1	改性沥青卷材	屋面	［13.3×7.4+（13.3+7.4）×2×0.34］×2	m²	224.99

续表

序号	项目名称	计算部位	工程量计算稿	计量单位	工程量
5.2	改性沥青卷材	雨篷		m²	11.96
5.2.1		雨篷 1	4×1+（3.8+0.9×2）×0.1+3.8×0.3	m²	5.70
5.2.2		雨篷 2	4.4×1+（4.2+0.9×2）×0.1+4.2×0.3	m²	6.26
6	雨篷砂浆防水	雨篷 2	3.8×0.9+4.2×0.9	m²	9.56
6.1		雨篷 1	4×1+（3.8+0.9×2）×0.1	m²	4.56
6.2		雨篷 2	4.4×1+（4.2+0.9×2）×0.1	m²	5.00
7	聚氨酯防水涂膜	地面	（13.3×7.4+13.3×0.2×2）×2	m²	207.48
8	聚合物水泥防水	墙面		m²	44.11
8.1		墙面	[（13.3+7.4）×2−1.5×2−3.6+0.2×2×4]×1.2−1.2×（1.2−0.65）×4	m²	41.04
8.2		柱面	0.4×4×1.2	m²	1.92
8.3		门窗侧边	1.2×0.07×2×3+[（1.2−0.65）×2+1.2]×0.07×4	m²	1.15
七	楼地面工程				
1	地面				
1.1	碎石垫层	室内，扣除地沟	（13.3×7.4−13.3×0.45）×0.1	m²	9.24
1.2	混凝土垫层 C20	室内，扣除地沟	（13.3×7.4−13.3×0.45）×0.08	m²	7.39
1.3	细石找平层	室内，扣除地沟	（13.3×7.4−13.3×0.45）	m²	92.44
1.4	地砖楼面			m²	102.43
		室内，含地沟	（13.3×7.4−13.3×0.45−0.4×0.4×4）+13.3×（0.2×2+0.3）	m²	101.11
		门槛处	1.5×0.2×2+3.6×0.2	m²	1.32
2	坡道				
2.1	碎石垫层	坡道	3.97×3×0.2	m²	2.38
2.2	混凝土垫层 C15	坡道	3.97×3×0.1	m³	1.19
2.3	防滑地砖	坡道	3.97×3	m²	11.91
3	散水				
3.1	碎石垫层—灌浆	散水	[（13.7+0.6+7.8+0.6）×2−4−3.97]×0.6×0.15	m³	3.37
3.2	混凝土散水	散水	[（13.7+0.5+7.8+0.5）×2−4−3.97]×0.5	m²	18.52
4	台阶				
4.1	碎石垫层—灌浆	台阶	1.6×4.2×0.3	m²	2.02
4.2	地砖平台	平台	0.9×4	m²	3.60
4.3	混凝土垫层 C15	平台	0.9×4×0.06	m³	0.22
4.4	混凝土台阶	台阶	4×0.6	m²	2.40
5	建筑油膏				

序号	项目名称	计算部位	工程量计算稿	计量单位	工程量
		散水	（13.7+7.8）×2-4-3.97+0.5×2×2	m	37.03
八	墙柱面工程				
1	墙面瓷砖				198.44
		原始工程量	［（13.3+7.4）×2+0.2×2×4］×（5.6-0.5）		219.30
		柱	（0.4+0.4）×2×5.1		8.16
		扣：门窗	（1.5×2.95×2+3.6×4.05+1.2×2.3×4）		34.47
		门窗侧边	［（2.95×2+1.5）×2+（1.2+2.3）×2×4+（4.05×2+3.6）］×0.1		5.45
2	外墙抹灰			m²	276.61
		原始工程量	［（13.7+7.8）×2］×（0.3+6.2-0.2+0.2）	m²	279.50
		扣：门窗	-34.47	m²	-34.47
		增：女儿墙	（13.3+7.4）×2×（0.6-0.1）	m²	20.70
		雨篷1	4×1+（1×2+4）×0.2	m²	5.20
		雨篷2	4.4×1+（1×2+4.4）×0.2	m²	5.68
3	线条抹灰			m²	30.04
		女儿墙-外	（13.7+7.8+0.15×2）×2×（0.15×2+0.2）	m²	21.80
		女儿墙-内	（13.3+7.4-0.05×2）×2×（0.05×2+0.1）	m²	8.24
4	真石漆		外墙抹灰+线条抹灰+门窗侧边	m²	311.01
		外墙抹灰		m²	276.61
		线条抹灰		m²	30.04
		门窗侧边	［（2.95×2+1.5）×2+（1.2+2.3）×2×4+（4.05×2+3.6）］×0.08	m²	4.36
九	天棚工程				
1	天棚乳胶漆		天棚底面+梁侧边（WKL2+WKL3+WKL1+L1）	m²	136.96
		扣：柱	0.4×0.4×4	m²	0.64
		天棚底面	（13.5-0.1×2）×（7.6-0.1×2）	m²	98.42
		梁侧边-WKL2	［（13.5-0.3×2-0.4）×（0.5-0.12）-0.2×（0.45-0.12）×2］×2	m²	9.24
		WKL-3	（13.5-0.3×2-0.4）×（0.5-0.12）×2-0.2×（0.45-0.12）×4	m²	9.24
		WKL-1	（7.6-0.3×2-0.4）×（0.5-0.12）×4	m²	10.03
		L1	（7.6-0.15×2-0.25）×（0.45-0.12）×2×2	m²	9.31
		柱侧边	（0.15×4+0.15×3×4+0.15×2×4）×（0.5-0.12）	m²	1.37
十	措施费工程				
1	脚手架工程				
1.1	外脚手		（13.7+7.8）×2×（0.3+5.6+0.6）	m²	279.50

序号	项目名称	计算部位	工程量计算稿	计量单位	工程量
1.2	满堂脚手架		13.3×7.4	m²	98.42
2	模板工程				
2.1	垫层		独立基础＋基础梁	m²	18.10
2.1.1	独立基础	DJP01-1	1.9×4×0.1×6	m²	4.56
2.1.2		DJP01-2	1.7×4×0.1×2	m²	1.36
2.1.3		DJP01-3	1.8×4×0.1×1	m²	0.72
2.1.4	基础梁	KL1	2×0.1×（7.6-0.3×2-0.4）×3	m²	3.96
2.1.5		KL2	2×0.1×（13.5-0.3×2-0.4）×2	m²	5.00
2.1.6		KL3	2×0.1×（13.5-0.3×2-0.4）	m²	2.50
2.2	独立基础		DJP01+DJP02+DJP03	m²	29.60
2.2.1		DJP01-1	1.7×4×0.5×6	m²	20.40
2.2.2		DJP01-2	1.5×4×0.5×2	m²	6.00
2.2.3		DJP01-3	1.6×4×0.5×1	m²	3.20
2.3	矩形柱		KZ1+KZ2	m²	99.07
2.3.1		KZ1	0.4×4×（1.4+5.6-0.12）×5	m²	55.04
2.3.2		KZ2	0.4×4×（1.4+5.6-0.12）×4	m²	44.03
2.4	柱超 3.6m			m²	27.07
2.4.1		KZ1	0.4×4×（5.6-0.12-3.6）×5	m²	15.04
2.4.2		KZ2	0.4×4×（5.6-0.12-3.6）×4	m²	12.03
2.5	基础梁			m²	57.30
2.5.1		KL1	（0.25×2+0.5）×（7.6-0.3×2-0.4）×3	m²	19.80
2.5.2		KL2	（0.25×2+0.5）×（13.5-0.3×2-0.4）×2	m²	25.00
2.5.3		KL3	（0.25×2+0.5）×（13.5-0.3×2-0.4）	m²	12.50
2.6	有梁板			m²	164.50
2.6.1		现浇板	（13.7×7.8-0.9×0.9）+（（13.7+7.8）×2+0.9×4）×0.12	m²	111.64
2.6.2		WKL1	2×（0.5-0.12）×（7.6-0.3×2-0.4）×3	m²	15.05
2.6.3		WKL2	2×（0.5-0.12）×（13.5-0.3×2-0.4）×2	m²	19.00
2.6.4		WKL3	2×（0.5-0.12）×（13.5-0.3×2-0.4）	m²	9.50
2.6.5		L1	2×（0.45-0.12）×（7.6-0.15×2-0.25）×2	m²	9.31
2.7	混凝土雨篷			m²	8.40
2.7.1		雨篷 -1	4.4×1	m²	4.40
2.7.2		雨篷 -2	4×1	m²	4.00
2.8	混凝土墙—栏板			m²	50.64
2.8.1	混凝土墙—女儿墙	女儿墙	（7.6+13.5）×2×0.6×2	m²	50.64

序号	项目名称	计算部位	工程量计算稿	计量单位	工程量
2.9	混凝土墙（下挂）			m²	20.92
2.9.1		下挂 -1	4×（1.25×2+0.2）+1.25×0.2×2	m²	11.30
2.9.2		下挂 -2	（4.4-0.4）×（1.05×2+0.2）+1.05×0.2×2	m²	9.62
2.10	外墙线条			m²	8.52
2.10.1		女儿墙 - 内侧	（7.6-0.2+13.5-0.2）×2×0.05	m²	2.07
2.10.2		女儿墙 - 外侧	（7.6+0.2+13.5+0.2）×2×0.15	m²	6.45
2.11	线条增加费		（7.6+0.2+13.5+0.2）×2	m	43.00
2.12	圈梁			m²	9.43
2.12.1		说明	[（7.6+13.5）×2-1.5×2-1.2×4-3.6-（0.4×4+0.6×4）-0.23×2×7]×0.2×2	m²	9.43
2.13	过梁			m²	6.01
2.13.1		LM1529	[（1.5+0.5）×0.25×2+1.5×0.2]×2	m²	2.60
2.13.2		LM1223	[（1.2+0.5）×0.18×2+1.2×0.2]×4	m²	3.41
2.14	构造柱			m²	32.05
2.14.1		LM1529	[2×（0.2+0.03×2）×（0.3+5.6-0.5-0.2-1.25）×2-2.9×0.03×2×2]×2	m²	7.52
2.14.2		LM1223	[2×（0.2+0.03×2）×（0.3+5.6-0.5-0.2）×2-2.3×0.03×2×2]×4	m²	20.53
2.14.3		JM3640	2×（0.2+0.03）×（0.3+5.6-0.5-1.05）×2	m²	4.00
2.15	地沟		沟底＋沟壁	m²	13.30
2.15.1		底	13.3×2×0.1	m²	2.66
2.15.2		壁	13.3×0.2×2×2	m²	10.64
2.16	台阶			m²	2.40
2.16.1		台阶	4×0.6	m²	2.40
2.17	散水			m²	3.45
2.17.1		散水	[（13.7+0.5×2+7.8+0.5×2）×2-4×2]×0.06	m²	2.34
2.17.2		坡道	（3×2+4）×0.1	m²	1.00
2.17.3		平台	0.9×0.06×2	m²	0.11
3	垂直运输				
3.1	垂直运输		（13.5+0.1×2）×（7.6+0.1×2）	m²	106.86
4	大型机械进出场				
4.1	履带式挖土机		1	台	1.00

附录 上海市建设工程造价管理
规范性文件与标准规范清单

一、建设工程造价管理相关文件

1. 关于调整本市建设工程规范项目设置等相关事项的通知（沪建标定联〔2023〕120号）

2. 关于进一步规范本市工程建设项目工程款结算和支付工作的通知（沪建建管联〔2022〕616号）

3. 关于印发《上海市建设工程竣工结算文件备案管理办法》的通知（沪住建规范〔2022〕8号）

4. 关于延长《上海市建设工程定额管理实施细则》有效期的通知（沪住建规范〔2021〕6号）

5. 关于做好增值税税率调整后本市建设工程计价依据调整工作的通知（沪建标定〔2019〕176号）

6. 关于印发《上海市建设工程工程量清单计价应用规则》的通知（沪建管〔2014〕872号）

7. 关于进一步加强建设工程人材机市场价格波动风险防控的指导意见（沪建市管〔2021〕36号）

8. 关于进一步做好本市建设工程计价依据争议解释工作的通知（沪建市管〔2020〕16号）

9. 关于调整本市建设工程造价中社会保险费率的通知（沪建市管〔2019〕24号）

10. 关于调整上海市建设工程计价依据增值税税率等有关事项的通知（沪建市管〔2019〕19号）

11. 关于调整本市建设工程计价依据增值税税率的通知（沪建市管〔2018〕28号）

12. 关于调整本市建设工程造价中社会保险费及住房公积金费率的通知（沪建市管〔2016〕43号）

13. 关于实施建筑业营业税改增值税调整本市建设工程计价依据的通知（沪建市管〔2016〕42号）

14. 关于发布本市建设工程最高投标限价相关取费费率和调整《上海市建设工程施工费用计算规则（2000）》部分费用的通知〔沪建市管（2014）125号〕

15. 关于在工程量清单项目名称中增加分类特征的通知（沪建市管〔2014〕122号）

16. 关于本市城市基础设施配套费征收标准和使用范围等有关事项的通知（沪住建规范联〔2021〕8号）

二、工程建设计量计价定额规范清单

（一）国家相关计量计价规范清单

1.《建设工程工程量清单计价规范》GB 50500—2013

2.《房屋建筑与装饰工程工程量计算规则》GB 50854—2013

3.《通用安装工程工程量计算规范》GB 50856—2013

4.《2013 建设工程计价计量规范辅导》（规范编制组）

5.《建筑安装工程费用项目组成》（建标［2013］44 号）

（二）上海市相关定额规范标准清单

1. 关于发布《上海市建设工程工程量清单数据文件标准（VER1.2—2023）》的通知（沪建建管［2023］336 号）

2. 关于批准发布《上海市市政工程预算定额　第三册　综合杆工程（SHA 1—31（03）—2022）》的通知（沪建标定［2022］677 号）

3. 关于批准发布《上海市海绵城市预算定额（SHZ 0—31（02）—2022）》的通知（沪建标定［2022］548 号）

4. 关于批准发布《上海市建设工程施工工期定额（建筑、市政、城市轨道交通工程）（SHT 0—80（01）—2022）》的通知（沪建标定［2022］351 号）

5. 关于批准发布《上海市建筑和装饰工程概算定额（SH 01—21—2020）》《上海市市政工程概算定额（SHA 1—21—2020）》等4本工程概算定额的通知（沪建标定［2020］795号）

6. 关于印发《上海市建设工程定额体细表（2020）》的通知（沪建标定［2020］794号）

7. 关于批准《建设工程造价指标指数分析标准》为上海市工程建设规范的通知（沪建标定［2020］143 号）

8. 关于批准《建设工程造价数据标准》为上海市工程建设规范的通知（沪建标定［2019］435 号）

9.《建设工程造价咨询标准》DG/TJ 08—1202—2017

10.《建设工程人工材料设备机械数据编码标准》DG/TJ 08—2267—2018

11. 关于发布《上海市建（构）筑物拆除工程预算定额（SH 00—31—2019）》的通知（沪建标定［2019］310 号）

12. 关于批准发布《上海市绿色建筑工程预算定额（SHZ 0—31—2016）》的通知（沪建标定［2017］415 号）

13.《上海市建筑和装饰工程预算定额》SH 01—31—2016 以及宣贯材料

14.《上海市安装工程预算定额》SH 02—31（04、07、10）—2016

15.《上海市建设工程施工费用计算规则》SHT 0—33—2016

16. 关于发布《上海市建筑和装饰工程概算定额（2010）装配式建筑补充定额》的通知（沪建标定［2017］1112 号）

17. 关于公布《上海市建筑和装饰工程预算定额（2000）》装配式建筑补充预算定额的通知（沪建市管［2011］123 号）

三、工程建设相关标准规范清单

（一）工程建设相关国家标准规范

1.《民用建筑通用规范》GB 55031—2022

2.《房屋建筑制图统一标准》GB/T 50001—2017

3.《建筑工程建筑面积计算规范》GB/T 50353—2013

4.《砌体结构设计规范》GB 50003—2011

5.《建筑抗震设计规范》GB 50011—2010

6.《混凝土结构通用规范》GB 55008—2021

7.《建筑与市政工程防水通用规范》GB 55030—2022

8.《装配式混凝土建筑技术标准》GB/T 51231—2016

9.《装配式钢结构建筑技术标准》GB/T 51232—2016

10.《建筑节能工程施工质量验收标准》GB 50411—2019

11.《建筑施工组织设计规范》GB/T 50502—2009

12.《起重机械分类》GB/T 20776—2006

13.《矿物绝缘电缆敷设》09D101—6

14.《固定式压力容器安全技术监察规程》TSG 21—2016

15.《电梯主参数及轿厢、井道、机房的型式与尺寸 第1部分：Ⅰ、Ⅱ、Ⅲ、Ⅵ类电梯》GB/T 7025.1—2023

16.《建筑工程施工质量验收统一标准》GB 50300—2013

17.《自动喷水灭火系统施工及验收规范》GB 50261—2017

18.《通风与空调工程施工质量验收规范》GB 50243—2016

19.《建筑给水排水及采暖工程施工质量验收规范》GB 50242—2002

20.《给水排水管道工程施工及验收规范》GB 50268—2008

21.《建筑物防雷工程施工与质量验收规范》GB 50601—2010

22.《建筑电气工程施工质量验收规范》GB 50303—2015

23.《1kV及以下配线工程施工与验收规范》GB 50575—2010

24.《混凝土结构施工图平面整体表示方法制图规则和构造详图（现浇混凝土框架、剪力墙、梁、板）》22G101-1图集

25.《混凝土结构施工图平面整体表示方法制图规则和构造详图（现浇混凝土板式楼梯）》22G101-2图集

26.《混凝土结构施工图平面整体表示方法制图规则和构造详图（独立基础、条形基础、筏形基础、桩基础）》22G101-3图集

（二）工程建设相关上海市标准规范

1.《再生骨料混凝土应用技术标准》DG/TJ 08—2018—2020

2.《预拌砂浆应用技术标准》DG/TJ 08—502—2020

3.《外墙涂料工程应用技术规程》DG/TJ 08—504—2014

4.《基坑工程技术标准》DG/TJ 08—61—2018

5.《地基基础设计标准》DGJ 08—11—2018

6.《逆作法施工技术标准》DG/TJ 08—2113—2021

7.《砌体工程施工规程》DG/TJ 08—21—2013

8.《蒸压加气混凝土砌块建筑应用技术规程》DG/TJ 08—2239—2017

9.《混凝土模卡砌块应用技术标准》DG/TJ 08—2087—2019

10.《混凝土结构工程施工标准》DG/TJ 08—020—2019

11.《钢管扣件式木模板支撑系统施工作业规程》DG/TJ 08—2187—2015

12.《高性能混凝土应用技术标准》DG/TJ 08—2276—2018

13.《屋面工程施工规程》DG/TJ 08—022—2013

14.《建筑工程装饰抹灰技术标准》DG/TJ 08—2357—2021

15.《轻钢龙骨石膏板隔墙、吊顶应用技术规程》DG/TJ 08—2098—2012

16.《现浇泡沫混凝土轻质隔墙技术规程》DG/TJ 08—2226—2017

17.《住宅装饰装修工程施工技术规程》DG/TJ 08—2153—2014

18.《建筑墙面涂料涂饰工程技术标准》DGTJ 08—504—2021

19.《建筑幕墙工程技术标准》DG/TJ 08—56—2019

20.《装配整体式混凝土结构施工及验收质量规范》DGJ 08—2117—2012

21.《保温装饰复合板墙体保温系统应用技术标准》DG/TJ 08—2122—2021

22.《岩棉板（带）薄抹灰外墙外保温系统应用技术规程》DG/TJ 08—2126—2013

23.《热固改性聚苯板保温系统应用技术规程》DG/TJ 08—2212—2016

24.《外墙内保温系统应用技术标准（纸面石膏板复合聚苯板）》DG/TJ 08—2390—2022

25.《无机保温砂浆系统应用技术规程》DG/TJ 08—2088—2018

参 考 文 献

［1］中国建筑标准设计研究院. 混凝土结构施工图平面整体表示方法制图规则和构造详图（现浇混凝土框架、剪力墙、梁、板）22G101—1［M］. 北京：中国标准出版社，2022.

［2］中国建筑标准设计研究院. 混凝土结构施工图平面整体表示方法制图规则和构造详图（现浇混凝土板式楼梯）22G101—2［M］. 北京：中国标准出版社，2022.

［3］中国建筑标准设计研究院. 混凝土结构施工图平面整体表示方法制图规则和构造详图（独立基础、条形基础、筏形基础、桩基础）22G101—3［M］. 北京：中国标准出版社，2022.

［4］规范编制组. 2013 建设工程计价计量规范辅导［M］. 北京：中国计划出版社，2013.

［5］上海市建筑建材业市场管理总站. 上海市建筑和装饰工程预算定额宣贯材料［M］. 上海：同济大学出版社，2017.